兽医师知识全书系列

羊场兽医师

魏战勇　宁长申　主编

河南科学技术出版社

·郑州·

图书在版编目（CIP）数据

羊场兽医师/魏战勇，宁长申主编 . —郑州：河南科学
技术出版社，2013.7
ISBN 978 - 7 - 5349 - 6271 - 4
（兽医师知识全书系列）

Ⅰ. ①羊… Ⅱ. ①魏… ②宁… Ⅲ. ①羊病 - 兽医学
Ⅳ. ①S858.26

中国版本图书馆 CIP 数据核字（2013）第 129667 号

出版发行：河南科学技术出版社
　　　　　地址：郑州市经五路 66 号　　邮编：450002
　　　　　电话：（0371）65737028　65788613
　　　　　网址：www.hnstp.cn
策划编辑：杨秀芳
责任编辑：田　伟
责任校对：丁秀荣　张景琴　马晓灿
封面设计：张　伟
版式设计：栾亚平
责任印制：张　巍
印　　刷：新乡市凤泉印务有限公司
经　　销：全国新华书店
幅面尺寸：170mm×240mm　　印张：21　字数：420 千字
版　　次：2013 年 7 月第 1 版　　2013 年 7 月第 1 次印刷
定　　价：38.00 元

如发现印、装质量问题，影响阅读，请与出版社联系并调换。

《羊场兽医师》编写人员名单

主　编　魏战勇　宁长申

副主编　张素梅　张红英　孔雪旺　刘　芳
　　　　陈其新　菅复春

编　者　陈其新　陈雅君　菅复春　孔雪旺
　　　　寇亚楠　刘　芳　刘　石　宁长申
　　　　魏战勇　徐卫松　张素梅　张红英

前　言

　　近年来，我国养羊业取得了长足发展，已成为世界养羊大国，山羊饲养数量、山羊绒产量、羊肉产量、绵山羊皮产量持续位居世界第一。随着农业产业结构的调整和人民消费水平的提高，加之农业生产提供了秸秆等丰富的饲料资源，使得养羊业有着巨大的市场潜力和美好的前景。

　　随着养羊业集约化、标准化、规模化的不断发展和国外品种的引进，羊的疾病，特别是传染病、营养代谢病和繁殖疾病的发病率也不断上升，常使养殖者蒙受巨大的经济损失，并威胁着人类的健康。为适应我国羊场兽医学发展的需要，有效地防治羊场疾病，我们组织编著了《羊场兽医师》，希望能为广大羊场兽医工作者提供一本从事羊疾病防治工作的全面、简明、实用的工具书。为此，本书在撰写时减少了冗长的理论性阐述，侧重于生产实践，重点讲述了羊场疾病综合防控体系建设、临床诊疗技术等方面的内容。

　　本书分为羊场兽医师应具备的素养与羊场疾病防控理念（羊场兽医师的职责与应具备的素质，羊的主要品种与特性，羊的饲养管理，现代养羊业疾病综合防控体系的建设），羊场疾病诊疗、防治基本知识（羊病防治基本知识，羊病诊疗技术，羊场常用药物和合理使用），羊场疾病及类证鉴别（羊的主要传染病，羊的主要寄生虫病，羊的常见普通病，羊病的类证鉴别）三个板块。希望通过本书帮助羊场兽医师树立"养重于防，防重于治"的观念，坚持科学养殖，减少疾病导致的损失，提高养羊效益，促进养羊业的健康可持续发展。

　　由于编者水平所限，书中如有错漏之处，诚望广大读者及同仁批评指正。

编者

2012 年 9 月

目　录

第一部分　羊场兽医师的职责与应具备的素质

我国养羊业历史悠久，绵羊、山羊品种资源相当丰富，养羊数量和产品（肉、奶、毛、皮、绒等）产量均占世界首位。养羊业的发展满足了人们对羊产品的需求。养羊业已成为广大牧区人民赖以生存的物质基础，也是农区和半农区畜牧业的组成部分，已成为一个重要的产业，其发展前景广阔。但面对21世纪知识经济时代，养羊业也面临新的机遇和挑战。我国养羊业要保持可持续发展，在提高生产效益、降低生产成本、改进产品质量、减少疾病损失等方面还有很多工作要做，需要广大研究人员和生产一线的基层工作者的共同努力。

目前，全国养羊业发展迅速，但与此同时，羊的疾病也不容忽视。目前羊的疾病具有以下特点：种类繁多，危害严重；重大疫病防控总体良好，但疫情发生的风险依然较高；人畜共患病防控形势严峻；病原传入和变异加剧，防控难度加大；细菌病危害加剧；疫病流行的周期和空间发生变化；外来疫病威胁日益严重等。因此，羊场兽医师的作用举足轻重，羊场兽医师要维护动物健康、指导畜牧生产、保障饲料安全、控制人畜共患病、建立人类疾病的动物模型。兽医师的职业素养和技能水平对于控制和扑灭重大动物疫病，保障养殖业的健康发展以及人民的身体健康，提高动物产品的安全水平和国际竞争力，推进农业和农村的经济发展，具有非常重要的作用。所以，优秀的羊场兽医师是羊场能够健康、顺利发展的保障。而一名合格的兽医师必须经过培训、考试，获取兽医资格证书后方可上岗，并且需要其具备良好的社会主义职业道德和精湛的技能。

一、羊场兽医师的职责

（一）日常岗位职责

为了降低养殖风险，提高养殖效益，羊场要采取羊病的综合预防措施，必须坚持"预防为主"的方针，要加强饲养管理，搞好环境卫生与消毒，做好检疫、隔离与封锁工作，坚持免疫接种与药物预防，进行定期驱虫等。

1. 日常卫生消毒　组织实施和监督整个场区的卫生消毒工作。全场大环境每周消毒 1 次，走道及场内主要道路每周消毒 2 次；羊舍周围环境及场内污染池、排粪坑、下水道出口每月消毒 1 次。在羊场、羊舍入口设消毒池并定期更换消毒液。工作人员进入生产区净道和羊舍，要更换衣服和鞋子，并经紫外线照射 5 min 后方可入场。严格监督外来人员进入生产区，如必须进入场区时须严格遵守场内防疫制度，按指定路线行走。平时进行预防性消毒，定期更换消毒药防止产生抗药性、影响消毒效果。搞好灭鼠、灭蚊和场地卫生工作，防止鼠类、蚊蝇等携带的病原感染羊只。监督带羊消毒规程、空羊舍消毒规程和舍外消毒规程等的实施情况，督促相关人员严格执行。

2. 免疫接种　免疫接种是提高机体特异性免疫力、降低动物易感性的重要措施，是预防和控制疫病发生、传播的有效途径。要达到全场免疫预防的良好效果，需要制订周密的免疫接种计划，按规定程序科学接种免疫。所以可依据本地疫情以及传染性疾病的种类，结合本场的实际情况制定行之有效的免疫程序。预防接种前要对羊群的各种情况了然于心，每次接种后要进行登记，佩戴免疫标志。羊群主要传染病有炭疽、破伤风、羊痘、羊支原体性肺炎、羊口疮等。每年要对羊群进行一次布鲁菌病和结核病的检疫，这两种疾病对人和羊群都有极大的危害，所以要慎重对待。凡发生过流产的羊在 7 天内要进行布鲁菌病检疫。

3. 驱虫和保健　规模化养殖场要做好驱除羊只体内外寄生虫等保健工作。根据当地寄生虫病流行规律，每年使用丙硫苯咪唑、阿维菌素、伊维菌素、敌百虫、阿福丁、克虫星，以及虫螨净、克辽林等开展二次驱虫、二次药浴。所有这些广谱抗虫药的使用，对绝大多数线虫、外寄生虫及其他节肢动物都有很强的驱杀效果，另外还具有高效、低毒、安全等特点。

4. 观察羊群　经常观察羊群的健康状况。每天至少巡查羊群两次，主要观察采食和放牧时的表现、被毛及头部状况、神态与反刍情况、是否腹泻、尿液是否正常等，对可疑羊只应隔离观察、确诊。有使用价值的病羊应隔离饲养、治疗，彻底治愈后才能归群。整个过程要做好记录。对那些患疑难杂症羊只要及时向上级部门报告，组织相关专业人员进行会诊，尽快了解情况，查明病因，从而采取有效的措施。

由于羊对疾病的耐受力较强，在患病的初期不易被发现，所以了解和掌握羊只的正常生理状况和病理变化有助于兽医工作者及早发现病畜，以便及时进行疾病防治。

5. 病羊的识别

（1）采食和放牧：在饲喂时，健康羊争先恐后快速采食，食欲旺盛。在夏季放牧时，挑吃鲜嫩牧草，行动敏捷。病羊舍饲喂料时常不参加采食，食欲不佳，远离羊群，呆立于围栏、墙边或卧地不起。放牧时低头不食或很少采食，跟在羊群后面，严重时可停止采食。有些羊表现出舔食泥土、吃草根等慢性营养不良性异嗜癖。食欲减退或废绝，表明羊只患病。若想采食而不敢咀嚼，则预示羊的口腔和牙齿可能有病变。

（2）神态与反刍：健康羊精神饱满，行动敏捷，对周围环境敏感。病羊精神迟钝，喜欢躺卧，垂头。健康羊休息时先用前蹄刨土，然后屈膝而卧，在躺卧时多为右侧腹部着地，成斜卧姿势，将蹄自然伸展。当受到惊吓时立即惊起，有人走近时立即远避，不容易被捕捉。羊群休息时分布均匀，有正常反刍行为。病羊则不加选择地随地躺卧，常在阴湿的角落卧地不起，挤成一团，有时病羊向躯体某个部位弯曲，呼吸急促，当受惊吓时无力逃跑。健康羊在采食后休息期间反刍和咀嚼持续而有力，每分钟咀嚼 40 ~ 60 次，反刍 2 ~ 4 次。病羊的咀嚼和反刍次数明显减少而且表现无力，严重时停止，可以用手按压羊左侧肷部，触诊瘤胃，正常羊瘤胃发软而有弹性，病羊瘤胃发硬或鼓胀。

（3）排粪：健康羊排便顺畅，粪便呈椭圆形，两头尖，有时粪球黏结在一起，较软。粪便颜色黑亮，有时稍浅，采食青草时排出的粪便呈墨绿色。病羊排便时常出现拱腰努责现象，粪便干结无光泽或者粪便稀臭，混有黏液、脓血、虫卵等，肛门周围、臀部及尾部常被粪尿沾污而不洁。当由冬春枯草期放牧改为夏季青草期放牧时，羊只有暂时性腹泻症状，此为正常现象。

（4）尿液：健康羊每天排尿 3 ~ 4 次，尿液清亮、无色或稍黄。羊排尿次数过多或过少和尿量过多或过少，尿液的色泽发生变化以及排尿时痛苦、失禁或尿闭等，均为羊患病的表现。

（5）被毛：健康羊被毛整洁、紧密、不脱落、有油汗、表面有光泽。触摸羊头部时，羊只知觉灵敏。羊只患病时被毛粗乱、焦黄枯干、无光泽、易脱落，有时毛有黏结，常带有污物。健康羊的皮肤红润有弹性。病羊的皮肤苍白、干燥、增厚、弹性降低或消失，有痂皮、龟裂或肿块等，甚至流脓液。若羊患螨病时，常表现为被毛脱落、结痂、皮肤增厚及蹭痒擦伤等现象。除此以外，还应注意观察羊只有无水肿、炎症肿胀和外伤等。

（6）头部状况：羊头部的状态能反映出羊只是否健康。健康羊眼神明亮、耳朵灵活。反之，若羊只目光呆滞、流泪、眼鼻分泌物增多、头部被毛粗乱，则为病态表现。羊患有某些疾病时，可导致头部肿大。

通过对上述六点观察发现的可疑病羊，需做进一步检查，方可确诊。另外，可以依据病羊的临床症状，判断其患病的种类，以便进行有效的防治。

（二）特殊时期的职责

1. 发生传染病时的扑灭措施

（1）当场内羊群发生传染病和疑似传染病时，应及时诊断和上报疫情，迅速采取相应的有效措施，并通知邻近单位做好预防工作。如果遇到疑难病情不能确诊时，应及时采血或采取病料送检，进行实验室确诊。

（2）当羊群发生疑似传染病时，已发病羊群要迅速与健康羊群进行隔离，对病羊停留过的地方和污染的环境、用具要进行消毒。全场进行紧急消毒和紧急预防接种。接种应按顺序进行，也即先接种健康羊群，然后接种疑似患病羊群，最后接种发病羊群。

（3）每日做好消毒工作和兽医器械的清洗工作，监督和督促饲养员严格遵守兽医防疫卫生制度和操作规程。同时兽医工作者和饲养员进行工作时要注意保护自己，尤其是处理疑似人畜共患病或确诊为人兽共患病的羊群时更应慎重。

2. 分别治疗 对病羊的诊治要尽早、及时，并根据病情的轻重安排治疗时间和用药剂量。根据诊断结果，可将全部受检羊分为病羊、可疑病羊和健康羊三类，以便分别治疗。

（1）病羊：包括具有典型症状、类似症状和其他特殊检查阳性的羊只都应进行隔离。隔离场所禁止闲杂人员、畜禽出入和接近。工作人员在工作期间应严格遵守消毒制度，隔离区的饲料、粪便、工具等，要进行彻底的消毒，否则不准运出场外。对有治疗价值的病羊应立即进行治疗，要及时用药，尽可能减少损失，同时也可以达到消除传染源的目的。对无法治疗或无治疗价值的病羊，或者病羊对周围的人畜有严重威胁时，应尽早淘汰。尤其是遇到那些过去从未发生过的危害性较大的新病时，要进行严格消毒，经过无害化处理后将病羊淘汰处理。

（2）可疑病羊：即虽外表上看不出有病，无典型症状出现，但与病羊及其接触过的环境、用具等有过明显的接触，有被传染的嫌疑的羊只。对这类羊只，不能再将其与健康羊在一起饲养，应将其隔离看管，限制其活动，仔细观察，出现症状按病羊处理。经过 20 d 以上的观察不发病，才能与健康羊合群，并且对其进行疫苗紧急接种或用药物进行预防性治疗。

（3）健康羊：无症状也没有与病羊接触的羊群可划分为假定健康羊，应与上述两类羊严格隔离饲养，加强消毒和相应的防护措施，并且要进行疫苗紧急接种或用药物进行预防性治疗。

3. 对环境的封锁 当暴发某些重要传染病时，如炭疽、口蹄疫、气肿疽、羊痘等，除了严格隔离病羊外，还应该采取划区域封锁的措施，以防传染病向安全区扩散和健康羊误入疫病区而被传染。

4. 病羊的处理 病羊要按疫病治疗程序进行诊治，并且在确诊用药后及时观察其疗效。合理使用药物，在诊疗疾病的过程中，应依据临床症状对症下药。联合用药时要注意配伍禁忌。为了羊场的经济效益，要尽量减少药费开支。为了防止药物的浪费，在诊治病羊前，要对其治疗的经济价值进行权衡。对以下情况的病羊可以采取放弃、淘汰处理的方法：无经济饲养价值的羊；有严重肢蹄疾病的羊；有严重慢性疾病，并且预后不良的羊；病危或预后不良的羊；存在器质性繁殖疾病的羊；患有烈性传染病并且有危害人和其他畜禽的羊。

5. 病死羊的处理 对患传染病死亡的羊，其尸体应该进行无害化处理，尤其严禁工作人员食用。无害化处理的方法有深埋法、焚烧法、化制法。可依据本场的实际情况进行选择。

6. 病羊粪便的无害化处理 羊粪、尿中存在着大量的病原微生物及寄生虫卵和虫体。粪便中常见的病原微生物主要有炭疽杆菌、羊布鲁杆菌、破伤风梭菌、沙门杆菌、腐败梭菌、口蹄疫病毒、羊痘病毒等。尤其是病羊的粪便要慎重对待，可采用堆肥生物发酵进行无害化处理。处理时可根据本场实际情况灵活操作。

7. 做好管理和记录工作 包括程序的执行和病例的记载与归档工作，包括以下几个方面：

（1）制定本场消毒、防疫检疫制度和免疫程序，并进行监督。

（2）负责拟订全场兽医药械的分配调配计划，并检查其使用情况，在发生传染病时，根据有关规定封镇或扑杀病羊。

（3）普及卫生保健知识，提高员工素质。

（4）认真填写病历和有关报表，病例卡和尸体剖检报告要统一保管，实行兽医记录、计算机管理。

（5）认真细致地进行疾病诊治，充分利用化验室提供的科学数据，遇疑难病历及时汇报。

（6）随时深入羊舍内部，督促和指导饲养人员做好病羊的护理工作，同时协助畜牧管理人员，加强对羊群的饲养管理。

（7）掌握科技信息，提高业务水平。积极开展科研工作，推广应用兽医科研的新技术、新成果。

二、羊场兽医师的素质要求

（一）兽医师的职业道德要求

职业道德是指适应各种职业的要求而必然产生的行为规范，是道德在职业生活中的具体体现，是人们在履行本职工作过程中与职业活动紧密联系，符合职业特点所要求应遵循的道德准则、道德情操与道德品质的总和。

对职业道德的理解：一是在内容方面，职业道德总是要鲜明地表达职业义务、职业责任以及职业行为上的道德准则。它反映职业、行业以至产业特殊利益的要求，是在特定的职业实践的基础上形成的，因而它往往表现为某一职业特有的道德传统和道德习惯，表现为从事某一职业的人们所特有的道德心理和道德品质。二是在表现形式方面，职业道德往往比较具体、灵活、多样。它总是从本职业活动的实际出发，采用制度、守则、公约、承诺、誓言、条例，以及标语口号等形式，这些灵活的形式既易于为从业人员所接受和实行，又易于形成一种职业的道德习惯。三是调节范围广泛。职业道德一方面用来调节从业人员内部关系，加强职业、行业内部人员的凝聚力；另一方面它也用来调节从业人员与其服务对象之间的关系，用来塑造本职业从业人员的良好形象。四是从产生的效果来看，使个人道德品质"成熟化"。职业道德既能使一定的社会道德原则和规范"职业化"，又能使个人道德品质"成熟化"。职业道德虽然是在特定的职业生活中形成的，但它绝不是离开社会道德而独立存在的规范类型。在当今社会里，职业道德始终是在社会道德的制约和影响下存在和发展的；职业道德和社会道德之间的关系，就是一般与特殊、共性与个性之间的关系。任何一种形式的职业道德，都在不同程度上体现着社会道德的要求。同样，社会道德，在很大范围上都是通过具体的职业道德形式表现出来的。同时，职业道德主要表现在实际从事一定职业的成人的意识和行为中，是道德意识和道德行为成熟的阶段。

职业道德是整个社会道德的主要内容。职业道德一方面涉及每个从业者如何对待职业，如何对待工作，同时也是一个从业人员的生活、学习和工作的态度以及价值观念的表现。另一方面职业道德也是一个职业集体，甚至一个行业全体人员的行为表现，如果每个行业，每个职业集体都具备优良的道德，无疑对整个社会道德水平的提高发挥重要作用。

羊场兽医师是社会主义劳动者的组成部分，其职业道德不仅直接关系羊场和养羊业乃至于整个畜牧业的健康发展，而且关系到动物性产品的卫生质量和公共卫生安全。因此，羊场兽医师要具备良好的兽医职业道德规范，这对做好羊场兽医工作，提高自身专业水平乃至全行业的整体素质，更好地服务于社会、服务于我国养羊业的发展，促进社会稳定和经济发展具有重要的意义。

羊场兽医师对羊场的疾病防控有着绝对的权威，而且对及时发现疫情、及时控制和扑灭疫情，防止疫病的传播起着重要的作用。当发现患有或疑似患有国家规定的一类、二类、三类动物疫病和当地新发现的疫病时，必须按规定及时报告当地兽医行政主管部门，并立即采取有效的防治措施。由于兽医行业特殊性的要求，羊场兽医师需具有较高的自身道德水准和技术业务水平。随着我国养羊业的飞速发展和目前动物疫病发生的新特点，要求羊场兽医人员更应提高职业道德修养，以适应养羊业的发展需要，成为尽岗位责任、讲职业道德、遵守职业规范、掌握较高技能、树立行业新风的德才兼备的新时代职业兽医师。

1. 爱岗敬业　通俗地说就是"干一行爱一行"，它是人类社会所有职业道德的一条核心规范。它要求从业者既要热爱自己所从事的职业，又要以恭敬的态度对待自己的工作岗位，爱岗敬业是职责，也是成才的内在要求。

所谓爱岗，就是热爱自己的本职工作，并为做好本职工作尽心竭力。爱岗是对人们工作态度的一种普遍要求，即要求职业工作者以正确的态度对待各种职业劳动，努力培养热爱自己所从事工作的幸福感、荣誉感。所谓敬业，就是用一种恭敬严肃的态度来对待自己的职业。任何时候用人单位只会倾向于选择那些既有真才实学又踏踏实实工作、持良好态度工作的人。这就要求从业者只有养成干一行、爱一行、钻一行的职业精神，专心致志搞好工作，才能实现敬业的深层次含义，并在平凡的岗位上创造出奇迹。一个人如果看不起本职岗位，心浮气躁，好高骛远，不仅违背了职业道德规范，而且会失去自身发展的机遇。虽然社会职业在外部表现上存在差异性，但只要从业者热爱自己的本职工作，并能在自己的工作岗位上兢兢业业工作，终会有机会创出一流的业绩。

爱岗敬业是职业道德的基础，是社会主义职业道德所倡导的首要规范。爱岗就是热爱自己的本职工作，忠于职守，对本职工作尽心尽力；敬业是爱岗的升华，就是以恭敬严肃的态度对待自己的职业，对本职工作一丝不苟。爱岗敬业，就是对自己的工作要专心、认真、负责任，为实现职业上的奋斗目标而努力。所以，羊场兽医师要热爱自己的工作岗位，热爱本职工作，工作要踏踏实实、认真负责、勇于开拓，为我国畜牧业的发展贡献出自己的一份力量。

2. 诚实守信　诚实就是实事求是地待人做事，不弄虚作假。守信就是要讲求信誉，重信誉、信守诺言。诚实守信是中华民族的传统美德，也是社会主义道德建设的重要方面，它作为职业道德准则，是职业在社会中生存和发展的基石。对从业者而言，它是立身之道、修业之本，要求从业者在职业生活中慎待诺言、表里如一、言行一致、遵守职业纪律，从事羊场兽医工作更应如此。羊可患多种人畜共患传染病，不仅严重危害养羊业的发展，而且可能引起人类疫病的流行。羊场兽医师诊断的结果正确与否，对能否及时有效地控制疫病流行起着重要作用。羊场兽医师除了要求技术业务素质高、工作认真以外，从业者的诚信起着重要作用。因此，羊场兽医师在职业生活中应诚实待人、诚实做事，以良好的专业技能、优质的服务、诚实的工作实现自己的劳动价值。诚实守信要求羊场兽医师在动物诊疗活动中，必须使用规范的病志记录和处方，并按有关规定妥善保存，应当使用经国家批准后生产的兽药，并按有关规定合理用药。禁止隐匿、伪造、转让、销毁与兽医专业技术工作有关的证明、文件和资料，禁止出具与自己执业类别不相符合以及与执业范围无关的证明、文书和资料。

3. 办事公道　所谓办事公道，是指从业人员在办事情处理问题时，要站在公正的立场上，按照同一标准和同一原则办事的职业道德规范，即处理各种职业事务要公道正派、不偏不倚、客观公正、公平公开，对不同的服务对象一视同仁、秉公办事，不因职位高低、贫富亲疏的差别而区别对待。它是处理职业内外关系的重要行为准则。因此，羊场兽医人员在工作中，首先应自觉遵守羊场的各项防疫和饲养管理制度，平等待人、秉公办事、清正廉洁，不允许有违章违纪、维护特权、滥用职权、损人利己、假公济私的情况出现。

4. 服务群众　服务群众，满足群众要求，尊重群众利益是职业道德要求的目标。任何职业都有其服务对象，服务群众就要求任何职业都必须极力满足它的职业对象的要求，处处为职业对象的实际需要着想，尊重他们的利益，取得他们的信任和信赖。羊场兽医师的工作不仅要保证本羊场的健康发展，而且要为本养殖区的羊病防控积极提出意见和疫病防控措施，为广大养殖户服务。

5. 奉献社会　奉献社会是社会主义职业道德的最高境界和最终目的。奉献社会是职业道德的出发点和归宿。奉献社会就是要履行对社会、对他人的义务，自觉地、努力地为社会、为他人做出贡献。当社会利益与局部利益、个人利益发生冲突时，要求每一个从业人员把社会利益放在首位，工作中不计较个人名利、利益，不计较个人得失，积极主动，踏踏实实，任劳任怨，主动工作。作为羊场兽医师，特别是遇有自然灾害、疫病流行等紧急情况时，羊场兽医师必须服从当地县级以上畜牧兽医行政管理部门的调遣。

（二）兽医师的专业素质要求

1. 执法能力

（1）学法、知法、懂法，深刻理解《中华人民共和国畜牧法》《中华人民共和国动物防疫法》等相关法律、法规。

（2）严格按照相关法律、法规的规定开展工作。

（3）坚持"公正执法、严格执法"的原则，做到"有法可依，有法必依，执法必严，违法必究"，杜绝违法行为的发生，做到让人民群众真正地放心。

2. 掌握过硬的专业基础知识　羊场兽医师应具备扎实的畜牧兽医学科基础知识，包括羊的解剖生理基础知识、常用兽药基础知识、动物病理学基础知识、兽医微生物学基础知识、动物免疫学基础知识、动物传染病防控基础知识、动物寄生虫病防控基础知识、动物饲养管理基础知识和兽医生物制品基础知识，以及相关的法律、法规知识。

3. 掌握的基本技能　羊场兽医师要熟练掌握常规的羊场卫生消毒、预防接种、采集病料、运输病料、药品和医疗器械的使用、临床观察与给药、动物阉割、患病动物处理等方面的技能，以及常规的实验室诊断技术。

4. 具备钻研业务的能力　任何一项职业都有其特定的专业知识和能力要求，从业人员应加强学习，钻研业务，不断提高理论水平和操作能力。兽医是一项技术性很强的工作，需要熟练掌握专业基础知识，并不断吸收新知识。随着科学技术的进步，动物疫病的诊断技术和理论研究在不断地发展，许多新的诊疗技术也在不断地被采用。羊场兽医师应当积极参加有关兽医新技术和新知识的培训、研讨和交流，更新知识结构，适应时代发展的要求。我国加入世界贸易组织（WTO）以来，市场开放，对动物产品不断提出新标准和新要求，这就要求羊场兽医师诊断和治疗用药要按新标准进行。因此，羊场兽医师要尽快了解和掌握新标准、新规范，不断提高理论水平，完善操作技能。羊场兽医师工作环境艰苦，技术要求高，工作量大，责任重大，其职业道德内容和要求表现得更为明显，需要从业人员严格按职业道德要求，做艰苦细致的努力才能完成任务，使行业不断得到发展。

（魏战勇　刘　石　寇亚楠）

第二部分　现代养羊业综合防疫体系的建设

一、现代养羊业的现状与疫病流行的关系

(一) 集约化程度逐步提高，管理水平差

我国养羊业正处在从自然放牧形式向集约化、规模化、自动化养羊模式转变的关键阶段。目前，我国规模化养羊企业日益增多，包括牧区也逐渐放弃了较浪费资源的自然放牧，随之也带来了很多问题。比如，饲养管理水平与羊场规模不匹配；由于集约化饲养养殖规模大、养殖密度高，管理水平差，使得羊只间接触频率增高，病羊传播疾病的概率也较大，传染病的传播也就更为迅速，更易导致传染病的暴发。

(二) 品种日趋集中化，引种问题大

近年来，为了提高羊场生产效益，各个羊场都希望养殖繁殖性能优良、生长速度快、产肉或产毛率高的优良品种。因此，引进优良品种成为羊场的首要任务。但是，国外引种代价太高，国内引种又面对很多的问题。比如，目前我国优良品种繁育体系建设相对滞后，一方面许多种羊场自身羊群健康水平低；另一方面许多羊场种群来源复杂，并且各个羊场隔离检疫措施不完善，使得不同地域间、不同繁育体系间疫病的传播越来越多。

(三) 养殖规模不断扩大，饲草供应不足

我国草原由于过度放牧，长期超载，致使草场"三化"严重，再加上农副产品没有很好地加工处理和科学利用，所以各个羊场饲料普遍不足，冬季和春季饲料短缺尤为严重。地区间、季节间存在着比较严重的草畜不平衡现象，导致羊只冬季和春季营养不足、消瘦，从而使得一些非传染性疾病和条件性病原体所致的疾病频繁发生与流行。有的地区缺少饲料制作技术，青贮技术不普及；有的地区

因饲喂饲料单一，造成妊娠母羊大量流产，羔羊发生白肌病、初生重小等营养性疾病。

二、现代养羊业综合防疫体系建立的原则

（一）坚持"预防为主，养防结合，防重于治"的原则

随着集约化养羊业的迅速发展，以预防为主的防疫原则就显得尤为重要。在集约化、规模化养殖的羊群中，若忽视了预防优先的原则，而忙于治疗羊病，则势必造成养羊生产完全陷于被动。所以，只有抓好预防措施的每一个环节，才能降低羊病发生的概率，即使发病，也能及时控制。坚持预防为主的原则，是养羊业每个工作人员应尽的职责和义务。现代养羊业中的兽医工作者不仅仅要擅长临床实践，注重于单个动物疾病的治疗，与此同时，还必须学习和熟练掌握预防兽医学的基本理论和方法，在坚持"预防为主、防重于治"的原则的前提下，重点研究提高羊群整体健康水平、防止外来疫病传入羊群、控制与净化羊群中已有疫病的策略与技术措施。

（二）探求疫病的发生原因，采用综合性防疫措施

疫病的发生和流行往往都不是单一因素导致的，都与其决定因素相关。通常可将这些因素划分为致病因子、环境因子和宿主因子，三者相互依赖、相互作用，从而导致了羊群群体的健康或非健康。所以采用单一的措施并不能有效预防、控制或消灭疫病，也不能提高群体的健康水平。要在加强饲养管理的同时，做好疫病的防控工作，从而有效地预防疫病的发生。在现代养羊业的兽医工作中，应采用综合性防控措施来防治疫病。

（三）针对传染病的流行特点进行疫病防控

任何传染病都是可以预防的，要树立一定能战胜疫病的观念。任何一种传染病的发生和流行都必须具备三个环节，即传染源、传播途径、易感动物。只要任何一个环节被阻断，那么这种传染病就不会发生。羊场兽医师必须熟练掌握和运用家畜传染病的流行病学知识，针对传染病流行过程三个基本环节及其相互关系，采取消灭传染源、切断传播途径、保护易感动物、增强免疫能力的综合防疫措施，这样才能阻断传染病的流行，有效降低传染病的危害。

（四）制定兽医保健防疫章程

随着养羊业的集约化、规模化的不断发展，现代养羊业已发展为一项系统工

程，在系统内各个子系统相互关联、相互影响。作为一名兽医人员，应该熟悉其他子系统的情况，如生产工艺流程、养羊设备性能、饲料及其加工调制、饲养与管理、不同品种羊的特征、经营与销售、资金流动等。依据现代养羊业不同饲养阶段的特点，科学而合理地制订兽医保健防疫计划，满足不同阶段羊群健康生长的需要。

三、现代养羊业疫病综合防控体系建立的基本内容

羊病防治，必须坚持"预防为主"的方针，同时加强饲养管理，搞好环境卫生、做好防疫、检疫工作，坚持定期驱虫和预防中毒等多项综合防治措施。

（一）羊场的建设与环境控制

1. 羊场场址的选择 羊场的设置和规模，应依据市场经济需求，结合区域养羊生产发展规划和良种繁育体系建设要求，合理规划和建设。羊场规划建设应该按其性质（原种场、繁育场、商品场）来确定建设的等级水平。不论哪级羊场，一般要求场区内有良好的小气候环境，利于舍内空气调节，利于卫生防疫和管理措施执行，利于提高设备利用率和劳动生产率。一般选择原则如下：

（1）场址：场址应选在地势高、平坦、背风向阳的地方，场地应高于周围地势，地下水位在 2 m 以下。山区不要建在山顶或山谷，地势倾斜度在 1% ~3% 为宜，大山区地势倾斜度最大不超过 25%。场地应较开阔，方正，不宜狭长。场址的土壤应未被有机物所污染，以沙土最好。规模养羊场要远离村庄、山洪水道、风口、泥石流通道等。

（2）水源：场址要用水方便，水质优良，以泉水、溪水、井水和自来水较为理想。水量要充足，一般每只羊日耗水量 3 ~10 L。水质应符合卫生标准：

1）感官性状：温度不超过 15 ℃，无异色；混浊度不超过 5 度，无异臭或异味；不含肉眼可见物。

2）化学指标：pH 值在 3.5 ~8.5；总硬度不超过 250 mg/L；阳离子合成洗涤剂不超过 0.3 mg/L。

3）毒理指标：氰化合物不超过 0.05 mg/L；汞含量不超过 0.001 mg/L；铅含量不超过 0.1 mg/L。

4）细菌学指标：细菌总数不超过 100 个/L；大肠杆菌不超过 3 个/L。

（3）交通通信：交通便利，通信方便，电力供应好。羊场周围有丰富的草料供给，有一定的饲草饲料基地及放牧草地。羊场一般距离主干道 300 m 以上。

（4）合理布局：集约化羊场通常分为 3 个功能区，即生产区（包括羊舍，以及饲草储存、加工、调制等设施）、管理区（主要是与经营有关的建筑物与设

施、农副产品加工设施和职工福利建筑设施等）和病羊管理区（包括兽医室、隔离室等）。其中，管理区应占据全场上风向和地势较高的地段。生产区设在下风向和地势较低处，但应高于兽医室、隔离室等，并在其上风向。生产区与管理区之间至少要保持 500 m 的距离，生产区与病羊管理区至少保持 300 m 的距离，并应防止居民生活区、管理区的污水和地表径流流入生产区。

（5）注重生态环境，种植绿化带：引入国外或省外优良品种进入羊场，尽量使羊场接近或符合品种原产地的自然生态条件。羊场的绿化带可以有效地改善羊场小气候，净化空气，减少微粒、噪声和空气中细菌的含量。同时，羊场外围的防护带可以有效减少人畜任意来往，减少疫病的传播机会，并起到防火作用。

1）树种与绿篱植物：可栽种梧桐、白杨、旱柳、垂柳、榆树、椿树、合欢、油松、侧柏、雪松等。

2）种植要求：羊场周围应平行种植 2～4 排树木，尤其在冬季主风向一侧应密栽，并距场内主要建筑 40～50 m 为宜，其他方向为 30～40 m。羊舍间应种植树木和绿篱植物，树木间行距 3～6 m、株距 1～1.5 m。

2. 羊舍的建造　建造羊舍的目的是保暖防寒，便于降温防暑和祛寒防冻，利于各类羊群管理。专业性强的规模羊场，羊舍建造应考虑不同生产类型羊的生理要求，以保证羊群有良好的生活环境。

（1）羊舍类型：羊舍类型按照墙体封闭程度，可划分为封闭式、开放式和半开放式三类。封闭式羊舍，具有保温性能强的特点，适合寒冷北方地区采用。我国西北、东北地区采用的塑膜暖棚羊舍，也属此类。开放式棚舍，保温性能很差，适合炎热地区。温带地区在放牧草地也设有开放式棚舍，只起凉棚作用，防止太阳辐射。半开放式羊舍，具有采光强和通风好的特点，但保温性能差，我国南北方普遍应用。

按羊舍形状，可划分为"一"字形、"厂"字形、"M"形。我国多采用"一"字形，其采光好，温差不大，经济适用。此类型包括单坡式和双坡式两种。单坡式羊舍跨度小，自然采光性好，适于小型羊场或农户；双坡式羊舍跨度大，占地面积少，保温性强，但采光和通风差。南方地区种羊场采用楼房式羊舍，山羊饲养户也有采用高床养羊的，另外还有许多类型的经济适用的简易羊舍。

（2）羊舍面积：羊场的生产方向不同，羊只的羊舍面积也不相同。要根据具体情况设计羊舍大小。羊舍过小，舍内易潮湿，空气污染严重，不利于羊只健康，给管理带来不便，影响生产效果。相反，羊舍建造过大，提高建场成本，浪费财物，同样不便管理。

肉用羊一般每只需要面积 1～2 m²，种公羊（单饲）为 4～6 m²，种公羊（群饲）为 2～2.5 m²，青年公羊为 0.7～0.8 m²，青年母羊为 0.7～0.8 m²，断奶羔羊为 0.2～0.3 m²，商品肥羊为 0.6～0.8 m²。在南方，采用大圈通栏式羊舍，设置活动铁架隔栏，按生产季节变换羊圈面积，更有利于羊舍有效利用。

羊场设置运动场面积应为羊舍的 2 倍，产羔室面积按产羔母羊数的 25% 计算。合理的羊舍要求控制光照、温度、湿度、气流和有害气体成分。夏季舍温不应超过 30 ℃，冬季产羔舍保持在 8 ℃以上。羊舍要保持干燥，地面不潮湿。建造楼式羊舍或离地高床可解决羊舍潮湿问题，适宜南方多雨地区采用。舍内相对湿度应保持在 50% ~ 70%。采光系数要求成年羊舍是 1:（15 ~ 25），产羔羊舍的采光系数应小。羊舍光照入射角应不小于 25°，透光角不小于 5°。

（3）羊舍基本结构：羊舍由屋顶、顶棚、墙、门、窗、地面、楼板、基础、运动场等部分组成。

1）地基和基础：地基是支撑建筑物的土层，要夯实。简易的小型羊舍，因负载小，一般建于自然地基上，要求有足够的承重能力和厚度，抗冲刷力强，膨胀性小，下沉度应小于 2 ~ 3 cm。

基础是墙壁没入土层的部分，是墙体的延续和支撑，要求坚固耐久，具有良好的抗机械能力，防潮、抗震、抗冻能力强。一般基础比墙宽 10 ~ 15 cm，可选择砖、石、混凝土、钢筋混凝土等作为基础建筑材料。

2）墙和隔墙：墙和隔墙对羊舍起保温作用，冬季墙体的散热量占畜舍总散热量的 35% ~ 40%。不论采用土墙、砖墙、石墙，都应考虑造价、保温和消毒等问题。砖墙最常用，砖墙厚度分为半砖墙、一砖墙和一砖半墙。温带地区也有用铝板、玻璃纤维板做保温隔热墙的。南方农村多采用当地竹木做隔墙，透气凉爽，保温性差，但也实用。

3）屋顶：屋顶的保温隔热作用相对大于墙，舍内因上部温度高，屋顶内外的温度大于墙内外的温度。屋顶通常采用多层建筑材料，增加保温性。单坡式屋顶一般用于小型羊场的单列式羊栏。双坡式屋顶，用于中型羊场的双列式羊栏。

4）地面：地面是羊运动、采食和排泄的地区，按建筑材料不同有土、砖、水泥和木质地面等。

北方通常采用地面做羊床，供羊只卧息，排泄粪尿。一般要求地面保温性好，用导热系数小的材料建造。地面处理采取夯实黏土或三合土，即 1 份石灰加 2 份碎石加 4 份黏土。地面处理要求致密、坚实、平整、不渗水，无裂缝、不硬滑，能抗消毒液侵蚀。地面应有 1% ~ 1.5% 的斜度，便于排污，利于清扫、消毒。地面设计要求使羊只平卧休息时舒服，能防止四肢受伤或蹄病发生。用砖铺设地面，效果也不错。南方地区采用竹木漏缝地板作为羊床，上述条件均可达到要求，是最佳的羊床。国外有用镀锌钢丝做羊床的，但成本较高。

5）天棚：寒冷的地方，可增设天棚，以降低羊舍净高，既可以储放饲草，又起到保温作用。楼式羊舍，冬天让羊只住楼下，楼上储草，也有天棚的效果。夏天住楼上，干燥清洁。南方温暖的地方不考虑设计天棚。

6）门和窗：门要保证羊只自由出入。羊舍门应向外开，不设门槛。门的设置视羊舍大小而定，一般 1～2 个门，设在羊舍两端，正对通道。大型羊舍门宽 2.5～3 m，高 2～2.5 m。寒冷北方地区可设套门。窗宽 1～1.2 m，高 0.7～0.9 m，窗台距地面高 1.3～1.5 m。

7）运动场：单列式羊舍应坐北朝南排列，所以运动场应设在羊舍的南面；双列式羊舍应南北向排列，运动场设在羊舍的东西两侧，以利于采光。运动场地面应低于羊舍地面，并向外稍有倾斜，便于排水和保持干燥。

8）围栏：羊舍内和运动场四周均设有围栏，其功能是将不同大小、不同性别和不同类型的羊相互隔离开，并限制在一定的活动范围之内，以利于提高生产效率和便于科学管理。

围栏高度 1.5 m 较为合适，材料可采用木栅栏、铁丝网、钢管等。围栏必须足够坚固，因为与绵羊相比，山羊更活泼，好斗性和运动撞击力也要大得多。

9）食槽和水槽：尽可能设计在羊舍内部，以防雨水和冰冻。食槽可用水泥、铁皮等材料建造，深度一般为 15 cm，不宜太深，底部应为弧线形，不要有尖锐的棱角，以便清洁打扫。水槽可用成品陶瓷水池或其他材料，底部应有放水孔。

3. 羊舍的主要配套设施 养羊的常用设备主要包括草架、饲槽、栅栏、堆草圈、药浴池、青贮壕等。

（1）草架：利用草架喂羊，可减少饲草浪费，避免草屑污染羊毛，且羊的粪尿也不易污染饲草，可减少羊群疾病的发生。草架有多种形式，最常见的草架有以下两种：

1）简易草架：用砖或石头砌成一堵墙，或直接利用羊舍墙，将数根 1.5 m 以上长的木棍或木条下端埋入墙根，上端向外斜 25°，各木条或木棍的间隙应按羊体大小而定，一般以能使羊头部进出较易为度，并将各竖立的木棍上端固定在一横棍上。横棍的两端分别固定在墙上即可。

2）木制活动单架：先制作一个长方形立体框，再用 1.5 m 高的木条制成间隔 15～20 cm 的"U"形装草架，将装草架固定在立体框之间即可。

（2）饲槽：为了节省饲料，讲究卫生，要给羊设饲槽，可用砖、石头、土坯、水泥等砌成固定饲槽，也可用木板钉成活动饲槽。

1）固定饲槽：用砖、石、水泥等砌成长方形或圆形固定饲槽。长方形饲槽大小一般要求为：槽体高 23～25 cm，槽内宽 23～25 cm，深 14～15 cm。槽壁应用水泥抹光。槽长依据羊只数量而定，一般可按每只大羊 30 cm、羔羊 20 cm 计算。固定式圆形食槽中央砌成圆锥体，内放饲料。圆锥体外砌成一带有采食孔的、高 50～70 cm 的砖墙，羊可分散在圆锥体四周采食。

2）活动饲槽：用厚木板钉成长 1.5～2 m，上宽 35 cm，下宽 30 cm 的木槽，其优点是使用方便，制造简单。

（3）栅栏：

1）母仔栏：将两块栅栏板用铁链连接而成，每块高1 m，长1.2～1.5 m，将此活动木栏在羊舍角隅呈直角展开，并将其固定在羊舍墙壁上，可围成1.2～1.5 m² 的母仔间，目的是使产羔母羊及羔羊有一个安静且不受其他羊只干扰的环境，便于母羊补料和羔羊哺乳，有利于产后母羊和羔羊的护理。

2）羔羊补饲栅：可用多个栅栏、栅板或网栏在羊舍或补饲场靠墙围成足够面积的围栏，并在栏间插入一个大羊不能进而羔羊能自由进出采食的栅门即可。

3）分群栏：在进行鉴定、分群及兽医防疫注射工作时，常需要将羊分群。利用分群栏可减轻劳动强度，提高工作效率。分群栏可建成坚固永久性的或用栅栏临时隔成。分群栏设有一窄而长的通道，通道的宽度比羊体稍宽，羊在通道内只能单独前进，在通道的两侧设若干个只能出不能进的活动门，门外围以若干储羊圈，通过控制活动门的开关决定每个羊只的去向。

（4）堆草圈：每幢羊舍的外面，用土墙或铁丝围成草圈，以储存羊补饲用的干草和作物秸秆等。堆草圈应设在地形稍高、向南有斜坡的地方，以利防潮和排水。舍饲的羊应设专门的饲草饲料库或草料棚，并应防潮、防雨淋、防风刮。

（5）药浴池：为防治羊疥癣及其他外寄生虫病，每年应定期给羊药浴。药浴池一般用水泥筑成，形状为长方形水沟状。池的深度约1 m，长10～15 m，底宽30～60 cm，上宽60～100 cm，要以一只羊能通过而不能转身为度，池的入口端为陡坡，在出口一端筑成台阶，在入口一端设储羊圈，出口一端设滴流台。羊出浴后，在滴流台上停留一段时间，使身上的药液流回池内。药浴池应临近水井或水源，以利于往池内放水。有条件的养羊场、养羊户可建造药浴池排水通道。

（6）青贮窖或青贮壕：青贮料是绵羊、山羊的良好饲料，可以和其他饲草搭配，提高羊的采食量。为了制作青贮饲料，应在羊舍附近修建青贮窖或青贮壕。

1）青贮窖：一般为圆桶形，底部呈锅底状，可分地下式或半地下式。建窖时应选地势高燥、地下水位低的地方修建，先挖一个土窖，窖的大小应根据羊群数量、饲喂青贮量决定。一般窖的直径为2.5～3.5 m，深3 m左右，然后将窖壁用砖和水泥砌成，窖壁应光滑，防止雨水渗漏。

2）青贮壕：一般为长方形，壕底及壕壁用砖、石、水泥砌成。为防止壕壁倒塌，青贮壕应建成倒梯形。青贮壕的一般尺寸：人工操作时深3～4 m，宽2.5～3.5 m，长4～5 m；机械操作时长度可延长至10～15 m，以2～3 d能将青贮原料装填完毕为原则。

青贮壕也应选择地势高燥的地方修建，在离青贮壕周围50 cm处，应挖排水沟，防止污水流入壕中。

（二）严格执行检疫制度

检疫就是应用各种诊断方法（临床、实验室），对羊及其产品进行疫病检查，并采取相应的措施，以防止疫病（主要是传染病和寄生虫病）的传播和发生。为了做好检疫工作，必须有一定的检疫制度，以便在羊只流通的各个环节中，做到层层检疫，环环扣紧，互相制约，从而杜绝疫病的传播蔓延。羊只从生产到出售，要经过出入场检疫、收购检疫、运输检疫和屠宰检疫，涉及外贸时，还要进行进出口检疫。出入场检疫是所有检疫中最基本、最重要的检疫，只有经过检疫且无疫病时，方可让羊及其产品进场或出场。养羊专业户引进羊时，只能从非疫区购入，经当地兽医检疫部门检疫，并签发检疫合格证明书；运抵目的地后，再经羊场所在地兽医验证、检疫并隔离观察 1 个月以上，确认为健康的羊只，再经驱虫、消毒，没有注射过疫苗的羊只补注疫苗后，方可与原有羊混群饲养。

检疫是一项重要的防疫措施，检疫对于生产者来说可分为引种时的检疫和平时生产性检疫。许多疾病一旦引入，再想从羊场清除非常困难，因此应尽量从本地引种，异地引种易患口炎、结膜炎等疾病。必须从外地引种时，应了解产地羊群传染病的流行情况，不要到疫区购买羊只。在引种时对布鲁菌病、结核病、蓝舌病等疾病要做认真检疫，开具产地检疫证。运输工具要彻底消毒，开具运输工具消毒证明。引入后应重新检疫，淘汰、扑杀不合格的羊只；对假定健康羊进行防疫、驱虫、隔离观察，确认健康无病方可混群饲养或销售。

平时生产性检疫就是根据当地羊传染病流行情况和传染病的特点，确定检疫时间及检疫内容。一般应把当地流行的传染病及一些没有特征性临床症状、危害较大的传染病作为检疫内容，如布鲁菌病、结核病、蓝舌病等，定期检疫，把检出的病羊淘汰或扑杀。

羊大群检疫时，可用检疫夹道，即在普通羊圈内，用木板做成夹道，进口处呈漏斗状，与待检圈相连，出口处有两个活动小门，分别通往健康圈和隔离圈。夹道用厚 2 cm、宽 10 cm 的木板，做成 75 cm 高的栅栏，夹道内的宽度和活动小门的宽度均为 45～50 cm。检疫时，将羊赶入夹道内，检疫人员即可在夹道两侧进行检疫。根据检疫结果，打开出口的活动小门，分别将羊赶入健康圈或隔离圈。这种设备除检疫用外，还可用于做羊的分群。

（三）加强羊群的饲养管理

1. 坚持自繁自养　羊场或养羊专业户应选养健康的良种公羊和母羊，自行繁殖，以提高羊的品质和生产性能，增强对疾病的抵抗力，并可减少入场检疫的劳务，防止因引进新羊带来各种疫病。购入动物、动物产品和出售时销售员上门带入的病原微生物，是目前造成疫病发生的主要原因，所以尽可能不要购入羊饲养。若要购买，则要一定保证所采购的羊只来自健康种羊群，经监测、隔离、消毒等规定程序购买羊，调入后要隔离观察饲养，并做好消毒与免疫等工作，确保调入羊只的健康之后，才能与本场原有羊群混合饲养。

2. 青粗饲料为主，精饲料为辅　羊属草食性反刍动物，应以饲喂青粗饲料为主，根据不同季节和生长阶段，将营养不足的部分用精饲料补充。实践证明，羊的食性很广，能采食乔灌木枝叶及多种植物，也能采食各种农副产品及青贮饲料。对于这样广阔的饲料来源，应该充分加以利用，有条件的地区尽量采取放牧、青刈等形式来满足其对营养物质的需要，而在枯草期或生长旺期可用精饲料加以补充。这样既能广泛利用粗饲料，又能科学地满足其营养需要。配合饲料应以当地的青绿多汁饲料和粗饲料为主，尽量利用本地价格低、数量多、来源广、供应稳定的各种饲料。这样，既能符合羊的消化生理特点，又能充分利用植物性粗饲料，从而达到降低饲料成本、提高经济效益的目的。

3. 合理地搭配饲料，保证饲料的多样性和全价性　根据羊的生产性能、年龄、性别及饲料来源、种类、质量、管理条件等，合理地配合饲料，做到饲料饲草多样化，以满足羊对营养物质的需要。做到饲料多样化，可保证日粮的全价性，提高机体对营养物的利用效率，是提高羊生产性能的必备条件。同时，饲料的多样化和全价性，能提高饲料的适口性，增强羊的食欲，促进消化液的分泌，提高饲料利用效率。

4. 保持饲料品质、饲料量及饲料种类的相对稳定　饲料质量如何也是决定养羊效益的一个关键条件。质量好的饲料能保证羊的正常生长发育和生产性能。

养羊生产具有明显的季节性，季节不同，羊所采食的饲料种类也不同。因此，饲养中要随季节变更饲料。羊对采食的饲料具有一种习惯性。瘤胃中的微生物对采食的饲料也有一定的选择性和适应性，当饲料组成发生骤变时，不仅会降低羊的采食量和消化率，而且可影响瘤胃中微生物的正常生长和繁殖，进而使羊的消化机能紊乱和营养失调。因此，饲料的增减和变换应有一个相适应的渐进过程。这里必须强调的是混合精料量的增加一定要逐渐进行，谨防加料过急引起消化障碍，在以后的很长时间里吃不进混合精料，即所谓"顶料"。为防止"顶料"，在增加饲料时最好每四五天加料一次，减料可适当加大幅度。

5. 妥善安排生产环节　养羊的主要生产环节是鉴定、剪毛、梳绒、配种、产羔、育羔、羔羊断奶和分群。每一生产环节的安排，都应在较短时间内完成，以尽可能增加有效放牧时间，及时给予适当补饲，如进行舍饲要给予全价的配合饲料。

6. 合理布局与分群管理　应根据羊场规模与圈舍条件、羊的性别与年龄等进行科学合理布局和分群。一般在生产区内公羊舍占上风向，母羊舍占下风向，幼羊居中。

根据羊的种类、性别、年龄、健康状况、采食速度等进行合理的分群，避免混养时强欺弱、大欺小、健欺残的现象，使不同的羊只均得到正常的生长发育、生产性能发挥和有利于弱、病羊只体况的恢复。

（四）搞好环境卫生与消毒工作

1. 严格控制环境卫生　养羊的环境卫生好坏，与疫病的发生有密切关系。脏乱的环境，便于病原体的滋生和疫病的传播。因此，对羊的圈舍、活动场地及用具等要经常进行清扫，保持洁净、干燥；粪便和污物要及时清除，并堆积发酵；饲草饲料应尽量保持新鲜、清洁和干燥，防止发霉变质；固定牧业井或以流动的河水作为饮用水，有条件的地方可建立自动卫生饮水池，以保证饮水的卫生。

蝇、蚊、蜱等节肢动物是病原体的宿主和携带者，常可作为某些传染病和寄生虫病的传播媒介，因此，消灭这些媒介昆虫，在预防传染病和寄生虫病方面有着重要的意义，可采取以下措施：清除羊舍周围的杂物、垃圾和杂草堆，填平死水坑；用火焰枪来喷烧昆虫聚居的墙壁、用具等的缝隙，或焚烧昆虫聚居的垃圾废物；水槽或用具可用烘烤箱进行消毒，以杀灭这些物品上的昆虫虫卵，减少昆虫的来源；可采用倍硫磷、溴氰菊酯（敌杀死）等杀虫剂每月在羊舍内外和蚊蝇容易滋生的场所喷洒2次，但不可喷洒于饲料仓库、鱼塘等处；在4～9月蜱的活动季节，应定期进行药浴，以杀死羊体表寄生的媒介蜱，避免将其带入圈舍并在圈舍内定居，给疫病的防治埋下祸根。

鼠类除能给人民经济生活造成巨大损失外，对动物健康也有极大的危害。它是多种人畜共患病的传播媒介和传染源，也可以传播炭疽、布鲁菌病、结核病、李氏杆菌病、巴氏杆菌病、口蹄疫等多种羊的传染病，因此灭鼠对于预防羊病具有重要意义。灭鼠工作应从两方面进行：一方面根据鼠类的生态学特点防鼠、灭鼠。圈舍最好使用钢门，并封闭严实，使鼠类不能进入圈舍；采用混凝土制作墙面、地面，若发现洞穴，应及时封堵，使鼠类无藏身之所；应经常保持圈舍及场区周围的整洁，及时清除饲料残渣，将饲料保藏在鼠类不能进入的房舍内，使鼠类触碰不到食物。另一方面则是采取多种方法直接杀灭鼠类。除采用捕鼠夹扑杀外，最常用的是药物灭鼠，较常用的药物有敌鼠钠盐、安妥、磷化锌等。敌鼠钠盐对人畜毒性低，常用于住房、畜舍、仓库，比较安全，常用0.05%的药饵，即将本品用开水化成5%溶液，然后按0.05%浓度与谷物或其他食饵混合均匀即可。投放毒饵需连续4～5 d，因为多次少量食入比一次大量食入效果更好。敌鼠钠盐是一种抗凝血性药物，鼠食后可使其内脏、皮下等处出血而死亡，使用时应慎防发生人畜中毒，如发生中毒，可用维生素 K_1 注射液解救。

2. 做好日常消毒工作　消毒通常是指用化学药物或其他方法来消灭病原体

及其芽孢、幼虫、虫卵、卵囊等，是截断传播途径的重要手段之一，要定时消毒，防止其扩散。羊圈和饲具应经常保持清洁干燥，每天清扫粪便及污物，并堆积发酵。羊舍用具每年度各进行4次大清扫、大消毒，以后每月消毒一次。对母羊产房在临产前要彻底消毒。每批羊出栏后要彻底消毒并空圈后才可进羊。对病羊粪便、血液及其分泌物污染的土壤、场地、圈舍、用具和饲养人员消毒时的衣服、鞋等都要彻底消毒。发生疫病时每周消毒一次。

（1）消毒的分类：按消毒目的不同，可将消毒分为预防性消毒、临时消毒和终末消毒。

1）预防性消毒：指未发生传染病的情况下，在平时的饲养管理中定期对羊舍和空气、饮水、用具、道路和羊群等进行消毒，以达到预防一般传染病的目的。

2）临时消毒：是指在发生传染病时，为了及时消灭病羊排出的病原体所进行的不定期消毒。消毒对象包括病羊所在的羊舍、隔离室，以及被其分泌物、排泄物污染或可能被污染的一切场所、用具、物品。临时消毒的特点是每日多次定期或随时消毒，以防止病原体的扩散和传播，达到切断传播途径、消灭传染病、防止疫情蔓延的目的。

3）终末消毒：是指病羊解除隔离（病愈或死亡）时，或在解除封锁时，为消灭隔离舍内或疫区内残留的病原体而进行的全面彻底的大消毒，其目的是为了净化饲养场地，根除疫病隐患。在全进全出制的生产系统中，当羊全部出栏后对场区、圈舍所进行的消毒也属此种消毒方法。

（2）消毒的方法：

1）物理消毒法：是指用物理因素杀灭或消除病原微生物及其他有害微生物的方法，包括自然净化、机械除菌、热力灭菌和紫外线辐射等。

2）化学消毒法：是指用化学药物进行消毒的方法，是目前最为常用的消毒方法。选用消毒药物应考虑杀菌广谱，一是有效浓度要低，作用快，效果好；二是对人畜无害；三是性质稳定，易溶于水，不易受有机物和其他理化因素的影响；四是使用方便，价格低，易于推广；五是无味、无臭，不损坏被消毒物品；六是使用后，残留量少或副作用小。常用的消毒剂有漂白剂、过氧化氢、过氧乙酸、甲醛、碘仿、苯酚、酒精、新洁尔灭、氢氧化钠、石灰乳、草木灰、氨水和部分酸类等。

3）生物热消毒法：是指利用微生物消灭致病微生物的方法，常用的方法是利用生物热消毒，通过堆积发酵、沉淀池发酵、沼气池发酵等产热或产酸，以杀灭粪便、污水、垃圾和垫草等内部病原体。将被污染的粪便堆积发酵，利用嗜热细菌繁殖时产生高达70 ℃的温度，经过1～2个月可将病毒、细菌、寄生虫卵等病原体杀死。但此法不适用于炭疽、气肿疽等芽孢病原体引起的疫病，这类疫病的粪便应焚烧或深埋。

（3）建立消毒制度与程序：消毒是预防疾病发生的一项重要措施，通过消毒可消灭外界环境中的病原体、切断传播途径、阻止疫病继续蔓延。因此，羊场要建立切实可行、完善的消毒制度，定期对羊舍、用具、地面土壤、粪便、污水、皮毛等进行消毒。

1）羊场入口消毒：羊场大门口处要设立消毒池（池宽同大门，长为机动车辆车轮一周半），内放2%氢氧化钠溶液，每星期更换1次。建立消毒室，一切入场人员皆要在此用漫射的紫外线照射5～10 min，不准带入可能染疫的畜产品或物品。进入生产区的工作人员，必须更换场区工作服、工作鞋，通过消毒池进入自己的工作区域，严禁相互串圈。

2）羊舍消毒：羊舍消毒是保证羊只健康和饲养人员安全的一项重要措施。羊舍一般每月消毒1次。此外，在春秋季节或羊出栏后要对羊舍进行1次彻底清扫和消毒。

羊舍消毒一般分两个步骤进行。第一步进行机械清扫，第二步用消毒液消毒。机械清扫时为避免尘土及微生物飞扬，应先用水或消毒液喷洒，然后对羊舍进行清扫，清除粪便、垫料、剩余饲料、墙壁和顶棚上的蜘蛛网、尘土等。对扫除的污物应集中进行烧毁或生物热发酵。污物清除后，如是水泥地面，还应再用清水洗刷。

空羊舍的常规消毒，首先要彻底清扫干净粪尿。用清水冲洗干净，再用3%氢氧化钠喷洒和刷洗墙壁、笼架、槽具、地面，消毒12 h后，用清水冲洗干净，待干燥后，用0.5%过氧乙酸喷洒消毒。羊舍土壤表面消毒可用含5%有效氯的漂白粉溶液、4%福尔马林或10%的氢氧化钠溶液。

对于密闭羊舍，还应用甲醛熏蒸消毒，方法是每立方米用40%甲醛45 mL，倒入适当的容器内，再加入高锰酸钾20 g。应当注意，此时室温不应低于15 ℃，否则要加入20 mL的热水。为了减少成本，也可不加高锰酸钾，但是要用猛火加热甲醛，使甲醛迅速蒸发，然后熄灭火源，密封熏蒸12～24 h。打开门窗，除去甲醛气味。

3）地面土壤消毒：土地表面可用10%漂白粉溶液、4%福尔马林溶液或10%氢氧化钠溶液消毒。停放过芽孢杆菌所致传染病（如炭疽）病羊尸体的场所，应严格进行消毒，首先用10%漂白粉溶液喷洒地面，然后将表层土壤铲除15～20 cm，所铲除的土壤应与20%漂白粉溶液混合后再进行深埋。其他传染病所污染的地面，则可先深翻地面（约30 cm），翻地的同时撒上干漂白粉，用量为每平方米0.5 kg，然后用水浇湿、压平。如果放牧地区被某种病原体污染，一般利用自然因素（阳光、干燥等）来消除病原体，如果污染面积不大，则应使用化学消毒法消毒。

4）粪便消毒：①掩埋法，将粪便与漂白粉或新鲜生石灰混合，深埋于地下，一般埋的深度在 2 m 左右。②焚烧法，只用于消毒患有烈性传染病病羊的粪便。具体做法是：挖一个坑，深 75 cm、宽 75 ~ 100 cm，在距坑底 40 ~ 50 cm 处加一层铁炉，将粪便置于铁炉上焚烧。如果粪便潮湿，可添加一些干草，以利于燃烧。③化学消毒法，所适用的化学消毒剂有 10% ~ 20% 漂白粉溶液、0.5% ~ 1% 过氧乙酸溶液、5% ~ 10% 硫酸苯酚合剂、20% 石灰乳等。使用时应注意搅拌，使消毒剂浸透混匀。由于粪便中有机物含量较高，不宜使用凝固蛋白质性能强的消毒剂，以免影响消毒效果。④生物消毒法是粪便消毒最常用的方法。羊粪常用堆积法进行生物热发酵，在距房舍、水池和水井 100 ~ 200 m 且无斜坡通向任何水池的地方进行。挖一宽 1.5 ~ 2.5 m、两侧深度各 20 cm 的坑，由坑底到中央有大小不等的倾斜度，长度视粪便量的多少而定。先将非传染性的粪便或干草堆至 25 cm 高，其上堆积需消毒的粪便、垫草等，最外面再堆上 10 cm 厚的非传染性粪便或谷草，并抹上 10 cm 厚的泥土，密封发酵 2 ~ 4 个月，即可用作肥料。

5）污水消毒：最常用的方法是将污水引入污水处理池，加入化学消毒药品进行消毒，用量一般为每升污水 2 ~ 5 g。

6）饲槽及用具消毒：常用 0.1% 的高锰酸钾溶液对饲槽、用具进行消毒。

7）皮毛消毒：羊发生炭疽病、口蹄疫、布鲁菌病、羊痘、坏死杆菌病等时，对涉及的羊皮羊毛均需消毒。应当注意，羊患炭疽病时，严禁将整批曾与之接触过的皮张统统进行消毒。皮毛消毒，目前广泛应用环氧乙烷气体消毒法。消毒时必须在密闭的专用消毒室或密闭性良好的容器内进行。在室温 15 ℃下，每立方米密闭空间使用环氧乙烷 0.4 ~ 0.8 kg，维持 12 ~ 48 h，相对湿度在 30% 以上。此法对细菌、病毒、霉菌均有较好的消毒效果，对皮毛等产品中的炭疽芽孢也有较好的杀灭作用。

8）尸体消毒：尸体用掩埋法处理。应选择离羊场 100 m 以上的无人区，在土质干燥、地势高、地下水位低的地方挖坑，深度在 2 m 左右，坑底部撒上生石灰，再放入尸体，放一层尸体撒一层生石灰，最后填土夯实。

9）兽医诊疗器械及用品的消毒：兽医诊疗室的地面、墙壁等，在每次诊疗前后应用 3% ~ 5% 来苏儿溶液进行消毒。室内尤其是手术室内，可用紫外线灯在手术前或手术间歇时进行照射，也可使用 1% 漂白粉澄清液或 0.2% 过氧乙酸溶液做空气喷雾，有时也用乳酸、甲醛等加热熏蒸。有条件时采用空气调节装置，以防空气中的微生物降落于伤口或器械表面，引起伤口感染。诊疗过程中的废弃物如棉球、棉拭、污物、污水等，应集中进行焚烧或生物热发酵处理，不可到处乱倒乱抛。被病原体污染的诊疗场所，在诊疗结束后应进行彻底消毒，推车可用 3% 漂白粉澄清液、5% 来苏儿溶液或 0.2% 过氧乙酸溶液擦洗或喷洒，室内空气用甲醛熏蒸，同时打开紫外线灯照射，2 h 后打开门窗通风换气。

兽医诊疗器械及用品的种类和作用范围不同，其消毒的方法也各不相同。一般对进入羊体内或与黏膜接触的诊疗器械，如手术器械、针头、胃导管、尿导管，必须经过严格的消毒灭菌。对不进入动物体内，也不与黏膜接触的器具，做一般消毒即可。

（4）消毒中的注意事项：

1）尽可能选用广谱消毒剂或根据特定的病原体选用对其作用最强的消毒药。消毒药的稀释度要准确，应保证消毒药能有效杀灭病原微生物，并要防止腐蚀、中毒等问题的发生。

2）在有条件或在必要的情况下，应对消毒质量进行监测，检测各种消毒药的使用方法和效果，并注意消毒药之间的相互作用，防止药效降低。

3）不准任意将两种不同的消毒药物混合使用或消毒同一种物品，因为两种消毒药合用时常因物理或化学配伍禁忌而使药物失效。

4）消毒药物应定期替换，不要长时间使用同一种消毒药物，以免病原微生物产生耐药性，影响消毒效果。

（五）免疫接种

免疫接种是一种主动保护措施，通过激活免疫系统，建立免疫应答，使机体产生足够的免疫力，从而保证群体不受病原微生物的侵袭。在平时常发生某种传染病的地区，或有些传染病潜在危险的地区，有计划地对健康羊群进行免疫接种，是预防和控制羊传染病的重要措施之一。各地区、各羊场可能发生的传染病各异，而可以预防这些传染病的疫苗又不尽相同，免疫期长短不一。因此，羊场往往需要用多种疫苗来预防不同的传染病，这就要根据各种疫苗的免疫特异性和本地区的发病情况，合理安排疫苗的种类、免疫次数和间隔时间。

免疫反应是一个生物学过程，不可能对群体提供绝对的保护。影响免疫效果的因素包括遗传和环境因素，或因患病、应激反应，导致免疫反应受到抑制。另外，疫苗使用不当，也可影响免疫效果。

1. 影响免疫接种效果的因素　接种时间、剂量、注苗部位、疫苗质量等都会影响免疫效果，在集约化生产操作中，这些方面容易出现问题。接种疫苗后，建立免疫应答，产生免疫力，需要 2～3 周时间。如果希望某只羊在某时间内对某病具有免疫力，就必须在此时间之前的某时间范围内进行免疫接种。集约化生产往往集中使用疫苗，对各群体同时进行免疫接种。操作仓促或时间延误，就会造成某些免疫过早或过迟。所以，免疫接种的时间和数量都要精心组织，严格按要求进行。疫苗剂量同样影响免疫效果，用量不足，不足以激活免疫系统；用量过大，可能因毒力过大造成接种中毒，反而致病。有些疫苗对接种部位有特别要求，只有接种到要求的部位，机体才会建立快速的免疫应答。部位不准，则效价降低或无效。

2. 免疫接种分类

（1）预防性免疫接种：平时有计划地给健康羊群进行免疫接种，可以防止传染病的发生和流行。

（2）紧急免疫接种：当疫病发生和流行时，为了迅速控制和扑灭疫病，建立"免疫带"包围疫区，而对疫区和受威胁区尚未发病的羊进行应急性免疫接种。

（3）临时免疫接种：引进、外运羊只时，为了避免发生某种传染病而临时进行免疫接种。

3. 免疫接种的方法

（1）皮下注射法：适用于接种弱毒苗或灭活疫苗，注射部位在股内侧、肘后及耳根处。注射方法是用左手拇指与食指捏住皮肤成皱褶，右手持注射针管在皱褶底部稍倾斜快速刺入皮肤与肌肉间，缓缓推药。注射完毕，将针拔出，立即以药棉轻揉，使药液散开。

（2）皮内注射法：注射部位为颈外侧和尾根皮肤皱褶，用卡介苗注射器和16～24号针头。注射部位如有被毛应先将其剪去，必要时清洗注射部位的污垢。用75％酒精棉球消毒后，左手拇指与食指顺皮肤的皱纹从两边平行捏起一个皮褶，右手持注射器使针头与注射平面平行刺入，即可刺入皮肤的真皮层中。应注意刺时宜慢，以防刺出表皮或深入皮下。注射药液后在注射部位会发现一豌豆大至蚕豆大的小泡，且小泡会随皮肤移动，则证明药液确实注入皮内。最后用75％酒精棉球消毒皮肤上的针孔及周围皮肤。如做羊的尾根皮内注射，应将尾翻转，注射部位用75％酒精棉球消毒后，以左手拇指和食指将尾根皮肤绷紧，针头以与皮肤平行方向慢慢刺入，并缓缓推入药液，如注射处有一豌豆大小的小泡，即表示注射成功。目前此法一般适用于羊痘弱毒疫苗等少数疫苗。

（3）肌内注射法：适用于接种弱毒苗或灭活疫苗，注射部位在臀部或两侧颈部，一般使用16～20号针头。注射方法，左手固定注射部位，右手拿注射器，针头垂直刺入肌肉内，然后左手固定注射器，右手将针芯回抽一下，如无回血，将药液慢慢注入。若发现有回血，应变更位置。

（4）口服法：数量较多的羊逐个进行免疫接种费时费力，且不能在短时间内达到全群免疫。因此，可将疫苗均匀地混入饲料或饮水中让羊群口服后获得免疫力。口服免疫时，应按羊只数目和每只羊的平均饮水量及采食量来准确计算疫苗用量。

口服免疫时须注意以下几个问题：第一，免疫前停水或停饲半天，以保证饮喂疫苗时每只羊都能饮入一定量的水或吃入一定量的饲料。第二，稀释疫苗的水应用纯净的冷水，不能用含有消毒药的水，在饮水中最好加入0.1％的脱脂奶粉。第三，混合疫苗的饲料或饮水的温度，以不超过室温为宜。第四，疫苗混入饲料或饮水后必须迅速口服，不能超过 2~3 h，最好在清晨饮喂，同时应注意避免疫苗暴露在阳光下。第五，用于口服的疫苗必须是高效价的。

4. 兽用疫苗使用注意事项　家畜疫苗应选用具有兽用生物制品专用经营许可证的动物防疫机构供应的进口生物制品，必须贴有中国兽药监察部门统一印制的专用标签。正确使用疫苗接种才能有预防疫病的效果。羊群接种前必须进行体检，对病羊、怀孕后期母羊和未断乳的羔羊暂不进行预防注射。凡是过期、失效、无标签、瓶内有异物、发霉变质、记载不详细的疫苗，均不能使用。

（1）使用疫苗接种应注意的问题：

1）疫苗接种必须按照说明书、瓶签的内容及其他有关规定，使用时应详细登记疫苗的品种、生产厂家、生产批号、有效期、储存条件、注射地点、日期和羊只数量，以备查验。使用时，特别注意是否有疫苗因高温、日晒、断电而存在冻结、发霉、过期等现象，出现上述情况一律更换新的同类苗。

2）疫苗接种应选择正确的途径，既要考虑工作的方便，又要考虑疫苗的特性和免疫效果。此外，疫苗接种要选择合适的时机，考虑疾病流行情况、畜体健康状况和气候影响等情况。接种疫苗的剂量必须准确，需按瓶签的说明来正确稀释疫苗，有专用稀释剂的疫苗必须使用专用稀释剂，若稀释失误或稀释不均，都有可能导致剂量不准确而达不到理想的免疫效果。一般情况下不要擅自加大甚至加倍某些疫苗的剂量。稀释或开口后的疫苗应在 6 h 内用完，如有剩余疫苗应用消毒药杀死。

3）在预防注射过程中要严格消毒，注射器应洗净、煮沸，针头应逐头更换，不得在同一注射器中混用多种疫苗。

4）液体疫苗在使用前应充分摇匀。冻干疫苗加入稀释液后，经充分振荡，且全部溶解后方可使用。灭活疫苗在使用时发现冻结、分层、霉变等现象时，应废弃不用。

5）弱毒活疫苗在首次使用地区，可能引起动物严重反应，正在潜伏期的动物使用后，可能加重病情甚至引起死亡。为此，在全面开展防疫工作之前应对每批疫苗进行约 30 只羊的安全试验，并观察 14 d，确认安全后方可展开全面防疫。注射弱毒活疫苗的前后 10 d 内不得饲喂或注射任何抗生素、磺胺类或抗病毒类药物。

6）使用抗病毒血清时，应在正确诊断的基础上早期使用，如果发生某些过敏反应及时采取应急措施，如注射肾上腺素等。疫苗只能防病，不能治病，而抗病毒血清也只能用于病初治疗或紧急预防。一般生物制品仅对相应的疫病有效，而对其他疫病无效。

7）羊只注射疫苗前后，必须加强饲养管理，提供适宜的饲养环境和适口性好的饲料，减少应激，使其及早产生免疫力，提高抗体水平。一般不宜在患病时接种疫苗。

8）防疫人员在使用疫苗免疫动物过程中应注意自身保护，特别是使用人畜共患疫苗时，更要小心谨慎，严格按照操作规范进行，及时做好自身消毒和清洗工作，用完的空疫苗瓶和废弃物，应集中无害化处理，不得随意乱丢。

9）接种疫苗后应注意观察羊群动态，对少数有反应的羊只及时进行对症治疗。

（2）运输和储存生物制品时的注意事项：

1）购买畜用生物制品后，要求用冷藏车运输，数量少时可用保温瓶或冰盒携带。运输疫苗的途中时间不宜过长，一般夏季不超过 2 h，冬季不超过 4 h。

2）购入的生物制品应储存在最适低温下。例如冻干苗要求在 $-18 \sim -16$ ℃保存；氢氧化铝疫苗及油乳剂疫苗保存在 $2 \sim 8$ ℃，不能结冰。此外，保存生物制品的冰箱或冷冻箱不能断电，否则会降低或失去免疫效力。

5. 紧急免疫接种 紧急免疫接种就是在羊场或羊场邻近地区发生传染病时，为了迅速控制和扑灭疫病，对疫区和受威胁区尚未发病的羊进行紧急性免疫接种。紧急接种应注意以下几点：

（1）要考虑到该传染病的流行规律、地理环境、交通等具体情况和条件，然后划定疫区、疫点及受威胁区的范围。

（2）紧急接种应在某种传染病确诊的条件下进行。

（3）接种前首先把群羊分为假定健康群、可疑群和病羊群，接种时先接种假定健康群，最后是病羊群，接种时做到每只羊一只针头。

（4）紧急接种应予以隔离、消毒，必要时可采取封锁、隔离等措施。

（5）药物治疗的重点是病羊和疑似病羊，关键是在确定诊断的基础上尽早实施。但对假定健康羊只的预防性治疗也不能放松。治疗此类羊群对消灭传染来源和阻止其疫情蔓延方面意义重大。

6. 免疫接种后的不良反应及应急措施 在动物免疫接种过程中，注射疫苗后出现的不良反应是一个不容忽视的问题。动物免疫接种不良反应的发生，特别是免疫注射引起的死亡，不仅给养殖场（户）造成一定的经济损失，而且影响到动物防疫工作的正常开展。对免疫接种造成的不良反应采取积极的应急措施，是一个非常现实和急迫的问题，备足备好抢救药品，做好随时应急准备工作，是我们在免疫接种工作中不可忽视的一个重要环节。

在免疫接种过程中，出现不良反应的强度和性质与疫（菌）苗的种类、质量、毒性以及动物个体和品种差异，接种时的操作方法，被免疫动物的健康状况等因素有关。主要表现为：①免疫接种途径错误，操作不规范；②注射疫（菌）苗剂量过大，部位不准确；③疫（菌）苗储藏、运输等不当，质量不高；④接种前临床检查不仔细，带病接种疫苗；⑤接种对象错误，忽视品种和个体差异或过早接种疫（菌）苗。根据不良反应的强度和性质，可分为以下 3 种类型。

（1）正常反应：是指疫苗本身的特性引起的反应。大多数动物在接种疫苗后不会出现明显的不良反应，极少数动物在接种疫苗后，出现一过性的精神沉郁、食欲下降、注射部位出现短时轻度炎性水肿等局部或全身性异常表现。

（2）严重反应：指与正常反应在性质上相似，但反应的程度重或出现反应的动物数量较多。引起严重反应的原因通常是由于疫苗的质量低劣、毒（菌）株的毒力太强、注射剂量过大、操作方法错误、接种途径或使用对象不准确等因素引起的。

（3）过敏反应：是指疫苗本身或其培养液中存在某些过敏原，导致动物在接种疫苗后迅速出现过敏反应。发生过敏反应的动物表现为缺氧、黏膜发绀、严重的呼吸困难、呕吐、腹泻、虚脱或惊厥等全身反应过敏性休克。

1）过敏反应的临床表现：根据反应的程度和临床表现，可分为最急性过敏型、急性过敏型和慢性过敏型 3 种。

a. 最急性过敏型：接种过疫苗后的动物在 10 min 之内，迅速出现呼吸困难，口吐白沫，呕吐，无意识排便，鸣叫呻吟，站立不稳，倒地抽搐，体温降低，可视黏膜发绀，皮肤苍白，心跳快而弱，脉沉细数，虚脱或惊厥等全身反应和过敏性休克，整个过程短则几秒，长则不超过 1 h，抢救不及时，很快休克或死亡。

b. 急性过敏型：呆立不动，精神萎靡，呼吸急促，口角流涎，全身肌肉颤抖，出汗，呕吐，拒食，强迫行走则步态不稳或突然倒地，大小便失禁，瞳孔散大，反射减弱，四肢冰凉，偶尔出现鼻腔出血。

c. 慢性过敏型：接种后 1～3 d 表现出慢食或不食、蹄部疼痛，注射部位肿胀或炎性水肿，有急性型症状，但较轻微，自然或稍微对症治疗即可痊愈。

2）应急措施：在注射疫苗前，必须备好抢救药品，随时准备应急。

a. 最急性过敏型：对濒临休克或已经休克的羊只，根据个体大小，迅速注射以下几种药物：①皮下注射 1 g/L 盐酸肾上腺素 0.1～1 mg。根据病程缓解程度，20 min 后重复注射同剂量 1 次；②肌内注射盐酸异丙嗪 50～100 mg；③肌内注射地塞米松磷酸钠 4～12 mg（孕畜禁用）。同时，针刺耳尖、尾根、蹄头、大脉穴等少量放血。然后用去甲肾上腺素 2～5 mg，加入 100 g/L 葡萄糖注射液中（500 mL）静脉滴注。待羊只苏醒后，换成 50 g/L 葡萄糖注射液，加入维生素C、维生素 B_6 或复合维生素（300～500 mL）静脉滴注。最后再用 50 g/L 的碳酸氢钠（300～500 mL）静脉滴注。

b. 急性过敏型：快速皮下注射 1 g/L 盐酸肾上腺素 0.2～1 mg，肌内注射盐酸异丙嗪（非那根）50～100 mg，地塞米松磷酸钠 5～10 mg（孕畜禁用）。

c. 慢性过敏型：对症治疗，在用止痛消炎和助消化药的同时，静脉注射 100 g/L 葡萄糖酸钙 50～150 mL，一般 3～7 d 痊愈。

7. 羊的常用疫苗及其使用方法　预防注射是针对羊传染病的最积极有效的措施。在每年春秋两季，给羊只定期注射疫苗，使其获得免疫力，以保护羊群不受传染病的危害。如果在羊群内发现某种传染病时，必须紧急预防注射。紧急预防注射需使用血清或抗毒素，定期预防注射使用疫苗或类毒素。关于各种生物制品的具体保存和使用方法，应严格按照各个生物制品瓶签或说明书上的规定执行。

（1）无毒炭疽芽孢苗：预防羊炭疽。每只绵羊皮下注射 0.5 mL，注射后 14 d 产生坚强免疫力，免疫期 1 年。山羊不能用。

（2）炭疽芽孢氢氧化铝佐剂苗：预防羊炭疽，此苗一般称浓芽孢苗，即无毒炭疽芽孢苗或第Ⅱ号炭疽芽孢苗的浓缩制品。使用时，以 1 份浓苗加 9 份 20% 氢氧化铝胶稀释剂，充分混匀后即可注射，其用法与各种芽孢苗相似，使用该疫苗一般可减轻注射反应。

（3）布氏杆菌猪型 2 号疫苗：预防羊布氏杆菌病。免疫期 3 年。疫苗于 0 ～ 8 ℃冷暗干燥处保存，有效期 1 年。

1）口服法：此疫苗最适于口服接种，可在配种前 1 ～ 2 个月进行，也可在妊娠期使用。羊不论年龄大小口服量均为 100 亿个活菌。

2）气雾法：羊以室内喷雾最为可靠，把羊群赶入室内，关闭门窗，每只羊用 20 亿 ～ 50 亿个活菌。用水将所需疫苗稀释后喷雾。喷雾完毕，让羊在室内停留 20 ～ 30 min。本法不能用于妊娠羊。

3）注射法：仅用于非妊娠羊。用无菌生理盐水将疫苗稀释成 100 亿个活菌/mL，绵羊皮下或肌内注射 0.5 mL，山羊注射 0.25 mL。

（4）布氏杆菌羊型 5 号疫苗：预防羊布氏杆菌病。此苗可对羊群进行气雾免疫。如在室内进行气雾免疫，疫苗用量按室内空间计算，即每立方米用 50 亿菌，喷雾后羊群需在室内停留 30 min；如在室外进行气雾免疫，疫苗用量按羊的只数计算，即每只羊用 50 亿菌，喷雾后羊群需在原地停留 20 min。气雾免疫需配备专门的装置，该装置由气雾发生器（喷头）及压缩空气的动力机械组成。气雾发生器市场有成品出售，动力机械可因地制宜，利用各种气雾或用电动机、柴油机带动空气压缩泵。无论以何种机械作动力，对羊病的预防要保持 196 kPa（2 kg/m²）以上的压力，才能达到疫苗雾化的目的。雾化粒子大小与免疫效果有很大关系，一般粒子在 1 ～ 10 nm 为有效粒子，气雾发生器产生的有效粒子在 70% 以上者为合格。新使用的气雾发生器，需先进行粒子大小的测定（测定方法与测量细菌大小的方法相同），合格后才可使用。在使用此苗进行羊气雾免疫时，操作人员需注意个人防护，应穿工作衣和胶靴，戴大而厚的口罩，如不慎被感染，应及时就医。

（5）破伤风明矾沉降类毒素：预防破伤风。绵羊、山羊各颈部皮下注射 0.5 mL。平时均为 1 年注射 1 次。遇有羊受伤时，再用相同剂量注射 1 次，若羊受伤严重应同时在另一侧颈部皮下注射破伤风抗毒素，即可防止发生破伤风。该类毒素注射后1个月产生免疫力，免疫期1年，第二年再注射1次，免疫力可持续4年。

（6）破伤风抗毒素：供羊紧急预防或防治破伤风用。皮下或静脉注射，治疗时可重复注射一至数次。预防剂量1 200～3 000抗毒单位，治疗剂量5 000～20 000抗毒单位。免疫期2～3周。

（7）羊快疫、猝狙、肠毒血症：此类病为梭菌性疫病，较为常见。应在每年的春季（2～3月）和秋季（9～10月），用"三联四防"或"五联""六联"干粉苗（"五联""六联"为加有肉毒中毒或大肠杆菌、破伤风的干粉苗）各免疫1次。免疫时，不论羊只大小一律肌内或皮下注射1 mL，注射后14 d产生免疫力，免疫期为1年。

（8）羔羊痢疾灭活疫苗：预防羔羊痢疾。怀孕母羊分娩前20～30 d第一次皮下注射2 mL，第二次于分娩前10～20 d皮下注射3 mL。第二次注射后10 d产生免疫力。免疫期母羊5个月，经乳汁可使羔羊获得母源抗体。

（9）羔羊大肠杆菌病灭活苗：预防羔羊大肠杆菌病。3月龄至1岁的羊，皮下注射2 mL；3月龄以下的羔羊，皮下注射0.5～1.0 mL。注射后14 d产生免疫力，免疫期5个月。

（10）羊厌氧菌氢氧化铝甲醛五联灭活疫苗：预防羊快疫、羔羊痢疾、猝狙、肠毒血症和黑疫。羊不论年龄大小均皮下或肌内注射5 mL，注射后14 d产生免疫力，免疫期6个月。

（11）肉毒梭菌（C型）灭活苗：预防羊肉毒梭菌中毒症。绵羊皮下注射4 mL，免疫期1年。

（12）山羊传染性胸膜肺炎氢氧化铝灭活疫苗：预防由丝状支原体山羊亚种引起的山羊传染性胸膜肺炎。皮下注射，6月龄以下的山羊3 mL，6月龄以上的山羊5 mL，注射后14 d产生免疫力，免疫期1年。本品限于疫区内使用，注射前应逐只检查体温和健康状况，凡发热有病的不予注射。注射后10 d内要经常检查，有反应者，应进行治疗。本品用前应充分摇匀，切忌冻结。

（13）羊肺炎支原体氢氧化铝灭活苗：预防绵羊、山羊由绵羊肺炎支原体引起的传染性胸膜肺炎。颈侧皮下注射，成年羊3 mL，6月龄以下幼羊2 mL，免疫期可达1年半以上。

（14）羊痘鸡胚弱毒苗：预防绵羊痘，也可用于预防山羊痘。冻干苗按瓶签上标注的疫苗量，用生理盐水25倍稀释，振荡均匀，羊不论年龄大小，一律皮下注射5 mL，注射后6 d产生免疫力，免疫期1年。

（15）山羊痘细胞弱毒疫苗：预防山羊痘和绵羊痘。用山羊痘弱毒冻干苗按说明稀释，不论羊只大小，均于腋下或尾内侧或腹下皮内注射0.5 mL，4～6 d

后产生免疫力，免疫期为 1 年，以后在每年秋季免疫 1 次。免疫后一般无不良反应，有些羊只注射后 5～8 d，在注射局部有小的硬节肿块，不需处理，会逐渐消失。该疫苗适用于不同品种、年龄的山羊，对妊娠山羊、羊痘流行羊群中的未发痘山羊皆可接种。按标示量稀释后，不论羊只大小，一律在尾内侧或股内侧皮下注射 0.5 mL。在 –15 ℃以下冷冻保存，有效期 2 年；于 0～4 ℃条件下保存，有效期为 18 个月；于 8～15 ℃条件下冷冻保存，有效期为 10 个月；于 16～25 ℃室温保存，有效期为 2 个月。

（16）兽用狂犬病 ERA 株弱毒细胞苗：预防犬类和其他家畜（羊、猪、牛、马）的狂犬病。用灭菌蒸馏水或生理盐水稀释，2 月龄以上犬，每瓶稀释 10 mL，每只肌内或皮下注射 1 mL；羊注射 2 mL。免疫期半年至一年。

（17）伪狂犬病弱毒细胞苗：预防羊伪狂犬病。冻干苗先加 3.5 mL 中性磷酸盐缓冲液稀释，再稀释 20 倍。4 月龄以上至成年绵羊肌内注射 1 mL，注苗后 6 d 产生免疫力，免疫期 1 年。

（18）羊链球菌病活疫苗：预防绵羊、山羊败血性链球菌病。注射用苗以生理盐水稀释，气雾用苗以蒸馏水稀释。每只羊尾部皮下注射 1 mL（含 50 万活菌），2 岁以下羊用量减半。露天气雾免疫每头剂量 3 亿个活菌，室内气雾免疫每头剂量 3 000 万个活菌。免疫期 1 年。

（19）羊口疮：如发生过羊口疮，则需对健康羊用羊口疮弱毒细胞冻干苗，采取羊口唇黏膜注射法注射 0.2 mL 进行免疫。黏膜内注射法术式：用左手拇指与食指固定好羊的上（下）口唇，将其绷紧，食指上（下）顶使上（下）唇黏膜稍突起，立即向黏膜内注射 0.2 mL 疫苗。注射是否正确应以注射处呈透亮的水泡为准，一般无不良反应，免疫期为 5 个月。根据情况，应 1 年注射 1～2 次（春季在 3 月，秋季在 9 月）。

（20）羊支原体病灭活疫苗：用于预防山羊、绵羊的支原体病。免疫期 18 个月。颈部皮下注射，成年羊 5 mL，6 月龄以下的羔羊 3 mL。疫苗于 2～8 ℃条件下保存，有效期为 1 年。

（21）羊衣原体病灭活疫苗：用于预防山羊、绵羊的衣原体病。免疫期绵羊为 2 年，山羊为 7 个月。每只羊皮下注射 3 mL。疫苗于 2～8 ℃条件下保存，有效期为 2 年。

（22）破伤风类毒素：预防各种家畜的破伤风。注射后 1 个月产生免疫力，免疫期为 1 年。绵羊和山羊均皮下注射 0.5 mL。平均注射 1 次即可，受伤时再用同剂量注射 1 次。若受伤严重，还应在皮下注射破伤风抗毒素。类毒素于 2～15 ℃冷暗干燥处保存，有效期 3 年。

（23）羊传染性脓疱皮炎活疫苗：预防绵羊、山羊的传染性脓疱皮炎，分 HCE 和 GO – BT 两种。GO – BT 冻干苗免疫期为 5 个月，HCE 冻干苗为 3 个月。

HCE 冻干苗在羊下唇黏膜划痕接种，GO – BT 冻干苗在口唇黏膜内注射。适用于各种年龄的绵羊和山羊，剂量均为 0.2 mL。对于本病流行的羊群，均可用本苗于股内侧划痕接种，剂量为 0.2 mL。疫苗于 – 10 ℃条件下保存，有效期为 10 个月；于 2~8 ℃条件下保存，有效期为 5 个月。

免疫接种需按合理的免疫程序进行，各地区、各羊场可能发生的传染病不止一种，可以用来预防这些传染病的疫苗的性质又不尽相同，免疫期长短不一。因此，羊场往往需用多种疫苗来预防不同的疫病，也需要根据各种疫苗的免疫特性来合理安排免疫接种的次数和间隔时间，这就是所谓的免疫程序。目前，国际上还没有一个统一的羊免疫程序，只能在实践中总结经验，制定出合乎本地区、本羊场的具体情况的免疫程序。

（六）药物预防

羊场可能发生的疫病种类很多，其中有些病目前已研制出有效的疫苗，还有不少病尚无疫苗可供利用；有些病虽有疫苗但实际应用还有问题，因此，用药物预防这些疫病也是一项重要措施。羊场进行药物预防时一般以安全而价廉的药物加入饲料和饮水中，让羊群自行采食或饮用。

（七）定期驱虫

驱虫是指用驱虫药或杀虫剂杀灭存在于羊体内或体表寄生虫的全过程。寄生虫在动物体内或体表生活的这个阶段是生活史中较易被人们突破的环节；相反，当它们存在于自然界中时，虽然缺少庇护，但由于较隐蔽、散布又广，而难以对付。对动物进行驱虫是对寄生虫病进行积极预防的重要措施。

目前，对寄生虫病的防治多采用定期驱虫，一般一年两次，多安排在每年春季的 3~4 月和秋季的 10~12 月，这样有利于羊的抓膘、安全越冬和度过春乏期，这一程序较好掌握，并已被畜牧生产实践证明效果较好。常见的驱虫药很多，如对肝片吸虫特效的肝蛭净，能驱除多种线虫的左旋咪唑，可驱除多种绦虫和吸虫的吡喹酮，可驱除部分吸虫、大部分绦虫和几乎全部线虫的丙硫苯咪唑，既可驱除线虫又可杀灭多种外寄生虫的阿维菌素和伊维菌素。在实践中，应根据本地区羊的寄生虫流行情况选择适当的药物种类、给药时机和给药途径。

药浴是防治羊体外寄生虫病（特别是羊螨病、蜱）的重要手段，可在剪毛后 10 d 左右进行。药浴液可用 0.1%~0.2% 杀虫脒（氯苯脒）水溶液、1% 敌百虫水溶液或速灭菊酯（80~200 mg/L）、溴氰菊酯（50~80 mg/L）。药浴可在特建的药浴池内进行，或在特设的淋浴场淋浴，也可用人工方法抓羊在大盆（缸）中逐只洗浴。

（八）预防中毒

某种物质进入机体，在组织与器官内发生物理或化学的作用，引起机体功能性或器质性的病理变化，甚至造成死亡，此种物质称为毒物，由毒物引起的疾病称为中毒。中毒的发生主要是由于羊采食了有毒饲草饲料、过量食入某种添加剂、误食农药或过量使用化学药物进行治疗所引起的。

1. 预防中毒的措施

（1）防止动物采食有毒植物：山区、农区或草原地区生长的大量野生植物，是羊的良好天然饲料来源，但有些植物对羊来说是有毒的。如玉米、高粱等的幼苗和亚麻籽中均含有较大量的氰苷，氰苷本身无毒，但在酶、细菌或胃酸的作用下可转化为有毒的氢氰酸，从而造成氢氰酸中毒，使动物陷入组织缺氧状态而窒息死亡。

（2）禁止喂霉败饲料：要将饲料储存于干燥、通风的地方，以防发生霉败。饲喂前要仔细检查，一旦发霉，应废弃不用。

（3）注意饲料的调配和储藏：有些饲料本身含有有毒物质，饲喂时必须加以调制。如棉籽饼含有一种叫棉酚的物质，对羊具有蓄积性毒性，经高温处理后可减毒，减毒的棉籽饼与其他饲料混合饲喂则不会再发生中毒。有些饲料，如马铃薯，如储藏不当，其中的有毒物质龙葵碱会大量增加，对羊有害，因此应储存在避光的地方，防止变青发芽，饲喂时也要同其他饲料按一定比例搭配。

（4）妥善保存农药及化肥：一定要把农药和化肥放在仓库中，有专人负责保管，以免被羊当作饲料或添加剂误食，引起中毒。被污染的用具或容器应消毒处理后再使用。对其他有毒药品如灭鼠药的运输、保管、使用也必须严加注意，以免羊接触后发生中毒。

（5）防止水源被毒物污染：对喷洒过农药或施有化肥的农田排放的水，禁止羊饮用。工厂附近排出的水或池塘内的死水，不宜让羊饮用。

2. 中毒病羊的急救 羊发生中毒时，要查明原因，及时进行紧急救治。一般原则如下：

（1）除去毒物：有毒物质如经口摄入，初期可用胃管洗胃，用温水反复冲洗，以排出胃内容物。在洗胃水中加入适量的活性炭，可提高洗胃效果。如中毒发生时间较长，大部分毒物已进入肠道时，应灌服泻剂；一般用盐类泻剂，如硫酸钠或硫酸镁，内服 50～100 g，在泻剂中加活性炭，有利于吸附毒物，效果更好。也可用清水或肥皂水反复给病羊深部灌肠。对已吸入血液中的毒物，可从颈静脉放血，放血后随即静脉输入相应剂量的 5% 葡萄糖生理盐水或复方氯化钠注射液，有良好效果。大多数毒物可经肾脏排泄，所以利尿排毒有一定效果，可用利尿素 0.5～2.0 g 或醋酸钾 2～5 g，加适量水给羊内服。

（2）应用解毒药：在毒物性质未确定之前，可使用通用解毒药。其配方是：活性炭或木炭末 2 份，氧化镁 1 份，鞣酸 1 份，混合均匀，每只羊内服 20～30 g。该配方兼有吸附、氧化及沉淀三种作用，对于一般毒物都有解毒功能。如毒物性质已确定，则可有针对性地使用中和解毒药（如酸类中毒内服碳酸氢钠、石灰水等，碱类中毒内服食用醋等）、沉淀解毒药（如 2 %～4 % 鞣酸或浓茶，用于生物碱或重金属中毒）、氧化解毒药（如静脉注射 1% 亚甲蓝，每千克体重 1 mL，用于含生物碱类的毒草中毒）或特异性解毒药（如解磷定只对有机磷中毒有解毒作用，而对其他毒物无效）。

（3）对症治疗：心脏衰弱时，可用强心剂；呼吸功能衰竭时，使用呼吸中枢兴奋剂；病羊不安时，使用镇静剂，为了增强肝脏解毒能力，可大量输液。

（九）发生传染病时及时采取措施

1. 紧急上报，及时诊断　一旦发现疫情，应及时诊断和上报，并通知邻近单位做好预防工作。

（1）发现疫情，紧急上报：当羊突然死亡或疑似传染病时，应将病羊与健康羊进行隔离，派专人管理。对病羊停留过的地方和污染的环境、用具进行消毒；病羊尸体保留完整，不经检查清楚不得随便急宰。病羊的皮、肉、内脏未经检验不许食用，应立即向上级报告当地发生的疫情，特别是怀疑为口蹄疫、炭疽、狂犬病等重要传染病时，一定要迅速向县级以上防疫部门报告，并通知邻近单位及有关部门注意预防工作。

（2）及时诊断：

1）流行病学诊断：流行病学诊断是在疫情调查的基础上进行的，可在临床诊断过程中进行，一般应弄清下列有关内容：

a. 本次流行情况，最初发病的时间、地点，随后蔓延的情况；疫区内发病畜的种类、数量、年龄、性别；查明其感染率、发病率和死亡率。

b. 查清疫情来源，本地以前是否发生过类似疫情，附近地区有无此病，这次发病前是否从其他地方引进过畜禽、畜产品或饲料，输入地有无类似疫情存在。

c. 查清传播途径和传播方式，查清本地羊只饲养，放牧情况、羊群流动、收购、调拨及防疫卫生情况，交通检疫、市场检疫和屠宰检疫的情况，当地的地理地形、河流、交通、气候、植被和野生动物的分布和流动情况，它们与疫病的发生和传播有无关系。

d. 该地区群众生产、生活情况和特点，群众对疫情有何看法和经验。

通过上述调查给流行病学提供依据，并拟定防治措施。

2）临床诊断：用感官或借助一些最简单的器械如体温计、听诊器等直接对病羊进行检查，有时也包括血、粪、尿的常规检验。对于某些有临床特征的典型病例一般不难做出诊断。但对于发病初期尚未有临床特征或非典型病例和无症状的隐性病羊，临床诊断只能提出可疑病的大致范围，需借助其他诊断方法才能确诊。应注意对整个发病羊群所表现的症状加以分析诊断，不要单凭少数病例的症状下结论，以防误诊。

3）病理学诊断：患传染病死羊的尸体，多有一定的病理变化，应进行病理解剖诊断，解剖时应先观察尸体外表，观察其营养情况、皮毛、可视黏膜及天然孔的情况。再按解剖顺序对皮下组织、各种淋巴结、胸腔腹腔各器官、头部和脑、脊髓的病理变化，进行详细观察和记录，找出主要特征性变化，做出初步的分析和诊断。如需做病理切片检查的应留下病料送检。

4）微生物学诊断：微生物学诊断一般是在实验室进行的，它包括病料采集、涂片镜检、分离培养和鉴定、动物接种试验几个环节，这里不做详细介绍，只简单介绍一下如何采集病料。病料力求新鲜，最好在濒死时或死亡后数小时内采取，要求减少细菌污染，用具器皿应严格消毒。通常可根据怀疑病的类型和特性来决定采取哪些器官和组织的病料，如口蹄疫取水疱皮和水疱液，羊痘取痘痂，结核病取结核病灶，狂犬病取病羊的脑，炭疽病取耳尖的血等。对于难以分析判断的病例，应全面取材，如血、肝、脾、肺、肾、脑和淋巴结等，同时要注意病料的正确保存。

2. 紧急接种　为了迅速控制和扑灭疫病的流行，对疫区和受威胁区尚未发病的羊进行应急性免疫接种。由于一些外表上正常无病的羊群中可能混有一部分潜伏期病羊，这部分病羊在接种疫苗后不能获得保护，反而促使它更快发病，因此在紧急接种后一段时间内羊群中发病数反而有增加的可能。但由于这些急性传染病的潜伏期较短，而疫苗接种后又很快就能产生免疫力，因此发病数不久即可下降，使流行很快停息。

3. 隔离和封锁

（1）隔离：根据诊断结果，可将全部受检羊分为病羊、可疑病羊和假定健康羊三类，以便分别对待。

1）病羊：包括典型症状或类似症状和其他特殊检查阳性的羊，都应进行隔离。隔离场所禁止闲杂人、畜出入和接近。工作人员出入应遵守消毒制度，隔离区内的工具、饲料、粪便等，未经彻底消毒处理，不得运出。没有治疗价值的病羊，应根据国家有关规定进行严格处理。

2）可疑病羊：未发现任何症状，但与病羊及其污染的环境有过明显的接触，如同群、同槽、同牧，使用共同的水源、用具等，应将其隔离看管，限制其活动，详细观察，出现症状按病羊处理。经过一定时间不发病者，可取消限制。

3）假定健康羊：应与上述两类羊严格隔离饲养，加强消毒和相应的保护措施，立即进行紧急接种，必要时可根据情况分散喂养或转移至偏僻牧地。

（2）封锁：当暴发某些重要传染病时，除严格隔离病羊外，还应采取划区封锁的措施，以防疫病向安全区扩散和健康羊误入疫区而被传染。根据《中华人民共和国家畜家禽防疫条例》规定，确诊为口蹄疫、炭疽、气肿疽、羊痘等传染病时，应立即报请当地政府划定疫区范围进行封锁。执行封锁时应掌握"早、快、严、小"的原则，按照检疫制度要求，对病羊分情况进行治疗、急宰和扑杀等处理，对被污染的环境和物品进行严格消毒，死羊尸体应深埋或无害化处理。做好杀虫、灭鼠工作。在最后一只病羊痊愈、急宰和扑杀后，经过一定的时期（根据该病的潜伏期而定），再无疫情发生时，经过全面的终末消毒后，可解除封锁。

4. 传染病羊的治疗和淘汰　对患传染病羊的治疗，一方面是为了挽救病羊，减少损失；另一方面也是为了消除传染源，是综合防治措施中的一个组成部分。对无法治疗或无治疗价值，或对周围的人、畜有严重威胁时，可以淘汰宰杀。尤其是发生一种过去没有发生过的危害性较大的新病时，应在严密消毒的情况下将病羊淘汰处理。对有治疗价值的病羊要紧急治疗，但必须在严格隔离或封锁的条件下进行，务必使治疗的病羊不会成为散播病原体的传染源。具体治疗法应参照后面传染病的治疗方法进行。

（魏战勇）

第三部分 羊的主要品种与特性

一、羊的生物学特性和行为习性

羊属于反刍动物，具有相似的生物学特性，但绵羊和山羊间，甚至是不同品种和年龄的羊间，生物学特性都存在一定差异，要做好饲养和管理工作，必须熟悉羊的生物学特点和行为习性。

（一）羊的生物学特性

1. 胆小懦弱，自卫能力差　绵羊性情温顺，比较安静，对天敌的抵抗力很弱。若遇到突然惊吓，容易"炸群"。山羊相对性情活泼，喜登高。

2. 食草为主，对粗饲料的利用效率高　羊是草食动物，可高效利用粗饲料。因此，羊的日粮应以饲草为主，适当补充精饲料和矿物质、维生素。舍饲羊日粮精、粗饲料比应以（3∶7）～（2∶8）为宜，不宜超过4∶6。若饲喂精料过多，易致瘤胃酸中毒。

3. 腺体发达，嗅觉灵敏　羊瞳孔大，眼球突出，视野平均达270°，但立体视觉差。喜光亮，对阴影和光暗反差大的景象有恐惧感。可区别色彩，但色觉远比人差。听觉很灵敏，触觉也很发达。味觉较发达，山羊可区分苦、咸、甜以及酸味，对苦味耐受力强。嗅觉很灵敏，远胜于人类。嗅觉在羊日常生活中最为重要。产羔后，母羊会自动舔舐羔羊身上的黏液，并记住羔羊气味，依此母羔识别。进行寄养时，可在羔羊身上涂洒保姆羊的尿液。

4. 喜干厌湿，怕热耐寒　绵羊毛厚密，皮下脂肪较多，耐寒性较好；汗腺不发达，靠喘气散热，耐热性较差，夏季炎热时常见"扎窝子"现象。因此，要注意通风换气，保持圈舍干燥清洁，否则羊易患寄生虫和腐蹄病等。冬季产羔舍要有适当的保温设施。

5. 适应性广，抗病力强　羊的适应性强于其他家畜，抗病力也较强。在患病初期，症状往往容易被忽视，病情严重时才有明显表现，所以要仔细观察。若有羊只离群索居、食欲减退，应及早检查治疗。在集约化饲养条件下，密度过大、运动缺乏、环境肮脏等因素都可加剧应激，使发病率升高。

6. 繁殖力强, 多胎多产 羊的寿命一般在 8 岁左右, 个别可到 20 岁。在较高纬度地区, 羊一般呈季节性发情, 每年单产单胎。在暖温带、亚热带及热带地区, 羊多常年发情, 多胎多产。

(二) 羊的行为习性

1. 合群性和社会行为 羊以合群性好而著称。当面临危险时, 若一只羊跑动, 其他羊都会下意识跟随, 即使该行动无益于躲避危险。一般数量在 5 只以上时, 羊才能表现正常的群体行为。

2. 采食和饮水行为

(1) 善游走, 适合放牧: 山羊四肢强健, 蹄质坚实, 可上崖岩峭壁采食。湖羊、小尾寒羊、黄淮山羊等游走能力较差, 适宜舍饲。在舍饲条件下, 羊每天的运动时间在 2 h 以下。运动过少会影响羊的繁殖机能, 因此要加强公羊的运动, 最好每天放牧 2 h 左右。

(2) 嘴尖齿利, 觅食能力强: 羊上颌为齿板, 下颌有 4 对门齿 (切齿、内中间齿、外中间齿和隅齿), 大约 2 月龄时脱落换牙, 在 1~4 岁期间, 乳齿将逐渐被宽大的永久齿替代。成年羊嘴尖、唇薄、齿利, 上唇中央有唇裂, 灵活性强, 便于采食低矮牧草和灌木嫩枝细叶。但应注意, 羊舌不像牛舌长而灵活, 所以舍饲时需要设置食槽。在天然草场上, 羊可利用的植物种类广泛。舍饲时, 若将作物秸秆铡成 3~5 cm 后喂羊, 可节省饲草和提高粗饲料消化率。

(3) 食谱广泛, 选择性强: 羊可采食植物种类超过牛、马、猪, 但也存在明显的选择性。绵羊喜欢粗纤维少、蛋白质含量高的牧草, 而山羊则乐于采食矿物质和蛋白质含量高的灌木和植物根茎。

(4) 采食和反刍存在明显的昼夜规律和季节变化性: 羊每天的采食量相当于体重的 2%~4% (干物质计)。放牧羊采食时间大部分集中在白天, 而反刍多在夜晚。随季节变化, 羊的采食习性也会变化, 在冬、春季不挑食, 夏、秋季选择性采食。

(5) 爱清洁, 不食污染水草: 羊能依据气味和外表区分各种饲草, 一般不食污染或践踏过的草料和饮水。因此, 应注意保持饮水、饲草料卫生。

(6) 比较耐渴, 饮水相对较少: 绵羊、山羊每天代谢体重需水量分别是197 mL/kg、188 mL/kg, 接近于骆驼的 185 mL/kg, 远低于牛的 347 mL/kg。若不需要发汗和呼吸降温, 羊可依赖牧草中水分存活。尽管如此, 有条件时仍应提供充足饮水, 以保持健康和良好生产力。羊每天饮水量为 2~6 kg, 哺乳母羊可高达 10 kg。各种羊对水质要求不完全相同。滩羊等地方绵羊多喜含盐碱的饮水, 而引进的肉羊则偏好清洁、无异味的饮水。羊饮水的最适 pH 值为 6.5~8.5; 可忍耐高于 5 000 mg/L 的高盐质水, 但饮水最适含盐量为 2 000 mg/L 以下。

3. 反刍行为　反刍是羊最重要的生理行为特征，羊生命中约 1/3 时间是在反刍。反刍次数多少和时间长短与食物数量、质量有关。放牧羊昼夜 24 h 内的采食时间为 6 ~ 11 h，反刍时间 3.5 ~ 6 h。舍饲羊的采食时间仅为 4 ~ 5 h；采食后 30 ~ 50 min 即开始反刍，反刍时间 7 ~ 10 h。放牧羊 70% ~ 90% 的反刍在夜晚，而舍饲羊 55% ~ 75% 的反刍在夜间。放牧羊的反刍、采食时间比是(0.5 ~ 1)∶1，而舍饲羊为 (1.2 ~ 2)∶1。羊昼夜反刍周期数为 15 ~ 20 个；每个反刍周期持续时间平均为 15 ~ 30 min；每分钟咀嚼次数大致 40 ~ 70 次，每个食团咀嚼时间 40 ~ 70 s，每个食团咀嚼次数为 45 ~ 60 次，反刍食团间隔时间 5 ~ 10 s。健康羊反刍咀嚼持续有力，而病羊的反刍次数少而无力，甚至废绝。

4. 睡眠行为　羊的睡姿多为趴卧式（腹卧式），这种姿态利于嗳气和反刍。若侧卧睡眠，则瘤胃、网胃内容物压迫心脏，或出现消化道臌气。绵羊睡眠约占昼夜总时间的 16%，平均 3.8 h。山羊睡眠约占全天的 22.1%，平均 5.3 h。舍饲羊每天总计有 4 ~ 6 个睡眠周期，夜晚睡眠与反刍交替发生。羊多表现浅度睡眠，深度睡眠时间很短。每周期的异相睡眠时间为 5 ~ 10 min，每天异相睡眠时间累计达 10 ~ 50 min。哺乳羔羊嗜睡，每天 16% 的时间处于异相睡眠期。随生长发育，羔羊的异相睡眠时间会逐渐减少。

5. 母性行为　羊的母性好，护羔能力强。在妊娠 3 ~ 4 个月，乳房即开始发育。在分娩前 1 周左右，乳房可挤出清亮液体。若能挤出黏稠初乳，多可在 12 h 内产羔。分娩临近时，母羊一般会离开羊群独处待产。在羔羊出生后，母羊会舔干羔羊，甚至吃掉随后产出的胎衣。若在出生后 3 h 内将羔羊移走，则母羊可能遗弃羔羊。

6. 排泄行为　羊可边走边摇尾边排粪，排尿时屈腿下蹲。公山羊在繁殖季节有向自己身体前部浇尿的行为。根据羊的排泄特点，可采用漏缝地板，改善环境卫生。拉稀羊只臀部被毛多有粪污，间性山羊也常见此种现象。

7. 争斗、探究、嬉戏及异常行为表现　新生羔羊吃奶比较频繁，每小时可吃奶 1 ~ 2 次。若羔羊鸣叫不停，可能与饥饿有关。健康羔羊每天要花 8 ~ 12 h 睡眠。吃饱睡足之后，羔羊就会神气活现，热心于嬉戏和探究，1 周龄即可开始练习采食。4 月龄后，嬉戏时间会逐渐减少。羊的好奇心重，探究和学习能力较强。

配种期公羊侵略性很强，常相互争斗，造成损伤。因此，培育绵羊多为无角品种，但山羊无角性状多与间性性状关联，所以山羊常需人工去角。在舍饲条件下，饲养条件局限可能影响羊某些正常行为的表达，出现异食癖、相互撕咬等异常行为。

8. 其他行为特点

（1）羊有警戒区：在警戒区内，羊会感到安全舒适。若人或其他动物进入此区域，羊就会紧张，转向来者，并随时准备逃跑，可能出现外伤。舍饲羊与人接触较多，警戒区相对较小。若饲管人员操作轻柔，会使羊的警戒区进一步缩小。

（2）羊的平衡点在肩部：若人站在羊肩后，羊将会向前运动。相反，羊将后退。若绵羊背部着地，不容易自己翻身起来，需人力帮助。

（3）若整个羊群行动时，单只羊易驱动。若与羊群运动方向相反，则很难驱动羊只。

（4）绵羊喜欢迎风走和上坡，不喜欢下坡和顺风走，也不喜欢在水中行走和向狭窄出口移动。

（5）羊对深度的直觉很差，应避免阴影区或明暗反差很大的区域。羊喜欢向光亮区域移动，但畏惧向正对刺眼的光源前行。

（6）若与母羊失散，羔羊会执着地想回到失散处寻找母羊。与成年羊一起生活，羔羊适应新环境较快。

（7）羊对环境噪声很敏感，不会顺从人的大声吆喝，对不愉快经历的记忆可维持6周以上。

二、羊的主要品种

绵羊、山羊是人类最早驯养品种最多的家畜之一。据报道，目前世界上现存的绵羊品种和类群超过1 000个（FAO2006年公布的数目为1 229个），多数生产羊毛和羊肉。家养山羊品种数目相对较少，目前报道有300多个。

（一）肉用绵羊品种

1. 国外肉用绵羊

（1）萨福克羊：

【原产地】 原产于英国的萨福克、诺福克等地，由南丘和有角诺福克羊杂交育成，具有体格大、肉用体型好、早熟、生长快、胴体品质好等特点。

【外貌特征】 萨福克羊继承了双亲体型外貌方面的特点，体型高大健美。公羊体质壮硕，雄性十足，身体各部比例适宜；母羊面容清秀，结构匀称。公、母羊均黑头无角，着生较细的粗毛。嘴长，轮廓清晰流畅。耳长，双耳向嘴角收拢。颈中等长，公羊颈部肌肉厚实，母羊颈部细致平滑，颈肩结合良好，不易难产。胸宽深，肋骨开张良好。背腰平直，腰部宽长深，肌肉发育良好。尻宽长，臀部"S"形弯曲明显，肌肉丰满。四肢均为黑色，骨骼结实。皮肤细致柔软，呈粉红色。体躯部被毛细密，呈白色，但混生杂色纤维。羔羊体躯部被毛为灰色，外表美观。

【生产性能】 萨福克羊汇聚了双亲的优良基因，生产性能卓越，羔羊生长速度很快,饲料转化效率高。根据美国标准,成年公羊体重 113～159 kg,成年母羊 81～113 kg;羔羊初生重,单羔 5.2～5.6 kg,双羔 4.2～4.7 kg,三羔 3.7～4.0 kg;8 周龄和 21 周龄体重分别为 32.6 kg(25～41.3 kg)、70.5 kg(47～88.1 kg);21 周龄眼肌深度和背膘厚度分别为 35 mm(29～46.8 mm)、4.31 mm(1.5～8 mm)。我国引进的萨福克羊的初生羔羊、3 月龄、6 月龄重分别为 5.34 kg、31.52 kg、47.44 kg,0～3 月和 3～6 月平均日增重可达 290 g、176.89 g,屠宰率 50% 以上。成年公羊剪毛量为 5～6 kg,成年母羊 2.3～3.6 kg,净毛率 50%～62%,羊毛细度 25.5～33.0 μm(48～58 支),毛长 5.1～8.9 cm。产羔率为 130%～190%,难产率低。

【品种利用】 萨福克羊是世界上体型最大的肉羊品种,在英、美等国长期被视为终端杂交的最佳父本,可将优秀的肉用生产性能稳定地传递给杂种后代。我国宁夏、新疆等地都有引进,杂交效果突出,杂交后代面部和腿部有大小不一的黑色斑块。

萨福克羊比较耐潮湿,对腐蹄病抗性强。新西兰林肯大学研究发现 DQA2 基因多态与抗腐蹄病有关,而 β3 肾上腺素受体基因多态则与为羔羊抗感冒能力密切关联。美国萨福克羊育种者协会正利用林肯大学的研究成果,进行萨福克羊抗病性分子育种。此外,英国罗斯林研究所已确定了若干与萨福克羊肌肉生长发育相关,名为萨福克肌肉基因(suffork muscling)的 QTL。其中,位于 OAR1(染色体 1)、OAR3 和 OAR18 上的 3 个 QTL 分别影响眼肌厚度和重量、脂肪含量、8 周龄体重。

(2)白头萨福克羊:

【原产地】 由澳大利亚用萨福克羊与无角道赛特和边区莱斯特羊杂交育成。20 世纪 80 年代末以来,澳大利亚白萨福克羊育种者协会致力于培育含 87.5% 萨福克血液,无黑色或棕色被毛、头部无毛的新品种。经多年选育,终于培育出了基本保持萨福克羊肉羊特征的白头萨福克羊。

【外貌特征】 与萨福克羊体型结构相似,无角,脸部无粗毛和黑色斑块。眼大明亮,眼睑黑色,脸长而微凹。母羊嘴粗细大小适中,头部清秀。耳大平伸,结构细密。颈部中等长,结构合理。背腰长而平直,臀部长而宽深,肌肉丰满。全身被毛细密洁白,无粗毛和黑色纤维,细密柔软。四肢骨骼结实,蹄脚呈黑色。皮肤粉红,韧性好。

【生产性能】 生长速度快,胴体品质优秀。据观测,引入的白头萨福克初生羔羊、3 月龄及 6 月龄重分别可达 4.90 kg、31.35 kg、49.47 kg,0～3 月龄和 3～6 月龄日增重可达 384.12 g、201.33 g。白头萨福克羊初生重较萨福克羊略低,但断奶后生长速度比萨福克羊快。

【品种利用】 白头萨福克羊肉用性能好,毛品质优良,适应干旱草场放牧,在农区、半农半牧地区以及降水量高的地区都可适应，易于饲管。在澳大利亚，该羊主要被用于生产胴体重在 20 kg 以上的大型肥羔。我国甘肃等地已引入该羊，杂交改良效果良好。

（3）无角道赛特羊：

【原产地】 无角道赛特羊有两种类型，20 世纪 50 年代前后分别在澳大利亚和美国培育而成。澳大利亚无角道赛特羊是由有角道赛特羊与雷兰羊、考力代羊杂交，再经回交和横交固定而成，含 95% 有角道赛特羊血统。美国无角道赛特羊则是在有角道赛特羊群体中发现无角基因突变的基础上培育而成。

【外貌特征】 体格中等。母羊外表清秀，公羊体长而外表雄壮。无角，面宽而全白。鼻孔开张，鼻黏膜和唇黏膜均为粉色，头毛至两眼连线间，眼睑无黑色素。颈中等长且着生粗毛，颈肩过渡自然平滑。背腰宽深，长而平直，肋骨开张良好。后躯宽深，肌肉丰满。蹄部呈白色，结实可靠。皮肤为粉红色，全身被毛洁白，属于细档半细毛，毛密度大，无粗毛。

【生产性能】 成年公羊体重在 80 ~ 120 kg，成年母羊 65 ~ 75 kg。据国内测定，初生重、3 月龄重及 6 月龄重分别可达 3.95 kg、33.24 kg、48.79 kg。成年母羊剪毛量为 2.25 ~ 4 kg，羊毛细度 27 ~ 33 μm（46 ~ 58 支），毛长 6 ~ 10 cm，无杂色纤维。母羊泌乳力强，母性好。产羔率 130% ~ 180%，繁殖季节长约 9 个月，可实现两年三产。

【品种利用】 无角道赛特羊继承了有角道赛特羊的优良特性，生长速度快，体重大。该品种在澳大利亚被用作第一终端父本，在美国被用作兼用亲本（父本和母本）。据报道，美国道赛特羊成年体重、生长速度、产羔率均低于萨福克羊；泌乳性与萨福克羊相似，较好；合群性与耐粗性也类似于萨福克羊，较差。该品种对蓝舌病的抗性优于兰布列羊和美利奴羊，适宜放牧，也适宜集约化饲养。

近几年的研究表明，澳大利亚无角道赛特羊携带 Carwell 基因（商品名 Lion-MAX），可使肋部眼肌面积增加 10%。在美国道赛特羊中则发现 Callipyge 基因，可使后躯肉量增加 30%，脂肪含量降低 8%。Carwell 基因作为分子遗传标记已在国外肉羊育种中得到广泛应用。

（4）夏洛莱羊：

【原产地】 原产于法国，与著名的夏洛莱牛产区相同，由莱斯特羊与夏洛莱地区的兰德瑞斯羊杂交育成。

【外貌特征】 体格较大，公母羊均无角，体形呈楔形，体长而肌肉丰满，被毛细短。头较小且无毛，活泼好动。脸部皮肤为粉红色，着生乳白色、沙色或白色粗毛。前额宽，两眼眶相距较远，耳长、薄而灵活，母羊头部清秀，公羊头部雄壮，肌肉较丰满。肩部肌肉丰满，结构良好。腰部平直，眼肌长宽。尻部宽深，臀部发育良好，大腿部肌肉厚实。整体骨架发育适中，不过分细致或粗糙。

被毛细密，品质优秀，闭合性良好。

【生产性能】 成年公羊体重 110 ~ 140 kg，剪毛量 3.5 ~ 4 kg。成年母羊体重 80 ~ 100 kg。羔羊初生重较大，单生和双生公羔平均初生重分别为 5 kg、4.5 kg，56 日龄内平均日增重分别为 500 g、420 g；单生和双生母羔平均初生重分别为 4.7 kg、4 kg，56 日龄内平均日增重分别为 395 g、380 g。6 月龄公、母羔羊体重分别为 48 ~ 53 kg、38 ~ 43 kg。成年公羊剪毛量 3.5 ~ 4 kg，成年母羊 3 ~ 3.5 kg。羊毛细度 56 ~ 60 支，毛长 6.5 ~ 7.5 cm。公羊 7 月龄即达到性成熟，能常年配种，适宜与青年母羊和个体较小的成年母羊配种，使用年限可达 6 ~ 7 年甚至 10 年。成年母羊季节性发情，发情集中在 9 ~ 10 月，产羔率 135% ~ 190%，80% 母羊 7 月龄即可配种。

【品种利用】 夏洛莱羊主要用作肥羔生产的终端父本。公羊头呈楔形，肩部不很宽，骨骼不很粗壮，后代难产率极低，羔羊生活力强。该羊适宜于圈养和放牧，耐粗饲，耐干旱，潮湿、寒冷等各种恶劣气候条件，在我国东北地区适应性和杂交改良效果良好，但杂交后代有杂毛。目前已在夏洛莱羊 OAR1 上确定了名为夏洛莱肌肉基因（Charollais muscling）的 QTL 位点。

（5）德国肉用美利奴羊：

【原产地】 原产于德国萨克森州农区，是由泊列考斯羊、莱斯特羊与德国当地美利奴羊杂交育成，属肉毛兼用型品种。

【外貌特征】 全身被毛白色，体格大，公、母羊均无角，颈部无皱褶，胸深宽，背腰平直，肌肉丰满，后驱发育良好。

【生产性能】 成年公羊体重 120 ~ 140 kg，成年母羊 70 ~ 80 kg。羔羊生长发育快，3 月龄内及 6 月龄内平均日增重分别为 264 g、223 g。130 天屠宰活重可达 38 ~ 45 kg，胴体重 18 ~ 22 kg，屠宰率 47% ~ 49%。杂交改良效果好，相同饲养管理环境下的德寒杂种羔羊 3 月龄和 6 月龄体重较道寒和萨寒杂种羔羊分别高 9.5% ~ 19.92%、18.25% ~ 24.89%。德寒杂一代经产母羊的平均产羔率可高达 201%，仅比小尾寒羊对照低 34%。成年公羊剪毛量 7 ~ 10 kg，毛长 8 ~ 10 cm，细度为 60 ~ 64 支。成年母羊剪毛量 4 ~ 5 kg，毛长 7 ~ 8 cm，细度 24 ~ 30 μm（60 ~ 64 支），净毛率为 50% 以上。繁殖没有季节性，可常年发情，2 年 3 产，产羔率 150% ~ 250%。

【品种利用】 德国肉用美利奴羊早熟，羔羊生长发育快，产肉量高，繁殖力强，泌乳量高，母性好，被毛品质好，对干旱气候条件及各种饲养管理条件都能很好地适应，可作为集约化肥羔生产的父本或母本。

（6）特克赛尔羊：

【原产地】 源于荷兰特克赛尔岛，是用林肯羊、莱斯特羊与原当地土种羊杂交育成。

【外貌特征】　体格大，肉用体型好，呈方形，结构匀称，体质结实，无角，头短面宽，头长约为宽的 1.5 倍。脸部白色，着生短细毛，头部无长毛或粗毛，毛位于两耳连线之后。嘴粗，口鼻孔开张，鼻孔黏膜和眼睑黑色。耳较大，呈白色，厚实，着生白色粗毛。颈中等长。背长宽平直，肋骨弹性良好，肌肉丰满。腰部宽深，后躯呈方形，宽深，臀部肌肉丰满，大腿部肌肉外观圆形。蹄质坚实，黑色。被毛白色，卷曲，闭合性良好，无杂色毛。

【生产性能】　成年公羊体重 90 ~ 140 kg，成年母羊 65 ~ 90 kg。肌肉发育良好，瘦肉率高，胴体品质优异，瘦肉率达 60% 以上，脂肪少，所以屠宰时间迟早对其胴体品质影响不大，屠宰率 55% ~ 60%。国内引进的特克赛尔初生羔羊体重 5.10 kg，70 日龄内日增重 300 g，4 月龄断奶重 40 kg，6 ~ 7 月龄重 50 ~ 60 kg。在放牧时期，羔羊生长日增重仍达 225 g。成年羊剪毛量 3.5 ~ 5.0 kg，羊毛细度 46 ~ 56 支。7 月龄即可初情，繁殖季节持续 5 个月左右，平均产羔率 185%。

【品种利用】　特克赛尔羊生长速度快，肉质优良，繁殖力较强，放牧性能好，易于饲管，对寄生虫病具有良好的抵抗力。现已成为欧洲各国主要的终端父本之一。在英国，仅次于萨福克羊。已引入到我国北京、黑龙江、新疆、宁夏、陕西和山东等地。

特克赛尔羊携带双臀基因（商品名为"MyoMAX"）。该基因可使肌细胞肥大，单个拷贝可增加 5% 肌肉产量，使脂肪含量降低 7%，但不影响适口性。特克赛尔羊群体中也存在 callipyge 基因。此外，还确定了 OAR3 上的 1 个 QTL 影响眼肌厚度和重量，OAR4 和 OAR20 上的两个 QTL 影响脂肪生长。

（7）杜泊羊：

【原产地】　是南非用原产于索马里的波斯黑头羊与有角道赛特羊杂交育成，含两亲本血统各半，分黑头和白头两种类型，二者体型和体格相似，生产性能无明显差异，只是毛色不同。此外，白头杜泊羊中含有少量美利奴羊和 Van Rooy 羊基因。

【外貌特征】　头、腹、腿部一般着生粗毛，臀部和背部着生季节性退换性被毛。自动脱换被毛是重要种质特性。若背毛不能脱换或体躯部出现波斯羊样粗毛，可视为瑕疵。黑头杜泊羊的头和颈前为黑色，其他部位多为白色。蹄、乳头、肛门、阴门周围颜色较深，是波斯羊和杜泊羊的共同特征。白头杜泊羊全身被毛白色，但皮肤、眼睑、耳朵部分区域、蹄部、乳头周围、肛门、阴门等处皆为深色。若白头杜泊羊头部和颈部出现黑色斑点，也属正常；但眼圈、乳头、尾下、蹄部出现棕色粗毛，或在耳朵和下腹部出现各类色斑者均属瑕疵。各处皮肤全无色素沉着或全黑者，都属于非理想型个体。黑头杜泊羊杂交后代毛色较杂，白头杜泊羊杂交后代为白色，毛色相对稳定。

杜泊羊具有典型的圆筒状肉用体型。身材矮壮，腿短，身高一般不超过60 cm。各部结构匀称，性情温和，气度不凡。头粗长，眼大，面宽，鼻孔粗大，下颌发育良好。耳大小与头适应，头部多有角基或小角，个别羊有大角。黑头杜泊羊头部须有黑色或棕黑色粗毛，白色杜泊羊头部应有白色粗毛。颈中等长，较宽。肩宽厚，胸部适度前突，较深，宽窄适中。体躯宽深而长，肋骨开张好，眼肌宽而丰满。背腰平直，肩后或略有凹陷。尻部长宽，肌肉丰满，臀部粗壮。四肢粗壮有力，蹄部坚实。

【生产性能】 成年公羊 93～118 kg，成年母羊 70～95 kg。羔羊初生重 3.5 kg，断奶成活率 90%，3～4 月龄重可达 36 kg。6 月龄至 3 岁公羊和母羊体重变化见图 3.1。3 月龄前增重和特克赛尔羔羊持平，但 3～6 月龄日增重高于特克赛尔羊。在国内杂交试验中，杜寒杂交一代断奶前平均日增重达 318 g。繁殖无季节性，可两年三产。平均产羔数 1.2～1.8 个，经选择，可达 200% 以上。

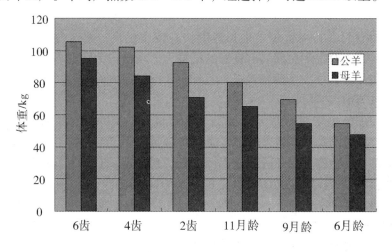

图 3.1　6 月龄至 3 岁杜泊公、母羊体重变化

【品种利用】 杜泊羊生长速度快，饲料转化效率高；羊肉品质佳，被誉为"钻石级"绵羊肉；羊毛经济价值不大，但板皮质优；耐粗性好，易于饲管。十多年前，当杜泊羊先后被引入到世界各国时，曾引起全球性轰动，是目前最受欢迎的终端杂交父本之一。一般非洲和美洲绵羊对痒病抵抗力都很弱，但杜泊羊继承了欧洲羊的优良基因，对痒病抵抗力较强。

（8）东佛里生羊：

【原产地】 原产于德国和荷兰，与荷斯坦牛产区大致相同，是目前世界上最著名的乳肉兼用型绵羊品种。可能与北欧短尾羊（如兰德瑞斯羊和罗曼诺夫羊）有共同血缘，特克赛尔羊可能含有东佛里生羊血统。

【外貌特征】 体格大，公、母羊都无角，鼻部粉红色，蹄部灰色或白色，全身被毛白色，头、四肢下部及尾部都无被毛。肉用体型良好，肌肉丰满。

【生产性能】 成年公羊体重 100 ~ 125 kg，成年母羊 85 ~ 95 kg。在 210 ~ 230 d 的泌乳期内，总泌乳量为 500 ~ 700 L，总固形物 18%，乳脂率为 6% ~ 7.9%，乳蛋白率 5% ~ 7.5%。母羊同时哺乳 2 ~ 3 羔时，羔羊哺乳期日增重仍可达 250 g 以上，最高可达 330 g。在相同的饲管条件下，东佛里生羊杂种后代的初生重、60 日龄重及 140 日龄重都显著高于道赛特羊杂交后代。羊毛为优质地毯毛，产毛量 5.5 kg，毛长 12 ~ 14 cm，细度 30 ~ 37 μm（52 ~ 54 支）。母羊常年发情，平均产羔率 280%。

【品种利用】 东佛里生羊不耐粗饲，对炎热环境适应性较差，易患羔羊肺炎等疾病，但杂交效果优良，适宜在我国中原农区推广。我国北京、上海等地引进该羊。

（9）阿尔科特羊：

【原产地】 由加拿大渥太华联邦政府研究中心在 1970 ~ 1985 年间育成，属三品系配套肉羊品种，三品系分别叫作加拿大阿尔科特、渥太华河阿尔科特以及本土阿尔科特。

【本土阿尔科特羊】 属于多品种合成系，多胎多产，含 40% 芬兰兰德瑞斯羊、20% 萨福克羊、14% 东佛里生羊、9% 雪洛普夏羊、8% 有角道赛特羊血统，其余的 9% 血统来自于边区莱斯特、北方雪维特羊、罗姆尼以及考力代羊。为一母本品系，具有繁殖率高、泌乳力强、母性好、体型优异、生长快等特点。全身白色，但腿部有杂色，脸部有时可见色斑，颈部无皱褶。公、母羊均无角，体格大，体躯长且体型好，肌肉中度丰满。头部较短，脸部无毛，有白色或有杂色斑点。耳朵平直，短小细密。颈中等长，肩部齐整，丰满厚实。胸宽深，与体躯结合良好。背腰平直，肌肉丰满，尻长而平。四肢端正，骨骼发育良好。腿部无同质毛着生，但有白色、棕黑色和杂色粗毛。成年公羊体重 80 ~ 100 kg，成年母羊 75 ~ 95 kg。母羊 7 月龄时性成熟，繁殖季节长约 9 个月，产羔率 250%，两年三产。

【渥太华河阿尔科特羊】 由多品种（主要是萨福克、兰德瑞斯和雪洛普夏）杂交育成。公、母羊无角，头短而细致，面部为白色、棕黑色或杂色，无同质被毛。耳短平，薄而细致。颈中等长度，肩部结构良好。胸部中等宽深，与躯体连接良好。背腰平直，腰部肌肉中等丰满，臀部长直。四肢方正，骨骼细致，着生白色、棕黑色或杂色粗毛。属于母本品系。公羊 80 ~ 100 kg，母羊 75 ~ 90 kg。母羊繁殖力强，7 月龄时开始配种，繁殖季节长约 9 个月，多数生 3 个或以上羔羊，平均产羔率 260%。母性好，可哺乳多羔。羔羊生长发育快，饲料转化率高。

【加拿大阿尔科特羊】 主要由法兰西岛羊和萨福克羊杂交育成，属于产肉力强品系。成年羊体型大，体长容积大，后躯肌肉很丰满。头部长宽中等，无角，偶有角基。耳中等长，半垂。面部白色、棕褐色或杂色，无皱褶和被毛，鼻梁微翘（罗马鼻）。颈部长短适度，肩颈过渡良好。肩胛部细致圆润，结构适宜。胸深宽，与躯体结合良好。背腰平直，腰宽长，肌肉发育好。四肢端正，骨骼粗壮，着生白色或杂色粗毛。公羊体重为 120 ~ 150 kg，母羊 85 ~ 115 kg，产毛量 3 ~ 3.5 kg，毛长 8 ~ 10 cm，羊毛细度 25 ~ 33 μm，被毛柔软光亮；繁殖季节长约 9 个月，产羔率 180%，难产率低。加拿大阿尔科特公羊是优秀的终端父本，杂交效果和萨福克公羊相似。羔羊生长很快，肥羔能同时满足市场对不同体重羔羊的需求，胴体优质，肉骨比率高。

（10）布鲁拉美利奴羊：

【原产地】 产自澳大利亚，源于美利奴羊。

【外貌特征】 该羊体形外貌与普通澳大利亚美利奴羊类似。体躯覆盖同质细毛，闭合良好。头毛延伸至两眼连线略前，面部同质细毛，有角，颈部有 2 ~ 3 个皱褶。

【生产性能】 与普通澳大利亚美利奴羊不同有二：一是繁殖力可与世界上任何高产绵羊品种媲美。产羔数 2.4 个，范围为 1 ~ 6 个。在同一环境条件下，半血羊比普通美利奴羊产羔多 20%。二是该羊可四季发情，常年繁殖。

【品种利用】 布鲁拉美利奴羊最珍贵的特点是繁殖力高。该特点是由一个单基因作用所致。该基因一般被称为 Booroola 基因或 B 基因、F 基因、Fec B 基因，已定位于绵羊 OAR6 上。单拷贝和双拷贝 Fec B 基因分别可使母羊产羔数增加 1 个或 1.7 个，这种效应一般不受营养因素的影响。通过基因渗入，可将该基因导入到单胎绵羊群体，从而培育多胎绵羊新品种。

（11）塔马拉克羊：

【原产地】 塔马拉克羊（Tamarack Sheep）是美国近年培育的肉用绵羊新品种。该品种先是用布鲁拉美利奴羊与无角道赛特羊杂交，杂一代母羊再与无角道赛特公羊回交多代。为改善泌乳、生长、断奶羔羊数、胴体品质等性状，后又引入了法国岛羊的血缘。

【外貌特征】 体格大，体躯呈方形，公、母羊均无角，头粗短，脸部少毛，鼻梁平直，眼大有神，耳平伸，背腰平直。全身被毛白色，腿短无毛。

【生产性能】 成年公羊平均体重 102.1 kg（81.7 ~ 127.0 kg），成年母羊平均体重 74.9 kg（63.5 ~ 102.1 kg）。在放牧条件下，100 日龄内日增重可达 450 g 以上，可生产屠宰前活重 14 ~ 63 kg 的优质羔羊。繁殖季节长约 9 个月，可常年配种繁殖。在以放牧为主的饲养条件下，母羊产羔率 240% ~ 320%。

【品种利用】 该品种培育过程中应用 BLUP 技术，集合了法国岛羊、道赛特羊、布鲁拉美利奴羊的优点，易于饲管，耐粗饲，适宜放牧。母羊子宫容量大，多胎多产，泌乳量大，母性好。羔羊初生窝重大，增重快，成活率高，肉用性能好。该羊是利用 F 基因育种的典范，值得我国肉羊育种借鉴。

（12）澳洲白绵羊：

【原产地】　澳洲白绵羊（Austrilia white）是由白头杜泊、Van Rooy、无角道赛特和特克赛尔羊等多品种杂交育成，已于 2009 年 10 月在澳大利亚正式注册。

【品种特性】　澳洲白绵羊特点是体型大、生长快、成熟早、全年发情，有很好的自动脱毛能力，可作为终端父本，赋予杂交后代良好的体格、体重和生长速率。在育种过程中，对系部、蹄部、腿部、性情等方面进行了严格选择，所以体格较大，体重大，结构匀称，运动性能好。澳洲白绵羊成年羊体型比无角道赛特羊短但比杜泊羊大，腿比杜泊羊长。3 月龄羔羊体重可与任何其他澳大利亚肉用羊相媲美。澳大利亚人认为澳洲白绵羊的应用价值胜过白头杜泊羊。该品种值得引进和推广利用。

【品种利用】　澳洲白绵羊是澳大利亚第一个利用现代基因测定手段培育的肉羊品种。育种过程中对多个羊特定肌肉生长基因标记（MyoMAX，LoinMAX）和抗寄生虫基因标记（WormSTAR）进行选择，是现代绵羊分子育种的典范，是我国肉羊育种的榜样。澳大利亚白绵羊将与杜泊绵羊等配套，组成澳大利亚粗毛型肉羊生产系统。

2. 地方绵羊品种

（1）小尾寒羊：

【原产地】　来自蒙古羊，品种育成历史悠久。原产于山东的西南部、河南的新乡和开封地区、河北的南部和东部等地，属肉裘兼用品种。

【外貌特征】　体格大，体质结实，身高腿长，有"高腿羊"之称。鼻梁隆起，耳大下垂，公羊有螺旋形大角，母羊有小角。公羊前胸较深，背腰平直，短脂尾，尾长在飞节以上。毛色多为白色，少数在头、四肢部有黑褐斑。该羊存在体型较狭窄、前胸发育不良、后躯不丰满等缺点。

【生产性能】　3 月龄断奶公、母羔羊平均体重可达 20.45 kg、18.99 kg，6 月龄公、母羊体重为 34.44 kg、32.32 kg，成年公、母羊为 94 kg、48.7 kg。每年剪毛两次，公、母羊年均剪毛量为 3.5 kg、2.1 kg，属异质毛。母羊 5～6 月龄即可发情，公羊 7～8 月龄可配种。母羊四季发情，可一年两产或两年三产，每产 2 羔以上，最多可产 7 羔，产羔率平均为 270%。

【品种利用】　小尾寒羊号称中国国宝，繁殖力强，产肉性能较好，是我国农区经济杂交生产肥羔的最佳母本之一，但存在合群性不好、放牧性能较差、抗病力不强、母性不够好、奶水欠多、断奶羔羊成活率较低、挑食、不易上膘等缺点。尽管如此，小尾寒羊还是以其体格硕大、繁殖力卓越以及对各地气候环境适应性而深受各地青睐，较适宜舍饲，也适宜半舍饲。小尾寒羊含有 Fec B、Fec XG 两个多胎主效基因。据测，小尾寒羊中 Fec B、Fec XG 基因频率分别为 0.650、0.266。因此，群体内个体间繁殖性能存在较大差异，有必要对种公羊进行基因型鉴定。

（2）湖羊：

【原产地】 来自蒙古羊。公元 10 世纪，南宋迁都临安，黄河流域居民大量南移，将北方绵羊携带到江南，安居在江浙交界的太湖流域，故名"湖羊"，亦有"吴羊""桑叶羊"等称谓。湖羊主要分布在浙江省和江苏省的部分县及上海市郊。

【外貌特征】 由于长期舍饲，不见天日，缺乏运动，世代相传，形成胆小怕光的习性。体格相对较小，头型狭长，鼻梁隆起，眼大突出，耳大下垂，公、母羊均无角，颈细长，胸部狭窄，背平直，躯干和四肢细长，体质纤细，群众称之为"绣花脚"，体质偏于柔弱，放牧游走能力弱。

【生产性能】 羔羊平均初生重为 3.3 kg，3 月龄、6 月龄羔羊平均体重为 21.99 kg、33.76 kg，成年公、母羊平均体重分别为 52.0 kg、39.0 kg。公、母羊剪毛量分别为 2.0 kg、1.2 kg。羔羊生后 1～2 d 屠宰取羔皮称为"小湖羊皮"，皮薄而柔，毛色洁白光亮如丝，花纹奇特，有波浪形美丽图案，扑而不散，可随意染色。过去小湖羊皮出口形势最好的时候，一般湖羊羔皮值 3～4 银元，而甲级羔皮价格最高达 6 块银元，可换 10 担大米。公羊在 8 月龄性成熟，而母羊 4～5 月龄初情，6 月龄初配，四季发情，可一年两产或两年三产，每产平均产羔率为 229%。经产母羊日产奶量 2.0 kg 左右。

【品种利用】 湖羊以生产优质羔皮驰名中外。湖羊羔皮有"软宝石"之称，在国际市场上享有盛誉，为传统出口商品。此外，还具有性成熟早、多胎多产、生长快等优点，是我国农区肉羊业的支柱品种，与小尾寒羊旗鼓相当。相对小尾寒羊，湖羊母性好，奶水多，断奶羔羊成活率高，耐粗饲，易上膘，抗病力强，容易饲养，但湖羊对北方气候条件的适应性不及小尾寒羊。

（3）乌珠穆沁羊：

【原产地】 源自蒙古羊，主要分布于东乌珠穆沁旗、西乌珠穆沁旗以及毗邻的锡林浩特市和阿巴嘎旗的部分地区，属肉脂兼用型粗毛羊。

【外貌特征】 体格大，体质结实，体躯深长，肌肉丰满。体躯被毛为纯白色，头部呈"三点黑"特征，即两眼圈、口鼻部黑色，30% 的羊有 14 对肋骨（一般羊肋骨数为 13 对）。

【生产性能】 公、母羔羊初生重分别为 4.34 kg、3.8 kg，2.5～3 月龄公、母羔羊平均重为 29.5 kg、24.9 kg，成年公、母羊体重分别为 74.43 kg、58.40 kg。在全放牧不补饲的条件下，2 月龄内日增重可达 300 g 以上，6 月龄内平均日增重 200～300 g，屠宰率 50% 以上。多肋骨公、母羔羊 5 月龄内平均日增重比 13 对肋骨羔羊分别高 11.64% 和 16.22%。母羊产羔率为 100.35%。

【品种利用】 乌珠穆沁羊以体型大、早熟、生长发育较快、肉用性能好著称，是牧区肉羊生产的适宜母本。

（4）苏尼特羊：

【原产地】 产自内蒙古苏尼特左旗、苏尼特右旗、四王子旗、达茂旗及乌拉特中旗等地，1997 年被内蒙古自治区人民政府确定为新品种。

【外貌特征】 体格高大，体质坚实，被毛多为白色，公、母羊均为无角，鼻梁隆起，耳朵下垂，颈粗短，背腰平直，后躯肌肉丰满。

【生产性能】 成年公羊平均体重 78.83 kg，母羊 58.92 kg。出生至 6 月龄羔羊平均日增重，公羔为 172.2 g，母羔为 180.5 g；平均屠宰率、净肉率分别为 50.09%、45.25%。母羊产羔率为 113%。

【品种利用】 苏尼特羊产肉多，肉质鲜嫩多汁、无膻味，是"东来顺"等饭庄制作涮羊肉的上乘原料。"小肥羊"火锅更是借助苏尼特羊肉获得国家有机羊肉认证。

（5）呼伦贝尔羊：

【原产地】 产自水草丰美的内蒙古呼伦贝尔草原，育种过程中采取了品系繁育技术。2002 年通过内蒙古自治区人民政府验收。

【外貌特征】 由半椭圆状尾和小桃状尾两个品系组成。体格强壮，结构匀称。头大小适中，公羊部分有角，母羊无角，鼻梁微隆，耳大下垂，颈部粗短，背腰平直，体躯宽深，略呈长方形。后躯发育良好，大腿肌肉丰满，四肢结实。被毛白色，头部、腕关节及飞节以下有杂色毛。被毛为异质，其中绒毛占 54%～61%，两型毛占 5%～7%，有髓毛占 9%～12%，干死毛多，比例达 24%～28%。

【生产性能】 8 月龄公、母羊平均体重分别为 45.1 kg、38.2 kg，1.5 岁公、母羊为 62.5 kg、53.6 kg，成年公、母羊为 81.8 kg、63.2 kg。在自然放牧饲养条件下，8 月龄、1.5 岁、成年羯羊屠宰率分别为 47.2%、48.8%、52.1%，骨肉比分别为 1:4.9、1:5.7、1:6.2。每年 6 月中旬剪毛 1 次，成年公、母羊年剪毛量分别为 1.52 kg、1.14 kg。公、母羊性成熟年龄分别为 8 月龄、7 月龄，适配年龄为 18 月龄，季节性发情，经产母羊产羔率 110.2%。

【品种利用】 呼伦贝尔羊耐寒、耐粗饲，抗逆性好。生产性能比较优秀，屠宰率与国外专门肉羊品种接近；羊肉肉质鲜美，瘦肉率高，是制作"涮羊肉"和"手抓肉"的适宜原料，可用于草原牧区绿色和有机羊肉的生产。

（6）阿勒泰羊：

【原产地】 为哈萨克羊的分支，原产于新疆阿勒泰地区的福海、富蕴、青河、阿勒泰等县。

【外貌特征】 体格大，体质结实。公羊鼻梁隆起，有螺旋形角，2/3 的母羊有角。耳大下垂，背腰平直，肌肉发育良好。四肢粗壮，臀部肌肉丰满，有方圆形大脂尾。体躯部毛多为棕褐色，头部多为黄色或黑色。

【生产性能】 羔羊初生重可达 4.77 kg，4 月龄断奶公、母羔羊 38.93 kg、36.6 kg，成年公、母羊 85.6 kg、67.4 kg，屠宰率 50% ~ 53%。

【品种利用】 阿勒泰羊体格较蒙古羊和藏羊大，适应性好，生长发育快，适于肥羔生产。

（7）多浪羊：

【原产地】 又名"刀郎羊"，产于新疆塔克拉玛干沙漠西南边缘及叶尔羌河流域的麦盖提县，由当地羊与阿富汗瓦尔吉尔肥羊杂交育成，属肉脂兼用型绵羊。

【外貌特征】 体格大，肉脂兼用型明显，体质结实。公、母羊多数无角，少数有小角。头大面长，鼻梁隆起，耳大下垂，颈长，胸宽而深，肋骨拱圆，背腰长平，后躯丰满，脂臀较大，四肢结实，蹄质坚实。初生羔羊多为棕褐色，断奶后毛色始变，躯体部毛色呈灰白色，而头、耳与四肢的颜色仍为褐色或黑棕色。

【生产性能】 公、母羊初生重分别为 6.8 kg、7.1 kg，断奶重 15.2 kg、15.4 kg，周岁体重 59.2 kg、43.6 kg，成年体重 98.4 kg、43.6 kg，屠宰率可达 59.8%。被毛异质，以灰白色为主，深灰色次之，公、母羊产毛量分别为 2.6 kg、1.6 kg。公羊性成熟期在 6 ~ 7 月龄，适配期 1 ~ 1.5 周岁；母羊 4 ~ 5 月龄初情，1 ~ 1.5 岁初配。母羊四季发情，以 4 ~ 5 月和 9 ~ 11 月为发情旺季，产羔率 118% ~ 130%，在良好的饲养条件下，产羔率可达 250% 左右。

【品种利用】 多浪羊具有体格高大、生长较快、屠宰率高、性成熟早、常年发情等特征，其屠宰率可与世界著名的高屠宰率绵羊特克赛尔相媲美，是我国牧区肉用绵羊育种的典范。1998 年以来，新疆已对该羊进行提纯复壮，同时选育出了体大类型、小尾类型和多胎类型。据报道，多浪羊优良种羊价格在 30 万元左右。

（8）乌骨绵羊：

【原产地】 由藏系羊中部分个体基因突变而形成，原产于云南省兰坪县。

【外貌特征】 外貌与当地藏羊相似。体格较大，体质结实。90% 左右的公、母羊均无角，被毛全白、全黑、黑白花几乎各占 1/3。

【品种特性】 成年公羊体重平均 42 kg，母羊 34.36 kg，屠宰率分别为 37.7%、40.5%。肤色呈淡紫色、淡黑色，眼结膜呈褐色，舌呈亮黑色、犬齿乌黑、齿龈乌黑，蹄质有白色、黑色、黄色。羊血呈酱紫色，肌肉、肺呈浅黑或暗红色，气管、肝、肾、胃内网膜、肠系膜、羊真皮层都呈乌黑色。通过对血液生理生化指标的测定，发现乌骨羊的酪氨酸酶、总胆红素、直接胆红素和血浆颜色都极显著高于非乌骨绵羊，总抗氧化能力几乎是非乌骨羊的两倍。

【品种利用】 乌骨绵羊是近年发现的一种乌骨、乌肉，集食用、药用、保健功效于一体的特殊肉用绵羊。适应性广，耐粗饲，引入到山东等地后，均能正常生长繁育。

（9）滩羊：

【原产地】 产自宁夏、甘肃、内蒙古、陕西和宁夏毗邻的地区。

【外貌特征】 体格中等，体质结实。公羊角呈螺旋状向外伸展，母羊无角或有小角。背腰平直，四肢端正，蹄质结实。体躯被毛纯白属异质毛，无髓毛含量适中，无干死毛。

【生产性能】 公、母羔羊初生重分别为 3.44 kg、3.33 kg，成年公、母羊体重分别为 47 kg、35 kg。成年公、母羊产毛量为 1.80 kg、1.55 kg。性成熟期公羊 6 月龄，母羊 7 月龄，适配年龄公、母羊分别为 2.5 岁、1.5 岁，母羊发情多集中在 7~9 月，产羔率 102%。

【品种特点】 滩羊是我国珍贵的裘皮羊品种，所产二毛裘皮因洁白光亮、轻暖美观而闻名中外。滩羊毛纤维细长而均匀，富有光泽和弹性，是纺织提花毛毯的上等原料。滩羊肉质细嫩，味道鲜美，享誉全国。在羔羊出生 30 d 左右、毛股长 7~8 cm 时屠宰剥取的毛皮称"二毛皮"，皮板轻薄，毛股紧实，波浪弯曲，形成美丽花穗。花穗类型繁多，包括串子花（麦穗花）、小串子花（绿豆丝）、软大花等 3 种优良花穗以及核桃花、蒜瓣花、笔筒花、卧花、头顶一枝花等不规则花穗。滩羊羔羊肉嫩味美，是我国地方羊肉之精品。据尹长安先生研究，滩羊肉的羰基化合物含量比小尾寒羊、细毛羊分别低 22%、37%，故膻味小；次黄嘌呤分别高 1.09、1.61 倍，故烤香味较浓；谷胱甘肽分别高 7.49%、20.46%，故肉汤风味较浓。在北京等地，滩羊肉每千克售价达 100 元以上，高于国内其他品种羊肉。滩羊肉、二毛皮等独特产品与产区独特生态环境有关。离开原产地，产品特性不保，类似于南橘北枳。

（二）肉用山羊品种

1. 国外肉用山羊

（1）波尔山羊：

【原产地】 名称源于荷兰语，意为"农夫"，是 20 世纪初开始以南非及周边地区土种山羊为主培育成的一种专门型肉用山羊。在品种培育过程中，吸收了欧洲山羊血统，可能还有印度山羊血统。

【外貌特征】 体格大，公、母羊均有角，耳大下垂，头颈强健，体躯长宽深，前胸及前肢肌肉比较发达，肋部发育良好且完全张开，背部厚实，后臀部肌肉丰满，四肢结实有力。体躯被毛为白色，头、耳、颈部毛色为深红至褐红色。

【生产性能】 羔羊初生重为 3~4 kg。在良好饲养条件下，公羊 3 月龄、12 月龄、18 月龄、25 月龄重分别可达 36 kg、100 kg、116 kg、140 kg，母羊 3 月龄、12 月龄、18 月龄、24 月龄重分别可达 28 kg、63 kg、74 kg、99 kg。日增重为 140~170 g，可超过 200 g，最高达 400 g。公、母羊性成熟月龄分别为 6 月龄、10~12 月龄。母羊排卵数为 1~4 个，平均 1.7 个，产羔率可达 200% 以上。四季发情，可两年三产。在 120~140 d 泌乳期间，羊奶中乳脂率达 5.6%，固形物 15.7%，乳糖含量也高于其他品种，每天实际泌乳量 1.5~2.5 kg。

【品种利用】 波尔山羊具有生长快、抗病力强、繁殖率高、屠宰率和饲料报酬高的特点，性情温顺，易于饲养管理，对各种环境条件具有较强的适应性，是世界上唯一经过多年生产性能测验且目前最受欢迎的肉用山羊品种。

（2）努比亚山羊：

【原产地】 原产于埃及、苏丹及邻近国家，属于肉、乳、皮兼用型山羊。欧美各国的努比亚山羊是英国引入非洲努比亚公山羊与本地母山羊杂交育成。我国引入的努比亚山羊多来自于美国、英国和澳大利亚等国。

【外貌特征】 外表清秀，具有"贵族"气质。体格较大，公、母羊均无须无角，面部轮廓清晰，鼻骨隆起，为典型的"罗马鼻"。耳长宽，紧贴头部下垂。颈部较长，前胸肌肉较丰满。体躯较短，呈圆筒状，尻部较短，四肢较长。毛短细，色较杂，以带白斑的黑色、红色和暗红居多，也有纯白者。公羊背部和股部常见短粗毛。母羊乳房较大，发育良好，但比瑞士奶山羊的乳房下垂严重。

【生产性能】 成年公羊平均体重 79.38kg，成年母羊 61.23kg。泌乳期 5~6 个月，产奶量 300~800 kg，盛产期日产奶 2~3kg，乳脂率 4%~7%。可一年两产，每产 2~3 羔，平均产羔率为 190%。

【品种利用】 努比亚山羊较瑞士奶山羊产奶量低，但乳脂率高。另外，羔羊生长发育快，产肉多，性情温驯，不耐寒冷潮湿，但耐热性好，适宜我国南方饲养，可作为肉用山羊经济杂交的第一父本。

（3）卡考山羊：

【原产地】 卡考山羊（Kiko goat）名称源于毛利语，意为"消费肉品"，是新西兰用野化母山羊与努比亚、土根堡、沙能公山羊逐代杂交，经过 4 代杂交育成的新品种。

【外貌特征】 体格中等，公羊体质粗壮，雄性十足，有螺旋形大角，耳大平伸，头粗短，有长须，头顶、背部等处有长粗毛，肋骨开张，四肢坚实。母羊体质丰满，体形呈矩形，有小角，头短小，胸中等宽，背腰平直。毛色多为白色或乳白色。

【生产性能】 成年公羊体重 45~68 kg，6 月龄重可达 45 kg。母羊产羔数平均 1.82 个；母性好，可哺育 2~3 羔。羔羊初生重平均 5.90 kg。在放牧条件下，可达到其他任何需要补饲精料的肉用山羊能达到的增重速度。

【品种利用】 卡考山羊具有采食能力强、增重快、繁殖力高、适应性好的特点，适宜放牧饲养。有报道卡考山羊的窝产仔数、断奶窝重、羔羊初生重、羔羊存活率等指标均高于波尔山羊。该羊现已成为美国肉用山羊杂交生产的最重要亲本，适宜我国牧区和农区丘陵山区饲养。

2. 地方山羊品种

（1）南江黄羊：

【原产地】 由南江本地母山羊与努比亚山羊、成都麻羊、金堂黑山羊公羊杂交育成，主要分布于四川南江县、武宁县等地。

【外貌特征】 被毛黄色，公、母羊均有角，耳半垂，鼻梁两侧有对称性黄白色条纹，从头顶至尾根有黑色毛带，体质结实，胸部宽深，肋骨开张，背腰平直，四肢粗壮，蹄质坚实。

【生产性能】 公、母羊初生重分别为 2.28 kg、2.28 kg，断奶重 11.5 kg、10.7 kg。公羔 0~6 月龄日增重为 85~150 g，母羔 60~110 g。成年公羊体重为 60.56 kg，成年母羊 41.2 kg，屠宰率为 47.67%。母羊 3 月龄初情，四季发情，产羔率 200% 左右。

【品种利用】 南江黄羊具有肉乳生产性能好、繁殖力高、板皮品质佳等特性，是国家农业部重点推广的肉用山羊品种之一。

（2）马头山羊：

【原产地】 产于湖北省郧阳、恩施市以及湖南省常德市。

【外貌特征】 体格较大，体质结实，结构匀称，体躯呈长方形。公、母羊均无角，颌下有髯。被毛纯白短粗。

【生产性能】 公、母羔初生重分别为 2.14 kg、2.04 kg，断奶体重 12.49 kg、12.8 kg。成年公羊体重为 43.81 kg，成年母羊 33.7 kg。在放牧和补饲条件下，7 月龄羯羔体重可达 23 kg，胴体重 10.5 kg，屠宰率 52.34%。母羊 3~4 月龄初情，四季发情，产羔率 191.94%~200.33%；可日产奶 1~1.5 kg。

【品种利用】 马头山羊是国内地方山羊品种中性成熟较早、生长速度较快、体型较大、肉用性能最好的品种之一。1992 年被国际小母牛基金会推荐为亚洲首选肉用山羊品种，也是国家农业部重点推广的肉用山羊品种之一。但该山羊中性羊比例较高。

（3）成都麻羊：

【原产地】 又称"四川铜羊"。原产于四川成都平原及其邻近的丘陵和低山地区。

【外貌特征】 体格中等，结构匀称，体形呈长方形。公羊有较大的倒八字形角，母羊有直形小角。前、后躯肌肉丰满，背腰平直。被毛短，呈棕黄色。

【生产性能】　公、母羔羊初生重分别为 1.78 kg、1.83 kg，断奶体重 9.96 kg、10.07 kg。成年公羊体重为 43.02 kg，母羊 32.6 kg，屠宰率为 52.3%。母羊初情期为 4～5 月龄，可全年发情，一年两产，平均产羔率为 210%，母羊日产奶 1～1.2 kg。

【品种利用】　成都麻羊具有产肉力强、繁殖率高、板皮优质等特性，是国家农业部重点推广的肉用山羊品种之一。

（4）金堂黑山羊：

【原产地】　产自四川金堂县及临近区域，2001 年被确定为四川省地方新品种。

【外貌特征】　全身黑色，被毛短而富有光泽，体型较大，体质结实，体躯各部均发育良好。

【生产性能】　公、母羔初生重分别为 2.37 kg、2.28 kg，初生至 2 月龄断奶日增重为 167.75 g。6 月龄公、母羊体重分别为 26.84 kg、22.22 kg。成年公、母羊体重达 70.64 kg、49.62 kg。屠宰率分别为 52.50%、49.37%。母羊 5～6 月龄初配，年均 1.7 产，平均产羔率 225.71%。在哺乳期中，母羊日均泌乳量可达 1.7 kg。

【品种利用】　该品种的产肉性能和繁殖力超过成都麻羊、马头山羊、南江黄羊，接近国内波尔山羊，值得在全国各地推广。

（5）乐至黑山羊：

【原产地】　产于四川乐至县及临近区域，2003 年被确定为四川地方肉用山羊新品种。

【外貌特征】　全身被毛黑色，体型较大，体质结实。头中等大小，有角者占 33%，无角者占 67%。耳较大、下垂或半下垂。鼻梁拱，成年公羊下颌有毛髯，部分羊颌下有肉髯。

【生产性能】　公、母羔羊初生重分别为 2.73 kg、2.41 kg，2 月龄断奶重 13.44 kg、12.11 kg。成年公、母羊体重达到 73.24 kg、56.41 kg，屠宰率分别为 48.28%、45.95%。1～6 月龄间平均日增重公羔为 138 g，母羔 114 g。母羊 5～6 月龄初配，年均 1.7 产，初产、经产产羔率分别为 231.18%、268.95%。在哺乳期中，母羊日均泌乳量可达 1.43 kg。

【品种利用】　该品种综合肉用生产力和繁殖力胜于金堂黑山羊，是巴蜀地区黑山羊中肉用生产性能之佼佼者。

（6）大足黑山羊：

【原产地】　主产于重庆市大足县及相邻的安岳县和荣昌县等地，2009 年通过国家畜禽遗传资源委员会鉴定。

【外貌特征】　体格较大，整个躯体呈矩形，结构匀称。全身被毛纯黑发亮，毛短紧贴皮肤。面部清秀，公、母羊多数有髯有角，角呈倒八字形，鼻梁平直，耳长。颈部细长，部分羊颈部有肉垂。前胸深广，肋骨拱张良好，背腰平直。尻部略斜，蹄质结实。

【生产性能】　公、母羔羊初生重分别为 2.2 kg、2 kg，2 月龄断奶重 11.4 kg、10.1 kg。6 月龄前公、母羊平均日增重分别为 122.94 kg、105.56 g。成年公、母羊体重分别为 59.5 kg、40.2 kg。母羊 3 月龄初情，5~6 月龄性成熟，8~10 月龄初配。初产、经产母羊产羔率分别为 197.31%、272.32%，可两年三产。

【品种利用】　母羊繁殖指数和肉用生产指数与金堂黑山羊的接近，是值得推广的肉用山羊地方良种。

（7）简阳大耳羊：

【产地与分布】　由四川简阳本地山羊与努比利亚山羊杂交育成，2004 年通过四川省畜禽品种资源委员会审定。

【外貌特征】　被毛以黄褐色为主，少数为黑色或深褐色，耳大下垂，体躯高大。

【生产性能】　成年公羊体重 72.63 kg，成年母羊 48.73 kg。生产速度快，6 月龄公、母羊体重分别为 29.46 kg、23.2 kg，成年公、母羊屠宰率分别为 51.98%、49.2%，净肉率分别为 40.14%、37.93%。肉质细嫩，膻味轻。繁殖力强，可四年七产，平均产羔率为 222.74%。

【品种利用】　该品种具有产羔率高、适应性强、肉质好、板皮质量优良等特点，肉用性能与乐至黑山羊相近，是我国南方棕黄色肉用山羊的代表。

（8）乌骨山羊：

【原产地】　主要分布于湖北通山县、重庆市酉阳土家族苗族自治县及云南怒江兰坪县，产区与乌骨绵羊产区相同。

【外貌特征】　体格中等，面部清秀。公、母羊都下颌有须髯，部分有肉垂，部分羊有角，故又名"乌角羊"。被毛多为黑色，部分为灰色或白色。皮肤为乌色，嘴唇、舌、鼻、眼圈、耳郭、肛门、阴门等皮肤呈乌色，牙龈、蹄部、骨骼关节、尾尖、公羊阴茎、母羊乳头等都为乌色。

【生产性能】　公、母羔初生重分别为 1.83 kg、1.60 kg，3 月龄断奶重 9.50 kg、8.75 kg，成年公、母羊重 37.88 kg、30.15 kg。初情期始于 108 日龄，4~6 月龄性成熟，公羊适配年龄为 7 月龄，母羊 8 月龄初配。母羊一年四季都可发情，但以春季、秋季较盛。通常一年两产，初产产羔率约为 131.38%，经产产羔数 2~4 羔。

【品种利用】　该羊是新近发现的一种特殊地方肉用山羊品种，因皮肤、肉色、骨色为乌色而闻名，有良好的药用和保健价值。

(9) 内蒙古绒山羊：

【原产地】 产自内蒙古地区，包括分布在最西部阿拉善盟的阿拉善型，分布在鄂尔多斯市的阿尔巴斯型和分布在巴彦淖尔盟的二郎山型。

【外貌特征】 公羊有粗大角，母羊角细小，两角向上向后向外伸展，呈扁螺旋状、倒八字形。体质结实，背腰平直，体躯深长，四肢端正，蹄质坚实，尾短而上翘。全身被毛呈白色，属异质毛。按毛长可分为长毛型、短毛型。长毛型主要分布在山区，体格较大，四肢较短；被毛粗长（15～20 cm），洁白光亮，净绒率高。短毛型分布在沙漠、滩地一带，体质粗糙，毛短而粗，平均长度为 8 cm，绒毛短密。

【生产性能】 公、母羔羊初生重分别为 2.24 kg、2.1 kg，断奶重 12.45 kg、11.21 kg，周岁重 21 kg、18.5 kg，成年重 47.8 kg、27.4 kg。屠宰率 45.9%。成年公、母羊产绒量分别为 385 g、305 g，细度 15.1 μm，长度 7.1 cm，净绒率 61.0%。初情期，公羊 4～5 月龄，母羊 3～4 月龄。公羊性成熟期为 5～6 月龄，公、母羊适配年龄均为 1.5 岁。母羊秋季发情，产羔率 104%。

【品种利用】 内蒙古绒山羊以绒毛品质优秀著称。所产山羊绒具有纤维柔软、有丝光、强度好、伸度大、净绒率高等特点，"白如雪，轻如云，软如丝"，被誉为世界上品质最好的天然珍品白绒。

(10) 辽宁绒山羊：

【原产地】 产自辽宁省盖县、岫岩、庄河、凤城、宽甸及辽阳等县。

【外貌特征】 体质结实。头小，额顶有毛，颌下有髯。公、母羊均有角，公羊角发达，由头顶部向两侧呈螺旋式平直伸展；母羊多板角，向后上方伸展。颈宽厚，颈肩结合良好。背腰平直，后躯发达，四肢粗壮，尾短瘦上翘。被毛全白，由光亮粗毛和柔软绒毛组成。

【生产性能】 公、母羔羊初生重分别为 2.89 kg、2.31 kg，断奶重 19.43 kg、16.70 kg，周岁重 25.38 kg、26.86 kg，成年体重 52 kg、45 kg。屠宰率 52%，净肉率 35%。成年公、母羊产绒量分别为 570 g、490 g，细度 16.7 μm，长度 5.5 cm，净绒率 70.9%。公、母羊性成熟期均为 5 月龄，适配年龄均为 1.5 岁。母羊发情多集中在春、秋季，产羔率 118%。

【品种利用】 辽宁绒山羊所产山羊绒具有纤维洁白、产量大、净绒率高的特点，是世界白绒山羊中产绒量之冠。

(11) 陕北白绒山羊：

【原产地】 主要分布在陕北地区的榆林、延安等地，中心产区为横山、榆阳、宝塔、甘泉。

【外貌特点】 全身被毛白色，为异质毛。皮肤颜色呈粉红色。头型短宽，公、母羊均有螺旋形角，鼻梁隆起，竖耳。体质结实，结构匀称，蹄质结实，背腰平直。

【生产性能】 公、母羔羊初生重分别为 2.1 kg、1.8 kg，断奶重 12.5 kg、11.4 kg，周岁重 20.2 kg、18.2 kg，成年体重 38.5 kg、26 kg。成年公、母羊产绒量分别为 570 g、400 g，细度小于 15 μm。公羊初情期 5~6 月龄，母羊 4~5 月龄；公、母羊适配年龄约为 1~1.5 岁。母羊发情多集中在秋季，多产单羔。

【品种利用】 该品种是新近培育成的一个优良白绒山羊品种，具有产绒量高、绒毛品质优秀等特点，是我国绒山羊家族的新贵。

（12）中卫山羊：

【原产地】 又名"沙毛山羊"，主要产于宁夏中卫和甘肃景泰、靖远县等地。

【外貌特点】 体质结实，体格中等大小，身短而深，近似方形。公、母羊大多有角。公羊角大，呈半螺旋形的捻转弯曲，向上向后外方伸展。母羊角小，呈镰刀形，向后下方弯曲。初生羔羊全身着生波浪形弯曲的被毛，生后 1 月龄左右屠宰剥取的毛皮称为"沙毛皮"，享有盛名。成年羊被毛的毛股由略带弯曲的粗毛和两型毛组成，下层毛为柔软的绒纤维。

【生产性能】 公、母羔羊初生重分别为 2.5 kg、2.4 kg，断奶重 12.4 kg、11.5 kg，周岁重 30.8 kg、28.6 kg，成年体重 30~40 kg、20~25 kg。成年羊屠宰率 45%。成年公、母羊产绒量为 202 g、165 g，细度 13~14 μm。公、母羊性成熟期均为 8 月龄，适配年龄均为 1.5 岁。母羊发情多集中在 7~9 月，产羔率 103%。

【品种利用】 该品种是我国已故养羊学先驱张松荫教授发现的地方良种，适应半荒漠草原，抗逆性强。所产沙毛皮、羊绒、羊毛均为珍贵的衣服原料。此外，羔羊肉味美，可与同产区的滩羊羔羊肉媲美。

（13）安哥拉山羊：

【原产地】 原产于土耳其安纳托利亚高原。

【外貌特征】 头型短窄，鼻梁平直，半垂耳。公、母羊均有上旋角。体质结实，四肢粗壮，蹄质结实。全身被毛白色，由辫状结构组成，呈波浪形，具绢丝光泽，属于同质半细毛，俗称"马海毛"。皮肤粉红色。

【生产性能】 成年公羊体重 40~45 kg，母羊 30~35 kg。成年公羊剪毛量 3.5~4 kg，母羊 2.5~3 kg。公、母羊初情期分别为 4~6 月龄、4~5 月龄。公羊性成熟期为 6~8 月龄。公、母羊适配年龄分别为 9~10 月龄、10~11 月龄。母羊一般仅在秋季发情，产羔率 138.89%。

【品种利用】 安哥拉山羊是世界最著名的毛用山羊品种。我国的陕西、山西、内蒙古、甘肃等省（区）先后引进该品种，改良地方山羊品种，培育新型马海毛山羊品种，效果优良。除生产优质毛海毛外，该羊的产肉力也很好。

（14）萨能奶山羊：

【原产地】 原产于瑞士伯尔尼州的萨能山谷。

【外貌特征】 具有乳用型羊的典型特征。头型长宽，鼻梁平直，竖耳，公、母羊均无角。体格大，结构匀称。胸部宽深，背腰平直。四肢粗壮，蹄质结实，蹄壁呈蜡黄色。尻部斜，乳房发育良好，呈圆形。全身被毛白色，异质毛，皮肤粉红色。

【生产性能】 成年公羊体重75～95 kg，母羊50～65 kg。公羊初情期、性成熟期和适配年龄分别3月龄、4～5月龄、8～10月龄；母羊初情期、适配年龄分别为3～4月龄、9月龄。母羊发情季节为9～10月龄，产羔率为200%。泌乳期305 d，产乳量可达600～1 200 kg，乳脂率3.28%，乳蛋白率3.28%，乳糖率3.92%，干物质含量11.41%。

【品种利用】 萨能奶山羊具有繁殖力高、泌乳力强、适应性广等特点，是世界上产奶量最高的奶山羊品种，缺点是奶和肉质膻味较重。该品种抗病性较好，但对胃肠道寄生虫的抗性不如阿尔卑斯奶山羊。法国等欧洲国家多年一直在利用 $\alpha - S1$ 酪蛋白基因分子标记改善奶山羊乳蛋白率。我国的山东、河南、河北、陕西等地都引入过该山羊，参与我国奶山羊品种的培育。

（15）关中奶山羊：

【原产地】 由萨能奶山羊与当地山羊杂交选育而成，产于陕西的关中地区，包括富平、三元、泾阳、扶风、千阳、宝鸡、渭南、临潼、蓝田等地。

【外貌特征】 全身被毛白色，异质毛，皮肤粉红色。具有"四长"特点，即头长、颈长、躯干长、四肢长。体质结实，体格大。头型长宽，鼻梁平直，竖耳，公、母羊均无角。胸部宽深，背腰平直，四肢粗壮，蹄质结实。尻部斜，乳房发育良好。

【生产性能】 公羊初生重2.54 kg，母羊1.98 kg。公羊断奶重15.23 kg，母羊14.54 kg。公羊周岁重54.97 kg，母羊34.02 kg。公羊成年体重78.86 kg，母羊44.72 kg。公羊初情期、性成熟期和适配年龄分别为4月龄、4～5月龄、7～8月龄；母羊初情期、适配年龄分别为4～5月龄、7～8月龄。母羊发情季节为9～11月，产羔率184.3%。乳房呈圆形，泌乳期242 d，产乳量305.7 kg，乳脂率4.21%，乳蛋白率3.52%，乳糖率4.26%，干物质含量12.94%。

【品种利用】 关中奶山羊具有泌乳量高、抗病虫、耐粗饲适的特点，是我国著名的奶山羊品种。日均产奶量远低于萨能奶山羊，但乳脂率高。除产奶性能良好外，产肉能力也较好。

（16）崂山奶山羊：

【原产地】 产于山东胶东半岛的青岛市、烟台市、威海市、临沂市、枣庄市等地，是利用萨能奶山羊与当地山羊杂交选育而成。

【外貌特征】 全身被毛白色，同质毛，皮肤粉红色。头型长窄，鼻梁平直，竖耳，公、母羊均无角。体质结实，结构匀称。四肢粗壮，蹄质结实。胸部宽深，肋骨开张，背腰平直。乳房发育良好。

【生产性能】 公羊初生重4.21 kg，母羊3.09 kg。公羊断奶重19.24 kg，母羊16.21 kg。公羊周岁重69.63 kg，母羊41.96 kg。公羊成年体重95.56 kg，母羊54.92 kg。公羊初情期、性成熟期和适配年龄分别为2.5～3月龄、5～8月龄、7～8月龄；母羊初情期、适配年龄分别为3～4月龄、7～8月龄。母羊发情季节为春、秋季，产羔率170.3%。泌乳期288.97 d，产乳量614.56 kg，乳脂率3.73%，乳蛋白率2.87%，乳糖率4.35%，干物质含量12.03%。

【品种利用】 崂山奶山羊具有泌乳力强、板皮质优、耐粗饲、适应性广泛的特点，产奶量高于关中奶山羊，但乳脂率略低。

（17）河南奶山羊：

【原产地】 主要产于郑州、开封、洛阳及南阳四个地区，是由萨能奶山羊与当地山羊杂交育成。

【外貌特征】 具有头长、颈长、躯干长、四肢长等特点。体质结实，结构匀称，细致紧凑，乳用型明显。被毛白色，皮肤为粉红色，部分羊只鼻端、耳、乳房等部有散在性黑色斑点。公、母羊大多都无角，有些羊有肉垂。母羊清秀，乳房容积大，质地柔软，乳头太小适中。公羊高大雄伟，颈部粗壮，胸部宽深，背腰平直，睾丸发育良好。

【生产性能】 公羊1岁、2岁、3岁及以上体重分别在42 kg、60 kg、70 kg以上，母羊1岁、2岁、3岁及以上体重分别在34 kg、40 kg、45 kg以上。泌乳期8个月以上。第1胎300 d产奶期，产奶量350～500 kg。第3胎300 d产奶期，产奶量450～700 kg。乳脂率3.6%，总干物质率12.0%。母羊初生重2.6 kg以上，公羔初生重3 kg以上，头胎产羔率150%，3胎以上产羔率高于180%。

（陈其新）

第四部分　羊的饲养管理技术

一、羊消化系统结构和生理特点

（一）羊的消化系统

1. 胃

（1）羊胃由瘤胃、网胃、瓣胃和皱胃（真胃）组成。前三胃统称"前胃"（图4.1）。前胃无消化腺，不分泌消化液，主要利用微生物消化营养物质。瘤胃作为食物的储藏库和发酵罐，是前胃的主体部分。草料可经羊咀嚼"倒沫"拌入唾液后再次进入瘤胃，在微生物作用下发酵。羔羊瘤胃仅占前胃总容积的30%，而成年羊瘤胃可占78%左右，几乎占据整个左腹侧。成年绵羊瘤胃容积为18.9～37.9 L，成年山羊为11.4～22.7 L。若饲管不良，瘤胃功能失调，可发生前胃迟缓、瘤胃积食、瘤胃鼓胀、瘤胃酸中毒等病。

（2）瘤胃经瘤网胃口与网胃相连。绵羊网胃容积为1.1～1.9 L（山羊为0.95～1.9 L），内皮有蜂窝状组织，可清除饲料中的异物，防止胃肠道损伤。成年羊网胃在腹腔的左前下方，相对于第6～7肋骨与肘关节水平线交界处。若某些尖锐异物混入饲草被羊误吃，可发生创伤性网胃腹膜炎等症。

（3）网胃经网瓣胃间孔与瓣胃相通。成年羊瓣胃在瘤胃前右下侧，相对于右侧第7～9肋间和肩关节水平线交界处。绵羊瓣胃容积为0.5～1.0 L（山羊为0.95 L），黏膜呈新月状瓣页，对食物起压榨作用，可吸收水分和挥发性脂肪酸。若饲管不当，瓣胃功能衰弱，可发生瓣胃秘结（百叶干）。

（4）瓣胃通过重瓣胃孔与皱胃相通。绵羊皱胃容积为7.6～11.4 L（山羊为3.8 L）。成年羊皱胃位于右腹侧第9～11肋间，沿肋弓下部区域直接与腹壁接触。如同单胃家畜的胃一样，羊皱胃可分泌含盐酸和胃蛋白酶的胃液，对食物进行化学消化。若功能紊乱，可出现皱胃积食。

2. 小肠　羊的小肠细长曲折，长度为22～25 m，容积为7.6～9.5 L。正常状态下，羊的小肠卷曲于结肠襻周围，位于腹腔右侧。小肠是食物消化、吸收的主要场所。小肠液分泌及发挥消化作用主要发生在小肠前部，消化产物吸收则发

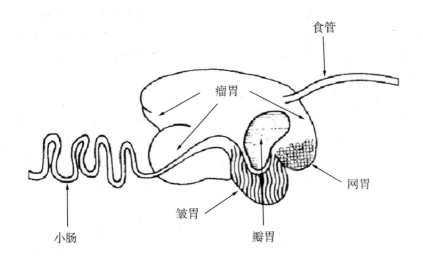

图4.1 羊的消化系统

生在小肠后部。多肽和氨基酸、葡萄糖等均可经肠壁吸收进入血液，运送至全身组织。

3. 大肠 成年羊盲肠位于右肷部，结肠襻位于腹右侧后半部中间。羊大肠长约8.5 m，容积为1.4～1.9 L，不分泌消化液，但可吸收水分、盐类和低级脂肪酸。如同瘤胃一样，大肠中也有微生物活动。小肠食糜中未被消化吸收的营养物质，可在大肠内被分解、消化和吸收，残渣随粪便排出。盲肠微生物可提供反刍动物机体能量需要的10%～15%。

（二）羊的消化生理特点

1. 反刍 羊采食的饲草料大部分不经充分咀嚼就吞咽入瘤胃，经一段时间后，食物被重新逆呕回到口腔，再次咀嚼并混入唾液后吞咽入瘤胃，这一生理过程叫反刍。反刍的意义在于将储存在瘤胃内的大量食物再次磨碎，从而有利于瘤胃微生物的进一步消化。反刍需要安静、舒适、放松的环境条件。若受到外界干扰，反刍行为可随时终止。

2. 瘤胃微生物的消化吸收作用

（1）粗纤维：瘤胃微生物包括细菌、古细菌、纤毛原虫、厌氧真菌及噬菌体等，构成了特殊的微生态环境，可通过发酵作用将饲草料成分转化为可利用的营养物质。

羊的胃肠道很长，饲草料通过消化道的时间较长，营养成分的消化利用较充分。山羊和绵羊对粗纤维的消化率分别是80%、76%。每毫升羊瘤胃液体中含

5亿~10亿个细菌，以及5万~200万个纤毛虫。这些微生物可不断产生纤维素分解酶，将各类植物细胞壁物质分解成单糖或其衍生物，同时产生各种低级脂肪酸以及甲烷、氢气、二氧化碳等代谢产物。羊瘤胃消化的纤维素约占全部消化纤维素总量的78.9%。

前胃微生物的消化和代谢产物可直接扩散进入血液。瘤胃消化产物中各种挥发性脂肪酸的57%经由瘤胃壁吸收，皱胃和瓣胃吸收约20%，其余的5%由小肠吸收。前胃吸收丙酸的50%被用于合成乳糖和丙酮酸，而乙酸则主要被用作瘤胃上皮和肌肉活动的能源。在前胃吸收过程中，部分挥发性脂肪酸转化为酮体。若产量过度，就会发生酮毒血症。若精料饲喂过多或加工过细，可能导致羊消化功能紊乱。在放牧状态下，羊的瘤胃微生物区系最健康。

（2）蛋白质：饲料蛋白质2/3以上在瘤胃中被消化分解，未经消化的过瘤胃蛋白质不足1/3。瘤胃液中的多种拟杆菌、链球菌等可分泌蛋白水解酶类。当食物进入瘤胃后，其中的蛋白质大部可被蛋白酶和肽酶分解成多肽和游离氨基酸，再合成细菌蛋白。瘤胃纤毛虫也可将植物性蛋白质转变为纤毛虫蛋白。过瘤胃蛋白质的消化吸收过程则与单胃动物相似。

（3）非蛋白氮：瘤胃微生物可利用非蛋白氮。瘤胃微生物可将瘤胃中饲料蛋白质的小部分降解成氨。部分氨可被再利用合成细菌蛋白质，余者将通过瘤胃壁黏膜扩散进入门静脉，运送至肝脏合成尿素。尿素一部分进入肾脏后随尿排出，另一部分经唾液或瘤胃壁扩散重新返回瘤胃后被再利用，这一过程被称作"瘤胃－肝脏氮素循环"。尿素、双缩脲等外源性非蛋白质含氮化合物在进入瘤胃后，可如同内源性尿素一样被瘤胃细菌脲酶水解，产生氨以用于合成菌体蛋白。因此，可适当利用各种非蛋白氮饲料替代部分真蛋白质，以降低饲料成本。但若尿素分解过快，氨生产过多，超过瘤胃微生物的利用和肝脏的转化能力，就可造成羊氨中毒，甚至引起死亡。

（4）维生素：成年羊瘤胃微生物可合成B族维生素和维生素K。因此，补充维生素时只需要考虑脂溶性维生素A、维生素D、维生素E等。但羔羊瘤胃功能尚不健全，必须适当补充各种水溶性维生素。

二、羊的饲养管理

（一）种公羊的饲养管理

1. 种公羊饲养基本要求　种公羊的主要任务是配种，应使它们的营养常年处于较高水平，膘情中等以上，不过瘦也不过肥，达到体质结实、精力充沛、性欲旺盛、精液品质优良的标准。

2. 种公羊饲养管理要点 放牧是种公羊的最佳饲养方式。若进行舍饲，则必须注意加强运动。为便于管理，可将种公羊单独组群。饲喂种公羊的草料必须品质优良、适口性好、易消化，应根据饲养标准配合日粮，满足种公羊对蛋白质、维生素和矿物质的需要。此外，应注意夏季防暑降温，防止夏季不育现象发生。种公羊的饲养管理可分为配种期和非配种期。

（1）非配种期：在配种季节来临前，可先按配种期饲喂量的 60%~70% 供给精料，逐渐增加到配种期供应量。在初次配种前，必须对后备种公羊预先进行配种能力健全性检查，鉴定睾丸发育、精液品质及性欲等情况，还要进行适当调教。对性欲不强的公羊，可进行睾丸按摩或进行激素治疗。此外，还要及时剪毛、药浴驱虫、防疫注射，也要定期修蹄和去角，为配种做好准备。有报道称，公羊中同性恋比例达 10% 以上。有条件时，可将公羊单独分栏饲养，以防布鲁菌病等的传播。

（2）配种期：合理的饲养管理是提高种公羊种用价值的基础。首先，要根据体重、膘情及配种任务不同做好补饲工作。可每天每只羊补饲富含蛋白质的精饲料 0.7~1.5 kg、食盐 15 g、骨粉 10 g 及胡萝卜 1 kg，添加生鸡蛋 1~2 枚，还要提供足量的优质豆科牧草，特别注意维生素 A 和维生素 E 的供应。其次，要加强运动，每天运动 4~6 h。对于全舍饲的公羊，若采取边放牧、边运动的方式，必须注意驱虫，避免感染球虫等疾病发生。再次，在配种时，要合理利用种公羊，配种或采精频度要适度。青年种公羊每天可采精或配种 1~2 次，隔天利用；成年种公羊每天可配种或采精 3~4 次，每周至少休息 1~2 d。若利用假阴道采集精液，必须注意卫生消毒，同时注意采精手法，否则会导致公羊性欲减退，甚至完全不能人工采精。对于不能用假阴道采精者，可利用电刺激法采精。

在完成配种后，要及时对公羊的配种性能进行总结。对实际表现较差者，要及时淘汰。公羊数量的配置要根据母羊的多少来确定。若采取自然交配，公、母比例以 1:（25~30）为宜。若对母羊群进行同期发情或诱导发情处理，则公、母比例宜在 1:（6~10）。若采取人工授精，公、母比例可按 1:（200~300）配置。公羊数目不宜过少，否则易造成近交。另外，若用青年公羊，母羊配额应减半。

（3）种公羊配种能力健全性检验：在配种前 3~4 周，除提高营养标准外，还应对种公羊进行配种能力健全性检验，以确定公羊是否有良好繁殖能力，可否成为优秀种羊。检验的内容包括体质检查、阴囊周长测定、精液品质及性行为观察等方面。

1）体质检查：对种公羊的总体情况进行检查，记录各种异常表现。首先，要检查眼、蹄、腿及阴茎等部位，看是否有妨碍配种的缺陷存在。其次，对体况进行鉴定，记录体况评分。最后，应触摸睾丸和附睾，看是否有疾病、发育不良或不适宜繁殖的特征。

2）阴囊周长测定：阴囊周长与后备公羊性成熟期及成年公羊配种使用持久性有关。若后备和成年公绵羊的阴囊周长分别小于30 cm、31 cm，则不宜作为种羊（表4.1），但应注意品种、体重和季节对阴囊周长的影响。测定时，应在阴囊最粗的地方测定，测尺应松紧适宜。目前尚无专门的山羊阴囊周径标准。

表4.1　各年龄公绵羊最小阴囊周长

年龄/月	最小周长/cm
5 ~ 6	29
6 ~ 8	30
8 ~ 10	31
10 ~ 12	32
12 ~ 18	33
18 以上	34

3）精液品质评定：先用人工假阴道或电刺激采精器采集待评定公羊的精液，然后在低倍和高倍显微镜下对精液进行检查。检查项目包括精液量、精子密度、精子活力和异常精子百分率等（表4.2）。

表4.2　正常公绵羊和公山羊精液指标

种类	公绵羊	公山羊
精液量/mL	1 (0.8 ~ 1.0)	0.8 (0.5 ~ 1.0)
精子浓度（10^9/mL）	2.5 (1 ~ 6)	2.4 (2 ~ 5)
运动精子百分比/%	75 (60 ~ 80)	80 (70 ~ 90)
异常精子百分比/%	90 (85 ~ 95)	90 (75 ~ 95)

4）性行为观察：给待鉴定公羊戴上试情布，再令其接近发情母羊，观察其性欲和交配行为。

5）综合评定：在逐项检查后，可按下列标准（表4.3、表4.4），将公羊的繁殖健全性分为优秀、满意、可疑等类。若任一检查项目有不满意或有疑问的，则判定为可疑，需要在几周后复查。若复查仍不能过关，则应坚决将其淘汰。

表4.3　公绵羊配种力判定参考标准

种类	<14月公羊阴囊周长/cm	>14月公羊阴囊周长/cm	精子活力	精子形态	细胞碎块
优秀	>33	>35	>50%	>90%	没有白细胞
满意	>30	>33	>30%	>70%	没有白细胞
可疑	<30	<33	<30%	<70%	有白细胞

表4.4　公山羊配种力判定参考标准

种类	<14月羊阴囊周长/cm	>14月羊阴囊周长/cm	精子活力	精子形态	细胞碎块
优秀	—	>25	>50%	>90%	没有白细胞
满意	—	—	>30%	>70%	没有白细胞
可疑	—	—	<30%	<70%	有白细胞

（二）繁殖母羊的饲养管理

1. 繁殖母羊饲养管理的基本要求　应根据母羊的不同生理状态，提供全面均衡的营养，促进母羊多排卵，保证胚胎正常发育和妊娠期母羊健康，提高产羔数和羔羊出生重，充分发挥母羊的繁殖潜力。营养对母羊繁殖性能有很大影响。若日粮营养均衡，矿物质和维生素含量充足，则母羊产羔较多。反之，母羊排卵数少，若膘情较差，繁殖性能也较差，但营养过度也会造成受胎率降低和胚胎死亡率升高。在管理方面，应做好所有繁殖母羊体况评分、修蹄、驱虫、药浴、防疫等日常工作。繁殖母羊的饲养管理可分为配种前、配种期、妊娠期、分娩期、哺乳期等环节。

2. 不同时期繁殖母羊的饲养管理

（1）配种前饲养管理：配种前饲养管理主要是做好整群和调整母羊体况，为配种做好准备。在配种前，应对全群进行细致检查。对有记录的不孕羊只，应区分营养不良性不孕、卵巢机能减退及萎缩性不孕、卵巢囊肿和持久黄体性不孕、子宫内膜炎等情况，对症施治。对于某些不宜继续种用的老龄或无治愈希望的母羊，应及早进行淘汰。可根据膘情不同，将繁殖母羊进行分群，以便给予不同的营养水平。

在配种期来临前不久，可着手实施催情饲养（flushing），即通过营养途径调控母羊繁殖性能。在配种前以及公、母羊交配后一定时期，提高日粮中蛋白质和能量水平，促使母羊及早达到配种体重，提高受孕率和早期胚胎成活率。催情饲养对低繁殖力品种和某些不携带主效基因的多胎品种同样有效，一般可使产羔率提高10%～20%（图4.2）。催情饲养开始的时间一般在配种前2～3周开始，持续到第1个情期结束，其中配种前比配种期的营养更重要。催情饲养的具体操作可根据母羊体况及个体大小而定。若羊群以放牧为主，可每天每只补饲0.25 kg玉米、0.35 kg大麦或0.45 kg燕麦。对舍饲肉羊，在空怀期饲养水平基础上增加50%左右即可。

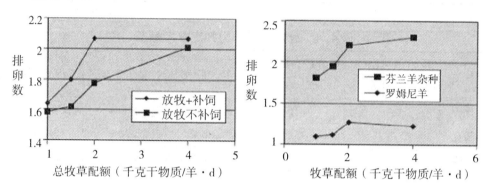

图4.2　催情饲养对母羊排卵率的影响

在催情饲养期每天每只补饲0.3 kg（干物质）大麦和青贮饲料，平均排卵数增加0.15个（摘自 *Effect of flushing on ovulation rate, Meat New Zealand*）。

（2）配种期饲养管理：配种期饲养管理工作的核心是做好母羊发情鉴定，采取适宜方法使发情母羊及时受配，提高母羊受孕率。在配种期，可将初配和经产母羊分别组群，并坚持催情饲养，直到配种结束后一段时间。羊的配种方法可分为本交、人工辅助交配、人工授精三种。我国农区集约化羊场多数为中小型，可采取人工辅助交配或人工授精，无特殊需要时一般没必要实施以激素为主的繁殖调控措施，如同期发情、超数排卵等。这些技术中所用的激素不符合现代羊业绿色标准化生产的要求，也容易对羊的生殖系统和生殖功能造成伤害，缩短种羊的繁殖利用年限。通过使用常年发情羊品种以及选用非激素性技术措施，做好发情鉴定和适时配种或输精，就可达到两年三产。在配种结束后，应继续坚持试情，找出返情母羊，及时补配。河南浚县张道江羊场打破常规，采用训练过的公山羊寻找发情母绵羊，发情鉴定和配种效率很好，小尾寒羊可达三年五产。

（3）妊娠期饲养管理：妊娠期饲养管理的主要任务是根据不同妊娠期的特点，合理提供营养，适当运动，保证羔羊正常生长发育和母羊的健康，做好保胎工作，减少流产损失。

1）妊娠早期：主要是指妊娠后第1个月。在此时期，要观察母羊是否返情。

在配种后不久，可适时停止催情饲养，但应避免母羊膘情骤降。受孕后最初2～3周是胚胎附植时期，此期营养缺乏将造成不可逆性损失。总体来说，妊娠早期母羊的营养需求只比空怀期略高。若妊娠早期甚至中期母羊体况没有增加或略有降低，不会对母羊的繁殖性能造成很大影响，配种期和妊娠前期的膘情损失可在妊娠中后期得到恢复。

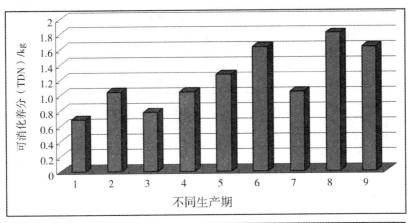

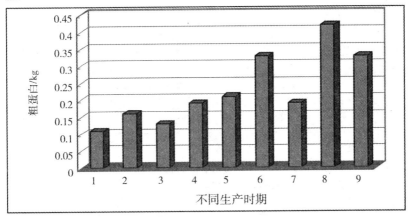

图4.3 60 kg 成年母绵羊不同时期能量（上）和粗蛋白（下）需要

1. 维持饲养；2. 催情饲养；3. 妊娠前期；4. 妊娠最后4周（产羔率130%～150%）；5. 妊娠最后4周（产羔率180%～225%）；6. 0～6周泌乳期（哺乳单羔）；7. 6～12周泌乳期（哺乳单羔）；8. 0～6周泌乳期（哺乳双羔）；9. 6～12周泌乳期（哺乳双羔）

数据源自 *Montana Farm Flock Sheep Production Handbook*

2）妊娠中期：指配种后第2～3个月。此期营养水平应适中，以保证胎盘正常发育。可给母羊饲喂品质一般的粗饲料，以节约优质饲草，用于泌乳母羊。在管理上，可将膘情较差的母羊挑出来单独组群，加强营养以改善膘情。

3）妊娠后期：指配种后 4 ~ 5 个月。妊娠的最后 2 个月是母羊营养的关键时期。羔羊出生重的 60% ~ 80% 是在妊娠最后 1 个半月内取得的（图 4.4）。怀单羔和双羔的母羊在妊娠后期的代谢速率分别比空怀母羊高 50% 和 75%。妊娠后期营养不足是造成胎羔死亡的主要原因，大约 70% 的胎羔死亡处于妊娠最后 2 个月内。妊娠后期能量或蛋白质缺乏也可使成活羔羊初生重降低，影响羔羊成年后的生产性能，也会影响母羊产后的泌乳能力，引起代谢性疾病（如妊娠酮血症）。因此，应充分满足妊娠后期母羊的营养需要。对于高产母羊，可从产羔前一个半月开始，每天每只饲喂谷物精料 1 kg，临近产羔时减到 0.5 kg。对于低产母羊，自分娩前 3 周起，可每天每只饲喂谷物精料 1 kg，直至产羔。

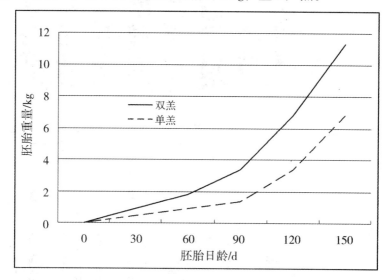

图 4.4　妊娠期胎羔生长曲线

数据源自 *Montana Farm Flock Sheep Production Handbook*

在妊娠后期，胎羔体积显著增加，可能会限制母羊采食量。因此，应饲喂体积小、易消化、营养价值高的青干草。否则，不但会导致母羊营养缺乏，还可能引发子宫疝气（图 4.5）。应重视妊娠酮血症、围产期瘫痪等疾病的防治。可采用奶牛血酮体检测仪、牛酮血症检测试纸条等检测母羊酮血症。在产羔前 1 个月开始，可饲喂阴离子添加剂。若在精饲料中各添加 2% 的氯化铵和硫酸铵，对预防围产期瘫痪有较好效果。在母羊妊娠最后半个月，应停喂青贮饲料，以减少流产。对初产母羊，要在产前 1 个月初次注射梭菌性疾病疫苗。在产前 2 周，对全群母羊进行梭菌性疾病免疫。在缺硒地区，为预防白肌病，可于产羔前 1 个月内给每只母羊皮下或肌内注射 0.2% 亚硒酸钠溶液两次（每次 1.5 ~ 2 mL），同时肌内注射维生素 E，母羊剂量为 300 mg，羔羊为 100 mg。此外，还可应用安全药物驱除母羊内外寄生虫。在产前两周，应将初产母羊转移至产羔舍，以防提前1周早产。

图4.5 小尾寒羊子宫疝气
母羊顺利产下3羔，哺乳羔羊月余后死亡

（4）妊娠诊断：通过妊娠诊断，可将空怀与已孕母羊分开，采取不同的饲养管理。经妊娠诊断，还可对产羔数做出预测，据此制订适宜的饲养方案。早期妊娠和胚胎数目的检测方法包括触诊、超声波诊断、妊娠相关物质（如孕酮，子宫蛋白）检测等，其中以超声波检查最为常用。除进行妊娠诊断外，超声波仪还可用于母羊子宫炎、阴道炎、尿路结石等疾病的诊断。

（5）分娩和接产：

1）分娩预兆：在产前1~1.5个月时，母羊乳头就开始发育。在产前1周左右，母羊就开始为生产做准备，此时可从乳头中挤出清亮液体。在产前数日，阴门从淡红色变为深红色，开始肿胀和松弛，有黏液流出；乳房坚实饱满，可挤出浓稠初乳。在分娩临近时，母羊会离群独处，起卧不定，食欲废绝。

2）产前准备：在预产期前1周，应将母羊转移到产羔舍内。在产羔舍内，可用活动式栅栏围成面积为2~2.5 m²的产羔栏，并备好充足饮水和饲草料以及必要的接产和难产处理用品。

3）接产及产后管理：分娩时，羔羊一般是在羊膜破裂后35~45 min产出。在产羔过程中，要时刻观察情况，适时助产，防止难产引起羔羊和母羊死亡。在羔羊生后，要尽快擦去羔羊口鼻部等处的黏液，轻按肋骨促进呼吸。若羔羊不能挣断脐带，可用手术剪人工剪断（留2.5~5 cm），并用7%的强碘酊浸泡断头1~2 min。

处理好羔羊后，要检查母羊乳头是否通畅。在产后1~2 h内，应使羔羊吃到足量初乳。对于弱羔，可人工辅助羔羊吃奶，或挤下初乳后用奶瓶或胃管投喂。在清除胎衣后，还要注意产房保暖。初生羔羊最适环境温度为 27～30 ℃，冬季最低温度应在 10 ℃以上。另外，要给新生羔羊称重、打耳号，给母羊修蹄、剪去后躯部污毛、清洗干净乳房和后腿。在分娩后，应使母、羔羊在产羔栏内相处 3 d 左右，确立牢固母仔关系；每天检查羔羊 2 次，看是否有肺炎、拉稀和饥饿症状。

（6）泌乳期饲养管理：在产后第 4 d，可将母仔从产羔舍移出，转入哺乳舍。此时，每天至少要检查羔羊 1 次，观察羔羊是否饥饿或发生肺炎。若是在冬季，还要提供取暖设备。

母羊泌乳期可分为泌乳前期（产后 4 d 至 1 个月内）和泌乳后期（产后 1 个月至断奶）。在泌乳前期，无论是单羔母羊还是双羔母羊，能量需求都比妊娠后期提高了约 50%，而蛋白质需求则提高了 1 倍左右（图 4.3）。但是，单羔母羊可以充分利用在妊娠后期储备的脂肪和其他营养，而多羔（双羔或以上）母羊在妊娠后期的营养储备远不能维持产后泌乳而哺乳羔羊。多羔母羊在泌乳期能量和蛋白代谢常往往负平衡状态，体重持续降低，单纯靠提高泌乳期营养水平无法彻底杜绝这种现象，宜在妊娠后期加强营养，使母羊预先积蓄足够的脂肪以满足产后高水平泌乳的需要。

为保证羔羊快速生长和提高成活率，应将多羔母羊和单羔母羊分群饲养。一般每栏内母羊数目宜为 4～10 只，羔羊总数不要超过 10 只。泌乳母羊营养需求高。除加大精料量外，还要供给足量的青贮或其他多汁饲料，以刺激母羊泌乳。饲喂青贮饲料要注意用量：25～50 kg 重母羊，每天每只 1～2 kg；70～80 kg 重母羊，每天 2～3 kg，分 2～3 次饲喂。饲喂青贮料量大时，可在精料中添加 2% 碳酸氢钠。应尽量避免羔羊偷吃母羊青贮料，否则可能造成酸中毒。若母羊奶水严重不足，可在饲料中添加中药"通乳散"。为提高母羊繁殖频率，可实行早期断奶。

3. 母羊体况评估　基于腰椎上部及其周围肌肉和脂肪组成衡量体脂储备，可将母羊体况分为 1～5 级（表 4.5）。1 级为极瘦，5 级为过肥。操作时，在腰中部，用手指沿脊椎纵向和横突触摸，感觉脊椎两侧和肋部脂肪层，做出评价。在多数情况下，都要求母羊保持中度膘情（3 分）。但在哺乳多羔时，即使保持良好的饲养水平，也难阻止母羊掉膘（图 4.6）。此时体况评分 2 分也属正常。

表4.5 母绵羊体况评分说明

分值	描述
1	皮肤和脊椎骨间无脂肪，外表虚弱，精神不振
2	皮肤和脊椎骨间脂肪很薄，脊椎棘突比较突出。精神正常，但脂肪储备较少
3	皮肤和脊椎骨间肌肉发育较好，但没有多余的脂肪。处于中等膘情
4	皮肤与脊椎骨间脂肪层较厚。由于脂肪储备较多，外表光洁平滑
5	母羊过肥，在胸部、胁部、尾根等处有大量脂肪沉积。母羊脂肪储备沉积过多，繁殖性能可能受到影响

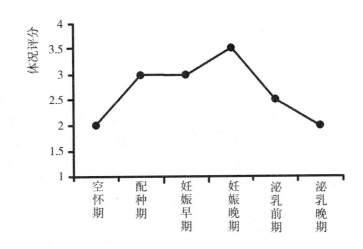

图4.6 母绵羊生产周期不同阶段理想性体况评分变动情况

（三）羔羊的饲养管理

1. 羔羊的生理特点

（1）围产期羔羊的生理变化：围产期是指产前、产时及产后的一段时期。在围产期，动物的营养代谢和内分泌功能都发生剧烈变化。在出生前，胎羔通过血液循环从母体获得氧气以及养分。在生后，羔羊在吸食母乳后，肺脏扩张，开始具备气体交换功能。新生羔羊脱离母体后，即处于外界环境因素的影响之下，但此时体温调节功能还不完善，对外界温度变化及有害微生物抵抗力很差，死亡率较高。

（2）羔羊消化系统的发育：

1）羔羊复胃发育：羔羊一般指未满1岁或未长永久齿的小羊。新生羔羊前胃很小，结构和功能都不完善，皱胃起主要作用。如同其他哺乳动物，刚出生的羔羊整个消化道无细菌。在接触外界环境后，从呼吸道和食道接受细菌定植，才可建立正常的微生物群落。羔羊生后数周内主要靠母乳为生。吸吮的母乳直接经封闭的食道沟到达皱胃，被皱胃消化酶消化。羔羊皱胃的消化规律与单胃动物相似。

初生羔羊不能有效利用青粗饲料中的粗纤维。但在出生后 1 周左右，羔羊就开始学母羊采食嫩草和饲料。20～40 日龄羔羊开始出现反刍行为，对各种粗饲料的消化能力逐步增强。到 1.5 月龄，羔羊瘤胃、网胃占全部胃重的比例已接近成年羊，而皱胃比例急剧减小。因此，在出生后 1 周左右，就该给羔羊适当补饲易消化的精料和优质青干草，刺激胃肠系统发育和反刍行为提早出现，促进羔羊发育。

2）羔羊肠道发育：新生羔羊肠道占整个消化道的的比例为 70%～80%，远高于成年羊（30%～50%）。随着年龄增长，小肠比例逐渐下降，而大肠比例基本不变，胃的比例会大幅度提高。

羊小肠的吸收功能也随年龄而变化。成年羊几乎不能吸收完整蛋白质，但新生羔羊肠黏膜对大分子物质具有高度通透性，可吸收免疫球蛋白，从而获得免疫功能。在出生 12 h 后，羔羊对初乳的吸收能力将急剧下降。大约到生后 180 h，就完全丧失了吸收免疫蛋白的能力。

3）羔羊消化道酶活力的发育性变化：

a. 蛋白酶活力：在 3 周龄前，羔羊皱胃可分泌凝乳酶。随着年龄增长，凝乳酶活力逐步被其他蛋白酶所代替。初生时糜蛋白酶活力相对就较高，生后进一步增加，但增幅较小。初生羔羊胰蛋白酶活力较弱，但增加速度很快，到 3 月龄后增幅明显变缓。

b. 淀粉酶和双糖酶活力：新生羔羊消化道内淀粉酶活力较低，但随年龄增长增加很快。初生时缺乏麦芽糖酶和蔗糖酶，直到约 7 周龄时，麦芽糖酶才会逐渐发生作用。所以，羔羊在生后早期阶段，不能大量利用淀粉。羔羊初生时肠内乳糖酶活力高，可消化乳汁中的乳糖，但乳糖酶活力随年龄增长下降很快。当食物乳糖含量过高时，就会造成腹泻。

c. 脂肪酶活力：羔羊初生时胰脂肪酶活力很低，随日龄增长肠道总脂肪酶活力逐渐升高。到 8 日龄时胰脂肪酶活力达到最高。

2. 哺乳羔羊的饲养管理

（1）早期断奶与教槽饲养：母羊泌乳量在产后 2～4 周达到最高峰，8 周内泌乳量相当于全期总量的 75%，此后明显下降。而羔羊在 1 周龄左右即开始学习采食，瘤胃在 3～4 周就出现功能性活动，这时即可训练开食。如表 4.6 所示，羔羊的饲料转化率随年龄增大而逐渐降低。因此，应适时断奶。

表4.6　不同时期羔羊增重与乳汁消耗

	断奶年龄/天数			
	35	42	60	70
断奶重/kg	12	15	20	21.5
每只断奶羔羊乳汁总消耗/kg/只	47	53	84	93
每只断奶羔羊每天平均消耗/kg/（只·d）	3.92	3.53	4.20	4.33

传统的羔羊断奶时间是2～4月龄。对于农区集约化羊场而言，2～4月龄断奶显然过迟，应努力提早断奶时间。地中海沿岸国家一般采用6周龄断奶体制。还有些国家实行超早期断奶，在产后1～3 d羔羊吃足初乳后就立即断奶。早期断奶可节省母羊青粗饲料的消耗，促进母羊及早发情，提高单位母羊羔羊胴体产出。

根据羔羊的生理特点，建议农区集约化羊场目前先推行6周龄断奶制度。实行断奶操作的时间一般是在预定时间前2周及后2周。断奶方案为：在4周龄前允许羔羊自由采食母乳。但从2周龄起，给羔羊供给适口性好的优质豆科青干草及精饲料。精饲料可选用大麦和大豆，其中粗蛋白含量不低于16%，同时给予羔羊充足的饮水。为训练羔羊及早开食，可设计母羔分栏，将饲料和饮水放置到栅栏外，阻碍母羊进入，而允许羔羊随时进入采食饲料。在4周龄后，实行限制性哺乳，即白天将母羊和羔羊放在一起8～10 h，在傍晚时将母羔分开，次日凌晨再合在一起。羔羊对固体食物采食量与哺乳量密切相关。在4周龄前，羔羊对固体饲料的采食量较小，4周龄后随限制性哺乳的实行急剧增加。实施羔羊早期断奶宜循序渐进。若采取突然断奶，则易造成羔羊断奶应激综合征，出现消化不良、拉稀等症状，影响羔羊的正常发育。

实施早期断奶必须做好教槽饲养。尽管3～4周龄前羔羊实际采食饲料的量有限，但及早开食有利于促进羔羊瘤胃功能的发育和成熟。若羔羊在20日龄到断奶期间日粮采食量低于230 g，就说明教槽饲喂效果不理想。教槽日粮组成不必过于复杂，但粗蛋白应高于16%。可用80%高粱、10%燕麦以及10%花生粕组成的精料，提供苜蓿青干草，任自由采食。教槽料首先要适口性好，能刺激羔羊食欲。其次，营养价值要高，精料可占到75%～90%，蛋白质水平最好达到17%～20%。在35～45日龄时，可将教槽料蛋白质水平调整为14%～16%。最后，成本要低。在羔羊饲养中，玉米、大麦、燕麦、豆饼、花生饼以及苜蓿青干草都是适宜的教槽料。用谷实颗粒饲料做教槽料，粉碎成小瓣即可，不宜过细，也可将精料预先制成直径0.4～0.6 cm的颗粒饲料。幼龄羔羊喜欢采食豆饼，可利用适口性好的豆饼提高教槽料的蛋白质水平。若将苜蓿、豆饼混合，再加5%

糖蜜制成混合日粮，适口性也很好。教槽饲喂期间应注意环境卫生，最好在羊床上进行。在教槽饲喂区域，可装上电灯，保持足够光亮，吸引羔羊采食。

在教槽饲喂时，可在每千克饲料中添加 20～25 mg 的金霉素或土霉素。在缺硒地区，在羔羊日粮中添加硒（每千克体重 0.1 mg）和维生素 E，可预防羔羊白肌病的发生。

（2）羔羊的人工哺育：对多胎羔羊、体质孱弱的羔羊、母羊死亡遗留的孤羔、母羊奶水不足无力抚养的羔羊以及被遗弃的羔羊，都应寻求寄养或进行人工哺育。首先，要使这些羔羊都吃 2～4 d 的初乳。然后，带入哺育栏内，训练它们熟悉奶嘴和其他人工哺乳用具。待适应后，再按羔羊年龄大小分群，转移到指定圈舍内。

在集约化羊场，羔羊的人工哺乳可采用两种方法进行。第一种方法是手工饲喂，即用移动式栅栏围成专门的哺乳栏，在栏内配备哺乳奶瓶、水盆及料盆等。若羔羊较多，可在铁制或塑料水桶侧下部开孔，插入并固定奶嘴，让羔羊自行吮奶。第二种方法是利用自动吸奶器饲喂，将羔羊集中在一个围栏内，通过管道系统将乳汁分配到舍内的各个人工乳头上，训练羔羊采食。

在人工哺乳时，可选用鲜羊奶（或奶粉）以及代乳料。手工哺乳时奶温以37 ℃为宜，室温以 20 ℃为宜，若是初生羔羊可将室温提高到 28 ℃。若采用自动吸允系统，可饲喂凉奶（0～4 ℃）。尽管凉奶可能引起消化问题，但不易腐败，也不易造成羔羊过食。人工哺乳时，不要用牛奶或犊牛代乳料饲喂 2 周龄后的羔羊，因牛奶和犊牛代乳料脂肪含量较羊奶低，容易导致羔羊拉稀。饲喂牛乳后羔羊拉稀可能与牛奶乳糖含量高而幼龄羔羊的乳糖不耐受（缺乏乳糖酶）有关。

羔羊代乳料一般含 25%～30% 脂肪、25% 蛋白质、0.1% 纤维素、5%～10%的灰分，还含有一定量的维生素、微量元素、抗生素和抗氧化剂，但乳糖含量不宜过高。代乳料中的蛋白质必须为动物乳源性蛋白质，其他来源蛋白质效果都不够好。使用时，可先将代乳料调制成干物质浓度为 20% 的"原液"，用时进行 5 倍稀释，即配成约含 5% 脂肪的液体代乳料。代乳料的具体调制方法如下：先准备好容器（最好消毒或用开水烫过），将代乳料加入，先加 1/2 预定剂量的 50 ℃温水稀释，搅拌混匀，然后加入另一半水，继续搅拌。饲喂代乳料时，可将10～15 只人工哺乳羔羊放在同一围栏内饲养，围栏面积大小约 4～6 m²。应每日清洗容器、塑料管和奶嘴等哺乳用具，做好卫生保健。

人工饲喂羔羊的生长发育依赖代乳料的质量。若将代乳料调制得过稠，则采食量低，饮水量高，但不会对羔羊生长发育产生明显影响。若实行 6 周龄断奶制度，整个哺乳期每只羔羊要消耗 8～10 kg 代乳料，代乳料（干物质重）转化效率为（1.2～1.4）∶1。使用代乳料时，可每日饲喂 2 次以上。在最后两周（28～42 日龄），羔羊对代乳料采食量会逐渐下降，此时每天早上喂 1 次即可，这样可强迫羔羊加大固体饲料采食量。在断奶后，可先将人工饲喂和母乳喂养的羔羊混放在一起1周，然后再将它们一起转入育肥舍，同时对哺乳场地进行彻底消毒。

（3）提高羔羊成活率的关键：

1）严把"配种关"：选择健康的母羊和公羊配种，加强配种期、妊娠后期和泌乳期的营养，对公羊和母羊及时进行免疫，以增强羔羊的抵抗力。

2）过好"产羔关"：加强母羊分娩过程的监督，做好产后母羊和新生羔羊的护理工作。

3）做好"卫生关"：羔羊生后第1周内死亡原因主要是肺炎、饥饿和腹泻等。应保持产羔圈舍干净卫生，做好防疫工作，杜绝疾病发生。

（四）断奶羔羊的饲养管理

1. 早期断奶羔羊育肥 在断奶后，不留种的羔羊都要转入育肥舍。若在30~60日龄断奶，然后进行育肥，在4~6月龄时体重达到32~35 kg时屠宰，这样出栏的羔羊称"肥羔"。肥羔肉具有纤维柔软、脂肪适量、细嫩味道、营养丰富的特点，在国际市场上十分畅销，价格比成年羊肉高30%~50%。肥羔生产效率远高于成年羊。

在进行肥羔生产前，先要搞好育肥舍内环境卫生和饲养管理用具的清洗、消毒。在羔羊断奶时，应注射羊肠毒血症等梭菌病疫苗，并将公、母羔羊分群饲养。饲喂断奶羔羊时，青干草一般要放在饲槽内饲喂。精饲料可用饲槽或自动喂料器投喂，要保证羔羊自由采食。饮水可用自动饮水器，但在进育肥舍前就应培训羔羊，确保它们学会使用。饲喂和饮水设备必须每天清洗1次，羔羊运动场也要每天清扫，并且撒上石灰消毒，防止疫病发生。

粗蛋白和能量对羔羊的生长发育极为重要。在集约化育肥场内，应按照羔羊的营养需求合理搭配日粮，提供充足的能量和高蛋白，以发挥羔羊的最大生长潜力。若实行6周龄断奶制度，可在断奶前2周逐渐增加干草和精料的饲喂量，以使断奶羔羊对固体饲料的采食量达到较高水平。在断奶后育肥初期，应继续为羔羊提供与断奶时相似的饲草料，即优质豆科和禾本科青干草80~100 g，精料由玉米、大麦和大豆饼组成，日粮粗蛋白质含量达16%以上。羔羊不同育肥阶段的蛋白质需要量不同，在12%~16%间变动。理论上，应随育肥期进展和根据增重速度适时调整日粮蛋白水平。但在实际生产中，频繁更换日粮容易引发疾病，所以可简化为两蛋白水平日粮，即从6周龄断奶起前3个月育肥期采用16%蛋白质日粮，3个月后至屠宰一直用14%蛋白质日粮。公、母羔羊对粗蛋白的需求量不同，一般母羔育肥日粮粗蛋白水平要比公羔低2%左右。如果育肥羔羊体重达到40 kg，可将蛋白质降低到12%以下。在提供精饲料的同时，也要供给优质青干草。育肥羔羊青干草的饲喂量可按日粮的8%~10%配给。

肥羔生产效果主要取决于羔羊采食量的大小。羔羊采食量越高，则饲料转化率和生长速度就越快。应用全混合日粮可取得最大的增重效果，补饲维生素和微量元素也可显著提高生长速度。在育肥羔羊日粮中，维生素A必不可少，需达到每千克饲料5 000 IU。一般精料中磷的含量都比较丰富，因此要注意补钙，以改善钙、磷平衡和避免尿结石产生。为预防尿路结石，可在羔羊日粮中添加0.5%～1.5%的氯化铵。4月龄前羔羊不宜饲喂非蛋白氮和青贮饲料，否则容易引起氨中毒和青贮饲料性酸中毒。若在精料中添加0.6%的25%大蒜素粉，可增加食欲，提高羔羊免疫力；在每千克日粮中添加25～30 mg莫能菌素，可使日增重和饲料转化率分别提高35%和27%；在每吨饲料中添加20～30 g的拉沙里菌素，可预防球虫病。

若将精饲料制成5 mm左右的颗粒饲料，可显著改善适口性，避免羔羊挑食和不必要的浪费。在国外的羔羊育肥实践中，颗粒饲料可将育肥效率提高7%左右。因此，若能抵消加工成本，还是使用颗粒饲料好。若入不敷出，则可将谷实颗粒碾成小瓣，然后和豆饼、矿物质及维生素等混合饲喂。

确定适宜肥羔出栏时间也非常必要。母羔羊的屠宰时间要比公羔羊略早。如公羔在35～45 kg出栏，那么母羔应在28～33 kg活重时出栏。一般屠宰重越大，瘦肉率越低。

2. 晚期断奶羔羊育肥　对断奶较晚（3月龄后）的羔羊，也要及时进行育肥。国外将5～8月断奶、体重27～41 kg的羔羊转入育肥场进行育肥，如此生产的出栏羔羊称为"料羔"。在对晚期断奶羔羊育肥前，最好给它们足够的适应时间。同时，要准备好饲料、疫苗以及药浴设备等。在羔羊转入前，要对育肥舍进行全面清扫和消毒。在转入后2～3 d内，要提供充足的饮水和中等质量的青干草。在2～3 d后，可按大小和性别分群，将患病、瘦弱羔羊与健康羊隔离开来。有必要时，要对所有羔羊进行驱虫、药浴及预防注射。若羔羊应激较严重，则不宜立即进行药浴和免疫。

可将晚期断奶羔羊育肥期分为前、中、后三个时期。在前期，育肥起始料可以青粗饲料为主，日粮粗蛋白宜为14%，最好人工投喂饲料，以便了解育肥羊的采食量和健康状况。饲喂2～3周育肥起始料后，可逐渐转换为育肥中期日粮。育肥中期日粮的青粗饲料比例应降低30%左右，而精饲料比例应增加，日粮粗蛋白要达到13%。在育肥中期，第1周内人工饲喂，每只羔羊的食槽宽度要达到25～30 cm，日粮采食量应达到1 kg。在1周后，需将日粮逐渐过渡到育肥料，可用自动饲喂设备投料。到育肥后期，日粮蛋白质水平可降到12%。在育肥中、后期，羊只的饮水量会逐渐增大，要提供充足的清洁饮水，以提高采食量，促进生长，预防消化紊乱和尿路结石病。

三、羊的日常管理技术

羊场常见的管理工作主要包括打耳号、修蹄、去角、去势、断尾、剪毛、药浴等。这些管理操作都有可能引起羔羊的不适和疼痛，还可能引起感染。因此，一方面要严格按照技术规范进行操作，注意消毒，防止感染和疾病传播；另一方面也必须保护动物福利。对断尾、阉割和去角操作要按外科手术对待，应采取麻醉等技术措施。

（一）打耳号

目前使用的羊耳标一般为橘黄色，由主标和辅标两部分组成，其中主标耳标颈和耳标头在用耳标钳固定耳标时要穿透羊耳部，耳标颈还要留在穿孔内。因此，在打耳标之前，必须对主耳标进行严格消毒。

耳标应包括羊场名称、羊品种的简写、出生年月、个体编号等基本信息，还可通过变换耳标颜色、耳标位置、单双号等表示不同性别、出生类型等其他信息。例如，"H－09－1010"表示该羊为小尾寒羊，2009年出生，编号1010，母羊。"DH－08－949"表示该羊是道赛特（父本）与小尾寒羊（母本）二元杂交后代，2008年出生，编号949，公羊。"DTH－10－0026"表示该羊是道赛特（第一父本）、特克赛尔（第二父本）、小尾寒羊（母本）三元杂交后代，2010年出生，编号0026，母羊。

（二）修蹄

放牧羊一般不需要修蹄，但舍饲羊运动少，必须适时修蹄。许多农区羊场都忽视修蹄，导致羊蹄过长或变形，轻者影响行走，重者引发腐蹄病，造成跛行甚至残废。因此，舍饲羊一年需修蹄两次，最好将修蹄与其他管理工作安排在一起进行，以减少反复抓羊引起的应激。

修蹄前，应准备专用蹄刀、蹄剪、清洁蹄刷、喷雾消毒剂、止血消炎药品等，并将刀剪磨快。将羊只保定，先用蹄刷清理干净蹄部杂物。然后进行蹄部例行检查，看是否有感染，并确定修剪量，一般只削去蹄掌之外的多余蹄甲。修蹄动作要准确、有力，应逐层削剥，不可一次切削过深，要防止伤及蹄肉。若不慎伤及蹄肉，可采用压迫法或烧烙法止血。修完蹄后，可在蹄部喷洒适量的消毒药品，以防感染。

（三）去角

从国外引进的肉羊多无角或角不发达，性情温和，常无须去角。但我国地方山羊品种羊多有大角，性情也比较粗野，在集约饲养时最好人工去角。天生无角山羊留种要慎重，因无角性状与间性性状连锁，可能引起无角间性综合征（图4.7）。

羔羊人工去角可在1周龄左右时进行，常用方法是烧烙法。先保定好羔羊，将角蕾周围的毛剪掉，做局部浸润麻醉。然后用功率为200 W左右的电烙铁，对角基部用力烧烙，每次烧烙4～6 s后就移开烙铁，换到另侧操作。两侧轮换烧烙，至角基周围整层皮肤变成黑黄色、不能用指甲抠下即可。雄性山羊角基部邻近处有1对气味腺，在去角时可一同除去。

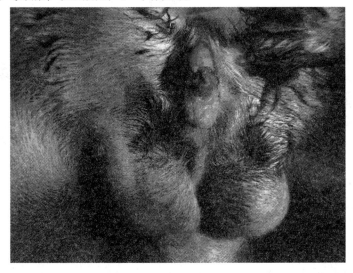

图4.7　槐山羊间性羊（俗称"脏屁股羊"）

（四）去势

不宜作种用的公羔可在6周龄前（最好在2～7日龄）去势，以便进行育肥。羔羊去势可用阉割法、结扎法及去势钳法。在去势前，应提前10 d以上注射破伤风类毒素。否则，应临时注射破伤风抗毒素。

用无血去势钳法去势的基本操作方法是：术者用手抓住羊的阴囊颈部，将睾丸挤到阴囊底部，再把精索推挤到阴囊颈外侧，用长柄精索固定钳夹在精索内侧皮肤上，以防精索滑动。助手将去势钳嘴张开，夹在精索固定钳固定点上方。在确定精索确实被夹在两钳嘴间后，用力合拢钳柄。若听到"咯吧"声响，表明精索已断；否则可能是精索滑脱，需重新操作。在钳柄合拢后，应停留1～2 min，然后再松开钳嘴。两侧的精索需做同样处理，最后用碘酊对钳夹部皮肤消毒。

（五）断尾

羔羊断尾一般在生后 7～10 d 进行。断尾时尾根不宜留得太短，否则易诱发直肠、阴道和子宫脱垂。常用的断尾方法有热断法和结扎法。热断法是利用加热后的断尾铲，在离羊尾根部 4～5 cm 处将尾切下，并进行烧烙止血。注意要边切边烙，切忌太快。若尾断后仍有少量出血，可用断尾铲烧烙止血，最后用碘酒消毒。结扎法则是用胶筋在羔羊 2～4 尾椎节间缠紧，阻断后部的血液流通，半月左右后尾部就会自行断落。

（六）剪毛

引进肉用绵羊多属于短毛种半细毛羊，部分属于细毛羊，一般每年仅在春季剪毛一次，而我国地方品种粗毛羊可每年春、秋剪毛两次。

剪毛方法分手工剪毛和机械剪毛两种。在手工剪毛前，要将绵羊预先禁食数小时，以免在翻动羊体时造成肠扭转。剪毛可在干净的水泥地或在土质地面上铺席后进行，先将羊只保定，从体侧至后腿剪开一条缝隙，然后从后部开始向背部逐渐剪。剪完一侧后，将羊翻过来，由背向腹部剪，最后剪下头颈、腹部和四肢下部的羊毛。剪毛时，留茬高度可为 0.3～0.5 cm，要尽可能减少二刀毛。若损伤皮肤，必须做外科处理，避免感染。

（陈其新）

第五部分　羊病防治基本知识

一、羊病发生的原因

（一）外界致病因素

外界致病因素是指羊生存环境中包含的各种致病因素，一般可分为两大类：一是由生物性因素引起的，这类疾病都具有传染性和侵袭性；二是由非生物性因素引起的，这类疾病通常都没有传染性。非生物性因素主要包括物理性致病因素、化学性致病因素、机械性致病因素、管理和营养性致病因素等。

1. 生物性因素　主要是指存在于周围环境的致病性微生物和寄生虫，主要包括病毒、细菌、真菌、衣原体、支原体、立克次氏体、螺旋体、寄生虫等，它们的感染或寄生可引起羊的传染病或寄生虫病，这是养羊业危害最严重的一类疾病。

（1）传染病：是指由病原微生物侵入羊体，能在个体及群体间互相传播的一类疾病。由病毒引起的疾病有羊痘、口蹄疫、羊口膜炎、狂犬病等；由细菌引起的传染病有羊炭疽病、羊布鲁菌病、破伤风病、羊沙门杆菌病、羊传染性胸膜肺炎、羊快疫、羊肠毒血症、羊巴氏杆菌病等。

（2）寄生虫病：是由寄生虫侵袭羊的体表或体内，不断吸取机体营养，分泌毒素，发生机能障碍和损伤障碍，以至于扰乱正常生理功能，造成羊的发育不良、贫血、消瘦甚至于死亡的一类疾病。这类疾病包括消化道线虫病、肺线虫病、肝片吸虫病、双腔吸虫病、莫尼茨绦虫病、棘球蚴病、多头蚴病、螨病、羊鼻蝇蛆病、球虫病和羊焦虫病等。

2. 非生物性因素

（1）物理性致病因素：主要指生活环境的气候变化，包括气温、降雨、日照、风力、气压等因素，也包括周围的环境，尤其是由于人类活动所造成的某些环境因素的改变，例如噪声、光照、放射线、热等。这些因素若达到一定强度或者作用时间过长，均会导致羊病的发生。例如气温过低，风力过大，容易诱发羊只感冒；气温过高，日照过强，可导致羊发生中暑；降水量过多，圈舍过于潮湿时，易导致羊只腐蹄病的发生。

（2）化学性致病因素：主要分为两类，一是指重金属盐类、农药、添加剂等化学毒物或富含有害成分的饲料、饲草等，动物误食或过量食入后常常会引起中毒。例如当羊只接触、吸入和误食了某种农药时，常会发生农药中毒；尿素常作为羊的蛋白质添加剂使用，当使用方法不当或者饲喂过量时，常会引起尿素中毒。二是指作为消毒剂使用的强酸、强碱等化学物质，如动物接触氢氧化钠后易导致烧伤。

（3）机械性致病因素：主要包括打、压、刺、钩、咬等各种机械力，它们都可引起羊的机体发生损伤。例如在饲草饲料内若掺杂有某些锐利的金属利器，通过采食进入羊的瘤胃，常可导致创伤性网胃炎及心包炎；动物圈舍如因大风、暴雨等自然灾害倒塌时，被砸动物常常表现为骨折或者死亡。

（4）管理和营养性致病因素：动物机体代谢每天均需要消耗一定量的糖类、蛋白质、脂肪、水、维生素、无机盐等，若饲料中各种营养成分缺乏或者不平衡，常会引起羊病发生相应的疾病。

由于管理不当和饲料中各种营养物质不平衡（营养不足或过剩），也可引起羊病的发生。

1）营养不足：饲料中维生素、微量元素、蛋白质、脂肪、糖等营养物质不足，会引起相应的缺乏症。例如在缺硒地区，若不能在饲料中获得补充，则会发生以骨骼肌、心肌发生变形为主要特征的白肌病，尤其多发于羔羊。若在羔羊饲料中长期缺乏维生素 D 且日光照射不足，母乳和饲料中钙、磷缺乏或者比例不当，均可导致佝偻病。

2）营养过剩：羊饲料中蛋白质、糖类、脂肪、盐、微量元素、维生素等长期食入过多，会引起疾病的产生。例如微量元素过多摄入会引起中毒；若母羊产羔期过肥，且饲料中脂肪和蛋白质过多，而富含糖类的饲料和粗纤维饲料不足，机体过度动员体内储存的脂肪，加速体内酮体的合成，可引起母羊发生酮病。

3）管理不当：羊舍饲时，密度过大、通风不良、停水、惊吓、长途运输等，都可能成为羊病暴发的诱因。

（二）内部致病因素

羊病发生的内部致病因素是指动物机体自身的素质，主要是指羊体对外界致病因素的感受性和羊体对致病因素具有的抵抗力。机体对致病因素的敏感性和防御能力，既与机体各器官的结构、机能和代谢特点及防御机构的机能状态有关，也与机体一般特性，即羊的品种、年龄、性别、营养状态、免疫状态等个体反应有关。

1. 品种差异　羊的品种不同，对同种致病因素的反应也常不相同。通常绵羊比山羊敏感，引进的纯种羊比本地的土种羊敏感。例如绵羊比山羊更易患巴氏杆菌病和羊快疫；自山东引入甘肃的小尾寒羊比甘肃本地的土种羊更易患巴贝斯虫病和泰勒虫病。

2. 年龄差异 羊的年龄不同，对各种致病因素的反应也各不相同。一般幼龄羊和老年羊抵抗力较弱，成年羊的抵抗力较强。所以有些羊病与年龄大小有很大的关系。例如幼龄羊生长发育较快，对各种营养成分的缺乏较敏感，易患白肌病或佝偻病等营养性疾病；成年羊体格健壮，食欲旺盛，采食量较大，当发生中毒时常常表现出较严重的症状；老龄羊抵抗力降低，当天气骤然发生变化时，常常首先患上感冒、中暑等疾病；羔羊比成龄和老龄羊对羊泰勒虫病更敏感，具有更高的发病率和死亡率。

3. 性别差异 羊的性别不同对某些疾病（尤其是生殖系统疾病）的感受性不同。例如产科疾病主要发生于母羊；母羊比公羊对布鲁菌病和弓形虫病的敏感性高。

4. 营养状况差异 营养不良的羊，对疾病的感受性明显增高，因为营养状态与机体抵抗损伤的能力有密切关系。例如当天气发生剧烈变化时，发病的常常是那些较瘦弱的羊只。

5. 免疫状态差异 免疫系统能有效抵抗病原微生物的侵袭，有效地预防传染病的发生。因此，羊体免疫状态不同，对同一种病原的抵抗力也不同。例如经过免疫接种羊快疫疫苗的羊比未接种过的羊对羊快疫病原的抵抗力强，不易得羊快疫。

总之，羊病的发生，往往不是单一原因引起的，而是多种外部因素或外部因素与内部因素共同作用的结果。在养羊生产中，必须首先加强对羊的饲养管理，做好预防接种工作，以提高机体的抵抗力和健康水平，以消除内部致病因素的致病作用。同时，要做好环境卫生和清洁消毒工作，以消除外界致病因素的致病作用。

二、羊病的分类

（一）传染病

1. 概念和特征 传染病是指由病原微生物引起，具有一定的潜伏期和临床表现，并具有传染性的疾病。每种传染病都有其特异的致病性微生物；具有传染性和流行性；羊被感染后，大多数发生特异性免疫反应，获得特异的抵抗能力；大多数传染病具有特征性的临床综合征。

根据发病后疾病的发展阶段，羊的传染病可分为潜伏期、前驱期、明显期

（发病期）和转归期（恢复期）。潜伏期指病原体侵入机体后，从开始繁殖至出现最初临床症状这段时期；潜伏期过去以后即转入前驱期；前驱期之后，传染病的特征性临床症状相继表现出来，即为明显期，之后疾病进一步发展进入转归期。

2. 感染的类型

（1）病毒引起的传染病：羊场常见的病毒性传染病有口蹄疫、羊传染性脓疱病、羊痘、狂犬病、绵羊溃疡性皮炎、绵羊肺腺瘤病、蓝舌病等。此外，梅迪－维斯纳病、绵羊痒病、边界病、山羊病毒性关节炎和脑炎、绵羊传染性脑脊髓炎、内罗毕病、韦塞尔斯布朗病、小反刍兽疫等也是世界范围内严重危害养羊业的病毒性传染病。

（2）细菌引起的传染病：细菌性传染病是目前我国羊场发生频率最高、危害严重的一类传染病，给养羊业造成严重的经济损失。常见的细菌性传染病主要有炭疽、破伤风、布氏杆菌病、李氏杆菌病、副结核病、大肠杆菌病、巴氏杆菌病、坏死杆菌病、链球菌病、沙门杆菌病、伪结核病、结核病、羊土拉杆菌病、肉毒梭菌中毒、弯曲杆菌病、羊快疫、羊肠毒血症、羊猝狙、羊黑疫、羔羊痢疾、放线菌病等。

（3）支原体和衣原体引起的传染病：如羔羊支原体病、羔羊衣原体病等。

（4）真菌引起的传染病：如山羊皮肤真菌病等。

（5）其他类型感染引起的传染病：包括传染性角膜结膜炎、羊钩端螺旋体病、羊附红细胞体病等。

（二）寄生虫病

1. 概念和分类　寄生虫指营寄生生活的生物，被寄生虫寄生的动物称为宿主。生活于宿主体表的寄生虫称为外寄生虫，如蜱、螨等。生活于宿主体内组织、细胞、器官和体腔中的寄生虫称为内寄生虫，如球虫、肝片吸虫等。寄生虫成虫期寄生的宿主称为终末宿主，寄生虫幼虫期寄生的宿主称为中间宿主。寄生于各种羊体内外的寄生虫，大小不一，种类繁多，根据虫体特征，通常将它们分为吸虫、绦虫、线虫、棘头虫及蜘蛛昆虫等。羊场常见重要内寄生虫有日本血吸虫、肝片吸虫、前后盘吸虫、莫尼茨绦虫、脑包虫、胃线虫、球虫、消化道线虫等；外寄生虫主要有螨及羊毛虱等。这些寄生虫可造成羊的机械损伤、营养消耗，甚至分泌毒素及有毒产物，降低羊对不良因素的抵抗力，严重影响羊的健康和生命活动。由寄生虫引起动物的疾病称为寄生虫病。

寄生虫侵入羊体后，大多要经过一个时间长短不一的移行过程，最终到达特定的寄生部位进行发育，其对羊的危害贯穿于移行和寄生的全过程，主要表现为：①在移行过程中引起宿主组织或器官的机械性损伤。如羊的网尾线虫在支气管或肺部移行，可引起肺炎；羊疥螨寄生于羊的表皮层，并掘凿隧道进行发育和繁殖，皮肤发红增厚，继而出现丘疹、水疱，以后形成痂皮，剧痒无比，由于动物不能正常休息、采食，常致衰竭死亡。②掠夺营养，吞噬或破坏组织细胞，引起宿主营养不良、消瘦、贫血、黄疸、水肿和发育受阻，如羊消化道线虫病和羊绦虫病等。③分泌、释放一些有害代谢产物或毒素，引起羊发热或中毒。如棘球蚴破裂，囊液进入血液循环后引起动物严重的过敏症状，严重时休克死亡。④通过诱导机体强烈的免疫反应而引起寄生组织或器官的严重病理损伤，如积于肝脏的血吸虫虫卵可诱发宿主的免疫细胞浸润，继而形成肉芽肿、肝硬化、腹水等病变。⑤压迫或阻塞宿主器官组织，如感染脑包虫的羊后期由于蚴体增大，压迫脑髓，会引起宿主脑贫血、萎缩、半身不遂、视神经营养不良、运动机能受损等症状。

2. 危害性　寄生虫病同传染病、普通病一样，对羊的健康有较大的危害性，如可引起羊的大批死亡，降低羊的生产性能，影响羊的生长、发育和繁殖，以及造成羊产品的废弃等。在生产上，由于多数寄生虫病表现为慢性病程，甚至不表现临床症状，往往不易及时发现，加之防治疾病的实践中，常常忽视寄生虫病，致使养羊业遭受巨大损失，人类的健康也受到一些人畜共患寄生虫病的严重威胁。

（三）普通病

普通病是指由非生物性致病因素引起的，包括除传染病和寄生虫病以外的所有疾病。引起羊普通病的常见病因有创伤、冻伤、高温、化学毒物、毒草和营养缺乏等。

临床上比较重要且常见的病有：

1. 消化系统疾病　如食道梗塞、口炎、前胃弛缓、瘤胃积食、瘤胃臌气、瓣胃阻塞、创伤性网胃腹膜炎及心包炎、皱胃炎等。

2. 呼吸系统疾病　如感冒、支气管肺炎等。

3. 营养代谢性疾病　如维生素 A 缺乏症、佝偻病、酮病、白肌病等。

4. 外产科疾病　如流产、难产、阴道脱出、胎衣不下、生产瘫痪、子宫内膜炎、乳房炎、创伤等。

5. 中毒性疾病　如氢氰酸中毒、有机磷中毒、食盐中毒、棉籽饼中毒、尿素中毒、酒糟中毒、氟中毒、菜籽饼中毒等。

将羊病按疾病性质分类，有助于人们对导致疾病的原因进行分析，从而有针对性地制定有效的预防和治疗措施。

三、传染病的防治特点

（一）传染病的特征

凡是由病原微生物引起，具有一定的潜伏期和临诊表现，并具有传染性的疾病称为传染病。

（1）传染病是由病原微生物与动物机体相互作用引起的，每一种传染病都有其特异的致病性微生物。

（2）传染病具有传染性和流行性。

（3）大多数耐过传染病的动物能获得特异性免疫。

（4）被感染的机体能发生特异性反应，如产生特异性抗体和变态反应等，可以用血清学等方法检查出来。

（5）大多数传染病具有一定的潜伏期和特征性的临诊表现。

（6）疾病的种类增多，传染病的危害增大。

（7）新发生的羊病种类增多，某些细菌性疾病的危害加大。

（8）混合感染和并发症使疾病更为复杂化。

（二）预防羊病的基本措施

羊病的防治必须贯彻"预防为主，防治结合"的综合防疫方针。严格执行《中华人民共和国动物检疫法》和国务院颁发的《家畜家禽防疫条例》的有关规定，树立牢固的防疫意识。采取加强饲养管理、搞好环境卫生、开展防疫检疫、定期消毒和驱虫、预防中毒等综合预防措施，将饲养管理工作和防疫工作紧密结合起来，以达到预防疾病的目的。羊病的种类不同，预防过程中的侧重点也就不同。普通病的预防重点在于加强饲养管理、搞好环境卫生，避免接触利器和毒物等致病因素等。传染病的预防则主要针对传染病流行过程的三个基本环节，即传染源、传播途径和易感动物，采取疫情报告和诊断、检疫、隔离和封锁、消毒、免疫接种和药物预防等措施。寄生虫病预防原则的制定则主要建立在寄生虫的生物学研究基础上，如血吸虫和梨形虫病预防以消灭中间宿主和传播媒介为主，消化道蠕虫的防治则主要靠成虫成熟前驱虫，螨和蜱则主要以定期进行药浴为主。但不同种类羊病的预防又是密不可分的，如由于环境恶劣，可使羊患上感冒，抵抗力降低，而继发巴氏杆菌病、支原体性肺炎等传染病。因而，羊病的预防必须采取包括"养、防、检、治"四个基本环节的综合性措施。

（三）采取应急措施

1. 一旦发现疫情，应及时诊断和上报，并通知邻近单位做好预防工作

（1）隔离并向上级报检：当羊突然死亡或疑似传染病时，应将病羊与健康羊进行隔离，派专人管理。对病羊停留过的地方和污染的环境、用具进行消毒；病羊尸体保留完整，不经检查清楚不得随便急宰。病羊的皮、肉、内脏未经检验不许食用，应立即向上级报告当地发生的疫情，特别是可疑为口蹄疫、炭疽、狂犬病等重要传染病时，一定要迅速向县级以上防疫部门报告，并通知邻近单位及有关部门注意预防工作。

（2）及时诊断：

1）流行病学诊断：流行病学诊断是在疫情调查的基础上进行的，可在临床诊断过程中进行，一般应弄清下列有关内容。

a. 本次流行情况：最初发病的时间、地点，随后蔓延的情况；疫区内发病畜的种类、数量、年龄、性别；查明其感染率、发病率和死亡率。

b. 查清疫情来源：本地以前是否发生过类似疫情，附近地区有无此病，这次发病前是否从其他地方引进过畜禽、畜产品或饲料，输入地有无类似疫情存在。

c. 查清传播途径和传播方式：查清本地羊只饲养、放牧情况，羊群流动、收购、调拨及防疫卫生情况，交通检疫、市场检疫和屠宰检疫的情况，当地的地理地形、河流、交通、气候、植被和野生动物的分布和流动情况，它们与疫病的发生和传播有无关系。

d. 该地区群众生产、生活情况和特点，群众对疫情有何看法和经验。

通过上述调查给流行病学提供依据，并拟定防治措施。

2）临床诊断：用感官或借助一些最简单的器械如体温计、听诊器等直接对病羊进行检查，有时也包括血、粪、尿的常规检验。对于某些有临床特征的典型病例一般不难做出诊断。但对于发病初期尚未有临床特征或非典型病例和无症状的隐性病羊，临床诊断只能提出可疑病的大致范围，需借助其他诊断方法才能确诊。应注意对整个发病羊群所表现的症状加以分析诊断，不要单凭少数病例的症状下结论，以防误诊。

3）病理学诊断：患传染病死羊的尸体，多有一定的病理变化，应进行病理解剖诊断，解剖时应先观察尸体外表，观察其营养情况以及皮毛、可视黏膜及天然孔的情况。再按解剖顺序对皮下组织、各种淋巴结、胸腔和腹腔各器官、头部和脑、脊髓的病理变化，进行详细观察和记录，找出主要特征性变化，做出初步的分析和诊断。如需做病理切片检查的应留下病料送检。

4）微生物学诊断：微生物学诊断一般是在实验室进行的，它包括病料采集、涂片镜检、分离培养和鉴定、动物接种试验几个环节，这里不做详细介绍，只简单介绍一下如何采集病料。病料力求新鲜，最好在濒死时或死亡后数小时内采取，要求减少细菌污染，用具器皿应严格消毒。通常可根据怀疑病的类型和特性来决定采取哪些器官和组织的病料，如口蹄疫取水疱皮和水疱液，羊痘取痘痂，结核病取结核病灶，狂犬病取病羊的脑，炭疽取耳尖的血等。对于难以分析判断的病例，应全面取材，如血、肝、脾、肺、肾、脑和淋巴结等，同时要注意病料的正确保存。

2. 紧急接种 为了迅速控制和扑灭疫病的流行，对疫区和受威胁区尚未发病的羊要进行应急性免疫接种。由于一些外表上正常无病的羊中可能混有一部分潜伏期病羊，这部分病羊在接种疫苗后不能获得保护，反而促使它更快发病，因此在紧急接种后一段时间内羊群中发病数反而有增加的可能。但由于这些急性传染病的潜伏期较短，而疫苗接种后又很快就能产生抵抗力，因此发病数不久即可下降，使流行很快停息。

3. 隔离和封锁

（1）隔离：根据诊断结果，可将全部受检羊分为病羊、可疑病羊和假定健康羊（第一部分已有介绍）三类，以便分别对待。

（2）封锁：当暴发某些重要传染病时，除严格隔离病羊外，还应采取划区封锁的措施，以防疫病向安全区扩散和健康羊误入疫区而被传染。根据我国《家畜家禽防疫条例》规定，确诊为口蹄疫、炭疽、气肿疽、羊痘等传染病时，应立即报告有关部门，划定疫区，采取严格的隔离封锁措施，并组织力量尽快扑灭。执行封锁时应掌握"早、快、严、小"的原则，按照检疫制度要求，对病羊分情况进行治疗、急宰和扑杀等处理，对被污染的环境和物品进行严格消毒，死羊尸体应深埋或无害化处理，做好杀虫、灭鼠工作。在最后一只病羊痊愈、急宰和扑杀后，经过一定的时期（根据该病的潜伏期而定），再无疫情发生时，经过全面的终末消毒后，可解除封锁。

4. 传染病羊的治疗和淘汰 对患传染病羊的治疗，一方面是为了挽救病羊，减少损失；另一方面也是为了消除传染源，是综合防治措施中的一个组成部分。对无法治疗或无治疗价值，或对周围的人、畜有严重威胁时，可以淘汰宰杀。尤其是发生一种过去没有发生过的危害性较大的新病时，应在严密消毒的情况下将病羊淘汰处理。对有治疗价值的病羊要紧急治疗，但必须在严格隔离或封锁的条件下进行，务必使治疗的病羊不致成为散播病原体的传染源。具体治疗法应参照后面传染病的治疗方法进行。

四、羊寄生虫病的防治

（一）羊蠕虫病的防治

羊蠕虫病的综合防治原则如下：

1. 消灭传染源 驱虫是综合防治中的重要环节，通常是用药物杀灭或驱除，这种措施具有双重意义：一是在宿主体内或体表杀灭或驱除寄生虫，从而使宿主得到康复；二是杀灭寄生虫减少了病原体向自然界的散布，也就是对非寄生虫病患者的预防。驱虫可以在出现临床症状时实施，比如羊的大多数蠕虫病属消耗性疾病，多呈慢性经过，但也有急性暴发的情况发生（如羊的肝片吸虫病），若根据各种诊断方法已确定发病原因属于寄生吸虫、绦虫、线虫，则应根据所确诊的寄生虫的种类及其生物学特性针对传播环节进行处理，选用特效药或广谱驱虫药对病羊进行治疗。

但是在防治寄生虫病中，通常都是实施预防性驱虫，即按照寄生虫病的流行规律，定时投药，而不论其发病与否，如绵羊常在冬季服药驱除消化道中的线虫，使绵羊安全越冬，消除线虫对绵羊的危害和对牧场的污染。这种预防性驱虫一方面可以保护动物健康；另一方面可以使很多寄生虫在未成熟前被杀灭，对防止环境污染很有作用。当发生线虫病（如捻转血矛线虫、食道口线虫、网尾线虫等）时，应立即用左旋咪唑、丙硫苯咪唑、伊维菌素等广谱驱虫药进行驱虫治疗，一般应进行两次驱虫处理，驱虫间隔时间根据本地寄生虫优势种的生物学特性确定，同时注意羊圈及活动场地卫生状况的改善。

虫体成熟前驱虫是利用寄生虫的生物学特性设计的积极杀虫措施，主要应用于绵羊莫尼茨绦虫。这种绦虫的中间宿主是地螨，以夏季感染为主。随地螨被摄入羊小肠的幼虫平均30 d成熟，排出孕卵节片。成虫寿命一般仅3个月，因此翌年春季的羔羊和成年羊一般都是无虫的。如果我们知道当地绵羊感染这种绦虫的最早时间为6月上旬，那么6月下旬至7月上旬之间连续驱虫两次，则绵羊感染的大部分绦虫死于幼龄阶段，这就可以阻止羔羊发病，阻断虫体的发育循环，大大减少牧场污染。这种方法又称成虫期前驱虫。

2. 搞好环境卫生 环境是易被寄生虫卵、幼虫和包囊等污染的场所，也是宿主遭受感染的场所，做好环境卫生是减少或预防寄生虫感染的重要环节。保护环境卫生有两方面内容：一是尽可能地减少宿主与感染源接触的机会，如逐日清除粪便，打扫圈舍，保持饮水、牧地的清洁，减少宿主与寄生虫卵或幼虫接触的机会，也减少了虫卵或幼虫污染饲料或饮水的机会；二是设法杀灭外界环境中的病原体，把粪便集中在固定的场所堆积发酵，利用生物热杀灭虫卵或幼虫，也包括清除各种寄生虫的中间宿主或媒介等，驱虫后排出的粪便尤应严格处理。如果发生血吸虫病后，除了用特效药吡喹酮对病羊及同群羊进行治疗外，应采用各种有效措施对羊群常去的水塘或放牧的沼泽地带进行灭螺处理。

3. 阻断传播途径　利用寄生虫的某些生物学特性可以设计防治方案。轮牧是利用寄生虫的习性设计的生物防治办法之一。如某些绵羊线虫的幼虫在夏季牧场上需要 7 d 发育到感染阶段，那么我们便可以让羊群在第六天时离开，转移到新的牧场。如果我们还知道哪些绵羊线虫的感染幼虫在夏季牧场上只能保持感染力 1.5 个月，那么 1.5 个月后，羊群便可返回牧场。消灭中间宿主，如吸虫类的中间宿主是各种螺蛳，则应在羊场或羊群的牧地内灭螺，以中断吸虫类寄生虫的传播途径。

4. 加强饲养管理，提高羊只抵抗力　全价营养能够帮助羊只对抗寄生虫的侵袭及其毒害作用，进而产生"带虫免疫"，抑制寄生虫的作用，降低其繁殖力，缩短其生活期限，最终将寄生虫排出体外。如羊群发生绦虫病时，除应立即用吡喹酮、丙硫苯咪唑等特效药对羊群进行驱虫治疗外，应尽量避免在清晨、傍晚和雨天放牧，减少羊吞吃地螨的机会，并通过有计划地轮流放牧，改善地理条件，以减少地螨数量。

（二）羊外寄生虫病的防治

羊的外寄生虫包括蜱螨类和昆虫，其防治原则应在充分调查研究各种蜱类和昆虫生活习性（消长规律、滋生场所、宿主范围、寄生部位）的基础上，因地制宜地采取综合性防治措施，通过各种技术和方法消灭羊舍与自然环境中的蜱类及昆虫。

羊的外寄生虫病主要为螨病、蜱病及鼻蝇蛆病。当动物体出现螨病时，首先应将病羊与健康羊隔离，通过在饲料内添加杀螨药物，或皮下注射伊维菌素类药物的方法对其实施治疗；当发现羊患鼻蝇蛆病时，应给病羊注射或口服特效杀虫剂如伊维菌素或氯氰碘柳胺），或用 1% 敌百虫滴鼻，或用敌敌畏乳剂用量为 1 mL/m²）熏蒸等方法进行治疗；当在羊的体表发现蜱时，应选用高效低毒杀虫剂，如溴氰菊酯（敌杀死）等，进行药浴或喷雾处理。硬蜱病是羊常见的外寄生虫病之一，硬蜱作为牛、羊的一种主要外寄生虫，一方面可以引起牛、羊不安、蜱瘫痪等；另一方面又可以传播多种重要疾病。因此，本病严重威胁着牛、羊养殖业的发展。以硬蜱病为例，对羊外寄生虫病的防治措施进行详细介绍。

硬蜱的发育属不完全变态，其过程包括卵、幼虫、若虫和成虫四个阶段。根据其发育过程和吸血方式，可将蜱分为三大类。

（1）一宿主蜱：全部发育过程是在 1 个宿主体上完成的，除产卵期外均不离开宿主，如微小牛蜱。

（2）二宿主蜱：全部发育过程中需要更换 2 个宿主，即在饱血若虫落地蜕皮后再侵袭第二个宿主，直至发育为成虫再落地产卵，如残缘璃眼蜱。

（3）三宿主蜱：发育过程需要更换 3 个宿主，即幼虫侵袭第一个宿主，经吸血发育后，落地蜕皮变为若虫。再侵袭第二个宿主，吸血发育后落地蜕皮变为成虫。成虫再侵袭第三个宿主，吸血后落地产卵，如长角血蜱、草原革蜱等。

我国硬蜱科蜱的分布和出没时间随各地气候、地理、地貌等自然条件不同而不同。有的蜱种分布于深山草坡和丘陵地带，有的分布于森林和草原，也有的栖息于草原和农区的家畜圈舍和停留处。一般成蜱在石块下或地面的缝隙内越冬。蜱的活动季节也随蜱种的不同而不同，如草原革蜱，在我国北方地区 2 月末就可出现在畜体上；华北地区的长角血蜱，在 3 月底就开始侵袭羊体，一直到 11 月中旬才消失。

羊被蜱侵袭，多发生于放牧采食过程中。寄生部位主要在被毛短少部位，特别是常密集于羊的耳壳内外侧、口周围和头面部，直至饱血后落地蜕化或产卵。

可采取如下防治措施：

（1）消灭羊体上的蜱：在羊只饲养量少、人力充足的条件下，要经常检查羊的体表，发现蜱时应及时摘掉（摘取时应与体表垂直向上拔取）销毁。

可用 3% 马拉硫磷，或 2% 害虫敌，或 5% 西维因等粉剂涂搽体表，每只使用 30 g，在蜱的活动季节，每隔 7~10 d 处理 1 次。

可使用 1% 马拉硫磷，或 0.2% 辛硫磷，或 0.2% 杀螟松，或 0.25% 倍硫磷，或 0.2% 害虫敌等乳剂喷涂羊体，每次 200 mL，每隔 3 周处理 1 次。也可使用氟苯醚菊酯，每千克体重 2 mg，一次背部浇注，2 周后重复使用 1 次。

可选用 0.05% 双甲脒，或 0.1% 马拉硫磷，或 0.1% 辛硫磷，或 0.05% 毒死蜱，或 0.05% 地亚农，或 1% 西维因，或 0.002 5% 溴氰菊酯，或 0.003% 氟苯醚菊酯，或 0.006% 氯氰菊酯等乳剂，对羊进行药浴。此外，也可试用皮下注射阿维菌素，每千克体重 0.2 mg。

（2）消灭圈舍内的蜱：有些蜱（如残缘璃眼蜱）在圈舍的墙壁、地面、饲槽等缝隙中栖身，可先选用上述药物喷撒或粉刷后，再用水泥、石灰或黄泥堵塞。必要时也可隔离、停用圈舍 10 个月以上或更长时间，使蜱自然死亡。

（3）消灭自然蜱：根据具体情况可采取轮牧，相隔时间为 1~2 年，牧地上的成虫即可死亡。也可在严格监督下进行烧荒，破坏蜱的滋生地。有条件时，可选择上述有关杀虫剂的高浓度制剂或原液，进行超低量喷雾。国外还试用遗传防治和生物防治的方法灭蜱。

（三）羊原虫病的防治

原虫病为内寄生虫病，其防治原则同蠕虫病。

羊常见原虫病有梨形虫病、球虫病等。羊的原虫病，特别是血液原虫病大多呈地方流行性，病程一般为急性经过，发病时可选用特效药进行治疗，如贝尼尔、咪唑苯脲、磷酸伯氨喹、黄色素、青蒿素等，同时应通过药浴或喷雾法进行灭蜱工作。现以球虫病为例介绍其防治方法。

羊球虫病是由艾美耳属的几种球虫寄生于山羊和绵羊肠管引起的以急性或慢性肠炎为特征的寄生虫病。临床上以羔羊最易感染，死亡率也高。

1. 病原 寄生于绵羊和山羊，在我国危害较严重的有以下 4 种：浮氏艾美耳球虫、阿氏艾美耳球虫、错乱艾美耳球虫、雅氏艾美耳球虫。

2. 生活史 球虫的发育均属直接型发育，不需要中间宿主，一般将其发育史分为两个发育过程。

（1）生性发育过程：

1）无性繁殖阶段：当羊吞食了具有感染性的卵囊后在肠管中子孢子逸出，进入寄生部位的上皮细胞内，进行裂体生殖，产生裂殖子，这一过程可以进行几代。

2）有性繁殖阶段：裂殖子发育到一定阶段，由配子生殖法形成大、小配子体。大、小配子结合形成卵囊，然后排出体外。

（2）外生性发育过程：排至体外的卵囊在适宜的条件下进行孢子生殖，形成孢子化的卵囊，只有孢子化的卵囊才具有感染性。

3. 临床症状 成年羊多为带虫者，感染而不发病。2～6 月龄小羊易发病。主要经口感染，轻者出现软便（似牛粪样）。重者发病初期体温升高，随后下降，主要症状为急剧腹泻，排出黏液血便，有恶臭，并含有大量卵囊。病羊贫血，消瘦，食欲减退，有疝痛，一般发病后 2～3 周恢复。耐过羊可产生免疫力，不再感染发病。

4. 病理变化 仅小肠有明显病变，肠黏膜上有淡白色、黄色圆形或卵圆形结节，大小如粟粒大至豌豆粒大。十二指肠和回肠有卡他性炎症，有点状或带状出血。尸体消瘦，后肢和尾根部常沾染有稀便。

5. 诊断 应用饱和盐水漂浮法检查新鲜羊粪，可发现大量球虫卵囊。结合临床症状和病理剖检，可做出确诊。

6. 防治

（1）预防：孢子化卵囊对外界抵抗力很强，一般消毒药很难将其杀死。对圈舍和用具，最好使用 70～80 ℃的热水或 3% 热碱水消毒，也可应用火焰进行消毒；经常保持圈舍及周围环境的通风干燥；成年羊是球虫的散播者，最好将成年羊与幼龄羊分群饲养；提前使用抗球虫药物预防。

（2）治疗：

1）氨丙林：每日每千克体重 145 mg，混饲 2～3 周，对预防、治疗球虫病均有效。

2）盐霉素：每日每千克体重 0.33 ~ 1 mg，连喂 2 ~ 3 周有效。

3）磺胺二甲氧嘧啶：每日每千克体重 50 ~ 100 mg，连服 3 ~ 5 d，对急性病例有效。

4）磺胺二甲氧嘧啶配合甲氧苄啶：按 5:1 比例配合，每日每千克体重口服 0.1 g，连用 2 d，有治疗效果。

五、羊中毒性疾病的防治特点

（一）中毒性疾病的发病特点

1. 急性中毒

（1）突然成批发病、症状大致相同。平时健壮而食欲又良好的家畜发病多、快，症状也较重。

（2）体温常不高或降低，瞳孔散大或缩小。

（3）出现神经症状。

1）一般神经症状：主要为脑膜受到刺激引起，表现为兴奋和抑制的平衡破坏，如兴奋不安、狂躁、步态不稳，常做游泳姿势、肌肉痉挛强直、沉郁、嗜睡甚至出现麻痹，反射迟钝或消失等。

2）局灶性神经症状：主要是脑实质受到损害引起，表现为 12 对脑神经所支配的器官功能障碍，如眼肌痉挛、眼球震颤、斜视，瞳孔缩小或散大或两侧大小不等，视力减弱或消失，颜面麻痹，歪嘴、唇下垂等。

（4）消化系统的症状：食欲减退或废绝，流涎，吐沫，呕吐，磨牙，下痢等。

（5）泌尿系统的症状：血尿、尿蛋白、尿圆柱等。

（6）心力衰竭，脉搏微弱，可视黏膜发绀，或呈现心动急速，节律不齐。

2. 慢性中毒 呈现慢性消化不良，食欲降低，异嗜、消瘦、贫血等。

（二）中毒性疾病的诊断

应根据病史、症状、剖检变化、毒物化验及动物试验结果进行综合诊断。

1. 病史调查 注意饲料的种类、质量及加工方法，饮水的质量，有无含毒、染毒的可能；了解农药保管和使用情况；治疗用药的种类、配伍、剂量和用法；了解畜群周围的社会环境情况。

2. 临床症状 突然成批发病，症状大致相同，健壮家畜发病多而且病情较重；体温不高或降低；具有神经症状。此三条为中毒疾病的共同特征。

各类中毒疾病都有其特殊症状，如有机磷中毒时出现瞳孔缩小，流涎，频频排粪，出汗和肌肉震颤等；甘薯黑斑病中毒时出现呼吸极度困难和皮下气肿等。

3. 剖检　中毒病一般有两个以上的器官发生病变。一般的剖检变化主要表现为实质器官的变性、胃肠黏膜的炎症等。某些中毒具有特殊的变化，例如砷、汞中毒时胃内容物具大蒜气味，氰化物中毒时血液呈鲜红色、凝固不良，甘薯黑斑病中毒时肺间质气肿等，这些均可作为综合诊断时的依据。

4. 毒物化验　根据病史、症状及剖检变化，提出可能的化验方向，采集可疑饲料、饮水、胃肠内容物、尿、血液、乳汁、肝脏或肾脏等进行化验，以查明何种毒物存在以及其含量。

5. 动物实验

（1）选用健康羊只进行试验，但成本较高，可选用小鼠、大鼠或家兔等进行试验，但要注意选择敏感性高的动物。

（2）用发病羊的病理材料喂饲或将提取物注射给试验羊，最好用和自然发病一致的染毒途径给予试验用健康羊只。

（三）中毒性疾病的种类

1. 植物性中毒　可引起羊中毒的植物种类很多，如萱草根、疯草、蕨、羊踯躅（闹羊花）、映山红、马樱丹、喜树叶、蜡梅、昆明山海棠等。

2. 无机元素　如氟、钼、铜、硒等，常通过饮水或被植物吸收富集而引起群发性中毒。

3. 动物毒素　如被毒蛇、毒蜂、毒蜘蛛咬蜇而中毒。

4. 农药污染　如有机氯和有机磷杀虫剂、灭鼠剂、灭螺剂等，在使用过程中污染牧草或饮水而引起中毒。

5. 药物中毒　如驱虫药、抗生素、麻醉剂以及某些中药等，若使用不当，剂量或浓度过大都会引起中毒。

6. 饲料中毒　饲料霉变常可引起羊的霉菌毒素中毒，谷物过食易引起瘤胃酸中毒，食盐过量可引起食盐中毒。另外，过食菜籽饼、棉籽饼均可引起中毒。

7. 人为投毒　虽属偶然事件，但也不能忽视。

（四）中毒性疾病的救治原则

羊发生中毒时，要查明原因，及时进行救治。

中毒的治疗原则是尽快促进毒物排除，应用解毒剂，实施必要的全身治疗和对症治疗。

1. 加强饲养管理，切实贯彻"预防为主"的方针　认真执行饲养管理制度，大力宣传可能引起中毒的各种因素，依靠群众自觉进行预防；对于农药和剧毒药品必须严加保管；放牧之前应先了解牧地是否生长有毒草；舍饲期间应考虑饲料种类，不要用不适宜的饲料喂羊。

2. 及时治疗　中毒的治疗原则是尽快促进毒物排除，应用解毒剂，实施必要的全身治疗和对症治疗。

（1）促进体内毒物的排出：根据毒物可能存在的部位，采取不同的方法以促进毒物尽快排出体外。

1）毒物在体表：用清水或用与毒物相拮抗的药物溶液冲洗病畜体表。农药中毒时一般用肥皂水或小苏打水（敌百虫中毒除外）冲洗。碱性毒物中毒时可用食醋水冲洗。

2）毒物在胃内：多在中毒的初期，可选用催吐或洗胃的方法排出毒物。因羊为反刍动物，多采用洗胃的方法，即在中毒 4 ~ 6 h 以内，根据中毒原因分别选用 0.1% 高锰酸钾水溶液，或 3% ~ 5% 小苏打溶液，或 3% ~ 5% 食醋水反复洗胃。

3）毒物在肠内：可用泻下法，一般多用盐类泻剂，而少用油类泻剂，因许多毒物易溶于油脂而增加对毒物的吸收，从而加重中毒症状。

4）毒物已被吸收到血液：可在颈静脉、耳尖、尾尖等部位放血，也可用强心利尿补液的方法，以促进毒物的排出。

（2）延缓对毒物的吸收：

1）吸附：内服木炭末、白陶土及滑石粉等吸附剂。

2）保护胃肠黏膜：内服淀粉、小米粥、蛋白水（鸡蛋水、牛奶、豆浆等）、鞣酸及鞣酸蛋白等。

（3）应用解毒剂：在毒物性质未确定之前，可使用通用解毒药；如毒物性质已经确定，则可有针对性地使用中和解毒药（如酸类中毒内服碳酸氢钠、石灰水等）、沉淀解毒药（如生物碱或重金属中毒可内服 2% ~ 4% 鞣酸）及特效解毒药（如解磷定对有机磷中毒有特效，亚甲蓝对亚硝酸盐中毒有特效）。

1）一般解毒法：甘草 250 g、绿豆 1 000 g、茶叶 200 g，加水煎服，或者 25% 葡萄糖注射液 500 ~ 1 000 mL，5% 维生素 C 注射液 20 ~ 30 mL，20% 安钠咖 10 ~ 20 mL，混合后静脉注射。

2）化学解毒法：

a. 生成沉淀以减少吸收：根据毒物的种类可选用不同的药物内服。银中毒可内服氯化钠，生成氯化银沉淀。砷中毒可内服硫酸亚铁，生成砷酸铁沉淀。铅和汞中毒可内服硫代硫酸钠，分别生成硫化铅及硫化汞沉淀。以上重金属毒物中毒时，也可内服牛奶、鸡蛋白和豆汁等，生成重金属蛋白盐类沉淀。另外，生物碱中毒可内服鞣酸，无机磷中毒可内服硫酸铜。

b. 氧化毒物以破坏其毒性：可内服 1% 高锰酸钾或 1% 双氧水。

c. 中和法：酸性毒物中毒时内服小苏打，碱性毒物中毒时内服食醋或稀盐酸。

3）特异解毒法：如有机磷中毒可用解磷定或双复磷；氰化物中毒的用亚硝酸钠及硫代硫酸钠治疗；亚硝酸盐中毒用时可用亚甲蓝注射液治疗，每千克体重 1～2 mg；砷等重金属中毒用二巯基丙醇解毒。

4）生理解毒法：选用适当的药物减弱或消除毒物引起的病理反应，如有机磷中毒应用阿托品解毒；马钱子中毒时应用水合氯醛、巴比妥等解毒。

5）对症治疗：心脏衰弱时，应强心补液。呼吸衰竭时，用尼可刹米等呼吸中枢兴奋剂。兴奋、痉挛时，应用安溴注射液、氯丙嗪、25% 硫酸镁注射液、水合氯醛、溴制剂等。呕吐、腹泻时可大量补液。加强护理，专人看护病畜，防止外伤及压疮，置病畜于清洁安静的环境中，给予易消化的草料及清洁的饮水。

六、营养代谢性疾病的防治特点

（一）营养代谢性疾病的种类

1. 维生素缺乏症　维生素是生命组织的重要营养成分之一，它不仅作为许多酶的辅酶参与生命活动，而且可直接或间接影响动物生长、器官和组织的发育。维生素缺乏可以引起一系列缺乏症。

羊所需要的维生素主要是维生素 A、维生素 D、维生素 E、维生素 K_1、维生素 K_2，其他维生素一般可以通过自身合成，而不用补加到日粮中。由于羊所食用的青绿多汁的植物性饲料，不论是新鲜的还是晒干的，都含有丰富的维生素 K_1，而维生素 K_2 可以在瘤胃内合成，一般不会形成维生素 K 不足的情况。因此，兽医临床常见的羊维生素缺乏症主要包括维生素 A 缺乏症、维生素 D 缺乏症和维生素 E 缺乏症。

（1）维生素 A 缺乏症：维生素 A 的生理功能主要有保护上皮组织，尤其是保护黏膜和维护视力正常，以及提高个体的繁殖和免疫功能，调节碳水化合物代谢和脂肪代谢，促进生长等。缺乏时的表现症状主要有生长受阻，胎衣滞留，骨骼畸形，生殖功能减弱，夜盲，脑脊髓液压升高，出现畸形胎或死胎等。

（2）维生素 D 缺乏症：维生素 D 主要起调节钙、磷代谢的作用，直接影响骨骼形成。缺乏时的表现症状主要为幼羔出现佝偻病和大羊出现骨软化症。

（3）维生素 E 缺乏症：维生素 E 又称生育酚，主要生理功能是与生殖有关，以及抗氧化作用，保护细胞膜。缺乏时的表现症状主要有羔羊白肌病等。

2. 矿物质缺乏症　矿物质不仅是机体硬组织的构成成分，而且是某些维生素和酶的构成成分，几乎参与动物的所有生理过程。羊需要 15 种矿物质元素，其中有7种属常量元素，为钾、钠、钙、磷、氯、镁、硫；8种属微量元素，为碘、铁、锰、钼、铜、锌、钴、硒。植物从土壤和水中取得矿物质，土壤中缺什么，植物中相应缺什么，在该地区放牧的羊就会患相应的矿物质缺乏症。下面介绍羊常见的几种矿物质缺乏症。

（1）钙、磷缺乏症：羊常见的钙、磷缺乏症有以羔羊发病为主的佝偻病，主要发生于成年绵羊的骨软症，发生于山羊的纤维性骨营养不良等。

其中佝偻病除与钙、磷缺乏或两者比例严重失调有关外，主要因维生素D的缺乏引起，前面已有介绍，这里不再叙述。纤维性骨营养不良的症状与骨软症相似，下面重点介绍一下骨软症。

骨软症是指成年动物，当软骨内矿化作用完成后发生的一种骨营养不良。骨盐的吸收作用大于骨盐沉积作用，骨骼中钙、磷重新动员入血，呈现骨质疏松和形成过多的未钙化的骨基质，临床上表现跛行、骨折、异食癖和消化紊乱。绵羊的骨软症则以纤维性骨营养不良为特征。

（2）低镁血症：临床称之为青草搐搦，又称为泌乳搐搦，或青草蹒跚、麦类牧草中毒，是反刍动物高度致死性疾病，以血镁浓度下降和伴有血钙浓度下降为特点，临床上以强直性和阵发性肌肉痉挛、惊厥、呼吸困难和急性死亡为特点。主要发生于泌乳母羊。

（3）硫缺乏症：羊因硫摄入不足产生被毛生长不良，舔毛，拉自己身上的毛，甚至引起毛球阻塞现象，称硫缺乏症。常见于绵羊。

（4）硒缺乏症：硒缺乏症主要是饲料和饮水硒供给不足或缺乏，引起多种器官组织膜变性、细胞坏死、瘪缩等一系列营养障碍性疾病。羊场兽医临床上以羔羊发病为多，主要表现为肌营养性坏死即白肌病。

3. 其他代谢障碍性疾病 除了维生素及矿物质缺乏症外，羊妊娠毒血症也是羊常见的营养代谢紊乱性疾病。

羊妊娠毒血症实际上是羊的酮病，是碳水化合物和脂肪代谢障碍的表现，临床上以低血糖、高酮体（酮血、酮尿）、虚弱和瞎眼为特征，常有凝视、食欲减退、卧地不起甚至昏迷。绵羊、山羊均可发生，以绵羊发病居多。

（二）营养代谢性疾病的特点

羊营养代谢病的种类较多，发病机制复杂，但它们的发生、发展、临诊经过方面有一些共同特点。

1. 病的发生缓慢，病程一般较长 从病因作用到呈现临床症状，一般都需数周、数月，甚至更长的时间，有的可能长期不出现明显临床症状而成为隐性型。如人为地减少饲料中钙的含量，1~2个月后才能呈现骨软症早期轻微的临床症状，自然情况下发病可能更慢。

2. 发病率高，多为群发，经济损失严重 过去养羊主要为散养、粗养，营养代谢疾病并不引起人们注意。随着畜牧生产高速发展和生产方式高度集约化，且一些传染病逐步得到控制，营养代谢病已成为重要的群发病，遭受的损失愈发严重。如羔羊缺铜引发的贫血、骨骼代谢异常、运动失调等，可在一个牧场或专业户内大群发病，使羔羊生长发育受到明显影响。

3. 处于妊娠或泌乳阶段的母羊及羔羊容易发生，舍饲时容易发生 如羊的缺铁、缺硒均以幼龄阶段为多发，这主要由于此阶段抗病力相对较弱，同时正处于生产发育、代谢旺盛阶段，对营养物质的需求量相对增加；以致对某些特殊营养物质的缺乏尤为敏感。舍饲羊因光照不足，易发生维生素 D 缺乏，继而致使钙、磷代谢障碍，出现佝偻病等。

4. 多呈地方性流行 羊的营养来源主要是从植物性饲料中获得。植物性饲料中微量元素的含量，与其所生长的土壤和水源中的含量有一定的关系。因此，某种微量元素的缺乏症或过多症的发生，往往与某些特定地区的土壤和水源中该元素的含量（特别少或多）有密切关系，常称这类疾病为生物地球化学性疾病，或称地方病。据调查，我国约有 70% 的县为低硒地区，从东北至西南形成一个低硒地带，沿海地区也严重缺硒。饲料中含硒量一般低于 0.05 mg/kg。缺硒可导致人的大骨节病、幼畜白肌病等。在土壤含氟量高的地区，或在炼铝厂、陶瓷厂附近，氟随烟尘散播于所在的农牧场或地面，可发生羊的慢性氟中毒。

5. 临床症状表现多样化 病羊大多有舔癖、衰竭、贫血、生长发育停止、消化障碍、生殖功能紊乱等临床表现。多种矿物质如钠、钙、钴、铜、锰、铁、硫等的缺乏，某些维生素的缺乏，某些蛋白质和氨基酸的缺乏，均可能引起动物的异食癖；铁、铜、锰、钴等缺乏和铅、砷、镉等过多，都会引起贫血；锌、碘、锰、硒、钙和磷、钴、铜、钼，以及维生素 A、维生素 D、维生素 E、维生素 C 等的代谢状态都可影响生殖功能。

6. 无接触传染病史，一般体温变化不大 除个别情况及有继发或并发病的病例外，这类疾病体温多在正常范围或偏低，羊与羊之间不发生接触传染，这些是营养代谢病与传染病的明显区别。

7. 病因明显 通过饲料或土壤或水源检验和分析，一般可查明病因。

8. 预防、治疗 缺乏症时可补充某一营养物质或元素，过多症时可减少某一物质的供给，能预防或治疗该病。

9. 具有特征性器官和系统病理变化，有的还有血液生化指标的改变 例如羊妊娠毒血症，呈明显的神经症状，血糖从正常时的 3.33 ~ 4.99 mmol/L 降至 0.14 mmol/L；硒缺乏发生白肌病；维生素 D 缺乏发生佝偻病等。

（三）营养代谢性疾病的防治措施

1. 预防为主，防治结合　为了预防营养代谢病的发生，要根据羊只所处时期的不同，供给必需的各种营养物质（蛋白质、脂肪、糖类、矿物质、水分和维生素），而且应该保持一定的质量与数量比例。防治群养羊营养代谢病的关键是要做到准确、均匀、经常、经济和方便，经过周密的调查和诊断，给羊群日粮或饮水中准确地补充目标营养成分，使每只羊都有足够的机会获得所补充的物质，有时因某些物质在体内转换速度快，怎样使羊经常性地而又方便地获得补充物，是兽医工作者十分关注的。例如，最常见的营养代谢病是由于维生素缺乏和矿物质代谢紊乱所引起的疾病，羔羊、妊娠羊和哺乳母羊对于维生素和矿物质的不足特别敏感，这是由于它们的需要量较多所造成的。因此，在该时期应补充维生素和矿物质。定期对羊群进行抽样调查，了解各种营养物质的代谢情况。正确地估价或预测羊体的营养需要，合理调配日粮，争取做到早期发现、早期治疗。在大规模饲养条件下，尤其要研究怎样补充目标营养物更经济、更方便、可节省人力是关键。

2. 综合治疗　营养代谢病发生时往往表现多种物质代谢的紊乱，它的诊断必须依靠详细的流行病学调查、饲草饲料分析、临床检查、病理学检查、实验室检测、治疗试验等进行综合分析。解决生产中有关营养代谢病的关键是迅速确诊，在疾病发生之前或高发季节做出预测，以避免巨大的经济损失。在饲养过程中，如在患维生素缺乏症时，会因为缺乏的种类不同，而发生各种物质的代谢紊乱现象，也包括其他有关维生素的代谢紊乱。因此，在治疗营养代谢病时，必须大量补充缺乏的物质，改善管理条件，同时抓紧治疗其他系统的疾病，尤其是消化系统的慢性疾病。

（魏战勇）

第六部分　羊病诊疗技术

一、临床诊断技术

（一）羊的接近与保定

保定是根据人的意愿对动物的活动进行限制，以便医疗人员对其进行疾病的诊断与治疗，减少对人和动物的伤害。为了更加有效地对动物实行控制，工作人员首先应该了解动物的习性。

一般动物与陌生人接近，往往产生不安、戒备、逃跑或攻击等行为。羊的性情比较温顺，保定时很少攻击人，但也要注意有些羊低头凝视或发出"呼呼"声都是攻击前的表现，所以要抓羊还是要充分的了解羊的习性。羊有聚群的习性，饲养员进入羊群后，应从前侧方慢慢接近，轻抚羊的颈侧，使其保持安静，然后移至羊后侧，趁其安静快速抓住羊后肢的跗关节或跗前部，控制好羊。最后，保定者抓住羊的角，骑在羊背上，作为静脉采血或注射时的保定方法，也可倒骑在羊背上，双手提起羊后肢膝褶使羊处于半倒立状态。体格比较大的羊需要使其卧倒，此时保定者应右手提起羊右后肢，左手抓住羊的右侧膝褶襞，用膝盖抵住羊的臀部，然后左手用力提拉羊的膝褶，右手配合即可将羊放倒，后捆住四肢。

（二）临床检查的方法与程序

临床检查的常用方法有视诊、嗅诊、问诊、触诊、听诊和叩诊等，根据临床症状的表现以及异常的变化，进行综合分析做出初步的诊断，为进一步的检验提供依据。

1. 视诊　视诊是通过对羊外部表现观察，对羊的病情进行初步的了解。观察的对象主要有羊的肥瘦、姿势、步态、被毛、皮肤、黏膜，以及饮食与粪尿等。

（1）肥瘦：一般急性病时，羊身体仍表现肥壮；慢性病时如寄生虫病等，羊多表现消瘦。

（2）姿势：指动物在静止或运动过程中的姿势异常情况。常可根据特殊姿势判断一些疾病，如转圈运动则提示羊患脑包虫病。

（3）步态：健康的羊步态活泼稳健，患病时则行动不稳，不愿运步或表现出严重的跛行。

（4）被毛和皮肤：健康的羊被毛平整而不脱落，富有光泽，皮肤红润有弹性。患病的羊一般被毛粗乱蓬松，没有光泽，容易脱落，带有污物，皮肤干燥无弹性，或有皮屑、结痂、肿块等。如患有外寄生虫病，则患部脱毛，皮肤增厚干燥变硬。检查皮肤时要注意有无水肿、外伤并注意皮肤温度等。

（5）黏膜：主要包括眼结膜、口腔、鼻腔和阴道黏膜。黏膜有丰富的微血管，呈现光滑粉红色，较湿润。临床上主要检查眼结膜，一般表现有潮红、苍白、黄染和发绀等。若潮红，多是由体温升高、机体炎症引起；若苍白，可能因为贫血性疾病，如失血、寄生虫病等；若黄染，则见于肝病、胆道阻塞、溶血性疾病和钩端螺旋体病等；若发绀，是机体缺氧的表现，多为肺脏、心脏患病。

（6）饮食与粪尿：当羊的采食与饮水突然增多或减少，以及喜欢吃一些不该吃的东西时，提示可能患有营养缺乏病。健康的羊排便很顺畅，粪便正常为两头尖的椭圆形，颜色黑亮，采食青草时发绿，没有难闻的臭味。若出现粪便稀薄或干结带有难闻的气味，则是肠炎的表现。粪便若表现有带血和黏膜或混有未消化的谷物等，提示羊已患病。健康的羊尿液清亮、无色或稍有发黄。若羊排尿次数和尿量过多或过少，或是尿液颜色发生变化，以及出现尿失禁、尿闭等提示羊已患病。

2. 嗅诊 主要是用鼻嗅闻羊的排泄物、分泌物，以及呼出气体及口腔气味。若呼出气体有特殊的腐败臭味，则提示肺坏疽；尿液或呼出气体有酮味，则提示羊患有酮尿症。

3. 问诊 问诊就是以询问的方式，听取畜主或饲养管理人员关于病羊发病情况和经过的介绍。询问内容要广泛，要有针对性，主要包括发病时间、发病头数、发病前后羊的异常表现、有无病史、治疗情况、免疫情况、发病年龄性别、环境变化情况以及饲养管理情况等。对问诊结果要综合分析，有选择地听取。

4. 触诊 触诊是用手或指尖去感觉被检查的部位，用以查知患病系统、器官、组织的敏感性、硬度、温度、湿度、体积变化、位置变化、运动变化等，以便检查各器官或组织是否正常。

（1）体表检查：主要检查皮肤的弹性、温度和湿度等。以手背感知病区和健康区弹性、温度和湿度，并进行对比。局部发生炎症，触诊病区温度要比健康区的高。以手指轻压肿胀部位，若留有明显的痕迹，则说明皮下有水肿；若感知有明显的波动感，则说明皮下有液体蓄积；肿胀部位在脐空或腹壁，指压柔软，则可以怀疑是疝。

（2）脉搏检查：检查脉搏每分钟跳动的次数和强弱等。羊的检查部位在后肢股部内侧的动脉。健康羊的脉搏每分钟 70 ~ 80 次，发病时脉搏的频率和强度会有所变化。

（3）体表淋巴结检查：主要检查颌下、肩前、膝上和乳房上淋巴结的位置、大小、硬度等。当羊发生结核病、伪结核病、羊链球菌病时，体表淋巴结往往肿大，其形状、硬度、温度、敏感性及活动性等也会发生变化。

5. 听诊　直接用耳朵或借助听诊器听取动物心、肺、胃肠等器官在生理或病理情况下发出的声音。

（1）心脏听诊：用听诊的方法诊查心音，判断心音的频率、强度 、性质和节律的改变以及是否有杂音。在羊左侧第 1 ~ 6 肋骨之间的胸壁听取心音，心脏在收缩与扩张的过程中产生的"嘣""咚"声分别是第一心音和第二心音。第一心音产生于心室收缩之际，主要是房室瓣的关闭与振动的声音，其特点是低、钝、长、间隔时间短；第二心音产生于心室舒张之际，主要是动脉根部半月瓣关闭与振动的声音，其特点是高、锐、间隔时间长。第一心音和第二心音同时增强，见于心肥大或某些心脏病的初期而其代偿机能亢进时；第一心音和第二心音同时减弱，见于心脏机能障碍的后期或患有渗出性胸膜炎、心包炎；第一心音增强伴有第二心音减弱，主要见于心脏衰弱的后期；第二心音增强时，见于肺气肿、肺水肿、肺炎等病理过程中。

（2）肺脏听诊：动物呼吸时，气流进出细支气管和肺泡发生摩擦的声音是呼吸音。呼吸音一般有以下几种：

1）肺泡呼吸音：气体进出肺泡过程中产生的声音，羊的肺泡呼吸音高朗粗厉，在整个肺区都可听到。肺泡呼吸音像风吹的"夫"声，肺泡呼吸音增强多为支气管炎、黏膜肿胀等，减弱时多为肺泡肿胀、肺泡气肿、渗出性胸膜炎等。

2）支气管呼吸音：是空气通过声门裂隙时产生的声音。支气管呼吸音增强往往是由于肺脏实变引起的，多见于羊的传染性胸肺膜炎、肺结核等病。

3）啰音：呼吸音以外的附加音，是一种病理征象。啰音可分为干啰音和湿啰音两种。当支气管黏膜发炎、肿胀或支气管痉挛时，支气管痉挛变窄，空气通过时冲击器官内壁上黏稠分泌物时所产生的声音是干啰音。特征音调强而长，像似笛音、哨音等。当支气管内的分泌物稀薄时，常产生湿啰音，又称水泡音。湿啰音多见于肺水肿、肺充血、肺出血等。

4）捻发音：像捻转头发发出的声音，其特点短而碎。多提示肺实质的病变，如肺泡的炎症。

5）摩擦音：主要是指胸膜壁层与脏层之间摩擦产生的声音和心包摩擦音。胸膜发炎时，纤维沉积，胸膜变得粗糙，呼吸时壁层与脏层之间的摩擦声音变大。纤维性心包炎时，听诊有伴随心脏跳动的摩擦音。

（3）腹部听诊：主要听取胃肠蠕动的声音。一般情况选择听取羊左侧瘤胃的蠕动音，正常每 10 ~ 20 s 蠕动一次。如果患有前胃迟缓或发热性疾病时，羊瘤胃蠕动音减弱或消失。

6. 叩诊　叩诊是用手指或叩诊锤叩打样体表部分或体表的垫着物，借助所发声音来判断内脏活动状态。叩诊的声音有清音、浊音、半浊音、鼓音。

7. 检查程序　有统一系统检查的程序会使临床工作更有条不紊，对获取全面的资料、准确的判断十分重要。一般的检查程序如下：

（1）病畜登记：登记病畜的品种、性别、年龄、毛色等基本信息。

（2）问诊：通过问诊了解动物的现病史、既往史、防疫情况、发病情况、饲养管理状况等。对病情的发生经过有初步的了解有助于诊疗人员做出准确的病情分析。

（3）整体全面的临床检查：首先运用临床诊断的一般方法视诊、触诊、嗅诊、叩诊、听诊等对动物进行全面系统的检查。检查动物的整体状态、被毛皮肤情况、黏膜颜色、体温脉搏等，然后按照头颈部、胸部及器官、腹部器官、脊柱四肢、泌尿生殖系统、神经系统等顺序进行系统的检查。

在临床实际中，这个程序也不是固定不变的，可以根据情况灵活改变检查程序。但要注意的是，临床检查一定要全面系统，在常规的全面检查之后要对病变部位或器官进行更为详细的检查，获得全面可靠的病情资料，为准确的诊断提供参考数据。另外，还可以使用 X 射线检查、B 超检查、涂片显微镜检查等，最后分析所有资料给出诊断书。对于一些特别复杂的病例，一时无法找到病因的病例，需要进行治疗性诊断。总之，检查程序一定要全面详细、系统、科学。

二、实验室诊断

采取到的病料需要及时做实验室诊断，实验室诊断的内容主要包括细菌学检验、病毒学检验、免疫学诊断和寄生虫检查。

（一）细菌学检验

1. 涂片镜检　病料若为液体，先取一张干净无油垢、边缘整齐的载玻片，其一端蘸取少许液体病料，以 45°放在另一张干净无油垢载玻片一端，从这一端向另一端推成薄而均匀的薄膜，待干后在酒精灯火焰旁固定。若病料为组织，则需用无菌镊子夹持局部，然后用灭菌剪刀剪取一小块，夹出后以新鲜的切面在载玻片上压印或涂成一薄层，待干后在酒精灯火焰旁固定。选择单染色法、革兰氏染色法、抗酸染色法、瑞特染色法或姬姆萨染色法等方法染色，放在显微镜下观察细菌形态，做出初步诊断或者确定进一步检验的步骤。

2. 分离培养　将病料接种于合适的培养基上，在 37 ℃环境下过夜培养，获得纯培养菌后，转移至选择培养基，进行进一步的鉴定与选择，然后再对其形态学、培养特征、生化特性、致病性和抗原特性进行鉴定。

3. 动物实验　根据需要设计动物实验，可将分离培养获得的菌液分不同剂量感染实验动物，如小鼠、大鼠、家兔等。感染的方法有皮下注射、肌内注射、腹腔注射、静脉注射或脑内注射等。感染后按照正常的饲养管理饲喂，观察各种变化，必要时要对一些生理指标进行监测。如有死亡，需要立即剖检进行细菌学检验。

（二）病毒学检验

1. 病料的处理　采取病料必须是无菌操作，拿到病料后首先除去不用的组织和有可能受到污染的组织。将无菌的病料组织用磷酸缓冲液反复冲洗 3 次，然后剪碎、研磨，加磷酸缓冲液制成 1∶10 悬液（血液或渗出液可直接制成 1∶10 悬液），以 2 000 ~ 3 000 r/min 的速度离心沉淀 15 min，取出上清液，每毫升加入青霉素和链霉素各 1 000 u，置冰箱备用。

2. 分离培养　病毒不能单独生长，它需要依靠其他生命体为培养基生长。因此，要把病料接种到健康的鸡胚或细胞培养物上进行培养。对分离到的病毒，需要用电子显微镜检查、血清学试验、分子学试验及动物实验等方法进行生理学和生物学特性的鉴定。

3. 动物实验　上述方法处理过的病料或分离培养得到的病毒接种于易感动物，其方法与细菌学检验中的动物实验相同。

（三）免疫学诊断

免疫学诊断在羊传染病的检验中是经常使用的方法。最常用的免疫学诊断方法有凝集试验、沉淀反应、补体结合反应、中和试验等血清学检验方法，以及用于某些传染病生前诊断的变态反应方法等。近几年又有一些新的免疫学诊断方法，如免疫扩散法、荧光抗体染色法、酶联免疫吸附试验和单克隆抗体技术等。

（四）寄生虫检查

羊寄生虫病的种类很多，除了体外寄生虫引起的临床症状容易被人发现外，很多寄生虫病临床症状均不够明显。因此，羊寄生虫病的诊断往往需要进行实验室检查。常用的方法有以下几种。

1. 粪便检查　粪便检查是寄生虫病诊断的一个重要手段。通常寄生于消化道及肝脏、胰脏中的蠕虫，寄生于肺、气管、支气管中的线虫，寄生于消化道中的球虫、结肠小袋虫，寄生于肠系膜静脉的血吸虫以及寄生于胃肠道的蝇蛆等，这些寄生虫某一个阶段的病原体，常随宿主的粪便排出体外，因此可通过粪便检查，找到虫卵、幼虫、成虫及虫体碎片等进行确诊。检查时，粪便应是新鲜粪便或从直肠掏取的，检查虫卵的方法如下：

（1）直接涂片法：在干净的载玻片上滴 1～2 滴蒸馏水，用火柴棒蘸取少量粪便放入其中，混匀并剔除粗渣，盖上盖玻片，置于显微镜下检查。此法简单快捷，但检出率较低。

（2）饱和盐水漂浮法：取羊粪 10 g，加少量的饱和盐水，将粪球捣碎后加入几倍量的饱和盐水并搅匀，以 60 目（非法定计量单位，即每平方英寸的孔数）铜筛过滤，静置 30 min，蘸取表面液膜，涂于载玻片上，盖上盖玻片置于显微镜下检查。

（3）饱和蔗糖溶液漂浮法：取被检粪便 3～5 g，加蒸馏水 30 mL，搅拌均匀，用粪筛过滤，取滤液，以 3 000 r/min 离心 3 min，倾去上层液，将沉淀物搅匀，加饱和蔗糖溶液 30 mL，搅拌均匀，以 3 000 r/min 离心 5 min，然后用吊环与液面平行接触以蘸取表面液膜，抖落于载玻片上，加盖玻片，于 400 倍显微镜下镜检。用于多种肠道寄生虫卵囊和虫卵的检查。

（4）沉淀法：取羊粪 10 g，放入 250 mL 容量的烧杯中，加入少量蒸馏水，将粪球捣碎后加入几倍量的蒸馏水，以 60 目铜筛过滤，静置 15 min，弃去上清液，保留沉渣；再加入 200 mL 蒸馏水，静置 15 min，弃去上清液，保留沉渣。反复操作 3 次，最后将沉渣涂于载玻片上，盖上盖玻片置于显微镜下检查。

2. 血液检查 主要应用血液寄生虫，如梨形虫、弓形虫及巴贝斯虫等。涂片染色标本检查时先采血，置于载玻片一端，按常规推制成血涂片，并晾干，然后用无水甲醇 2～3 滴滴于血膜上，使其固定 2～3 min，再置于稀释的姬姆萨染色液中染色 30 min，最后用中性蒸馏水冲洗后晾干。观察时用油镜。

3. 尿液检查 寄生在泌尿系统的寄生蠕虫，其虫卵常随尿液排出，可收集尿液进行虫卵检查。

三、羊病治疗技术

（一）穿刺

1. 瘤胃穿刺术 主要适用于羊瘤胃臌气的治疗。穿刺部位是在左肋窝中央臌气最高的部位，其方法为确实保定后局部剃毛，用碘酊消毒、75% 酒精脱碘后将皮肤稍向上移，然后将普通针头或者是穿刺针朝右侧肋骨方向刺穿皮肤及瘤胃壁，缓慢放出气体后，向瘤胃内注入止酵防腐剂。拔出普通针头或者是穿刺针后，穿刺孔用碘酊涂搽消毒。

2. 腹腔穿刺术 主要适用于腹腔内有渗出液、漏出液及血液等内容物的排出，经穿刺放出腹水或向腹腔内注入药液治疗某些疾病。穿刺部位在羊右侧膝与最后肋骨之间连线的中点处。穿刺部位剪毛、消毒，套管针或注射针垂直皮肤刺入，当针透过皮肤后，应慢慢向腹腔内推进针头，当针头出现阻力骤然减退时，说明针已进入腹腔，腹水经针头流出。如果用于放出腹水时，使用针体上有 2～3 个侧孔的针头穿刺，可防止大网膜堵塞针孔。术毕，拔下针头用碘酊消毒术部。

3. 膀胱穿刺术　主要应用于尿液在膀胱内潴留，易导致膀胱破裂时，需要采用膀胱穿刺排出尿液，以缓解相应症状，为进一步治疗提供条件。在羊耻骨前缘腹白线侧旁 1 cm 处，运用连接有长胶管的 14～16 号长针头进行穿刺。羊采用横卧保定，助手将一后肢向后牵引，充分暴露术部。术部剪毛、消毒后，在耻骨前缘或触诊腹壁波动最明显处进针，先从后下方刺入 3 cm 左右，刺入膀胱后，固定好针头，待尿液基本排完后拔出针头，术部涂以碘酊消毒。

4. 胸腔穿刺术　主要应用于胸腔内的积液、积血、积气，以减轻相应器官的压力，以及冲洗胸腔或向胸腔内注药，辅助胸膜疾病的治疗。羊穿刺部位为右侧第 6 肋间或左侧第 7 肋间，穿刺时在肋骨前缘、胸外静脉上方 2 cm 处或肩关节水平线下方 2.5 cm 处进针。羊采取横卧保定。术部剃毛消毒后，术者将皮肤稍向上移动，右手持穿刺针垂直刺入皮肤，穿刺肋间肌时手感有一定的阻力，当阻力消失时，有空虚感时，则表明已刺入胸腔内，刺入深度为 3～4 cm，然后拔出针芯，液体可自动流出，针孔被堵塞时可用针芯疏通。穿刺针可连接注射器，抽吸胸腔内积液或冲洗胸腔及向内注射所需药物。拔出针头，术部涂以碘酊。

5. 注意事项　控制穿刺深度，避免伤及肺脏；排放积液时不宜过快，量不宜过多；胸腔很少积液时，为防止空气进入胸腔形成气胸，针头可连接胶管并夹上止血钳，抽吸胸腔积液时松开止血钳，不抽吸时夹住胶管。

（二）补液

临床上针对体液紊乱而进行的治疗，补液是临床最常用的基本疗法之一。补液具有调节和维持体内水、电解质和酸碱平衡，补充循环血量，补充营养物质等功能，对机体疾病的治愈起着重要作用。补液主要应用于大量失血、失水等病理过程，羊口腔、咽部疾病，食道阻塞等情况下所引起的食欲废绝，纠正机体电解质、酸碱平衡紊乱所致的酸碱中毒，对各种外源性及内源性的救治，各种原因引起的机体营养衰竭性疾病。

1. 补液原则　根据病羊的具体情况，缺水补水，缺盐补液；缺多少，补多少。根据临床检查和实验室检查，做出明确的判断并制订合理的方案。由于羊患咽炎、口腔疾病、食道阻塞、破伤风等疾病引起机体饮水不足或吞咽困难，导致进入羊机体内水量减少造成以失水为主的高渗性脱水应以补水为主；因羊患严重腹泻、反复呕吐、大面积烧伤或中暑、大量出汗，导致失水少，失盐为主的低渗性脱水应以补盐为主；羊患有急性胃肠炎时的腹泻、呕吐、剧烈而持久的疼痛、大出汗和低渗性脱水等导致的等渗性脱水，补液以补充复方氯化钠或5%葡萄糖生理盐水为主。

2. 补液种类和方法 5%葡萄糖液用于纠正脱水，10%～25%的葡萄糖液静脉注射用于补给营养和解毒。其他补液的种类有生理盐水、5%葡萄糖生理盐水、复方氯化钠、10%葡萄糖酸钙、5%碳酸氢钠、10%的氯化钾溶液、6%的中分子右旋糖酐等。

饮食正常及胃肠功能较好的羊可采取口服补液盐或给予足量的水和盐水，必要时可通过灌肠的方法补给。对食欲较差的病羊可采取静脉注射补液、腹腔注射补液以及皮下分点注射补液法进行补液。

3. 注意事项 无论何种方法补液都必须严格无菌操作规程。补液前仔细检查药品质量。补液过程中密切注意病羊的表现，并进行必要的处理。

（三）导尿

导尿是运用各种导尿管将蓄积在膀胱内的尿液导出体外的方法，主要用于尿闭塞的救助、清洗膀胱以及采取尿液进行化验。

1. 雌羊导尿法 用0.1%的新洁尔灭将阴门彻底清洗干净，站立位时即使不能看到尿道开口隆起，也可以将导尿管插入尿道内；也可以用阴道开张器观察到尿道口的隆起，将导尿管插入尿道内，导尿结束后向膀胱内注射5 mL的消炎药溶液。

2. 公羊导尿法 横卧保定，剥开包皮显露龟头，用0.1%的新洁尔灭溶液清洗龟头，选择适宜尺寸的导尿管，在其前段涂3 cm左右的凡士林或液状石蜡进行润滑，从尿道口将导管插入尿道内，在前送导尿管时要进行无菌操作，当导尿管不能顺利通过尿道到达膀胱时说明尿道有结石或尿路狭窄，如更换较细的导尿管仍不能通过时，可以选择向导尿管内注射无菌生理盐水对结石进行冲刷，但注射剂量不宜过大，防止过多的液体使尿道崩裂。当导尿管插入膀胱时有尿液流出，导尿终止时向膀胱内注射消炎药溶液，然后拔出导尿管。

3. 注意事项 各部分要严格无菌操作，防止因操作不当引起激发感染。要注意操作力度，减少人为对机体的损失。

（四）麻醉

1. 局部麻醉方法

（1）表面麻醉：用药物直接作用于组织表面的神经末梢，而起到麻醉作用。可选用2%～5%的可卡因，或0.5%～1%的丁卡因溶液进行角膜和结膜的麻醉；

口、鼻、直肠和阴道黏膜的麻醉，可选用5%～10%的可卡因、1%～2%的丁卡因，或10%的普鲁卡因溶液；关节、腱鞘及黏液囊中的滑膜麻醉，可选用4%～6%普鲁卡因溶液；胸膜腔浆膜可选用3%～5%普鲁卡因溶液。

（2）局部浸润麻醉：利用低浓度的麻醉药液，均匀注入局部组织，作用于神经末梢而引起麻醉的方法。常用药物为0.5%普鲁卡因溶液，或0.25%～0.5%利多卡因溶液。方法是先将针头插至预定深度，边后退针头边注射药液，可以在一个部位向不同方向分次注射药液，也可以按照刺入部位和进针方向按直线浸润、菱形浸润、扇形浸润、基部浸润和分层浸润等方法，以适应不同的手术要求。

（3）传导麻醉：将局部麻药注射到神经干周围，暂时阻断其所支配区域的痛觉传导的方法。羊的腰旁神经干传导麻醉分为三个注射点：

1）第一针注射点麻醉最后肋间神经：于第1腰椎横突前角，垂直皮肤刺入，当针头到达骨面后稍后退，沿前角骨缘再向前下方刺入0.5 cm后注射3%的普鲁卡因溶液10 mL，将针头退至皮下再注射药液10 mL，以麻醉该神经干的背侧支。

2）第二针注射点麻醉髂下腹神经：于第2腰椎横突后角，垂直皮肤刺入，当针头到达骨面后稍后退，沿后角骨缘再向后下方刺入0.5 cm后注射3%的普鲁卡因溶液10 mL，将针头退至皮下再注射药液10 mL。

3）第三针注射点麻醉髂腹股沟神经：注射部位在第4腰椎横突前角，操作方法和用药量同第一针。

（4）脊髓麻醉：

1）硬膜外腔麻醉：主要应用于难产救助、直肠、肛门、阴道或髂区剖宫产术。羊的硬膜外腔麻醉一般在第1、2尾椎间隙、荐尾间隙或腰荐间隙进行。第1、2尾椎间隙的定位方法为一手上下晃动尾巴，另一只手按在尾根背部，活动最明显的部位为注射部位，局部剪毛消毒后用6～7 cm的针头在尾背正中处呈45°～60°角刺入，针头刺入椎管后阻力消失，连接注射器，如回抽无血即可注入2%～3%的盐酸普鲁卡因3～5 mL或1%～2%盐酸利多卡因2～5 mL。

2）蛛网膜下腔麻醉：羊的注射部位，在最后腰椎棘突和第1荐椎棘突所引起的直线与两髋结节连线的交叉点向后两指处的凹陷内。用长针头垂直刺入皮肤，当针头刺透脊硬膜及蛛网膜时，可感到阻力突然消失，回抽有脊液流出，证明刺入正确。可注入15～25 mL的普鲁卡因溶液进行手术麻醉。

2. 全身麻醉　羊麻醉前应先做全身检查，如发现羊患有心血管系统疾病、肝和肾的疾病、呼吸系统疾病，以及消瘦、妊娠、老龄、贫血等疾病，应慎重对待。

全身麻醉剂能明显影响羊的胃肠功能，导致羊的呕吐反应，所以麻醉前应禁食12 h左右。麻醉前应检查麻醉药品的质量，麻醉用具是否完好，并准备麻醉中毒时的急救药品和相关救助器材。

羊全身麻醉一般选用如下药物：

（1）戊巴比妥钠：应用时用生理盐水配成 5% 的溶液，按静脉内注射一次 30 mg/kg 剂量。该药能引起瘤胃膨胀，麻醉时应采取必要的措施。

（2）静松灵：按 0.4 ~ 0.6 mg/kg 的剂量，肌内注射。

（3）硫喷妥钠：静脉注射一次 15 ~ 20 mg/kg 的剂量，麻醉时间为 20 min 左右。

（五）输血

输血是常用的急救和治疗措施。输血的作用主要有：可以比较有效地增加血容量，提高血压，改善血液循环状态；增加血红蛋白，提高血液携氧能力；新鲜血液能供给白细胞和血小板，可增强抗感染能力和改善凝血机制；血浆蛋白可增加必需的蛋白含量，改善营养状态，提高血管内渗透压；各种抗体和酶类能有效地增强动物体的抵抗力并加强各种机能活动；此外，尚可增强骨髓造血机能活动，有利于改善贫血等作用。

1. 应用 临床上主要用于解救急性失血，防治休克，治疗严重的烧伤、出血性素质、溶血性疾病以及衰竭症等。

2. 输血前的准备

（1）供血动物的选择：通常应选择年轻、强壮而无传染病和血液寄生虫病的健康同种同属动物为宜。对供血动物的健康并无特殊影响，也可应用健康屠宰动物的血液。

（2）血液相合试验：各种动物均有不同的"血型"，同型血液可以输血；不同型血液混合可造成血凝集、溶血现象，使动物发生不良反应，严重时可造成死亡。一般对羊进行第一次输血时，多无危险，但为安全起见，在输血前应对供血动物及病羊（受血动物）进行血液相合试验。通常要做交叉凝集试验及生物学相合试验。

3. 采血和输入方法

（1）对供血动物采血：应先准备 2 ~ 3 个或更多已消毒的刻度玻瓶（一般可用 500 mL 的盐水瓶），内加抗凝剂 4% 枸橼酸钠溶液 50 mL（与血液比例为 1：9）。用 12 ~ 14 号已消毒的注射针头或适宜的采血针行颈静脉穿刺，然后连接附有胶管的玻璃接头将所采血液导入瓶内。导入时应使血液沿瓶壁流入并间歇地轻轻摇动，避免出现泡沫并使血液与抗凝剂混合均匀。健康动物每千克体重通常一次可采血 8 ~ 10 mL。

（2）对受血动物输血：应先进行生物学试验（方法见前），如无异常表现便可继续输入全量。输入方法与静脉注射相同，所需物品和器具同静脉输液。输入速度不宜过快，以每分钟 20 mL 左右为宜。输入量依畜种、体格大小不同和疾病情况而定，如需连续输血，则应间隔一日（24 h）输血一次为宜。

4. 输血的注意事项

（1）每次输血前一定要做交叉凝集试验及生物学试验。

（2）输血过程的一切操作均须严格遵照无菌操作规程进行，并应注意有关静脉注射的注意事项。

（3）输血过程中应防止混入气泡并注意抗凝血中不应混有血凝块。

（4）输血时一般不需加温，因易使蛋白变性或凝固并破坏血细胞。

（5）在输血前一定要对病畜及供血动物做详细的病史调查，应特别注意询问过去及近期是否做过输血。第一次输血后，于 3～10 d 内可产生抗体。如需重复输血时，可间隔 24 h 进行，但一般只能重复 3～4 次。在第一次输血后，间隔一周以上，如果用同一供血动物反复输血，易引起受血动物的过敏反应。为避免过敏反应，有条件时，应另选适宜的供血动物，且以较少剂量为宜。

（6）采血时的抗凝剂一般除用 4% 枸橼酸钠溶液外，还可用 10% 的氯化钙液，其与血液的比例亦为 1∶9。但由于抗凝时间甚短（仅 2 h 内），要即时输入，或用 10% 水杨酸钠液，其与血液的比例为 2∶10，其抗凝作用可保持 48 h。当应用枸橼酸钠作抗凝剂进行大量输血时，输血后应静脉注射一定量（按输血量每 100 mL 注射 10 mL，即 10∶1 的比例）的葡萄糖酸钙溶液，以免因大量枸橼酸钠进入血液而引起不良后果（如心机能障碍等）。

（7）一般可输全血，但在特殊情况下可只输血浆（如当肾炎、肝病、衰竭、饥饿时）或红细胞。

（8）输血过程中应密切注意观察病畜的状态及反应，如发现有骚动、不安、呼吸困难、肌肉震颤、大出汗或心动疾速、心律不齐等现象时，应立即停止输血，并根据不同情况，采取适当的处理。如改注生理盐水或 5%～10% 的葡萄糖液，注射 5% 碳酸氢钠液，皮下注射 0.1% 盐酸肾上腺素 5～10 mL，注射苯海拉明或钙制剂等。

（六）去势

公羊一般应在出生后 4～6 周去势。常倒提保定。助手将羊两后肢提起，两腿夹住头颈，使羊腹部向术者倒垂。亦可采用侧卧保定，固定睾丸：左手握着阴囊颈部，使阴囊皮肤紧张，充分显露睾丸的轮廓，并把它挤向阴囊底部，固定睾丸；切开阴囊暴露睾丸；睾丸脱出后术者一只手固定睾丸，另一只手将阴囊及总鞘膜向上推，找出阴囊韧带并剪断。在睾丸上方 7 cm 左右的精索上术者用粗缝合线结扎，为防止结扎线滑脱可选用三钳法。在其下方 2 cm 处剪断精索。以同样的方法处理另一侧睾丸。

（七）中毒急救

中毒急救总的原则是阻止有毒物质继续进入体内，尽快排除已进入体内的有毒物质，用特效解毒药物拮抗或消除已经吸收的毒物，应用增强肝脏解毒功能和肾脏排泄功能的药物，根据具体状态采取综合性的治疗措施。

1. 制止有毒物质继续进入体内　使中毒的羊迅速远离毒物，用大量的清水或生理盐水冲洗接触毒物的皮肤或黏膜。

2. 排出有毒物质　通过刺激咽后壁、灌服双氧水、静脉注射 0.04 mg/kg 的阿扑吗啡，或内服催吐解毒汤进行催吐。

3. 洗胃　当生物碱、砷化物、氰化物或无机磷中毒时，用 0.1% ~ 0.2% 的高锰酸钾溶液洗胃；0.2% ~ 0.5% 的硫酸铜用于无机磷中毒；当毒物摄入不超过 2 h，可以用绿豆汤反复洗胃；2% 的碳酸氢钠可用于铁、汞等某些重金属离子的中毒，但有机磷农药敌百虫在碱性条件下可以转变成毒性更强的敌敌畏，故其中毒时不能用碳酸氢钠洗胃。

4. 缓泻　若摄入毒物超过 5 h，需要进行导泻，以便排出肠内毒物，减少吸收，常用的泻剂有 0.66 ~ 0.88 g/kg 的硫酸钠或硫酸镁，稀释成浓度为 10% 的溶液；食盐中毒及汞中毒时，可用 50 ~ 100 mL 的液状石蜡导泻，也可用玄明粉适量进行冲服。

5. 灌肠　使用温水，1% 盐水或肥皂水灌肠。

6. 利尿　加强排尿功能，可选用强心利尿药苯甲酸钠，咖啡因；肌内注射或静脉注射 1 ~ 2 mg/kg 的速尿；静脉注射 50% 的葡萄糖或甘露醇等加速毒物经利尿系统的排出。

7. 全身疗法　补充营养物质、维持电解质平衡、维持酸碱平衡、防止脑水肿及保肝可选用葡萄糖、胆碱、维生素 B_1、维生素 B_2、维生素 C 及 ATP（三磷酸腺苷）、肌苷等。

（魏战勇　陈雅君　徐卫松）

第七部分　羊病常用药物与合理使用

一、兽药基础知识

（一）兽药概念与分类

1. 兽药及相关概念　兽药是指用于预防、治疗、诊断动物疾病，或者有目的地调节动物生理机能的物质，如提高羊增重、给羊补充维生素和微量元素的饲料添加剂，提高羊毛产量的添加剂等均为兽药。兽药还包括化学合成药品、抗生素、中药材、中成药、生化药品、血清制品、疫苗、诊断制品、微生态制剂、放射性药品、外用杀虫剂和消毒剂等。

在兽药使用中常用到剂型和制剂的概念且较易弄混。剂型是为适应治疗或预防的需要而制备的不同给药形式，称为药物剂型，简称剂型，属于集体名词，如预混剂、散剂、片剂、颗粒剂、注射剂、气雾剂等。制剂是适应治疗或预防的需要而制备的不同给药形式的具体品种，称为药物制剂，简称制剂，如恩诺沙星注射液、土霉素片、冰硼散等。

2. 兽药分类　兽药的种类很多，羊常用的药物一般可分为抗微生物药、抗寄生虫药、消毒防腐药、解热镇痛抗炎药、消化系统药物、呼吸系统药物、泌尿生殖系统药物、局部用药物、解毒药等。

（二）兽药剂型

在疾病防治中同一药物不同的剂型会产生不同的疗效，如硫酸镁口服剂型用作泻下药，但5%注射液静脉滴注，能抑制大脑中枢神经，有镇静、镇痉作用。又如甘露醇口服用作泻下药，静脉滴注则具有脱水作用；阿司匹林为解热镇痛药，而肠溶阿司匹林则为心血管系统用药等。兽药的剂型有多种，目前有多种分类方法。常用的分类方法如下：

1. 按物质形态分类

（1）液体剂型：通常是将药物溶解或分散在溶媒中而制成，如溶液剂、注射剂、合剂、洗剂、搽剂等。

（2）固体剂型：通常将药物和辅料经过粉碎、过筛、混合、成型而制成，一般需要特殊的设备，如散剂、丸剂、片剂等。

（3）半固体剂型：将药物和基质经熔化或研匀混合制成，如软膏剂、糊剂等。

（4）气体剂型：将药物溶解或分散在常压下，沸点低于大气压下沸点的医用抛射剂压入特殊的给药装置制成，称为气雾剂。

2. 按给药途径分类　按照给药途径分类，剂型通常可分成两大类。

（1）经胃肠道给药剂型：药物制剂经口服给药，经胃肠道吸收发挥作用，如口服溶液剂、乳剂、混悬剂、散剂、颗粒剂、胶囊剂、片剂等。

（2）非经胃肠道给药剂型：

1）注射给药：使用注射器直接将药物溶液、混悬液或乳剂等注射到不同部位的给药方式，如静脉注射、肌内注射、皮下注射、皮内注射、脊椎腔内注射等。

2）呼吸道给药：利用抛射剂或压缩气体使药物雾化吸入或直接利用吸入空气将药物粉末雾化吸入肺部的给药方式，如气雾剂、喷雾剂、烟熏剂等。

3）皮肤给药：给药后在局部起作用或经皮吸收发挥全身作用，如外用溶液、洗剂、搽剂、硬膏剂、糊剂等。

4）黏膜给药：在眼部、鼻腔等部位的给药，药物在局部作用或经黏膜吸收发挥全身作用，如滴眼剂、滴鼻剂、眼用软膏、子宫植入片剂等。

5）腔道给药：用于直肠、阴道、尿道等部位的给药，腔道给药可起局部作用或经吸收发挥全身作用。

3. 按一次用药防治动物数量分类

（1）群体给药制剂：一次用药可防治动物群体疾病的制剂，如粉（散）剂、预混剂、颗粒剂等。

（2）个体给药制剂：一次用药可防治动物个体疾病的制剂，如注射剂、片剂、胶囊剂、滴眼剂、滴鼻剂、眼膏剂、局部用粉剂等。

（3）既可群体用药又可个体用药制剂：如内服液体制剂等。

4. 按作用特点分类　按作用特点可分为长效制剂、缓释制剂、控释制剂、靶向制剂等。

5. 综合分类法　上述分类方法，各有其优缺点，但均不完善。实际生产中常采用以剂型为基础的综合分类方法。

（1）给药途径与物态结合分类：如内服溶液剂、内服乳剂、内服混悬剂等。

（2）用药特点与物态结合分类：如群体给药固体制剂、群体给药液体制剂、个体给药固体制剂、个体给药液体制剂等。

（三）兽药管理

兽药要保证安全、有效、稳定和使用方便。兽药安全包括兽药对靶动物，对生产、使用兽药的人，对动物性食品消费者的安全以及对环境的安全。我国目前有农业部、省、市、县等多层畜牧管理机构，负责动物养殖和兽药的管理、使用、检验、残留监测等方面的工作。

1. 兽药管理法规和标准

（1）兽药管理条例：我国兽药管理的最高法规是《兽药管理条例》，简称《条例》，现行的《条例》于 2004 年 11 月 1 日起实施。

为保障《条例》的实施，与《条例》配套的规章有：《兽药注册办法》《兽药产品批准文号管理办法》《处方药和非处方药管理办法》《生物制品管理办法》《兽药进口管理办法》《兽药标签和说明书管理办法》《兽药广告管理办法》《兽药生产质量管理规范（GMP）》《兽药经营质量管理规范（GSP）》《兽药非临床研究质量管理规范（GLP）》和《兽药临床试验质量管理规范（GCP）》等。

（2）兽药国家标准：《条例》规定，"国家兽药典委员会拟定的、国务院兽医行政管理部门发布的《中华人民共和国兽药典》（以下简称《中国兽药典》）和国务院兽医行政管理部门发布的其他兽药标准为兽药国家标准"。兽药国家标准包括《中国兽药典》《兽药规范》和农业部发布的其他兽药质量标准。

《中国兽药典》先后于 1990 年、2000 年、2005 年、2010 年出版发行四版。2010 年版《中国兽药典》分为一、二、三部。一部收载化学药品、抗生素、生化药品原料及制剂；二部收载中药材、中药成方制剂；三部收载生物制品。

2. 兽用处方药和非处方药管理制度　为保障动物用药安全和人的食品安全，《条例》规定："国家实行兽用处方药和非处方药分类管理制度"，从法律上正式确立了兽药的处方药管理制度。但目前还没有具体的兽用处方药目录。兽用处方药，是指凭兽医师开写处方可购买和使用的兽药。兽用非处方药，是指国务院兽医行政管理部门公布的、不需要凭兽医处方就可以自行购买并按照说明书使用的兽药。

通过兽医开具处方后购买和使用兽药，可以防止滥用兽药尤其抗菌药，避免或减少动物产品中发生兽药残留等问题，达到保障动物用药规范、安全、有效的目的。

3. 兽药安全使用制度　建立用药记录是保障遵守兽药的休药期，避免或减少兽药残留，保障动物产品质量的重要手段。《条例》明确要求兽药使用单位，要遵守兽药安全使用规定，建立用药记录。

（1）兽药安全使用规定：是指农业部发布的关于安全使用兽药以确保动物安全和人的食品安全等方面的有关规定，如食品动物禁用的兽药及其他化学物清单、饲料药物添加剂使用规范、动物性食品中兽药最高残留限量、兽药休药期规定等。

（2）用药记录：是指由兽药使用者所记录的关于动物疾病的诊断、使用的兽药名称（一定记录药物的通用名而不要记录商品名）、用法用量、疗程、用药开始日期、预计休药日期、产品批号（要把产品的批准文号和生产批号区分开）、兽药生产企业名称、处方用药等的书面材料和档案。

《条例》规定，除了禁止在饲料和动物饮水中添加激素类药品和国务院兽医行政管理部门规定的其他禁用药品外，经批准可在饲料中添加的兽药，应由兽药生产企业制成药物饲料添加剂后，方可用于动物的饲料添加，养殖者不得自行稀释添加，以免稀释不匀造成中毒。

4. 不良反应报告制度　不良反应是指兽药按正常用法、用量应用药物预防、诊断或治疗疾病过程中产生的与用药目的无关或意外有害的反应。不良反应与兽药的应用有关，一般撤销使用兽药后即会消失，有的则需要采取一定的处理措施才会消失。

《条例》规定，"国家实行兽药不良反应报告制度。兽药生产企业、经营企业、兽药使用单位和开具处方的兽医人员发现可能与兽药使用有关的严重不良反应，应当立即向所在地人民政府兽医行政管理部门报告"。首次以法律的形式规定了不良反应的报告制度。

（四）兽药合理使用

科学合理地使用兽药，以求最大限度地发挥药物对疾病的预防、治疗及诊断等有益作用，同时使药物的有害作用尽量减到最低程度。兽医临床用药，既要做到有效地防治动物的各种疾病，又要避免对动物机体造成毒性损害或降低动物的生产性能。因此要全面考虑动物的种属、年龄、性别等对药物作用的影响，选择适宜的药物、适宜的剂型、适宜的给药途径、合理的剂量与疗程等，科学合理地加以使用。

1. 注意动物种属、年龄、性别和个体的差异　多数药物对各种动物均能产生类似的作用，但由于各种动物的解剖结构、生理机能及生化反应的不同，对同一药物的反应存在一定差异即种属差异，多数为量的差异，少数表现为质的差异。药物的作用或效应取决于作用部位的浓度，药物在动物体内要经过吸收、分布、生物转化和排泄的动力学过程。药物的动力学特性还受动物种属、年龄、性别和个体、疾病类型及过程的影响。例如，阿莫西林与氨苄西林的体外抗菌活性很相似，但阿莫西林的生物利用度比氨苄西林高约 1 倍，血清浓度高 1.5～3 倍，在治疗全身性感染时，选用阿莫西林的疗效比氨苄西林好；但在胃肠道感染时，因氨苄西林不易吸收，在胃肠道能够保持较高的药物浓度，所以选择氨苄西林好。

2. 注意给药方案 给药方案包括给药剂量、两次给药间间隔时间、给药途径和疗程。《中国兽药典》从 2005 年版开始，不再标示药物的使用剂量，应按《兽药使用指南》确定用药的剂量。给药间隔时间是由药物的药动学、药效学决定，每种药物或制剂有其特定的作用持续时间。选择抗菌药物时，在用药前要尽可能做药敏试验，能用窄谱抗生素则不用广谱抗生素；选择功能性药物时，应密切注意动物种属之间的药动学差异，因为动物不同的给药方法和不同的给药途径可直接影响药物的吸收速度和血药浓度，从而决定药物作用出现的快慢、维持时间长短和药效的强弱，有时还会引起药物作用性质的改变。如新霉素内服可治疗细菌性肠炎，因很少被吸收，故无明显的肾脏毒性；但肌内注射给药时对肾脏毒性很大，严重时可引起死亡，故不可注射给药。此外，临床上也应根据病情缓急、用药目的及药物本身的性质来确定适宜的给药方法。对危重病例，宜采用注射给药；治疗肠道感染或驱除肠道寄生虫时，宜内服给药；对集约化饲养的，一般应采用群体用药法，以减轻应激反应；治疗呼吸系统疾病，最好采用呼吸道给药。

药物的剂量是决定药物效应的关键因素，通常是指防治疾病的用量。剂量过小不产生任何效应，在一定范围内，剂量越大作用越强，但剂量过大则会引起中毒甚至死亡。临床用药要做到安全有效，就必须严格掌握药物的剂量范围，用药量应准确，并按规定的时间和次数用药。对安全范围小的药物，应按规定的用法用量使用，不可随意加大剂量。

一般药物要使用一个或几个疗程，疗程是指药物连续或间歇性地反复使用的一段时间。疗程长短多取决于饲养情况、疾病性质和病情需要。对散养动物的常见病，对症治疗药物如解热药、利尿药、镇静药等，一旦症状缓解或改善，可停止使用或进一步对因治疗。而对集约化饲养动物的感染性疾病如细菌性或寄生虫传染病，一定要用药至彻底杀灭入侵的病原体，即治疗要彻底，疗程要足够，一般用药需 3 ~ 5 d。疗程不足或症状改善即停止用药，一是易导致病原体产生耐药性，二是疾病易复发。

3. 注意药物配伍禁忌 在治疗动物疾病时，临床上能用一种药物时就不要使用两种以上的药物，尤其不要使用两种以上的抗菌药物。临床上为了提高疗效，减少药物的不良反应，或治疗不同的并发症，常需同时或短期内先后使用两种或两种以上的药物，称联合用药。由于药物间的相互作用，联用后可使药效增强（协同作用）或不良反应减轻，也可使药效降低、消失（拮抗作用）或出现不应有的不良反应，后者称之为药理性配伍禁忌。联合用药合理，可利用增强作用提高疗效，如磺胺药与增效剂联用，抗菌效能可增强数倍至几十倍；亦可利用拮抗作用来减少不良反应或用于解毒，如用阿托品对抗水合氯醛引起的支气管腺体分泌的不良反应，用中枢兴奋药解救中枢抑制药过量中毒等。但联用不当，则会降低疗效或对机体产生毒性损害。如含钙、镁、铝、铁的药物与四环素合用，可形成难溶性的络合物，而降低四环素的吸收和作用。故联合用药时，既要注意药物本身的作用，还要十分注意药物之间的相互作用。

4. 注意药物残留　在集约化养羊中，药物除了防治羊病外，有些还作为饲料添加剂以促进生长，改善畜产品质量。但在产生有益作用的同时，往往又残留在畜产品或环境中，直接或间接危害人类健康。药物残留是指动物应用兽药或饲料添加剂后，药物的原形及其代谢物蓄积或储存在动物组织、细胞、器官或可食性产品中。要注意禁止添加违禁兽药及化合物品种。抗菌药物在动物性食品中的残留可能使人类的病原菌长期接触这些低浓度的药物产生耐药性；此外，食品动物食用低剂量抗菌药物作促生长剂时容易产生耐药性，从而使人和动物临床用药药效降低或无效。

为了保证人类健康，许多国家对用于食品动物的抗生素、合成抗菌药、抗寄生虫药、激素等规定了最高残留限量和休药期。最高残留限量（MRL）又称允许残留量，是指允许在动物性食品表面或内部残留药物的最高量。具体是指在屠宰以及收获、加工、储存和销售等特定时期，直接被人消费时，动物性食品中药物残留的最高允许量。如违反规定，药物残留量超过规定浓度，则将受到严厉处罚。规定休药期，是为了减少或避免药物的超量残留，由于药物种类、剂型、用药剂量和给药途径不同，休药期长短亦有很大差别，应遵守休药期规定停药。还没提出有应用限制的有些药物，也需十分注意。

2002 年 4 月 9 日，中华人民共和国农业部发布第 193 号公告，根据《兽药管理条例》规定，制定了《食品动物禁用的兽药及其他化合物清单》，简称《禁用清单》，并规定：截至 2002 年 5 月 15 日，《禁用清单》序号 1 至 18 所列品种的原料药及其单方、复方制剂产品停止经营和使用。此外，《禁用清单》中序号 19 至 21 所列品种的原料药及其单方、复方制剂产品不准以抗应激、提高饲料报酬、促进动物生长为目的在食品动物饲养过程中使用。

（五）兽药储存保管

药品的储存保管要做到安全、合理和有效。药品储存保管不当会对药效产生较大影响。需将外用药与内服药分开储存，对化学性质相反的如酸类与碱类、氧化剂与还原剂等药品也要分开储存。要了解药品本身的理化性质和外界因素对药品质量的影响，针对不同类别的药品采取有效的措施和方法进行储藏保管。药品的稳定性主要取决于药品的成分、化学结构以及剂型等内外因素，外界因素如空气、温度、湿度、光线等是引起药品性质发生变化的主要条件之一。

1. 影响药品性质的外界因素

（1）空气：空气中的氧气、水分、二氧化碳等均会影响药物的性质。空气中的氧气，易使药物氧化变质，引起不良反应或失效。例如，硫酸亚铁氧化变成硫酸铁，维生素 C 氧化后变成深黄色。某些碱性药物吸收空气中的二氧化碳而变质等。例如，磺胺类和苯巴比妥类药物的钠盐碳酸化后，难溶于水。粉剂药品能吸收水分、灰尘及空气中有害气体而影响本身质量。阿司匹林、青霉素等因吸潮而分解。湿度过小，凡含结晶水的药物，在干燥空气中会失去结晶水而出现风化。

（2）温度：温度过高或过低，均会使药物的质量发生变化。温度过高，会使药物失效、变形、体积变小、爆炸等。例如，高温使抗生素类、维生素类等加速变质。温度过低也会使某些药品冻结、分层、析出结晶，甚至变质失效，如油乳剂、混悬剂等。

（3）光线：阳光中的紫外线常使许多药物发生变色、氧化、还原和分解等化学反应，称为光化反应。临床中对光敏感的药物有喹诺酮类药物、维生素 A、维生素 B 等。

（4）微生物：空气中存在霉菌孢子，在药品生产和储存过程中，要注意防霉。如中药散剂、浸膏、糖浆等，在 $20 \sim 30 ℃$、相对湿度 70% 以上的多雨季节，包装封口不严就易发生霉变。

（5）储藏时间：为了保证用药安全有效，对一些药品规定了有效或失效的期限。有效期是指药品在规定的储藏条件下能保证其质量的期限。过了有效期，药品必须按规定加以处理，不得使用。即使没有规定有效期的药物，储存过久也会使质量发生变化。而失效期是指药品超过安全有效范围的日期，药品超过此日期，必须废弃。此外，药品的生产工艺、包装所使用的容器和包装方法等，也对药品的质量有很大的影响，应予以重视。

2. 常用的兽药储存方法　一般大多数饲养户都会存放一些常用兽药，但如果兽药存放不当，如久放、高温、混放、受潮等均有可能造成兽药药效降低或失效。因此，必须合理储存保管兽药。

（1）密封保存：各种兽药受潮后都会发霉、黏结、变色、变形、变味、生虫等。有些兽药极易吸收空气中的水分，而且吸收水分后便开始缓慢分解，对畜禽胃的刺激性增强。因此，饲养户存放兽药，一定注意防潮。装药的容器应当密闭，如是瓶装必须盖紧盖子，必要时用蜡封口。

对易吸潮发霉变质的药物如葡萄糖、碳酸氢钠、氯化铵等，应在密封干燥处存放；有些含有结晶水的药物，如硫酸钠、硫酸镁、硫酸铜、硫酸亚铁等，在干燥的空气中易失去部分或全部结晶水，应密封阴凉处存放，但不宜存放于过于干燥或通风的地方。此外，散剂的吸湿性比原料药大，一般均应在干燥处密封保存。但含有挥发性成分的散剂，受热后易挥发，应在干燥阴凉处密封保存。除另有规定外，片剂也应密闭在干燥处保存，防止发霉变质。

（2）避光保存：日光中的紫外线对大多数化药类兽药起着催化作用，能加速兽药的氧化、分解等，使兽药加速变质。例如维生素、抗生素类药物，遇光后都会使颜色加深，药效降低。对这些遇光易发生变化的兽药，要用棕色瓶或用黑色纸包裹的玻璃器存放；需要避光保存的兽药，应储存在阴凉干燥、光线不易直射到的地方。有些药物如恩诺沙星、盐酸普鲁卡因、含有维生素 D 和维生素 E 的散剂、维生素 C 和阿司匹林片、氯丙嗪等，遇光和热可发生化学变化生成有色物质，出现变色变质，导致药效降低或毒性增加，应放于避光容器内，密封于干燥处保存。片剂可保存于棕色瓶内，注射剂可放于避光的纸盒内。

（3）低温保存：受温度影响而变质的兽药，保管方法如下："室温"指 18～25 ℃，"阴凉处"是指不超过 20 ℃，"冷处"是指 2～10 ℃，一般兽药储存于室温即可，受热易挥发、分解和易变质的兽药，需在 4～10 ℃ 温度下冷藏保存。易爆易挥发的药品如乙醚、挥发油、氯仿、过氧化氢等，及含有挥发性药品的散剂，均应在密闭阴凉干燥处存放。

（4）防过期：储存兽药，应分期、分批储存。如发现储存的兽药超过保质期，应及时处理和更换，避免使用超过保质期兽药。

（5）防混放：存放兽药时应做到内用药与外用药分别储存；消毒、杀虫、驱虫药物及农药、鼠药等危险药物，不应与普通兽药混放；不要用空兽药瓶装别的兽药或农药、鼠药；兽药一定要放到儿童接触不到的地方，避免孩子和精神有异常的病人拿到误食。外用药品，最好用红色标签或红笔书写，以便区分，避免内服。名称容易混淆的药品，要注意分别存放，以免发生差错。

（6）防鼠咬虫蛀：对采用纸盒、纸袋、塑料袋等包装的兽药，储存时要放在密闭的容器中，以防止鼠咬及虫蛀。

（六）给药方法

药物的给药途经有多种，不同药物、不同疾病，需选择不同的给药途径。常用的给药方法如下。

1. 口服法　口服给药是使药物经口服进入消化道，在消化道内发挥作用，或经消化道吸收进入血液循环发挥全身治疗作用。这种给药方法操作简单，适合治疗全身性或消化道疾病，也适用于驱除体内寄生虫药物的使用。其缺点是药物受胃肠内容物和胃酸、胃酶的影响较大，吸收不规则，显效较慢，剂量较难准确掌握。口服给药可分为：

（1）自食法：自行采食给药法多用于大群羊的预防性治疗或驱虫。将药物按一定比例拌入饲料或饮水中，任羊自行采食或饮用。大群羊用药前，最好先做小群羊的毒性和药效试验。

（2）喂服法：如果羊只不能自行采食，在采用口服给药时可将药液倒入细口长颈瓶中（可用酒瓶代替），抬高羊嘴巴，给药者用右手拿药瓶，左手食指、中指从羊的右口角伸入口中，轻轻按压羊舌头使羊口张开，然后将药瓶口从左口角伸入羊口中，并将左手抽出。待瓶口中部伸到舌头中段时抬高瓶底将药液灌入。对体型较大用药较多的羊只，亦可用胃管或细胶管灌服。灌服时把胃管的一端从鼻腔插入食道，另一端接漏斗，药物即从胃管进入胃内，操作时严防把胃管插入气管，投药完毕，可用少量清水冲送管内药物，使其全部进入胃内，然后小心地抽出胃管，取下开口器。如果口服使用的药物不是液体而是舔剂则可用药板给药法。给药者站在羊的右侧，左手将开口器放入羊口中，右手持药板，用药板前部抹取药剂，从羊右口角伸入口内到达舌根部，将药板翻转，轻轻按压，将药物抹在舌根部，等羊将药物下咽后，再抹第二次，如此反复进行直到把药喂完。

2. 灌肠法 灌肠法又叫直肠法。羊一般用小橡皮管灌肠，使用时首先将羊直肠内粪便消除，将药物溶于温水中，然后在橡皮管前端涂上凡士林、液状石蜡或肥皂水等润滑剂后，插入直肠内，把橡皮管的盛药部分提高到超过羊的背部。将细胶管的一端插入直肠内，另一端接漏斗，将药液倒入漏斗即可进入直肠。灌肠完毕后，拔出胶管，用手压住肛门或拍打尾根部，以防药物流出。

3. 注射法 常用的注射法有肌内注射、皮下注射和静脉注射等。注射剂是将药物制成供注入体内的灭菌溶液或灭菌粉末，是目前临床上应用最为广泛的药物剂型之一。注射给药吸收快，疗效好，用量准确。注射给药时药物不经吸收而直接入血，生物利用度高，药效迅速且作用可靠，适合于不能口服的药物和不能口服给药的羊只，如不能吞咽或处于昏迷状态的羊只。此外，某些注射剂还具有长效作用，如将混悬型注射剂用于皮下或肌内注射时可以将药效维持几周甚至几个月。但注射时必须注意注射器具及注射部位的消毒，否则容易导致化脓性感染。有的注射剂型是粉状，叫粉针剂，注射前要用注射用水或特定溶液溶解稀释后才可使用，不要用普通水稀释。

（1）肌内注射：肌内注射是将药物注入富含血管的肌肉组织内，药物吸收速度比皮下注射快，通常 5～10 min 即可呈现药效。注射时首先将注射用具彻底消毒灭菌。注射部位剪毛后用 5% 碘酊消毒，再用 75% 的酒精棉球脱碘。然后抽取药液后排净注射器和针头内的空气。注射部位一般在颈部或臀部。注射完毕，取出针时用酒精棉球按压止血。肌内注射应注意避免损伤大血管、神经和骨骼，一般不宜刺入过深，当有回血时应稍拔出针头，改变方向后再注射。

（2）皮下注射：即将药物注入皮下疏松结缔组织内，经毛细血管吸收，一般 10～15 min 后出现药效。羊皮下注射部位要选择皮肤疏松的地方，如颈部两侧和后肢股内侧等。注射时一手揪起注射部位的皮肤，另一手持吸好药的注射器以倾斜 40° 刺入皮下，注入药液，然后用 75% 的酒精棉球按压针孔。

（3）静脉注射：是将药物注入体表明显可见的静脉血管中。药物直接进入血液循环，作用出现最快，适用于危重病羊急救时，或用量较大、刺激性较强的药物的给药。注射部位在颈静脉沟上1/3处。少量药物用注射器，大量药物可用吊瓶注射。一手拇指按压在注射点下方约一掌处的颈静脉沟上，待颈静脉隆起后，另一手握住长针头，向上与颈静脉呈30°～45°刺入颈静脉，见血液从针头流出后，将针头挑起与皮肤呈10°～15°，继续把针伸入血管内，接上注射器或吊瓶，即可注射药液。注射完毕，用酒精棉球按压针孔防止出血。

4. 体表给药　体表给药是将药物用于体表皮肤或黏膜等，主要用于体表皮肤或黏膜的清洗、消毒和杀虫，以防治局部感染性疾病和体外寄生虫感染。体表用药，药物可被皮肤、黏膜或创伤组织吸收。在给羊使用去除体表寄生虫药物时，因这类药物大多毒性较大，使用时应注意药物温度、浓度、用量和作用时间等，尤其是药浴和大面积涂搽用药时，应防止发生吸收中毒。体表用药主要有以下几种。

（1）清洗：清洗是将药物配制成适当浓度的溶液，用以清洗眼、鼻腔、口腔、阴道等处的黏膜及其他被污染或感染的创面等。操作时用注射器或吸耳球吸取药液冲洗局部，或用棉球或棉签蘸取药液擦洗局部。操作时注意人不要接触药液，并注意做好个人防护。

（2）涂搽：涂搽是将某种药膏或溶液均匀涂抹于患部皮肤、黏膜或其创面上。主要用于治疗皮肤或黏膜的各种损伤、局部感染或疥癣等。

（3）药浴：药浴是将某种药物配制成一定浓度的溶液或混悬液，使羊浸没其中。该方法主要用于杀灭体表寄生虫，但应注意掌握好药浴的时间。

二、抗微生物药物

微生物是指个体细小、繁殖迅速、肉眼看不到，必须借助光学或电子显微镜才能看见的微小生物的总称。常见的微生物可分为细菌、病毒、霉形体、真菌等。抗微生物药是兽药中常用的一大类药物，包括抗生素和合成抗菌药。

（一）抗生素

抗生素是由微生物或高等动植物在生活过程中所产生的具有抗病原体或其他活性的一类代谢产物，能杀灭细菌而且对霉菌、支原体、衣原体等其他致病微生物也有良好的抑制和杀灭作用。抗生素的种类较多，按抗生素的化学结构和作用机制对抗生素进行分类如下。

1. β－内酰胺类　β－内酰胺类抗生素是指其化学结构中含有β－内酰胺环的一类抗生素，主要包括青霉素类和头孢菌素类。近年来又有较大发展，如β－内酰胺酶抑制剂、甲氧青霉素类等。

（1）青霉素类：青霉素类分为天然青霉素和半合成青霉素。天然青霉素主要包括青霉素 F、青霉素 G、青霉素 X、青霉素 K 和双氢 F 共 5 种。半合成青霉素主要有耐青霉素酶的青霉素，如苯唑西林和氯唑西林等。广谱青霉素，如氨苄西林、阿莫西林、海他西林和羧苄西林等。此外也有一些长效青霉素，如普鲁卡因青霉素和苄星青霉素。青霉素酶是指细菌产生的能够催化水解青霉素化学结构中β-内酰胺环，使青霉素失去作用的一类酶，又称为β-内酰胺酶。羊常用的青霉素类抗生素有以下几种。

1）青霉素：

【药理作用】　青霉素有青霉素钾盐和钠盐。这两种盐极易溶于水，在水溶液中，极易裂解为无活性产物。所以青霉素注射液应现用现配，一般情况下在室温保存不能超过 24 h，必需时应置于 2~8 ℃保存。

青霉素类抗生素是β-内酰胺类中一大类抗生素的总称，主要作用于细菌的细胞壁。但它不能耐受耐药菌株所产生的酶，易被其破坏，内服时也易被胃酸和消化酶破坏。其抗菌谱（抗菌谱是指一种或一类抗生素或抗菌药物所能抑制或杀灭微生物的类、属、种范围）较窄，主要对革兰阳性菌有效。使用时主要以肌内注射或皮下注射为主。

由于青霉素在兽医临床上长期广泛应用，使得病原菌对青霉素的耐药性十分广泛，耐药细菌能产生青霉素酶破坏青霉素的药效结构而使其失去抗菌作用。目前已发现多种物质能够抑制细菌产生青霉素酶，如克拉维酸和舒巴坦等，这些酶抑制剂和青霉素类药物合用后可用于对青霉素耐药的细菌感染，常用的有阿莫西林和克拉维酸等复方制剂。

目前本药制剂有注射用青霉素钠、注射用青霉素钾。

【适应证】　主要用于革兰阳性菌感染，如葡萄球菌病、魏氏梭菌病、肺炎球菌病、炭疽病、坏死杆菌病、钩端螺旋体病及乳腺炎、皮肤软组织感染、关节炎、子宫炎、肾盂肾炎、肺炎、败血症等。

【用法用量】　肌内注射，一次量，羊每千克体重，2 万~3 万 u。临用前加适量注射用水溶解，能以葡萄糖注射液作为溶剂。

【注意事项】　①红霉素、磺胺药等可干扰青霉素的杀菌活性。②丙磺舒、阿司匹林和磺胺药可减少青霉素类在肾小管的排泄，因而使青霉素类的血药浓度增高，而且维持较久，半衰期延长，毒性也可能增加。③重金属，特别是铜、锌、汞可破坏青霉素的药效结构。④本品与氨基糖苷类抗生素如链霉素混合后，两者的抗菌活性明显减弱，因此两药不能放置在同一容器内给药，联合用药时应分别给药。⑤羊休药期 0 d，弃奶期 72 h。

2）苯唑西林钠：

【药理作用】　苯唑西林钠是耐酸和耐青霉素酶青霉素，其抗菌谱比青霉素窄，但其对产青霉素酶葡萄球菌具有良好抗菌活性，被称为抗葡萄球菌青霉素。对其他革兰阳性菌及不产生青霉素酶的葡萄球菌抗菌活性则不如青霉素 G。苯唑西林通过抑制细菌细胞壁合成而发挥杀菌作用。

目前本药制剂有注射用苯唑西林钠。

【适应证】　主要用于耐葡萄球菌感染，包括败血症、心内膜炎、肺炎、乳腺炎、皮肤、软组织感染等。也可用于化脓性链球菌或肺炎球菌与耐青霉素葡萄球菌所致的混合感染。

【用法用量】　肌内注射，一次量，羊每千克体重用量为 10～15 mg。一天2～3 次，连用 2～3 d。

【注意事项】　①本品与氨苄西林或庆大霉素合用可增强对肠球菌的抗菌活性。②其他参见青霉素。③羊休药期 14 d，弃奶期 72 h。

3）普鲁卡因青霉素：

【药理作用】　普鲁卡因青霉素为青霉素的普鲁卡因盐，其抗菌活性成分为青霉素。该品为青霉素长效品种，不耐酸，不能口服，只能肌内注射，禁止静脉给药。该品抗菌谱与作用机制同青霉素。限用于对青霉素高度敏感的病原菌引起的中度与轻度感染，不宜用于治疗严重感染。急性感染经青霉素基本控制后可改用本品肌内注射，维持治疗。

目前本药制剂有注射用普鲁卡因青霉素和普鲁卡因青霉素注射液。

【适应证】　主用于对青霉素敏感菌引起的慢性感染，如子宫蓄脓、乳腺炎、复杂骨折等，亦用于放线菌及钩端螺旋体等感染。

【用法用量】　肌内注射，一次量，羊每千克体重用量为 2 万～3 万 u。一天1 次，连用 2～3 d。

【注意事项】　①仅用于治疗敏感菌引起的慢性感染。②其他参见青霉素。③羊休药期 28 d，弃奶期 72 h。

4）苄星青霉素：

【药理作用】　苄星青霉素为长效青霉素，抗菌谱与青霉素相似，具有吸收排泄慢，维持时间长等特点，肌内注射后缓慢游离出青霉素而呈抗菌作用。但由于在血液中浓度较低，故不能替代青霉素用于急性感染，只适用于对敏感菌所致的轻度或中度感染如肺炎、泌尿道感染等。急性感染经青霉素基本控制后可改用本品维持治疗。

目前本药制剂有注射用苄星青霉素。

【适应证】　用于革兰阳性菌感染。适用于对青霉素高度敏感细菌所致的轻度或慢性感染，如葡萄球菌、链球菌和厌氧性梭菌等感染引起的肾盂肾炎、子宫蓄脓、乳腺炎和复杂骨折等。

【用法用量】　肌内注射：一次量，羊每千克体重，3 万 ~ 4 万 u。必要时3 ~ 4 d 重复用药一次。

【注意事项】　①苄星青霉素在用于急性感染时应与青霉素钠合用。②其他参见注射用青霉素钠。③羊休药期 4 d，弃奶期 72 h。

（2）头孢菌素类：头孢菌素类为半合成广谱抗生素，其化学结构中同样含有药效结构 β - 内酰胺环。头孢噻呋钠是主要的头孢菌素类药物。

【药理作用】　头孢噻呋钠是头孢菌素类兽医临床专用抗生素，可使细菌细胞壁缺失而达到杀菌作用，具有广谱杀菌作用。对革兰阳性菌和革兰阴性菌均有较强的抗菌作用。头孢噻呋钠具有稳定的 β - 内酰胺环，不易被耐药菌破坏，可作用于产 β - 内酰胺酶的革兰阳性菌和革兰阴性菌。敏感菌有胸膜放线杆菌、大肠杆菌、葡萄球菌等。兽医临床常用于治疗牛的急性呼吸系统感染、牛乳腺炎和猪放线菌感染，但也有用于羊呼吸道感染的治疗报道。

目前本药制剂有盐酸头孢噻呋注射液和注射用头孢噻呋钠。

【适应证】　据报道主要用于溶血性和多杀性巴氏杆菌引起的羊肺炎。具体疗效待验证。

【用法用量】　参考剂量，肌内注射：一次量，羊每千克体重用量为 1 ~ 2 mg。间隔 24 h 用药一次，可连用 3 ~ 4 次。

【注意事项】　①在使用盐酸头孢噻呋注射液前应充分摇匀，不宜冷冻，第一次使用后需在 14 d 内用完。②在使用注射用头孢噻呋钠时应现配现用。

2. 氨基糖苷类　氨基糖苷类抗生素是一类水溶性碱性抗生素。由链霉菌产生的氨基糖苷类抗生素有新霉素、链霉素、卡那霉素等。由小单孢菌产生的氨基糖苷类抗生素有庆大霉素、小诺霉素。此外，也有人工半合成的阿米卡星等。在兽医临床中常用的有庆大霉素、链霉素、新霉素、卡那霉素、大观霉素、阿米卡星和安普霉素等。

（1）链霉素：

【药理作用】　链霉素对结核杆菌和许多能引起羊发病的革兰阴性菌如大肠埃希菌、巴氏杆菌等均有抗菌作用。链霉素对葡萄球菌属及其他革兰阳性球菌的作用差，主要治疗各种敏感菌引起的急性感染，如家畜的呼吸道感染如肺炎、咽喉炎等。

目前本药制剂有注射用硫酸链霉素、注射用硫酸双氢链霉素、硫酸双氢链霉素注射液。

【适应证】　用于治疗革兰阴性菌和结核杆菌感染。如大肠杆菌病、结核病等的治疗，在治疗结核病时多与其他抗结核药合用。

【用法用量】　参考剂量为：肌内注射，1 次量，每千克体重家畜 10 ~ 15 mg，每天 2 次，连用 2 ~ 3 d。

【注意事项】 ①链霉素与其他氨基糖苷类有交叉过敏现象，对氨基糖苷类过敏时禁用。②出现脱水、肾功能损害时及孕羊要慎用。③用本品治疗泌尿道感染时可同时口服碳酸氢钠（又称小苏打）以增强药效。④羊休药期 18 d，弃奶期 72 h。

（2）卡那霉素：卡那霉素和新霉素存在交叉耐药性，与链霉素存在单向交叉耐药性，大肠杆菌等革兰阴性菌常出现获得性耐药。卡那霉素的适应证、用法用量、注意事项和链霉素相似，但卡那霉素的作用比链霉素强。本品休药期较长为 28 d，弃奶期 7 d。

目前本药制剂有硫酸卡那霉素注射液、注射用硫酸卡那霉素。

（3）庆大霉素：

【药理作用】 庆大霉素对许多革兰阴性菌如大肠杆菌和链霉素一样具有抗菌作用，但不同的是，庆大霉素对金黄色葡萄球菌（包括产 β-内酰胺酶菌株）也具有抗菌作用，多数链球菌、结核杆菌对本品耐药。

目前本药制剂有硫酸庆大霉素注射液。

【适应证】 主要用于敏感菌引起的败血症、泌尿生殖道感染、呼吸道感染、胃肠道感染、乳腺炎及皮肤和软组织感染等。

【用法用量】 参考剂量为：肌内注射，一次量，家畜每千克体重用量为 2～4 mg，每日 2 次，连用 2～3 d。

【注意事项】 ①庆大霉素与 β-内酰胺类抗生素联用通常对多种革兰阴性菌有协同作用，对革兰阳性菌也有协同作用，例如，庆大霉素与青霉素联用作用于链球菌，与耐酶半合成青霉素联用作用于金黄色葡萄球菌，与头孢菌素联合作用于肺炎球菌（注意可能使肾毒性增强）。②与甲氧苄啶-磺胺合用对大肠杆菌及肺炎克雷伯氏菌也有协同作用。③用于严重全身感染时，本品还可以与氟苯尼考等联合应用，提高治愈率。④本品与红霉素、四环素等合用可能出现拮抗作用。

3. 四环素类 四环素类是由链霉菌产生或经半合成制得的一类碱性广谱抗生素，因其分子结构中含有氢化并四苯环而得名，为广谱快效抑菌抗生素。对革兰阳性菌、革兰阴性菌及螺旋体、立克次体、衣原体、支原体、原虫等均有抑制作用。在兽医临床中最早使用金霉素、土霉素和四环素较多，后又经结构改造获得了多西环素（又称为强力霉素）等半合成品。现在兽医临床中常用的有金霉素、土霉素、四环素和多西环素，它们的抗菌活性为：多西环素＞金霉素＞四环素＞土霉素。羊常用的品种有：

（1）土霉素：

【药理作用】 土霉素为广谱抑菌抗生素，对葡萄球菌、溶血性链球菌、炭疽杆菌、破伤风梭菌等革兰阳性菌作用较强，但不如 β-内酰胺类。对大肠杆菌、沙门杆菌和巴氏杆菌等革兰阴性菌敏感，但不如氨基糖苷类和酰胺醇类。此外，立克次氏体、支原体、衣原体、阿米巴原虫也对本品敏感。

目前本药制剂有土霉素片、土霉素注射液、长效土霉素注射液。

【适应证】 用于治疗羊葡萄球菌病、羊链球菌病（俗称嗓喉病）、炭疽等由革兰阳性菌引起的疾病，也用于治疗大肠杆菌病、沙门杆菌病、巴氏杆菌病等由革兰阴性菌引起的疾病。此外，土霉素也可用于由立克次氏体、支原体和阿米巴原虫引起的感染。

【用法用量】 内服土霉素片时，一次量，每千克体重，羊 10 ～ 25 mg。肌内注射土霉素注射液时，以土霉素计，一次量，每千克体重，家畜 10 ～ 20 mg。

【注意事项】 ①成年羊不宜内服土霉素，长期服用可诱发二重感染。②泌乳羊禁止注射土霉素。③土霉素存在交叉过敏反应：对一种四环素类药物过敏者可对本品呈现过敏。④避免与 β - 内酰胺类药物和氨基糖苷类药物同时使用，有拮抗作用，影响其疗效。此外，维生素 C 对土霉素有灭活作用，土霉素又会加快维生素 C 在尿中的排泄。⑤土霉素片休药期为 7 d，土霉素注射液休药期为 28 d。

（2）多西环素：

【药理作用】 多西环素为广谱抑菌剂，高浓度时具杀菌作用，抗菌谱与土霉素相似，但体内外抗菌活性均较土霉素和四环素强。立克次体、支原体、衣原体、分枝杆菌、螺旋体对本品敏感。本品对革兰阳性菌作用优于革兰阴性菌，但肠球菌属对其耐药。细菌对本品与土霉素和四环素存在交叉耐药性。

目前本药制剂有盐酸多西环素片。

【适应证】 用于治疗革兰阳性菌、革兰阴性菌以及支原体引起的感染。

【用法用量】 内服，一次量，以多西环素计，每千克体重，羊 3 ～ 5 mg，每天 1 次，连用 3 ～ 5 d。

【注意事项】 ①多西环素干扰青霉素的杀菌作用，避免与青霉素合用。②使用本品时不能联合用铝、钙、镁、铁等金属离子药物。③与氟苯尼考配伍，对大肠杆菌病有相加作用。④其他注意事项参见土霉素。⑤盐酸多西环素片休药期为 28 d。

4. 大环内酯类 大环内酯类是由链霉菌产生或半合成的一类弱碱性抗生素，属生长期快速抑菌剂。本类抗生素对革兰阳性菌作用较强，对革兰阴性球菌、厌氧菌、霉形体、衣原体等也有一定作用。现在兽医临床中常用的品种有红霉素、乳糖酸红霉素、吉他霉素、螺旋霉素；动物专用品种有泰乐菌素、替米考星、泰拉霉素等。羊常用的品种有：

（1）乳糖酸红霉素：

【药理作用】 乳糖酸红霉素抗菌谱与青霉素相似，主要用于对青霉素过敏或耐药的替代药物。本品对革兰阳性菌的抗菌活性和青霉素相似，但抗菌谱较青霉素广。有效的革兰阳性菌有金黄色葡萄球菌（包括耐药青霉素和四环素金黄色葡萄球菌）、肺炎球菌、链球菌、炭疽杆菌等；对其敏感的革兰阴性菌有布鲁氏菌、巴氏杆菌等。此外，其对立克次氏体、阿米巴原虫及钩端螺旋体也有作用。红霉素在碱性溶液中的抗菌活性增强，当溶液 pH 小于 4 时，作用很弱。细菌极易通过染色体突变对红霉素产生高水平耐药，红霉素与其他大环内酯类及林可霉素的交叉耐药性也较常见。

目前本药制剂有注射用乳糖酸红霉素。

【适应证】 主要用于治疗耐青霉素葡萄球菌引起的感染性疾病，也可用于治疗其他阳性菌和支原体引起的感染。

【用法用量】 静脉注射：一次量，每千克体重，羊 3~5 mg。一天 2 次，连用 2~3 次。

【注意事项】 ①本品刺激性强，不能肌内注射。在进行静脉注射前，先用灭菌注射用水溶解，然后再用 5% 葡萄糖注射液稀释，不能用氯化钠和酸性溶液溶解。注射浓度不超过 0.1%，注射时应缓慢注射。②红霉素类与其他大环内酯类、林可胺类作用靶点相同，不宜同时使用。③本品与 β-内酰胺类合用可表现为拮抗作用；与恩诺沙星、维生素 C、复合维生素 B、阿司匹林等合用可使红霉素药效降低。④注射用乳糖酸红霉素休药期为 3 d。

（2）替米考星：

【药理作用】 替米考星主要抗革兰阳性菌，对少数革兰阴性菌和支原体也有效。其对胸膜肺炎放线杆菌、巴氏杆菌及畜禽支原体的活性比泰乐菌素强。

目前本药制剂有替米考星溶液、替米考星注射液、磷酸替米考星预混剂。

【适应证】 用于治疗由胸膜肺炎放线杆菌、巴氏杆菌及支原体感染引起的传染性鼻炎等呼吸道感染。

【用法用量】 据报道，可用于治疗羊相关疾病，但具体应用有待验证。牛的剂量为：皮下注射，每千克体重用量为 10 mg，仅注射一次。

【注意事项】 ①本品禁止静脉注射，静脉注射有致死性危险。②慎重使用本品，肌内和皮下注射本品均可出现局部反应如水肿等，亦不能与眼接触。③注射本品时应密切监测心血管状态。④泌乳期羊和肉用羊禁用。⑤参考牛的休药期为35 d。

5. 酰胺醇类 酰胺醇类抗生素曾称为氯霉素类抗生素，属快效广谱抑菌剂，对革兰阴性菌作用比阳性菌强，本类抗生素在高浓度时对其敏感菌可呈杀菌作用。本类抗生素中常用的有甲砜霉素和氟苯尼考，后者为动物专用抗生素。敏感菌有肠杆菌科细菌及炭疽杆菌、肺炎球菌、链球菌、葡萄球菌等。衣原体、钩端螺旋体、立克次体也对本品敏感。本品能严重干扰动物造血功能，导致不可逆性再生障碍性贫血等，包括我国在内的许多国家已经禁用于食品动物。细菌能对本品产生缓慢耐药性，本类中甲砜霉素和氟苯尼考间存在完全交叉耐药性。

有资料显示甲砜霉素和氟苯尼考可用于敏感菌所致的羊细菌性疾病，如甲砜霉素内服用于治疗畜禽肠道、呼吸道等细菌性感染，主要用于幼畜副伤寒、肺炎及畜禽大肠杆菌病、沙门杆菌病等。内服，一次量，每千克体重，畜、禽 5 ~ 10 mg，一天 2 次，连用 2 ~ 3 d。但这两种药物在羊体的适用性和用法用量有待进一步考证。

（二）合成抗菌药

抗微生物药除了上面提到的多种抗生素外，化学合成抗菌药也应用较多。化学合成抗菌药是指利用人工合成方法得到的对病原微生物具有抑制或杀灭作用的化学物质。化学合成抗菌药和抗生素的区别在于前者完全是由人工合成的，不是由微生物得到的。在抗微生物感染中除了上面介绍的几类抗生素外，磺胺类和喹诺酮类这两种人工合成药物在防治动物疾病中发挥了重要作用。

1. 磺胺类　磺胺类药物一般为白色或淡黄色晶粉，不溶于水，属酸碱两性化合物，但在酸性液中不稳定，制成钠盐后易溶于水，水溶液呈碱性。磺胺类药物为人工合成的广谱慢效抑菌药，抗菌谱较广，对大多数革兰阴性菌和部分革兰阳性菌有效，甚至对一些衣原体和某些原虫也有效。在革兰阳性菌中对磺胺类药物高度敏感的有链球菌和肺炎球菌；中度敏感的有葡萄球菌和产气荚膜杆菌。在革兰阴性菌中对磺胺类药物敏感者有脑膜炎球菌、大肠杆菌、变形杆菌、痢疾杆菌等。对病毒、螺旋体、立克次氏体、锥虫无效。此外，该类药物具有性质稳定、使用简便等优点。磺胺类药物和抗菌增效剂——甲氧苄氨嘧啶（TMP）和二甲氧苄氨嘧啶（DVD）联合应用可使其抗菌谱扩大，抗菌活性增强，可从抑菌作用变为杀菌作用，治疗范围扩大。

（1）磺胺嘧啶：

【药理作用】　磺胺嘧啶属于广谱抑菌药，抗菌活性较强，临床上常与甲氧苄啶联合，对大多数革兰阳性及部分革兰阴性菌均有抑制作用。可用于肺炎球菌、溶血链球菌感染的治疗，能通过血脑屏障进入脑脊液，曾被用于治疗流行性脑膜炎。此外，磺胺嘧啶对球虫、弓形虫等原虫也有效。

目前本药制剂有磺胺嘧啶片、磺胺嘧啶与甲氧苄啶和辅料配制成的复方磺胺嘧啶预混剂、磺胺嘧啶与甲氧苄啶和辅料配制成的复方磺胺嘧啶混悬液、磺胺嘧啶钠注射液、复方磺胺嘧啶钠注射液。

【适应证】　适用于各种敏感菌所致的全身性感染的治疗，如对非产酶金黄色葡萄球菌、化脓性链球菌、肺炎链球菌、大肠埃希菌、克雷伯菌、沙门菌属等肠杆菌科细菌、脑膜炎球菌、泌尿道感染及子宫内膜炎、腹膜炎、球虫病、弓形虫病等的治疗。

【用法用量】　详见本产品各剂型说明书。参考剂量为：内服磺胺嘧啶片，以磺胺嘧啶计，一次量，每千克体重，家畜，首次量 140～200 mg，维持量 70～100 mg，一天 2 次，连用 3～5 d。肌内注射复方磺胺嘧啶钠注射液，以磺胺嘧啶计，每次每千克体重，家畜，20～30 mg，每天 1～2 次，连用 2～3 d。

【注意事项】 ①首次量要比正常使用量加倍。②由于该品在尿中溶解度低，出现结晶尿机会增多，应给患畜大量饮水。大剂量、长期应用时宜同时给予等量的碳酸氢钠。此外，本品引起肠道菌群失调，长期用药可引起维生素 B 和维生素 K 的合成和吸收减少，宜补充相应的维生素。故一般不推荐用于尿路感染的治疗。③本品遇酸类物质可析出结晶，故注射剂不宜用葡萄糖溶液稀释。④若出现过敏反应或其他严重不良反应即停药，并给予动物对症治疗。⑤磺胺嘧啶钠注射液休药期羊为 18 d，弃奶期为 72 h。复方磺胺嘧啶钠注射液休药期羊为 12 d，弃奶期为 48 h。

（2）磺胺甲噁唑：

【药理作用】 磺胺甲噁唑的抗菌作用和应用与磺胺嘧啶相似，但抗菌活性比磺胺嘧啶强。磺胺甲噁唑内服易吸收，但吸收较慢，在胃肠道和尿中排泄较慢。临床上常与甲氧苄啶联合使用。

目前本药制剂有：磺胺甲噁唑片、磺胺甲噁唑与甲氧苄啶的复方片。

【适应证】 适用于各种敏感菌所致的呼吸道、泌尿道感染的治疗。

【用法用量】 参考剂量为：内服，以磺胺甲噁唑计，每次每千克体重，家畜，25～50 mg，首次剂量加倍，每天 2 次，连用 3～5 d。

【注意事项】 ①参见磺胺嘧啶片。②不能用于对磺胺类药物有过敏史的患病动物，也不能用于食品动物。③暂定羊休药期 28 d，弃奶期 7 d。

（3）磺胺二甲嘧啶：

【药理作用】 磺胺二甲嘧啶的抗菌作用比磺胺嘧啶弱，但其对球虫和弓形虫的抑制作用良好。本品对革兰阳性菌和阴性菌如化脓性链球菌、沙门杆菌和肺炎杆菌等均有良好的抗菌作用。不易引起结晶尿或血尿。

目前本药制剂有磺胺二甲嘧啶片、磺胺二甲嘧啶钠注射液。

【适应证】 主要用于治疗家畜敏感菌引起的巴氏杆菌病、乳腺炎、子宫内膜炎、腹膜炎、败血症、呼吸道、消化道、泌尿道感染；也用于防治弓形虫病、球虫病。

【用法用量】 参考剂量为：内服，以磺胺二甲嘧啶计，每次每千克体重，家畜，70～100 mg，首次剂量加倍，每天 2 次，连用 3～5 d。

【注意事项】 ①参见磺胺嘧啶片。②磺胺二甲嘧啶钠注射液遇光易变质。③暂定磺胺二甲嘧啶钠注射液羊休药期 28 d。

（4）磺胺间甲氧嘧啶：

【药理作用】 磺胺间甲氧嘧啶的抗菌作用是磺胺类药中最强的，其对多数革兰阳性菌和革兰阴性菌均有较强的抑制作用，对球虫病也有较好的疗效。细菌对此药产生耐药性较慢。

目前本品制剂有磺胺间甲氧嘧啶片、磺胺间甲氧嘧啶钠注射液。

【适应证】　适用于各种敏感菌感染和球虫病防治。

【用法用量】　参考剂量为：内服，以磺胺间甲氧嘧啶计，每次每千克体重，家畜，25～50 mg，首次剂量加倍，每天2次，连用3～5 d。肌内注射，以磺胺间甲氧嘧啶计，一次量，每千克体重，家畜，15～20 mg，首次剂量加倍，每天1～2次，连用3～5 d。

【注意事项】　①参见磺胺嘧啶片。②磺胺间甲氧嘧啶片、磺胺间甲氧嘧啶钠注射液休药期均为28 d。

（5）磺胺对甲氧嘧啶：

【药理作用】　磺胺对甲氧嘧啶的抗菌活性比磺胺间甲氧嘧啶弱。本品对革兰阳性菌和革兰阴性菌中的链球菌、沙门杆菌和肺炎杆菌等均有良好的抗菌作用。临床常和二甲氧苄嘧啶合用防治动物肠道感染和球虫病。磺胺对甲氧嘧啶内服吸收迅速，不易形成结晶尿。

目前本药制剂有磺胺对甲氧嘧啶片、磺胺对甲氧嘧啶与甲氧苄啶的复方片、磺胺对甲氧嘧啶二甲氧苄啶预混剂、复方磺胺对甲氧嘧啶注射剂。

【适应证】　适用于各种敏感菌引起消化道感染等，也用于防治球虫病。

【用法用量】　参考使用，剂量为：内服，以磺胺对甲氧嘧啶计，每次每千克体重25～50 mg，首次剂量加倍，每天2次，连用3～5 d。肌内注射，以磺胺对甲氧嘧啶计，每次每千克体重15～20 mg，每天1～2次，连用2～3 d。

【注意事项】　①参见磺胺嘧啶片。②暂定磺胺对甲氧嘧啶片、复方磺胺对甲氧嘧啶注射剂休药期均为28 d。

2. 喹诺酮类　喹诺酮类药物为人工合成的抗菌药，为静止期杀菌药。喹诺酮类药物具有4－氟诺酮环的基本结构。本类药物在临床应用广泛，发展迅速，根据其发明先后及抗菌效能可分为三代。第三代又称氟喹诺酮类，因其分子结构的第六位碳原子上都有氟原子。第三代的抗菌活性和抗菌谱有明显提高和扩大，吸收程度明显改善，提高了全身的抗菌效果。喹诺酮类药物主要广泛用于由细菌、支原体引起的家畜消化系统、呼吸系统、泌尿系统、生殖系统和皮肤软组织的感染性疾病。

喹诺酮类根据其化学结构的不同可将其分为诺氟沙星、培氟沙星、环丙沙星、恩诺沙星、达氟沙星（又称为达诺沙星、单氟沙星、单诺沙星）、沙拉沙星、二氟沙星、氧氟沙星、麻保沙星（又称为麻波沙星）、洛美沙星、罗美沙星、左氧氟沙星等。其中麻保沙星、达诺沙星、环丙沙星作用最强，恩诺沙星、左氧氟沙星其次，沙拉沙星、氧氟沙星中等，诺氟沙星、培氟沙星、二氟沙星、罗美沙星作用较弱。上述药物中属于动物专用的有恩诺沙星、沙拉沙星、达氟沙星、二氟沙星，此外在国外上市的动物专用药喹诺酮有麻保沙星、奥比沙星、依巴沙星、倍氟沙星、普多沙星等。

（1）恩诺沙星：

【药理作用】　恩诺沙星为合成的第三代喹诺酮类动物专用广谱杀菌性药物，又名乙基环丙沙星、恩氟沙星。本品对大肠杆菌、克雷伯氏菌、沙门杆菌、变形杆菌、绿脓杆菌、胸膜肺炎放线杆菌、嗜血杆菌、多杀性巴氏杆菌、溶血性巴氏杆菌、金黄色葡萄球菌、支原体、衣原体等均有杀菌作用。对铜绿假单胞菌和链球菌的作用较弱，对厌氧菌作用微弱。

目前本药制剂有恩诺沙星片、恩诺沙星可溶性粉、恩诺沙星注射液。

【适应证】　用于由敏感菌和支原体引起的消化系统、呼吸系统、泌尿系统、生殖系统和皮肤软组织的感染性疾病，主要用于大肠杆菌病、沙门杆菌病、巴氏杆菌病等。

【用法用量】　肌内注射，一次量，以恩诺沙星计，每千克体重，羊 2.5 mg，每天 1~2 次，连用 2~3 d。

【注意事项】　①本品与氨基糖苷类或广谱青霉素合用，有协同作用。②肌内注射本品有一过性刺激性，皮肤反应有红斑、瘙痒、荨麻疹及光敏反应等。长期亚治疗剂量使用本品易导致耐药菌株出现。③与茶碱、咖啡因合用时，血中茶碱、咖啡因的浓度异常升高，甚至出现茶碱中毒症状。④本品有抑制肝药酶作用，可使主要在肝脏中代谢的药物清除率降低，血药浓度升高。⑤钙、镁、铁、铝等金属离子可与本品发生螯合作用影响吸收。⑥本品可引起呕吐、食欲减退、腹泻等消化道不良反应，使用时密切观察，出现不良反应后应立即停药。肉食动物及肾功能不良患畜慎用，可偶发结晶尿。⑦恩诺沙星注射液羊休药期 14 d。

（2）环丙沙星：

【药理作用】　环丙沙星为合成的第三代喹诺酮类广谱杀菌性药物，具有广谱抗菌活性，杀菌效果好，其抗菌活性、抗菌谱、抗菌机制和耐药性和恩诺沙星相似。本品对革兰阳性菌和阴性菌均有较强的抗菌活性，用于敏感菌引起的全身性感染及支原体感染。

目前本药制剂有乳酸环丙沙星可溶性粉、乳酸环丙沙星注射液、盐酸环丙沙星可溶性粉、盐酸环丙沙星注射液。

【适应证】　用于由敏感菌和支原体引起的感染性疾病。

【用法用量】　肌内注射，以环丙沙星计，每次每千克体重，家畜，2.5 mg，每天 1~2 次，连用 2~3 d。

【注意事项】

药物注意事项、相互作用与不良反应参见恩诺沙星。

三、抗寄生虫药物

寄生虫是指暂时或永久地在宿主体内或体表生活，并从宿主体内取得营养物质的生物。寄生虫主要指原虫、蠕虫和节肢动物等无脊椎动物。

抗寄生虫药是指能杀灭寄生虫或抑制其生长繁殖的物质，可分为抗蠕虫药、抗原虫药和杀虫药。

（一）抗蠕虫药

抗蠕虫药是指对动物寄生蠕虫具有驱除、杀灭或抑制作用的药物。根据寄生于动物体内蠕虫类别不同，抗蠕虫药可分为抗线虫药、抗吸虫药、抗绦虫药等。但有些药物兼具抗两种或三种以上蠕虫，如吡喹酮可以抗绦虫和吸虫，苯并咪唑类可以抗线虫、吸虫、绦虫。

1. 抗线虫药　线虫的种类多，分布广，可以寄生于动物多种器官和组织。抗线虫药根据化学结构的特点可分为：①抗生素类，如阿维菌素、伊维菌素、多拉菌素、越霉素 A 和潮霉素 B 等。②苯并咪唑类，如噻苯达唑、阿苯达唑、甲苯咪唑、芬苯达唑、奥芬达唑等。③咪唑并噻唑类，如左旋咪唑等。④四氢嘧啶类，如噻嘧啶等。⑤哌嗪类，如哌嗪，乙胺嗪。⑥其他，如敌百虫、硝碘酚等。

目前在临床中应用较多的是苯并咪唑类和抗生素类，其他类中的药物多数在临床中已很少使用，因其有较强的毒性或作用不确切。由于频繁使用或不合理使用，抗线虫药和抗微生物药一样也产生了耐药性，故在临床中应合理使用此类药物。

（1）阿苯达唑：

【药理作用】　阿苯达唑为苯并咪唑类衍生物，为高效低毒广谱驱虫药，临床可用于驱蛔虫、蛲虫、绦虫、鞭虫、钩虫、粪圆线虫等，其中线虫对其敏感，较大剂量情况下对绦虫和吸虫（但需较大剂量）也有较强作用，对血吸虫无效。本品不但对成虫作用强，对未成熟虫体和幼虫也有较强作用，还有杀虫作用。

阿苯达唑能阻止虫体能量的产生，致使虫体无法生存和繁殖。本品除能杀死驱除寄生于动物体内的各种线虫外，对绦虫及囊尾蚴亦有明显的杀死及驱除作用。

目前本药制剂有阿苯达唑片、氧阿苯达唑片。

【适应证】　用于治疗用于畜禽线虫病、绦虫病和吸虫病，如羊的血矛线虫、奥斯特线虫、毛圆线虫、古柏线虫、细颈线虫、仰口线虫、夏伯特线虫、食道口线虫、毛首线虫及网尾线虫成虫及幼虫。

【用法用量】　内服阿苯达唑片，一次量，每千克体重，羊 10～15 mg。内服氧阿苯达唑片，一次量，每千克体重，羊 5 ~ 10 mg。

【注意事项】 ①阿苯达唑与吡喹酮合用可提高阿苯达唑的血药浓度。②孕羊慎用。③本品常与伊维菌素联用，用于防治体内外寄生虫病。④休药期羊 4 d，弃奶期 60 h。

（2）芬苯达唑：

【药理作用】 芬苯达唑为苯并咪唑类抗蠕虫药，抗虫谱不如阿苯达唑广，作用略强。对羊的血矛线虫、奥斯特线虫、毛圆线虫、古柏线虫、细颈线虫、仰口线虫、夏伯特线虫、食道口线虫、毛首线虫及网尾线虫成虫及幼虫均有极佳驱虫效果。此外，还能抑制多数胃肠线虫的产卵。芬苯达唑内服给药后，只有少量被吸收，反刍动物吸收缓慢。对于绵羊，44% ~ 50% 的芬苯达唑以原形从粪便中排出。

目前本药制剂有芬苯达唑片。

【适应证】 用于畜禽线虫病和绦虫病。

【用法用量】 内服，一次量，每千克体重，羊 5 ~ 7.5 mg。

【注意事项】 ①绵羊妊娠早期使用芬苯达唑，可能伴有致畸胎和胚胎毒性的作用。②休药期羊 21 d，弃奶期 7 d。③在推荐剂量下使用，一般不会产生不良反应。④用于怀孕动物认为是安全的。

（3）盐酸左旋咪唑：

【药理作用】 盐酸左旋咪唑为广谱、高效、低毒驱线虫药，对绵羊的大多数线虫及幼虫均有高效。本品对牛和绵羊的皱胃线虫（血矛线虫、奥斯特线虫）、小肠线虫（毛圆线虫、古柏线虫、细颈线虫、仰口线虫）、大肠线虫（食道口线虫、夏伯特线虫）和肺线虫（胎生网尾线虫）的成虫具有良好的活性，对尚未发育成熟的虫体作用差，对类圆线虫、毛首线虫和鞭虫作用差或不确切。左旋咪唑可选择性地抑制虫体肌肉中的琥珀酸脱氢酶，能使虫体神经肌肉去极化，使肌肉发生持续收缩而致麻痹，使活虫体排出。

左旋咪唑除了具有驱虫活性外，还具有增强免疫作用，即能使免疫缺陷或免疫抑制动物恢复其免疫功能，具体的免疫促进机制尚不完全了解。

目前，已经有虫株对左旋咪唑产生了耐药性，耐药问题日趋严重，应合理用药。

目前本药制剂有盐酸左旋咪唑片、盐酸左旋咪唑注射液。

【适应证】 用于羊的胃肠道线虫、肺线虫感染的治疗，也可用于免疫功能低下动物的辅助治疗和提高疫苗的免疫效果。

【用法用量】 内服，一次量，每千克体重，羊 7.5 mg。皮下注射或肌内注射，每次每千克体重，羊 7.5 mg。

【注意事项】 ①泌乳期和衰弱动物禁用。本品中毒时可用阿托品解毒和其他对症治疗。②左旋咪唑可增强布氏杆菌疫苗等的免疫反应和效果。③可与复方新诺明配合治疗弓形虫病。碱性药物可使本品分解失效。④禁用于静脉注射。⑤盐酸左旋咪唑片休药期羊 3 d；盐酸左旋咪唑注射液休药期羊 28 d。

（4）伊维菌素：

【药理作用】 伊维菌素是新型广谱、高效、低毒半合成大环内酯类抗寄生虫药，对体内外寄生虫特别是线虫和节肢动物均有良好驱杀作用。伊维菌素对线虫及节肢动物的驱杀作用，在于增加虫体的抑制性递质 γ - 氨基丁酸（GABA）的释放，从而打开氨基丁酸介导的氯离子通道，增强神经膜对氯的通透性，从而阻断神经信号的传递，最终使虫体神经麻痹，而导致虫体死亡。由于绦虫、吸虫不以氨基丁酸为神经递质，并且缺少受谷氨酸控制的氯离子通道，所以伊维菌素对绦虫、吸虫及原生动物无效。伊维菌素对牛、羊的血矛线虫、奥斯特线虫、古柏线虫、毛圆线虫、圆形线虫、仰口线虫、细颈线虫、毛首线虫、食道口线虫、网尾线虫以及绵羊夏伯特线虫成虫、第四期幼虫驱除率接近 100%。对节肢动物亦很有效，如蝇蛆、螨和虱等，但对嚼虱和绵羊羊蜱蝇疗效稍差。

目前本药制剂有伊维菌素预混剂、伊维菌素注射液。

【适应证】 用于防治线虫、螨虫和虱等其他寄生性昆虫。

【用法用量】 皮下注射，一次量，每千克体重，羊 0.2 mg。

【注意事项】 ①注射时仅限下皮下注射，因肌内注射和静脉注射易引起中毒。注射时注射部位有不适或暂时性水肿。每个皮下注射点，不宜超过 10 mg。②怀孕和泌乳期动物禁用。③伊维菌素注射液休药期羊 35 d。

（5）阿维菌素：

【药理作用】 阿维菌素是阿维链霉菌的天然发酵产物，本品对寄生虫的作用、应用、作用机制与伊维菌素相似，但性质较不稳定，毒性比伊维菌素略强。

目前本药制剂有阿维菌素片、阿维菌素胶囊、阿维菌素注射液、阿维菌素粉、阿维菌素透皮溶液。

【适应证】 用于防治线虫、螨虫和虱等其他寄生性昆虫。

【用法用量】 皮下注射，一次量，每千克体重，羊 0.2 mg。内服，一次量，每千克体重，羊 0.3 mg。可背部浇泼，沿两耳耳背部内侧涂擦，用 5% 的阿维菌素，每千克体重 0.1 mL。

【注意事项】 ①阿维菌素的毒性比伊维菌素强，使用时注意。②阿维菌素的性质不稳定，对光线敏感，遇光会迅速氧化灭活，应注意储存和使用条件。③怀孕和泌乳期动物禁用。④阿维菌素片、阿维菌素胶囊、阿维菌素注射液休药期均为 35 d。

2. 抗绦虫药 绦虫由头节、颈节和体节或链节组成，绦虫的寄生主要靠头节的吸附和固着器官。目前，抗绦虫药分为驱绦虫药和杀绦虫药。驱绦虫药是指促使绦虫排出体外的药物，通常是干扰绦虫的头节吸附于胃肠黏膜，并干扰虫体的蠕动。很多天然有机化合物（如南瓜子氨酸、槟榔碱、烟碱等）都属于驱绦虫药，能暂时麻痹虫体并借助催泻的作用将虫体排出体外。杀绦虫药是能使绦虫在寄生部位死亡的药物，合成的抗绦虫药主要有氯硝柳胺、吡喹酮等。

（1）氯硝柳胺：

【药理作用】 氯硝柳胺又名灭绦灵，是一种杀绦虫药。主要用于防治马、牛、羊、犬、猫等体内绦虫。氯硝柳胺是世界各国应用较广的传统抗绦虫药，对多种绦虫均有杀灭效果，如对牛、羊的莫尼茨绦虫、无卵黄腺绦虫和条纹绦虫有效，对绦虫头节和体节作用相同。氯硝柳胺的抗绦虫作用机制，主要是抑制绦虫细胞内线粒体的氧化磷酸化过程，阻断三羧酸循环，抑制绦虫对葡萄糖的摄取，导致虫体乳酸蓄积而杀灭绦虫。

目前本药制剂有氯硝柳胺片。

【适应证】 用于绦虫病、羊前后盘吸虫病。

【用法用量】 内服，一次量，每千克体重，羊 60 ~ 70 mg。

【注意事项】 ①本品可与左旋咪唑合用，治疗羔羊的绦虫与线虫混合感染。②动物在给药前，应禁食 12 h。③氯硝柳胺片休药期羊为 28 d。

（2）吡喹酮：

【药理作用】 吡喹酮具有广谱抗绦虫和抗血吸虫作用，目前广泛用于世界各国。本品对各种绦虫的成虫和幼虫具有较高活性，对血吸虫有很好的驱杀作用。目前本药的作用机制尚未确定。

目前本药制剂有吡喹酮片。

【适应证】 主要用于治疗动物血吸虫病，也用于绦虫病和囊尾蚴病。如羊的莫尼茨绦虫、球点斯泰绦虫、无卵黄腺绦虫、胰阔盘吸虫和矛形歧腔吸虫等。

【用法用量】 内服，一次量，每千克体重，羊 10 ~ 35 mg。

【注意事项】 ①本品有显著的首过效应。②幼龄动物慎用。③阿苯达唑、地塞米松与吡喹酮合用时可降低吡喹酮的血药浓度。④吡喹酮片暂定休药期为28 d。

3. 抗吸虫药 除了前面提到的吡喹酮和苯并咪唑类外，根据化学结构不同，抗吸虫药可分为：①二酚类，如六氯酚、硫双二氯酚、硫双二氯酚亚砜等。②硝基酚类，如碘硝酚、硝氯酚等。③水杨酰苯胺类，如氯氰碘柳胺和碘醚柳胺。④磺胺类，如氯舒隆。

（1）硝氯酚：

【药理作用】 本品对羊的片形吸虫成虫具有杀灭作用，对某些发育未成熟的片形吸虫也有效，但所用剂量需增加，临床上不安全，其抗虫机制为影响片形吸虫的能量代谢而发挥抗吸虫作用。

目前本药制剂有硝氯酚片。

【药物相互作用】 ①硝氯酚配成溶液给牛灌服前，若先灌服浓氯化钠溶液，能反射性使食道沟关闭，使药物直接进入皱胃，可增强驱虫效果。若采用此方法必须适当减少剂量，以免发生不良反应。②硝氯酚中毒时，静注钙制剂可增强本品毒性。

【适应证】 用于羊肝片吸虫病。

【用法与用量】 内服，一次量，每千克体重，羊 3 ~ 4 mg。

【注意事项】 ①过量用药动物可出现发热、呼吸急促和出汗，持续 2 ~ 3 d，偶见死亡。②治疗量对动物比较安全，但过量会引起如发热、呼吸困难、窒息等中毒症状。可根据症状选用尼可刹米、毒毛花苷 K、维生素 C 等对症治疗，但禁用钙剂静脉注射。③硝氯酚片休药期暂定羊 28 d。

（2）氯氰碘柳胺钠：

【药理作用】 氯氰碘柳胺钠对羊片形吸虫、捻转血矛线虫以及某些节肢动物均有驱除活性作用。对前后盘吸虫无效。对多数胃肠道线虫，如血矛线虫、仰口线虫、食道口线虫，驱除率均超过 90%。某些羊捻转血矛线虫虫株能对本品产生耐药性。此外，氯氰碘柳胺钠对一、二、三期羊鼻蝇蛆均有 100% 杀灭效果。

目前本药制剂有氯氰碘柳胺钠片、氯氰碘柳胺钠注射液和氯氰碘柳胺钠混悬液。

【适应证】 主要用于防治羊肝片吸虫病和多数胃肠道线虫病如血矛线虫、仰口线虫、食道口线虫等，亦可用于防治羊狂蝇蛆病等。

【用法与用量】 内服，一次量，每千克体重，羊 10 mg。皮下注射或肌内注射，一次量，每千克体重，羊 5 ~ 10 mg。

【注意事项】 ①氯氰碘柳胺可与苯并咪唑类合用，也可与左旋咪唑合用。②氯氰碘柳胺钠注射液对局部组织有一定的刺激性。③暂定氯氰碘柳胺钠片、注射液和混悬液休药期羊均为 28 d，弃奶期 28 d。

（3）碘醚柳胺：

【药理作用】 本品主要对肝片吸虫和大片形吸虫的成虫具有杀灭作用，对未成熟虫体也有较高活性。此外，对羊的吸虫成虫、未成熟虫体和羊鼻蝇蛆的各期寄生幼虫均有很高的有效率。碘醚柳胺的抗吸虫机制是影响虫体的能量代谢过程，使虫体死亡。

目前本药制剂有碘醚柳胺混悬液。

【适应证】 用于治疗羊肝片吸虫病和大片形吸虫病。

【用法与用量】 内服，一次量，每千克体重，羊 7 ~ 12 mg。

【注意事项】 ①与阿苯达唑合用，治疗牛、羊的肝吸虫病和胃肠道线虫病，并不改变两者的安全指数。②本品为灰白色混悬液，久置可分为两层，上层为无色液体，下层为灰白色至淡棕色沉淀。③泌乳期禁用。④不得超量使用。⑤碘醚柳胺混悬液休药期羊 60 d。

（4）硫双二氯酚：

【药理作用】 硫双二氯酚对吸虫成虫及囊蚴有明显杀灭作用，主要用于绵羊、山羊的绦虫和瘤胃吸虫感染。

目前本药制剂有硫双二氯酚片。

【适应证】 用于治疗肝片吸虫病、姜片吸虫病和绦虫病等。

【用法与用量】 内服，一次量，每千克体重，羊 75 ~ 100 mg。

【注意事项】 ①乙醇能促进本品吸收，可增加毒性反应，忌同时使用。②衰弱和下痢动物不宜使用本品。③为减轻不良反应可减少用量，连用 2 ~ 3 次。

（二）抗原虫药

原虫病是由单细胞原生动物所引起的一类寄生虫病，包括球虫病、锥虫病和梨形虫病等，其中球虫病危害最严重。

1. 抗球虫药 球虫的发育分为无性生殖阶段和有性生殖阶段。球虫的整个繁殖阶段共约需 7 d，有性周期为 5 d，无性周期为 2 d。在发育过程中前两天为第一个无性周期，第 3、4 天为第二个无性周期，第 5、6 天为配子阶段。药物作用在感染后第 1 ~ 2 天，仅能起预防作用，无治疗意义；作用在感染后的第 3 ~ 4 天，既有预防作用又有治疗意义，且治疗作用比预防作用大。球虫的致病阶段是在发育史的裂殖生殖和配子生殖阶段，尤其是第二代裂殖生殖阶段（感染后的第 3 ~ 4 天），第 5 天开始进入有性繁殖阶段。因此，在治疗球虫病时，应选择作用峰期与球虫致病阶段相一致的抗球虫药物作为治疗性药物。

常用的抗球虫药有：①磺胺类，如磺胺喹噁啉、磺胺氯吡嗪。②三嗪类，如地克珠利、托曲珠利。③聚醚类离子载体抗生素，如莫能菌素钠、盐霉素钠等。④二硝基类，如二硝托胺、尼卡巴嗪等。⑤其他，如盐酸氨丙啉、氯羟吡啶、盐酸氯苯胍等。

（1）磺胺喹噁啉：

【药理作用】 磺胺喹噁啉是抗球虫专用磺胺药，抗球虫活性峰期是第 2 代裂殖体，对第 1 代裂殖体也有一定作用。本品通常与氨丙啉或二甲氧苄啶联合应用，扩大抗虫谱或增强抗球虫效应。磺胺喹噁啉除了具有抗球虫活性外，还有一定的抑菌作用，可防治球虫病的继发感染，主要用于鸡球虫病，对羔羊球虫病也有效。本品与其他磺胺类药之间容易产生耐药性。

目前本药制剂有磺胺喹噁啉二甲氧苄啶预混剂、磺胺喹噁啉钠可溶性粉、复方磺胺喹噁啉钠可溶性粉。

【适应证】 用于球虫病。

【用法用量】　参考应用，并按照不同磺胺喹噁啉制剂说明书用法用量使用。

【注意事项】　①连续使用不得超过 5 d，若较大剂量或长时间用药可能引起动物肾脏出现磺胺喹噁啉结晶或中毒，并干扰血液凝固。②注意不同制剂的磺胺喹噁啉混饲、混饮用量是按制剂本品计算的用量，不同制剂用量不同。③本品与尼卡巴嗪有配伍禁忌，不宜联用。

（2）磺胺氯吡嗪钠：

【药理作用】　磺胺氯吡嗪钠为磺胺类抗球虫药，作用与磺胺喹噁啉相似，抗球虫作用峰期是球虫第 2 代裂殖体，对第 1 代裂殖体也有一定作用，多在球虫暴发短期内应用，主要用于禽、兔和羊的球虫病。本品不影响宿主对球虫产生免疫力。

目前本药制剂有磺胺氯吡嗪钠可溶性粉。

【适应证】　用于治疗球虫病。

【用法用量】　内服，配成 10% 水溶液，每千克体重，羊 1.2 mL，连用 3 ~ 5 d。

【注意事项】　①一般本品连续饮水不得超过 5 d。②不得在饲料中长期添加本品。③禁与酸性药物同时使用，以免发生沉淀。④本品与盐霉素联用可引起中毒，与尼卡巴嗪有配伍禁忌，不宜联用。

（3）莫能菌素钠：

【药理作用】　莫能菌素钠是单价聚醚类离子载体抗球虫药，作用峰期为感染后第 2 天，球虫发育到第 1 代裂殖体阶段，在球虫感染的第 2 天用药效果最好。莫能菌素钠杀球虫的作用机制是可以影响虫体离子平衡，干扰球虫细胞内钾离子及钠离子的正常渗透，使大量的钠离子进入细胞，为了平衡渗透压，大量的水分进入球虫细胞，引起球虫细胞肿胀造成虫体破裂死亡。莫能菌素钠主要用于防治鸡、羔羊、犊牛球虫病和促进反刍动物生长，对羔羊雅氏和阿撒地艾美尔球虫有效；对革兰阳性菌如金黄色葡萄球菌、链球菌等也有较强作用，并能促进动物生长发育，增加体重和提高饲料转化率。

目前本药制剂有莫能菌素钠预混剂。

【适应证】　用于预防球虫病。

【用法用量】　参考使用。混饲，参考相关产品说明书剂量使用。

【注意事项】　①本品与泰妙菌素有配伍禁忌，也不宜与其他抗球虫药合用。②在使用时注意保护使用者的皮肤、眼睛。

（4）拉沙洛西钠：

【药理作用】　拉沙洛西钠为二价聚醚类离子载体抗球虫药，其抗球虫作用机制与莫能菌素相似。拉沙洛西钠主要用于防治鸡球虫病，也可用于羔羊和犊牛球虫病。此外，可促进动物生长，增加体重和提高饲料利用率。本品的优点是可以和泰妙菌素或其他促生长剂合用，而且合用效果优于单一用药。

目前本药制剂有拉沙洛西钠预混剂。

【适应证】 用于预防球虫病。

【用法用量】 参考使用。混饲，参考相关产品说明书剂量使用。

【注意事项】 ①应根据球虫感染严重程度和疗效及时调整用药浓度。②在使用时注意保护使用者的皮肤、眼睛。

2. 抗锥虫药 家畜锥虫病是由寄生于血液和组织细胞间的锥虫引起的一类疾病。常用的抗羊锥虫药有三氮脒、新胂凡纳明等。

（1）三氮脒：

【药理作用】 三氮脒对家畜的锥虫、梨形虫等均有作用。用药后血中浓度高，但持续时间较短，主要用于治疗，预防效果差。

目前本药制剂有注射用三氮脒。

【适应证】 用于家畜巴贝斯梨形虫病、泰勒梨形虫病、伊氏锥虫病和媾疫锥虫病。对羊巴贝斯虫等梨形虫效果显著，

【用法用量】 肌内注射，一次量，每千克体重，羊 3～5 mg。临用前配成5%～7%溶液。

【注意事项】 ①三氮脒毒性较大，用药后羊常出现不安、起卧、频繁排尿、肌肉震颤等反应。过量使用可引起死亡。②本品局部肌内注射有刺激性，可引起肿胀，应分点深层肌内注射。③本品毒性大、安全范围较小。应严格掌握用药剂量，不得超量使用。④必要时可连续用药，但须间隔24 h，不得超过3次。⑤注射用三氮脒休药期羊28 d。

（2）注射用新胂凡纳明：

【药理作用】 本品对伊氏锥虫有效，感染早期用药效果好，对慢性病不能根治。本品主要作用于家畜的锥虫病，也作用于羊传染性胸膜肺炎等。

目前本药制剂有注射用三氮脒。

【适应证】 家畜的锥虫病，羊传染性胸膜肺炎等。

【用法用量】 静脉注射：一次量，每千克体重，羊 10 mg（羊极量500 mg）。连续使用，应间隔时间 3～5 d。

【注意事项】 ①在注射本品前30 min可给动物注射强心药以减轻不良反应，且注射时不能漏出血管。②使用本品中毒时可用二巯基丙醇、二巯基丙磺酸钠等解毒。③本品易氧化，高温加速氧化，所以使用时应现配现用，禁止加温或振荡，变色禁用。

3. 抗梨形虫药

家畜梨形虫病是一种寄生于红细胞内的原虫病，以前曾称为焦虫病，是以蜱或其他吸血昆虫为媒介传播的疾病。常用的抗羊梨形虫药主要有硫酸喹啉脲、青

蒿琥酯、盐酸吖啶黄等，目前由于盐酸吖啶黄毒性强已少用。

（1）硫酸喹啉脲：

【药理作用】　本品对家畜的巴贝斯虫有效。可用于牛、羊巴贝斯虫病的治疗，但主要用于牛。一般患病动物用药后 6～12 h 出现药效，12～36 h 体温下降，症状改善，外周血中原虫消失。

目前本药制剂有硫酸喹啉脲注射液。

【适应证】　主要用于家畜的巴贝斯虫病。

【用法用量】　肌内注射或皮下注射，一次量，每千克体重，羊 2 mg。

【注意事项】　①本品有较强的副作用，给药时宜肌内注射阿托品，以防止发生不良反应。②本品禁止静脉注射。

（2）青蒿琥酯：

【药理作用】　青蒿琥酯主要用于抗牛、羊泰勒虫及双芽巴贝斯虫，并能杀灭细胞中的配子体，可减少虫体代谢的致热原作用。

目前本药制剂有青蒿琥酯片。

【适应证】　主要用于牛、羊的泰勒虫病。

【用法用量】　内服，一次量，每千克体重，牛 5 mg。羊参考相关产品用法用量使用。

【注意事项】　孕畜禁用。

（三）杀虫药

杀虫药是指能杀灭动物体外寄生虫，防治由蜱、螨、虱、蚤、蚊、蝇等动物体外寄生虫引起皮肤病的一类药物。体外寄生虫病对动物危害较大，可引起动物生长营养缺乏，发育受阻、饲料利用率降低，增重缓慢以及皮、毛质量受影响，而且有可能传播许多人畜共患病。一般情况下，所有杀虫药选择性较低，对哺乳动物均有一定毒性，即使按推荐剂量使用也会出现不同程度的不良反应。因此，选用安全、经济、有效、方便的杀虫药、使用剂量具有重要公共卫生意义。

目前，国内控制体外寄生虫病的药物主要有有机磷类、拟除虫菊酯及双甲脒等，阿维菌素也被广泛用于驱除动物体表寄生虫。在使用杀虫药时不能直接将农药用作杀虫药，以免引起中毒。同时使用杀虫药时一定要注意剂量、浓度和使用方法，妥善处理好盛装杀虫药的容器和残存药液，加强人和动物防护。目前常用的杀虫药有：①有机磷化合物，如敌敌畏、二嗪农、巴胺磷、倍硫磷、精制马拉硫磷等。②有机氯化合物，如氯芬新等。③拟除虫菊酯类化合物，如氰戊菊酯、溴氰菊酯等。④其他，如双甲脒、升华硫等。

（1）二嗪农：

【药理作用】　二嗪农具有触杀、胃毒、熏蒸和内吸等特点，对疥螨、痒螨、蝇、虱、蜱均有良好杀灭效果。本品通过干扰虫体神经肌肉的兴奋传导，使虫体过度兴奋，引起虫体肢体震颤、痉挛、麻痹而死亡。喷洒后在皮肤、被毛上的附着力很强，能维持长期杀虫作用，一次用药的有效期可达6~8周。被吸收的药物在3 d内从尿和奶中排出体外，主要用于驱杀家畜体表的疥螨、痒螨及蜱、虱等。

目前本药制剂有25%、60%二嗪农溶液、二嗪农项圈。

【适应证】　用于驱杀寄生于家畜体表的疥螨、痒螨及蜱、虱等。

【用法用量】　以二嗪农计，药浴，1 L 水加绵羊初液 0.25 g、补充液 0.75 g。

【注意事项】　①使用本品中毒时可用阿托品解毒。②药浴时动物接触药液的时间以 1 min 为宜，也可用软刷助洗。③禁止与其他有机磷化合物及胆碱酯酶抑制剂合用。④怀孕及哺乳期母畜慎用或不用。⑤二嗪农溶液羊休药期为 14 d，弃奶期为 72 h。

（2）巴胺磷：

【药理作用】　巴胺磷具有触杀、胃毒作用，对螨、蜱、虱和蝇、蚊均有良好杀灭效果。患痒螨病羊药浴 2d 后螨虫可全部死亡。

目前本药制剂有巴胺磷溶液。

【适应证】　用于驱杀绵羊体表的螨、蜱、虱等。

【用法用量】　以 40% 巴胺磷溶液计，药浴，每 1000 L 水，羊 500 mL。

【注意事项】　①对严重感染的羊药浴时最好辅助人工擦洗，数日后可再药浴一次效果更好。②禁止与其他有机磷化合物及胆碱酯酶抑制剂合用。③本品对家禽、鱼类有毒，使用时注意。若家禽中毒可用阿托品解毒。④巴胺磷溶液羊休药期 14d。

（3）精制马拉硫磷：

【药理作用】　本品主要以触杀、胃毒和熏蒸杀灭害虫，无内吸杀虫作用。具有广谱、低毒、使用安全等特点，对蚊、蝇、虱、蜱、螨、蚤等均有杀灭作用。马拉硫磷对害虫的毒力较强，在虫体内被氧化生成的马拉氧磷抗胆碱酯酶活力增强 1000 倍。本品对昆虫的毒性较大，但对人畜毒性很低。

目前本药制剂有 45% 和 70% 的精制马拉硫磷溶液。

【适应证】　用于杀灭畜禽体外寄生虫虱、蜱、螨、蚤等。

【用法用量】　以马拉硫磷计，药浴或喷雾，配成 0.2% ~0.3% 的水溶液。

【注意事项】　①本品不可与肥皂水等碱性物质或氧化物质接触。②本品对眼睛、皮肤有刺激性，使用本品中毒时可用阿托品解毒。③禁用于 1 月龄以内的动物。④动物体表用药后数小时内应避免日光照射和风吹；必要时间隔 2~3 周可再用药一次。⑤精制马拉硫磷溶液休药期为 28 d。

（4）敌敌畏：

【药理作用】　敌敌畏为广谱性杀虫、杀螨剂，对多种畜禽外寄生虫具有触杀、胃毒和熏蒸作用。触杀作用比敌百虫效果好，对害虫击倒力强而快。

目前兽用本品制剂有 80% 敌敌畏溶液。

【适应证】　用于驱杀寄生于家畜体表的蜱、螨、虱等。

【用法用量】　喷洒、涂搽：配成 0.2% ~ 0.4% 溶液。

【注意事项】　①家畜对本品敏感，慎用；动物怀孕和患胃肠炎时禁用。②中毒时用阿托品与碘解磷定等解毒。

（5）氰戊菊酯：

【药理作用】　本品又称为速灭杀丁，是目前养殖业中最常用的高效杀虫剂。本品作用以触杀为主，兼有胃毒和驱避作用，对动物多种体外寄生虫和吸血昆虫如螨、虱、蚤、蜱、蚊、蝇、虻等均有良好的杀灭效果，杀虫力强，效力高。动物体表应用氰戊菊酯 10 min 后其上寄生的螨、虱、蚤就会出现中毒，4 ~ 12 h 后全部死亡。

目前本品兽用制剂有 20% 氰戊菊酯溶液。

【适应证】　用于驱杀寄生于家畜体表的蜱、蚤、虱等。

【用法用量】　喷雾加水 1000 ~ 2000 倍稀释。

【注意事项】　①配制本品溶液时水温不能超过 25 ℃，以 12 ℃为宜，如果配制药液时水温超过 50 ℃时会使药物失效。②避免使用碱性水配制药物，也不要和碱性药物合用，以免引起药物失效。③使用本品时残液不要污染河流、池塘、桑园、养蜂场地等，因本品对蜜蜂、鱼虾、家蚕等毒性较强。④氰戊菊酯溶液休药期为 28 d。

四、消毒防腐药

消毒防腐药是指具有杀灭病原微生物或抑制其生长繁殖的一类药物。消毒药是指能杀灭病原微生物的药物，主要用于环境、厩舍、动物排泄物、用具和器械等非生物表面的消毒。防腐药是指能抑制病原微生物生长繁殖的药物，主要用于抑制局部皮肤、黏膜和创伤等生物体表的微生物感染，也用于药品制剂及生物制品等的防腐。与抗生素和其他抗菌药物不同，消毒防腐药没有明显的抗菌谱和选择性。在临床应用达到有效浓度时，也会对动物机体组织产生损伤作用，一般不作为全身用药。消毒药在防止动物疫病、保证养殖业稳定、健康发展上具有重要意义。

（一）消毒防腐药的分类

消毒防腐药的种类较多，作用机制各不相同，主要分为以下几种。

1. 按用途分类　可分为环境消毒剂和带动物体表消毒剂。

2. 按杀菌力分类

（1）高效消毒剂：能杀灭包括细菌芽孢在内的各种微生物。

（2）中效消毒剂：能杀灭除细菌芽孢以外的各种微生物。

（3）低效消毒剂：只能杀灭抵抗力比较弱的微生物，不能杀灭细菌芽孢、真菌和结核杆菌，也不能杀灭抗力强的病毒和抗力强的细菌繁殖体。

3. 按化学结构分类　可分为醇类、酚类、醛类、卤素类、氧化剂、燃料类、重金属化合物、表面活性剂及其他类。

（二）影响消毒防腐药作用的因素

消毒防腐药的作用不仅取决于其本身的理化性质，而且还受许多因素的影响。在使用时应注意这些因素对消毒效果的影响。

1. 浓度和作用时间　消毒药物的杀菌效力一般随其溶液浓度的增加而增强，随药物作用的时间延长，消毒效果也会增加。但浓度越高，时间越长对机体组织的刺激和损害也越大。一般情况下，增加药物浓度可提高消毒杀菌的速度，但乙醇等部分药物例外。

2. 温度　在一定温度变化范围内，温度越高，杀菌力越强。对热稳定的防腐消毒药可使用热溶液，以提高药效。对热敏感、不稳定的药物除外，如过氧乙酸、乙醇等。

3. 病原微生物的类型特点　不同类型的微生物以及处于不同状态的微生物，对同一种消毒药的敏感程度不同。如革兰阳性菌一般比革兰阴性菌对消毒药物敏感；病毒对碱类消毒药物敏感，而对酚类消毒药物有耐药性；生长繁殖阶段的细菌对消毒药物敏感，具有芽孢的细菌对消毒药物抵抗力强。

4. 消毒防腐药之间的相互作用　两种以上消毒防腐药合用，或消毒药与清洁剂、除臭剂合用，药物之间会发生物理、化学等方面的变化，使消毒药效降低或失效。如高锰酸钾、过氧乙酸等氧化剂与碘酊等还原剂之间会发生氧化还原反应，不但减弱消毒药效，还会增强对皮肤的刺激性，甚至产生毒害。

5. 酸碱度　环境或组织的酸碱性对有些消毒防腐药作用的影响较大，会改变其溶解度、离解程度和分子结构，如含氯消毒剂在 pH 5～6 时作用最佳。

6. 有机物　消毒环境中的粪、尿等或创伤上的脓血、体液等有机物可在微生物的表面形成一层保护层。因此，用消毒防腐药处理创面或消毒物品时，必须先清除脓、血等物质。

（三）常用消毒防腐药

1. 环境、用具、器械用消毒药

（1）酚类：主要有苯酚、甲酚、氯甲酚等。

（2）醛类：主要有复方甲醛溶液、浓戊二醛溶液、稀戊二醛溶液以及由戊二醛和苯扎氯铵配制而成的复方戊二醛溶液。

（3）碱类：主要有氢氧化钠、氧化钙、碳酸钠等。

（4）过氧化物类：常用的主要有过氧乙酸等。

（5）卤素类：常用的有含氯石灰、二氯异氰尿酸钠等。

2. 皮肤、黏膜用消毒药 皮肤、黏膜用消毒药主要利用药物与创面或皮肤、黏膜直接接触而起抑菌或杀菌作用，达到预防或治疗感染的目的。在选择皮肤、黏膜消毒药时，注意药物应无刺激性和毒性，不损伤组织，不妨碍肉芽生长，也不引起过敏反应。常用的皮肤、黏膜用消毒药主要有75%乙醇、碘制剂、双氧水、高锰酸钾、新洁尔灭（苯扎溴铵）等。

（四）消毒防腐药的合理使用

各养殖场应规定切实可行的消毒制度，合理进行消毒工作。每日清扫粪便及垫草，经常洗刷食槽、饮水器等，至少每半月消毒一次。在动物每次分娩、转群、引进新动物之前，羊舍和用具均应消毒。此外，还应注意以下几点。

1. 注意药物浓度和作用时间 掌握好配比浓度和保证有一定的反应时间。药物浓度太高或太低都会影响消毒效果，反应时间太短也会降低杀灭效果。注意正确计算消毒剂浓度。

2. 明确杀灭病原微生物的类型 要根据病原微生物的类型选择相应的消毒药物。如繁殖的细菌对消毒药物较敏感，而产生芽孢则对其不敏感。

3. 药物与病原微生物要直接充分接触 消毒前必须保证环境卫生清洁，要彻底清洗场舍、器具，保持环境整洁。

4. 注意药物理、化学性质和配伍禁忌 如酸性的消毒药不能与碱性消毒药混用。

5. 注意控制消毒温度 随着温度的提高消毒效果会有所提高，但有些药物不受温度的影响，如过氧乙酸可用于冷库的消毒。

五、羊其他用药

羊其他用药在临床中的应用相对于抗微生物药、抗寄生虫药来说使用较少，以下简要说明羊用其他用药的适应证和用法用量，具体的药理作用和使用注意事项和休药期参考相关产品使用说明。

（一）中枢神经系统药物

1. 中枢兴奋药

（1）安钠咖注射液：主要用于中枢性呼吸、循环抑制和麻醉药中毒解救。静脉注射、肌内注射或皮下注射：一次量，羊 0.5 ~ 2 g。

（2）尼克刹米注射液：主要用于中枢性呼吸抑制解救。静脉注射、肌内注射或皮下注射，一次量，羊 0.25 ~ 1 g。

（3）戊四氮注射液：主要用于中枢性呼吸抑制解救。静脉注射、肌内注射或皮下注射，一次量，羊 0.05 ~ 0.3 g。

（4）硝酸士的宁注射液：主要用于脊髓性不全麻痹。皮下注射，一次量，羊 2 ~ 4 mg。

（5）樟脑磺酸钠注射液：主要用于心脏衰竭和呼吸抑制解救。静脉、肌内注射或皮下注射：一次量，羊 0.2 ~ 1 g。

2. 镇静药与抗惊厥药

（1）盐酸氯丙嗪注射液：主要用于使动物安静。肌内注射，一次量，每千克体重，羊 1 ~ 2 mg。

（2）地西泮注射液：主要用于肌肉痉挛、癫痫及惊厥等。肌内注射、静脉注射，一次量，每千克体重，羊 0.5 ~ 1 mg。

（3）溴化钙注射液：用于缓解中枢神经兴奋性疾病等。静脉注射，一次量，羊 0.5 ~ 1.5 g。

（4）注射用苯巴比妥钠：用于缓解脑炎、破伤风、士的宁中毒所引起的惊厥。肌内注射，一次量，羊 0.25 ~ 1 g。

（5）硫酸镁注射液：用于破伤风及其他痉挛性疾病。静脉注射或肌内注射：一次量，羊 2.5 ~ 7.5 g。

3. 麻醉性镇痛药 盐酸哌替啶注射液：用于缓解创伤性和某些内脏患病的疼痛。皮下注射或肌内注射，一次量，每千克体重，羊 2 ~ 4 mg。

4. 全身麻醉药与化学保定药

（1）注射用硫喷妥钠：用于动物的诱导麻醉和基础麻醉。静脉注射，一次量，每千克体重羊 10 ~ 15 mg。用前配成 2.5% 溶液。

（2）盐酸氯胺酮注射液：用于全身麻醉和化学保定。静脉注射，一次量，每千克体重，羊 2 ~ 4 mg。

（3）盐酸赛拉嗪注射液：用于化学保定和基础麻醉。肌内注射，一次量，每千克体重羊 0.1 ~ 0.2 mg。休药期 14 d。

（4）盐酸赛拉唑、盐酸赛拉嗪注射液：用于化学保定和基础麻醉。肌内注射，一次量，每千克体重，羊盐酸赛拉唑 1 ~ 3 mg，盐酸赛拉唑嗪 0.1 ~ 0.2 mg。

（二）外周神经系统药物

1. 拟胆碱药

（1）氨甲酰胆碱注射液：用于胃肠弛缓、前胃弛缓和胎衣不下、子宫蓄脓。皮下注射，一次量，羊 0.25 ~ 0.5 mg。

（2）硝酸毛果芸香碱注射液：主要用于胃肠弛缓、前胃弛缓。皮下注射，一次量，羊 10 ~ 50 mg。

（3）甲硫酸新斯的明注射液：主要用于胃肠弛缓、重症肌无力和胎衣不下。肌内注射或皮下注射，一次量，羊 2 ~ 5 mg。

2. 抗胆碱药

（1）硫酸阿托品注射液：用于有机磷酯类药物中毒、麻醉前给药等。肌内注射、皮下注射或静脉注射：一次量，每千克体重，羊有机磷酯类药物中毒 0.5 ~ 1 mg，麻醉前给药 0.02 ~ 0.05 mg。

（2）氢溴酸东莨菪碱注射液：用于解除胃肠道平滑肌痉挛、抑制腺体分泌过多和动物兴奋不安等。皮下注射，一次量，羊 0.2 ~ 0.5 mg。

3. 拟肾上腺素药

（1）重酒石酸去甲肾上腺素注射液：用于外击循环衰竭休克时早期急救。静脉注射，一次量，羊 2 ~ 4 mg。

（2）盐酸肾上腺素注射液：用于心脏骤停的急救、缓解过敏症状、延长局麻药持续时间等。皮下注射，一次量，羊 0.2 ~ 1 mL；静脉注射，一次量，羊 0.2 ~ 0.6 mL。

4. 局部麻醉药

盐酸利多卡因注射液：用于表面麻醉、浸润麻醉和硬膜外麻醉。传导麻醉配成 2% 溶液，每个注射点羊 3 ~ 4 mL。

（三）解热镇痛药

1. 解热镇痛抗炎药

（1）阿司匹林片：用于治疗发热性疾病和肌肉关节痛。内服，一次量，羊 1 ~ 3 g。

（2）对乙酰氨基酚注射液：用于动物发热、肌肉痛、风湿症等。肌内注射，一次量，羊 0.5 ~ 2 g。

（3）安乃近注射液：用于动物发热、肌肉痛、风湿症等。肌内注射，一次量，羊 1 ~ 2 g。

（4）安痛定注射液：用于动物发热、关节痛、风湿症等。肌内或皮下注射，一次量，羊 5 ~ 10 mL。

（5）复方氨基比林注射液：用于动物发热、肌肉痛、关节痛和风湿症等。肌内注射或皮下注射，一次量，羊 5 ~ 10 mL。

（6）水杨酸钠注射液：用于风湿症等。静脉注射，一次量，羊 2 ~ 5 g。

2. 糖皮质激素类药物

（1）氢化可的松注射液：用于炎症性、过敏性疾病和羊妊娠毒血症。静脉注射，一次量，羊 20 ~ 80 mg。

（2）地塞米松磷酸钠注射液：用于炎症性、过敏性疾病和羊妊娠毒血症。肌内注射或静脉注射，一次量，羊 4 ~ 12 mg。

（四）消化系统药物

1. 健胃药与助消化药

（1）人工矿物盐：小剂量用于消化不良、前胃弛缓等，大剂量用于早期大肠便秘。以本品计，内服健胃，一次量，羊 10 ~ 30 g；缓泻，一次量，羊 50 ~ 100 g。

（2）稀盐酸：用于胃酸缺乏症。以本品计，内服，一次量，羊 2 ~ 5 mL。

（3）干酵母片：用于维生素 B_1 缺乏症和消化不良。内服，一次量，羊 30 ~ 60 g。

（4）稀醋酸：用于消化不良、急性胃扩张和前胃鼓胀等。以本品计，内服，一次量，羊 5 ~ 10 mL。

2. 瘤胃兴奋药

（1）浓氯化钠注射液：用于前胃弛缓等。以氯化钠计，静脉注射，一次量，每千克体重，家畜 0.1 g。

3. 制酵药与消沫药

（1）芳香氨醑：主用于瘤胃鼓气、胃肠积食和气胀，也可用于急慢性支气管炎。以本品计，内服，一次量，羊 2% 溶液 4 ~ 12 mL。

（2）乳酸：用于前胃弛缓等。以本品计，内服，一次量，羊 0.5 ~ 3 mL。

（3）鱼石脂：用于前胃弛缓、瘤胃鼓胀、胃肠胀气、胃肠制酵等。以本品计，内服，一次量，羊 1 ~ 5 g。

（4）二甲硅油片：用于泡沫性鼓胀病。内服。一次量，羊 1 ~ 2 g。

4. 泻药与止泻药

（1）干燥硫酸钠：用于导泻。内服，羊 20 ~ 50 g。

（2）硫酸镁：用于导泻。内服，羊 50 ~ 100 g。

（3）液状石蜡：用于便秘。内服，羊 100 ~ 300 mL。

（4）蓖麻油：用于便秘。内服，羊 50 ~ 150 mL。

（5）鞣酸蛋白：用于腹泻。内服，一次量，羊 3~5 g。

（6）碱式碳酸铋：用于胃肠炎及腹泻。内服，一次量，羊 2~4 g。

（7）药用碳：用于生物碱中毒、胃肠鼓气及腹泻。内服，一次量，羊 5~50 g。

（8）白陶土：内服用于腹泻。内服，一次量，羊 10~30 g。

（9）氧化镁：内服用于胃肠鼓气。内服，一次量，羊 2~10 g。

（五）作用于呼吸系统的药物

1. 祛痰镇咳药

（1）氯化铵：祛痰镇咳。内服，一次量，羊 2~5 g。

（2）碳酸铵：祛痰镇咳。内服，一次量，羊 2~3 g。

（3）碘化钾：用于慢性支气管炎。内服，一次量，羊 1~3 g。

2. 平喘药　氨茶碱注射液，用于缓解气喘症状。肌内注射或静脉注射，一次量，羊 0.25~0.5 g。

（六）血液循环系统药物

1. 止血药与抗凝血药

（1）亚硫酸氢钠甲萘醌注射液：用于维生素 K 缺乏所致的出血。肌内注射，一次量，羊 30~50 mg。

（2）酚磺乙胺注射液：用于内出血、鼻出血和手术出血的预防和止血。肌内注射或静脉注射，一次量，羊 0.25~0.5 g。

（3）安络血注射液：用于毛细血管损伤所致的出血性疾病。肌内注射，一次量，羊 2~4 mL。

2. 抗贫血药

（1）硫酸亚铁：用于缺铁性贫血。内服，一次量，羊 0.5~3 g。

（2）维生素 B_{12} 注射液：用于维生素 B_{12} 缺乏所致的贫血，幼畜生长迟缓等。肌内注射，一次量，羊 0.3~0.4 mg。

（七）体液补充与电解质、酸碱平衡调节药

1. 体液补充药

（1）右旋糖酐 40（70）葡萄糖（氯化钠）注射液：用于补充和维持血容量，治疗失血、创伤及中毒性休克等。静脉注射，一次量，羊 250~500 mL。

（2）葡萄糖氯化钠注射液：用于脱水症。静脉注射，一次量，羊 250~500 mL。

2. 电解质、酸碱平衡调节药

（1）氯化钠注射液：用于脱水症、维持体内水与电解质平衡和体液补充。静脉注射，一次量，羊 250 ~ 500 mL。

（2）氯化钾注射液：主要用于低血钾症。静脉注射，一次量，羊 0.5 ~ 1 g。

（3）碳酸氢钠片：用于败血症、调节酸碱平衡、内服治疗胃肠卡他、碱化尿液。内服，一次量，羊 5 ~ 10 g。

（4）碳酸氢钠注射液：用于代谢性酸中毒、磺胺类、水杨酸类药物中毒辅助治疗、碱化尿液。静脉注射，一次量，羊 2 ~ 6 g。

（5）乳酸钠注射液：用于代谢性酸中毒，特别是高血钾症等引起的心律失常并伴有酸中毒等。静脉注射，一次量，羊 40 ~ 60 mL。

（八）泌尿生殖系统药物

1. 利尿药与脱水药

（1）呋塞米：用于各种水肿病。内服，一次量，每千克体重，羊 2 mg。肌内注射或静脉注射，一次量，每千克体重，羊 0.5 ~ 1 mg。

（2）氢氯噻嗪片：用于各种水肿病。内服，一次量，每千克体重，羊 2 ~ 3 mg。

（3）甘露醇或山梨醇注射液：用于脑水肿、脑炎的辅助治疗。静脉注射，一次量，羊 100 ~ 250 mL。

2. 生殖系统药物

（1）缩宫素注射液：用于催产、产后子宫出血和胎衣不下。皮下注射或肌内注射，一次量，羊 10 ~ 50 u。

（2）垂体后叶注射液：用于催产、产后子宫出血和胎衣不下。皮下注射或肌内注射，一次量，羊 10 ~ 50 u。

（3）马来酸麦角新碱注射液：用于产后出血和加速子宫复原。皮下注射或静脉注射，一次量，羊 0.5 ~ 1 mg。

（4）丙酸睾酮注射液：用于雄性激素缺乏的辅助治疗。皮下注射或肌内注射，一次量，每千克体重，家畜 0.25 ~ 0.5 mg。

（5）苯甲酸雌二醇注射液：用于发情不明显动物的催情及胎衣滞留、死胎不下等。肌内注射，一次量，羊 1 ~ 3 mg。

（6）黄体酮注射液：用于预防流产。肌内注射，一次量，羊 15 ~ 25 mg。

（7）醋酸氟孕酮阴道海绵：用于绵羊、山羊的诱导发情或同期发情。阴道给药，一次量，羊一个，给药后 12 ~ 14 d 取出。

（8）注射用绒促性素：用于性功能障碍、习惯性流产及卵巢囊肿等。肌内注射，一次量，羊 100 ~ 500 u。

（9）注射用血促性素：用于母畜催情和促进卵泡发育和胚胎移植时的超数排卵。皮下注射或肌内注射，一次量，催情，羊 100 ~ 500 u，超数排卵羊 600 ~ 1 000 u。

（九）调节组织代谢药物

1. 维生素类

（1）维生素 AD 油：用于维生素 AD 缺乏症。内服，一次量，羊 10 ~ 15 mL。肌内注射，一次量，羊 2 ~ 4 mL。

（2）鱼肝油：用于维生素 AD 缺乏症。内服，一次量，羊 10 ~ 15 mL。

（3）维生素 D_2 胶性钙注射液：用于维生素 D 缺乏所致的佝偻病、软骨症。皮下注射或肌内注射，一次量，羊 2 ~ 4 mL。

（4）维生素 E 注射液：用于维生素 E 缺乏所致的不孕症、白肌病等。皮下注射或肌内注射，一次量，羔羊 0.1 ~ 0.5 g。

（5）维生素 B_1 片、维生素 B_1 注射液：用于维生素 B_1 缺乏症，如多发性神经炎，也用于胃肠弛缓。内服，一次量，羊 25 ~ 50 mg。皮下注射或肌内注射，一次量，羊 25 ~ 50 mg。

（6）维生素 B_2 片、维生素 B_2 注射液：用于维生素 B_2 缺乏症，如口炎、皮炎、角膜炎等。内服，一次量，羊 20 ~ 30 mg。皮下注射或肌内注射，一次量，羊 20 ~ 30 mg。

（7）维生素 B_6 片、维生素 B_6 注射液：用于皮炎和周围神经炎等。内服，一次量，羊 0.5 ~ 1 g。皮下注射或肌内或静脉注射，一次量，羊 0.5 ~ 1 g。

（8）复合维生素 B 溶液、复合维生素 B 注射液：用于防治 B 族维生素缺乏所致的多发性神经炎、消化障碍、口腔炎等。内服，一日量，羊 7 ~ 10 mL。肌内注射，一次量，羊 2 ~ 6 mL。

（9）维生素 C 注射液：用于维生素 C 缺乏症、发热、慢性消耗疾病等。肌内注射或静脉注射，以维生素 C 计，一次量，羊 0.2 ~ 0.5 g。

2. 钙、磷与微量元素

（1）氯化钙注射液：用于低血钙以及毛细血管通透性增加所致疾病。静脉注射，一次量，羊 1 ~ 5 g。

（2）氯化钙葡萄糖注射液：用于低血钙症、心脏衰竭以及毛细血管通透性增加所致疾病。静脉注射，一次量，羊 20 ~ 100 mL。

（3）葡萄糖酸钙注射液：用于钙缺乏症及过敏性疾病，也可用于解除镁离子中毒引起的中枢抑制。静脉注射，一次量，羊 5 ~ 15 g。

（4）碳酸钙：用于钙缺乏症。内服，一次量，羊 3 ~ 10 g。

（5）磷酸氢钙：用于钙、磷缺乏症。内服，一次量，羊 2 g。

（6）乳酸钙：用于钙缺乏症。内服，一次量，羊 0.5 ~ 2 g。

（7）亚硒酸钠注射液：用于防治幼畜白肌病等。肌内注射，一次量，羔羊 1 ~ 2 mg。

（8）亚硒酸钠维生素 E 注射液：用于防治幼畜白肌病。肌内注射，一次量，羔羊 1 ~ 2 mL。

（9）复方布他磷注射液：用于动物急、慢性代谢紊乱性疾病并可促生长。静脉注射、皮下注射或肌内注射，一次量，羊 2.5 ~ 8 mL。

（十）抗过敏药

（1）盐酸苯海拉明注射液：用于变态反应性疾病，如荨麻疹、血清病等。肌内注射，一次量，羊 40 ~ 60 mg。

（2）盐酸异丙嗪片、盐酸异丙嗪注射液：用于变态反应性疾病，如荨麻疹、血清病等。内服，一次量，羊 0.1 ~ 0.5 g。肌内注射，一次量，羊 50 ~ 100 mg。

（3）马来酸氯苯那敏片、注射液：用于过敏性疾病，如荨麻疹、过敏皮炎、血清病等。内服，一次量，羊 10 ~ 20 mg。肌内注射，一次量，羊 10 ~ 20 mg。

（十一）解毒药

1. 金属络合剂

（1）二巯丙醇注射液：用于解救砷、汞、铋、锑等中毒。肌内注射，一次量，每千克体重，家畜 2.5 ~ 5 mg。

（2）二巯丙磺钠注射液：用于解救砷、汞中毒，也可用于铅、镉中毒。静脉注射或肌内注射，一次量，每千克体重，羊 7 ~ 10 mg。

2. 胆碱酯酶复活剂

（1）碘解磷定注射液：用于解救有机磷中毒。静脉注射，一次量，每千克体重，家畜 15 ~ 30 mg。

（2）氯磷定注射液：用于解救有机磷中毒。静脉注射或肌内注射，一次量，每千克体重，家畜 15 ~ 30 mg。

3. 高铁血红蛋白还原剂

亚甲蓝注射液：用于解救亚硝酸盐中毒。静脉注射，一次量，每千克体重，家畜 1 ~ 2 mg。

4. 氰化物解毒剂

（1）亚硝酸钠注射液：用于解救氰化物中毒。静脉注射，一次量，羊 0.1 ~ 0.2 g。

（2）硫代硫酸钠注射液：用于解救氰化物、砷、汞、铋、铅、碘等中毒。静脉注射或肌内注射，一次量，羊 1 ~ 3 g。

（十二）局部用药

1. 刺激药

（1）浓碘酊：外用治疗慢性炎症。外涂于局部患处。

（2）松节油搽剂：用于肌肉风湿、腱鞘炎、关节炎、肌腱炎、周围神经炎和挫伤等。外涂于局部患处。

（3）樟脑醑：用于肌肉风湿、腱鞘炎、关节炎、肌腱炎、扭伤、挫伤及慢性炎症和神经痛等。外涂于局部患处。

（4）稀氨溶液：用于肌肉风湿、腱鞘炎、关节炎、肌腱炎等。外涂于局部患处。

（5）桉油：用于肌肉风湿、腱鞘炎、关节炎、肌腱炎、神经痛、湿疹等。外涂于局部患处。

2. 保护药

（1）白陶土：外用局部消炎。内服，一次量，羊 10～30 g。

（2）明矾：与其他药混合，作为撒布剂外用。撒布于局部患处，适量。

3. 眼科用药

（1）硫酸新霉素滴眼液：用于结膜炎、角膜炎等，滴眼。

（2）硫酸锌：用于结膜炎。配成 0.5%～1% 溶液滴眼。

（3）醋酸氢化可的松滴眼液：用于结膜炎、角膜炎、虹膜炎、巩膜炎等，滴眼。

（4）醋酸泼尼松眼膏：用于结膜炎、角膜炎、虹膜炎、巩膜炎等，滴眼。

（5）四环素醋酸可的松眼膏：外用于眼部细菌性感染等。滴眼，一天 2～3 次。

（张素梅）

第八部分 羊的主要传染病

一、病毒性传染病

（一）羊传染性脓疱病

羊传染性脓疱病又称羊口疮，是由羊口疮病毒引起的绵羊和山羊的一种传染性皮肤病，其特征是羊的口唇、鼻部等处的皮肤和黏膜形成丘疹、脓疱、溃疡等并结成疣状厚痂。羊传染性脓包病在我国西部地区流行比较广泛，是家畜疫病防控中一种重要的传染病。

【病原特点】 羊口疮病毒又称传染性脓疱病毒属于痘病毒科，副痘病毒属。该病毒比一般的痘病毒体积略小，长 250～280 nm，宽 170～200 nm，病毒粒子呈砖形或呈椭圆形的线团样，病毒粒子表面呈特征性的管状条索斜形交叉的编织样外观，一般排列较为规则。核酸类型为脱氧核糖核酸（DNA）。羊口疮病毒对常用消毒剂敏感，不过对外界环境抵抗力极强，干燥痂皮内的病毒于夏季日光下经 30～60 d 暴晒仍然具有较强的传染性。散落于地面的病毒可以越冬，至来年春仍具有感染性，有相当强的抵抗力，被污染的牧场会保持传染性达数年之久。病料在低温冷冻条件下保存，可保持毒力达数十年。不过，羊口疮病毒对高温较为敏感，60 ℃ 30 min 即可被灭活。2% 氢氧化钠或 1% 醋酸可在 5 min 内将病毒杀死。常用的消毒剂有 2% 氢氧化钠溶液、3% 石炭酸、10% 石灰乳或 20% 热草木灰溶液。

【流行病学】 本病只为害绵羊和山羊，且以 3～6 月龄的羔羊发病为多，成年绵羊和山羊也可感染。呈地方性流行性，易发生持续感染或引起并发症。常呈群发性流行，成年羊也可感染发病，但呈散发性流行。人也可感染羊口疮病毒，人感染后通常为良性经过，一般 6～8 个星期后不需要特殊治疗即能自行康复。病羊和带毒羊为该病的主要传染源，主要通过损伤的皮肤、黏膜感染。自然感染一般是由于引入病羊或带毒羊，或者利用被病羊污染的厩舍或牧场而引起。由于病毒的抵抗力较强，本病在羊群内可连续为害多年而难以净化。羊口疮病在世界各地羊群中普遍存在，在美国的西部经常可以看见。我国青海、甘肃、宁夏、内蒙古、四川、陕西、西藏、云南等省区均有广泛流行。羊传染性脓疱病一般在 5

月底至 8 月间多发，个别地区 10 月至 12 月也会流行。

【临床症状】　病毒经唇、足端的皮肤、口腔或者外阴部黏膜的创伤侵入机体，并在该部位上皮细胞中增殖，引起上皮层的角质化细胞突然增生、空泡化、膨大，使网状组织恶化。潜伏期 4～8 d。根据病灶的部位不同，本病在临床上一般分为唇型、蹄型和外阴型三种类型，也见混合型感染病例。

1. 唇型　该类型是最常见的一种病型。病羊首先在口角、上唇或鼻镜上出现散在的小红斑，逐渐变为丘疹和小结节，继而成为水疱或脓疱，脓疱破溃后结成黄色或棕色的疣状硬痂。如为良性经过，则痂垢逐渐扩大、变厚经 1～2 周痂皮干燥、脱落而康复。严重病例，患部继续发生丘疹、水疱、脓疱、痂垢，并互相融合，波及整个口唇周围及眼睑和耳郭等部位，形成大面积龟裂、易出血的污秽痂垢。痂垢下伴以肉芽组织增生，痂垢不断增厚，整个嘴唇肿大外翻呈桑葚状隆起，影响采食，病羊日趋衰弱。病程长达 2～3 周。部分病例常伴有坏死杆菌、化脓性病原菌的继发感染，引起深部组织化脓和坏死，致使病情恶化。有些病例口腔黏膜也发生水疱、脓疱和糜烂，使病羊采食、咀嚼和吞咽困难。个别病羊可因继发肺炎而死亡。

2. 蹄型　仅侵害绵羊。病羊多见一肢患病，但也可能同时或相继侵害多数甚至全部蹄端。通常于蹄叉、蹄冠或系部皮肤上形成水疱、脓疱，破裂后则成为由脓液覆盖的溃疡。如继发感染则发生化脓、坏死，形成腐蹄病，并常波及基部、蹄骨，甚至肌腱或关节，病羊跛行，长期卧地，病情缠绵。也可能在肺脏、肝脏以及乳房中发生转移性病灶，少数严重病例会发生衰竭而死亡或因败血症死亡。

3. 外阴型　外阴型病例较为少见。病羊表现为黏性或脓性阴道分泌物，在肿胀的阴唇及附近皮肤上发生溃疡；乳房和乳头皮肤（多系病羔吸吮时传染）上发生脓疱、烂斑和痂垢；公羊则表现为阴囊鞘肿胀，阴鞘口和阴茎上出现脓疱和溃疡。

【病理变化】　本病较少侵害内脏器官，故剖检病变不明显，一般无参考价值。

【诊断】

1. 临床诊断　根据流行病学调查、疾病临床症状进行综合诊断。该病流行特点是主要在春夏季散发，羔羊最易感。临床症状主要是在口唇，阴部和皮肤、黏膜形成丘疹、脓疱、溃疡和疣状厚痂。

2. 实验室诊断　一般根据流行病学调查及病羊临床症状即可确诊该病，当临床诊断无法确诊时，可分离培养病毒或对病料进行负染色直接进行电镜观察。该病毒属高度嗜上皮性病毒，主要以细胞免疫和局部免疫为主，在血液中产生的抗体水平低下，本病在免疫学上的特殊性使得对本病的诊断和免疫至今尚无完整的、特异的免疫学诊断方法和良好的疫苗。实验室一般可用血清学方法诊断，如补体结合试验、琼脂扩散试验、反向间接血凝试验、酶联免疫吸附试验、免疫荧光技术等方法进行诊断。应用 PCR（聚合酶链式反应）诊断高效、快速，并且具有很强的特异性。

3. 类症鉴别 本病需与口蹄疫、羊痘、坏死杆菌病等类似疾病相鉴别。

（1）与羊痘的鉴别：羊痘的痘疹多为全身性，而且病羊体温升高，全身反应严重。痘疹结节呈圆形突出于皮肤表面，界线明显，似脐状。

（2）与坏死杆菌病的鉴别：坏死杆菌病主要表现为组织坏死，一般无水疱、脓疱病变，也无疣状增生物。进行细菌学检查和动物试验即可区别。

（3）与口蹄疫的鉴别：羊传染性脓疱主要发生于羔羊，其主要病理特征是在口唇部发生水疱、脓疱以及疣状厚痂，病变是增生性的，所以一般无体温升高。

【防治】

1. 预防措施

（1）严禁从疫区引进羊或购入饲料、畜产品。引进羊需隔离观察 2~3 周，严格检疫，同时应将蹄部多次清洗、消毒，证明无病后方可混入大群饲养。

（2）该病主要经皮肤创伤感染。因此要加强饲养管理，保护羊的皮肤、黏膜勿受损伤，拣出饲料和垫草中的芒刺。加喂适量食盐，以减少羊只啃土、啃墙，防止发生外伤。

（3）本病流行区用羊口疮弱毒疫苗进行免疫接种，使用疫苗株毒型应与当地流行毒株相同。也可在严格隔离的条件下，采集当地自然发病羊的痂皮回归易感羊制成活毒疫苗，对未发病羊的尾根无毛部进行划痕接种，10 d 后即可产生免疫力，保护期可达一年左右。

2. 治疗措施 病羊可先用水杨酸软膏将痂垢软化，除去痂垢后再用 0.1%~0.2% 高锰酸钾溶液冲洗创面，然后涂 2% 龙胆紫、碘甘油溶液或土霉素软膏，每天 1~2 次，直至痊愈。蹄型病羊则将蹄部置于 3% 或 10% 福尔马林溶液中浸泡 1 min，连续浸泡 3 次；也可隔日用 3% 龙胆紫溶液、1% 苦味酸溶液或土霉素软膏涂拭患部。

（二）羊痘

羊痘又名羊"天花"，是由痘病毒引起的羊的一种急性、热性、接触性传染病，具有典型的病程，病羊皮肤和黏膜上发生特异的痘疹。本病特征是发热、无毛或少毛部位皮肤黏膜发生丘疹和疱疹。羊痘中，以绵羊痘较常见，山羊痘很少发生。羊痘是所有动物痘病中最为严重的一种，被世界动物卫生组织（OIE）列为 A 类重大传染病，我国将其列为一类动物疾病。本病的发生会严重影响国际贸易和养羊业的发展，给社会和企业带来巨大经济损失。

【病原特点】　羊痘病毒分类上属于痘病毒科，山羊痘病毒属，双股 DNA 病毒。羊痘病毒可引起山羊痘、绵羊痘和牛的结节性疹块病等。羊痘病毒是一种亲上皮性病毒，主要存在于病羊皮肤、黏膜的丘疹、脓疱以及痂皮内，病羊鼻分泌物内也含有病毒，发热期血液内也有病毒存在。本病毒对直射阳光、高热较为敏感，碱性消毒液及常用的消毒剂均有效，2% 石炭酸 15 min 可灭活病毒，但耐干燥，干燥的痂皮中病毒可存活数年之久，在干燥羊舍内也可存活 6～8 个月。羊痘病毒对热敏感，55 ℃条件下 30 min 即可灭活。

【流行病学】　羊痘是最古老的传染病之一，广泛分布于非洲、中东、印度次大陆、北欧、地中海各国及德国、澳大利亚、美国等，特别是非洲北部、中东和亚洲的部分国家流行较为严重。近几年我国的羊痘流行地域也很广，遍及全国各个省（区），如福建、陕西、湖南、新疆、河北、河南、甘肃，其中以甘肃地区报道的病例居多。病羊和带毒羊为主要传染源，主要通过呼吸道传播，也可经损伤的皮肤、黏膜感染。饲养人员、饲管用具、皮毛产品、饲草、垫料以及外寄生虫均可成为传播媒介。羔羊发病、死亡率高，妊娠母羊可发生流产，故产羔季节流行，可招致很大损失。本病一般于冬末春初多发。气候寒冷、雨雪、霜冻、饲料缺乏、饲养管理不良、营养不足等因素均可促发本病。羊痘全年均可发生，但以春秋两季较多发。在南方地区山羊痘病多发生在霉雨季节、蚊虻活动频繁亦会加速本病的传播。山羊痘的流行最初是个别羊发病，然后逐渐蔓延全群。羊痘对成年羊危害较轻，死亡率仅为 1%～2%，而患病羔羊的死亡率则很高，可达50% 以上。本病暴发的严重性取决于易感群的大小、流行毒株的毒力，以及羊的品种和年龄。

【临床症状】　自然感染潜伏期一般为 6～8 d，最长的可达 16 d。以体温升高为特征（可达 41～42 ℃），精神不振，食欲废绝，鼻黏膜和眼结膜潮红，有浆液性、后转为黏液脓性鼻涕从鼻孔流出，呼吸、脉搏增速，寒战。经 1～4 d 开始发生痘疹，痘疹多发生于皮肤、黏膜无毛或少毛部位，如眼周围、唇、鼻、颊、四肢内侧、尾内面、阴唇、乳房、阴囊以及包皮上。开始为红斑，1～2 d 后形成丘疹，突出于皮肤表面，坚实而苍白，随后丘疹逐渐扩大，变成灰白色或淡红色、半球状的隆起的结节。结节在 2～3 d 内变成水疱，水疱内容物逐渐增多，中央凹陷，呈脐状，在此期间，羊体温稍有下降。不久水疱变为脓性，不透明，形成脓疱。化脓期间体温再度升高。如无继发感染，几天内脓疱干瘪为褐色痂块，脱落后遗留下灰褐色瘢痕而痊愈，整个病程 14～21 d。非典型病例不呈现上述典型症状或经过。有些病例，病程发展到丘疹期而终止，即所谓"顿挫型"经过。该病会混合感染传染性胸膜肺炎或化脓性乳房炎，怀孕后期的母羊流产。有的丘疹结节变硬不变成水疱，称为"石痘"；有的由于化脓菌或坏疽杆菌的侵入而出现较大面积的化脓和坏死，发出恶臭，继发感染，形成所谓的"臭痘"和"坏疽痘"；还有的疹疱内出血呈黑红色，称出血痘或黑痘，这种情况一般死亡率达 20% ~ 50%。

【病理变化】 病毒对皮肤和黏膜上皮细胞具有特殊的亲和力，无论通过哪种感染途径侵入机体的病毒，都经过血液到达皮肤和黏膜，在上皮细胞内繁殖，引起一系列的炎症过程而发生特异性的痘疹，即丘疹、水疱、脓疱和结痂等病理过程。除上述临诊所见病变外，尸检前胃和第四胃黏膜往往有大小不等的圆形或半球形坚实结节，单个或融合存在，严重者形成糜烂或溃疡。咽喉部、支气管黏膜也常有痘疹，肺部则见干酪样结节以及卡他性肺炎区。有继发病症时，肺有肝变区。肠道黏膜少有痘疹变化。此外常见细菌性败血症变化，如肝脂肪变性、心肌变性、淋巴结急剧肿胀等。

【诊断】

1. 临床诊断 可从流行病学、病羊的临床症状、剖检变化等方面做出初步诊断。对非典型病例，可结合羊群为不同个体发病情况做出诊断。

2. 实验室诊断 羊痘病毒和副痘病毒有相似的血清型，一些血清学的诊断方法，如琼脂扩散试验（AGID）、间接免疫荧光试验、检测抗体的 ELISA 等，因会出现抗体交叉反应而无法区分这两种病毒的感染；又因羊痘感染后主要引起细胞介导免疫，动物接触病原后仅产生低水平的中和抗体，故而病毒中和试验敏感性也不高。国外主要用琼脂扩散试验、间接荧光试验免疫印迹试验和 ELISA 检测该病。琼脂扩散试验简单易行但敏感性不高，间接荧光试验与其他痘病毒存在交叉反应，特异性较差。免疫印迹试验利用羊痘病毒的 P32 抗原与待检血清反应，具有较高的敏感性和特异性，该试验较昂贵，操作难度较大。ELISA 具有较好的敏感性和较高的特异性，是世界动物卫生组织推荐的羊痘诊断方法。

3. 类症鉴别 本病在临床上应与羊传染性脓疱、羊螨病等类似疾病进行鉴别。

（1）与羊传染性脓疱的鉴别：羊传染性脓疱全身症状不明显，病羊一般无体温反应，病变多发生于唇部及口腔（蹄型和外阴型病例少见），很少波及躯体部皮肤，痂垢下肉芽组织增生明显。

（2）与螨病的鉴别：螨病的痂皮多为黄色麸皮样，而痘疹的痂皮则呈黑褐色，且坚实硬固，此外，从疥癣皮肤患处以及痂皮内可检出螨。

【防治】

1. 预防措施 加强对羊的饲养管理工作，羊圈要经常打扫，保持干燥清洁，抓好秋膘。冬春季节要适当补饲，做好防寒过冬工作。羊痘主要靠接种疫苗预防，一旦发生感染，并无特效药物。不同品种的绵羊对疫苗的免疫效果不尽一致，因此需要根据羊群的特殊情况制定合理的免疫间隔时间。在羊痘常发地区，每年定期预防注射。羊痘鸡胚化弱毒疫苗，大小羊一律尾内或股内皮下注射

0.5 mL。

2. 治疗措施 当羊发生羊痘时，立即将病羊隔离，将羊圈及管理用具等进行消毒。对尚未发病的羊群，用羊痘鸡胚化弱毒苗进行紧急注射。对病羊的皮肤病变酌情进行对症治疗，如用 0.1% 高锰酸钾清洗患处后，涂碘甘油、紫药水。对细毛羊、羔羊，为防止继发感染，可以肌内注射青霉素 80 万～160 万 IU，每天 1～2 次；或用 10% 磺胺嘧啶 10～20 mL，肌内注射 1～3 次；用痊愈血清治疗，大羊为 10～20 mL，小羊为 5～10 mL；皮下注射，预防量减半。用免疫血清效果更好，但代价较高。也可皮下注射 0.1% 麝香酒精溶液，必要时重复注射 1～2 次，也有良好的效果。

（三）蓝舌病

蓝舌病是由蓝舌病病毒引起的主发于绵羊的一种以库蠓为传播媒介的传染病。临床上以发热、消瘦、口腔黏膜、鼻黏膜以及消化道黏膜等发生严重的卡他性炎症，白细胞减少，舌及口腔充血瘀血、鼻腔、胃肠道黏膜发生水肿及溃疡为特征，病羊蹄部也常发生病理损害，因蹄真皮层遭受侵害而发生跛行。由于病羊特别是羔羊长期发育不良以及死亡、胎儿畸形、皮毛损坏等，可造成巨大的经济损失。目前该病在非洲、欧洲、南北美洲及西亚、南亚等均有发生，并有扩大蔓延的趋势。我国于 1979 年首次在云南师宗发现该病并分离到蓝舌病病毒。目前，全国已有云南、新疆、甘肃、陕西、四川等 29 个省（市）区检出羊蓝舌病病毒抗体。

【病原特点】 蓝舌病病毒分类上属于呼肠孤病毒科，环状病毒属，双链 RNA 病毒，病毒颗粒呈圆形，无囊膜。已知目前蓝舌病病毒有 24 个血清型，各血清型之间缺乏交互免疫性。蓝舌病病毒是一种虫媒病毒，但病毒可通过精液和胎盘屏障垂直传播。病毒主要存在于病畜的血液以及各脏器之中，病毒可在康复动物的体内存在达 4～5 个月之久。蓝舌病病毒抵抗力强，病毒在 50% 甘油中于室温下可保存多年，在有蛋白质存在的条件下可以存活数年，因此，可以将病毒保存在 -20 ℃ 的血液中。病毒对 2%～3% 氢氧化钠溶液、碘酊和苯酚等敏感。蓝舌病病毒不耐热，对酸抵抗力较弱。常用的消毒剂有 3% 福尔马林、2% 过氧乙酸和 70% 酒精。

【流行病学】 蓝舌病病毒主要感染绵羊，所有品种的绵羊均可感染，其中纯种的美利奴羊最敏感，1 岁左右的绵羊易感，羔羊更为敏感，其次是山羊和其他反刍动物。山羊、牛、鹿等反刍动物感染此病毒后一般临床症状较轻缓或无明显临床症状，而以隐性感染为主。病羊和带毒羊为本病的主要传染源，在疫区临床健康的羊只也可能携带病毒成为传染源，隐性感染的其他反刍动物也是危险的传染源。病畜与健康牲畜直接接触不传染。但是胎儿在母畜子宫内可被直接感染。

病毒主要存在于动物的红细胞内，并能从精液排毒。蓝舌病主要通过羊的皮肤传播，库蠓是本病的主要传染媒介。因此，本病的分布多与库蠓的分布及活动有关。蓝舌病多发于湿热的晚春、夏秋季节，河流、湖泊、沼泽分布广的潮湿低洼地区，也即媒介昆虫库蠓大量滋生活动的季节和地区。

【临床症状】 蓝舌病的潜伏期一般为 3～10 d。绵羊蓝舌病最初的典型症状是体温升高和白细胞显著减少。羊感染后最初体温升高达 40～42 ℃，稽留 2～6 d，有的长达 11 d，同时白细胞数目也明显降低。高温稽留后体温降至正常，白细胞也逐渐回升至正常生理范围。病羊精神萎靡，食欲不振，流涎，双唇水肿，并且常蔓延至面颊、耳部甚至颈部、胸部和腹部。病羊舌及口腔黏膜充血、发绀呈青紫色。发热几天后，口、唇、齿龈、颊、舌黏膜发生溃疡、糜烂，致使吞咽困难。继发感染引起坏死及口腔恶臭。鼻分泌物初为浆液性后为黏脓性，常带血，结痂于鼻孔四周，引起呼吸困难和鼾声，鼻黏膜和鼻镜糜烂出血。有的病例蹄冠、蹄叶发炎，触之敏感、疼痛，出现跛行。病羊消瘦、衰弱，有的便秘或腹泻，便中带血，最后死亡。病程 6～14 d，发病率为 30%～40%，病死率为 20%～30%，有时并发肺炎或胃肠炎，死亡率可高达 90%。山羊的症状与绵羊相似，但一般较为轻微。怀孕 4～8 周母羊，如用活疫苗或免疫感染，其分娩的羔羊中约有 20% 发育畸形，如脑积水、小脑发育不足、脑回过多等。

【病理变化】 绵羊的舌发绀如蓝舌头。病死羊各脏器和淋巴结充血、水肿和出血，颌下、颈部皮下胶样浸润。口腔黏膜糜烂并有深红色区，口唇、舌、齿龈、硬腭和颊部黏膜水肿、出血。瘤胃有暗红色区，表面上皮形成空泡变性和死亡。真皮充血、出血和水肿。肌肉出血，肌间有浆液和胶冻样浸润。重者皮肤毛囊周围出血，并有湿疹变化。呼吸道、消化道、泌尿系统黏膜以及心肌、心内外膜可见有出血点。严重病例，消化道黏膜常发生坏死和溃疡、蹄冠等部位上皮脱落但不发生水疱。蹄叶发炎并形成溃烂。在蹄、腕、跗趾间的皮肤上有发红区，靠近蹄部较严重，愈往上端愈轻，蹄冠可出现红点或红线，深入蹄里，有的充血或出血。心包积液，心肌、心内外膜、呼吸道、泌尿道黏膜都有针尖大小的出血点。肌肉纤维变性，皮下组织广泛充血和胶冻样浸润。

【诊断】

1. 临床诊断 根据典型症状和病变，可以做出简单诊断，如发热、口唇肿胀、糜烂、跛行、行动强直、蹄部炎症及流行季节等。

2. 实验室诊断

（1）血清学试验：可用于蓝舌病的诊断、检疫、疫情监测以及病毒的鉴定和血清型的确定。以诊断为目的时，血清学试验的样品应是双份血清。第 1 份在发病初期，最好是在发热后 24～48 h 内采取；第 2 份在发病后第 14～15 d 或以后采取。当第 1 份血清与第 2 份血清中特异性抗体的滴度之比超过 1:4 时，可判为阳性。

（2）琼脂凝胶免疫扩散试验：被检血清孔与抗原孔之间出现致密的沉淀线，并与标准的阳性血清的沉淀线末端互相连接，则为阳性。

（3）免疫荧光试验：蓝舌病毒在荧光镜下可见细胞胞浆着染，出现星状绿色颗粒。

此外，补体结合实验、也具有群特异性，可用于疫病的诊断、检疫和监测；中和试验和蚀斑抑制试验，具有型特异性，可用于区别血清型。还可采取病羊发热期的血液、脾脏、淋巴结或异常胎儿的脑组织作为检样，进行病毒的分离和鉴定。

3. 类症鉴别 羊蓝舌病通常应与口蹄疫、羊传染性脓疱等疾病进行区别。

（1）蓝舌病与口蹄疫的鉴别：口蹄疫为高度接触传染性疾病，牛、猪易感性强，感染发病临床症状典型而明显。蓝舌病则主要通过库蠓叮咬传播，且蓝舌病病毒不感染猪，人工接种不能使豚鼠感染。口蹄疫的糜烂性病理损害是由于水疱破溃而发生，蓝舌病虽有上皮脱落和糜烂，但不形成水疱。

（2）蓝舌病与羊传染性脓疱的鉴别：羊传染性脓疱在羊群中以幼龄羊发病率为高，患病羊口唇、鼻端出现丘疹和水疱，破溃以后形成疣状厚痂，痂皮下为增生的肉芽组织。病羊特别是年龄较大的羊，一般不显严重的全身症状，无体温反应。采集局部病变组织进行电镜复染检查，可发现呈线团样编织构造的典型羊口疮病毒。

【防治】

1. 预防措施 加强检疫，严禁从病区购买牛、羊，特别是库蠓活动的季节。严防用带毒精液进行人工授精。羊群放牧要选择高地，减少感染机会，防止潮湿地带露宿。定期进行药浴、驱虫，控制和消灭该病的媒介昆虫（库蠓），做好牧场的排水工作。血清学阳性畜，要定期复检，限制其流动，就地饲养使用，不能留作种用。发生该病的地区，应扑杀病畜清除疫源，消灭昆虫媒介，必要时进行紧急预防免疫。用于预防的疫苗有弱毒活疫苗和灭活疫苗等。蓝舌病病毒的多型性和在不同血清型之间无交互免疫性的特点，使免疫接种产生一定困难。首先在免疫接种前应确定当地流行的病毒血清型，选用相应血清型的疫苗，才能收到满意的免疫效果；其次，在一个地区不只有一个血清型时，还应选用二价或多价疫苗。否则，只能用几种不同血清型的单价疫苗相继进行多次免疫接种。目前我国常用弱毒疫苗、灭活疫苗和亚单位疫苗，效力稳定、安全效果好。

2. 治疗措施 本病无特效药物治疗，但采取对症与加强护理相结合疗法，对加速病羊的康复、防止继发感染具有重要意义。临床上主要是对症治疗，一旦发现病羊要精心护理，在通风良好的圈舍内隔离饲养，饲喂柔软易消化的饲草。口腔用食醋或0.1%高锰酸钾溶液冲洗，再用1%～2%的明矾溶液或碘甘油涂抹溃烂面，也可用冰硼散外敷。蹄部患病时可先用 3% 克辽林或 3% 来苏儿洗净，再用碘甘油或土霉素软膏涂拭，以绷带包扎。严重病例可补液强心，用 5% 的葡萄糖生理盐水 500 mL 和 10% 安钠咖 10 mL 静脉注射，每天 1 次。预防继发感染可用磺胺类药和抗生素。

（四）山羊病毒性关节炎－脑炎

山羊病毒性关节炎－脑炎是由山羊病毒性关节炎－脑炎病毒引起的山羊的一种慢性传染病。其主要特征是成年山羊呈缓慢发展的关节炎，间或伴有间质性肺炎和间质性乳房炎；2～6 月龄羔羊表现为上行性麻痹的神经症状。本病最早可追溯到瑞士（1964）和德国（1969），当时被称为山羊肉芽肿性脑脊髓炎、慢性淋巴细胞性多发性关节炎、脉络膜－虹膜睫状体炎，实际上与 20 世纪 70 年代美国山羊病毒性白质脑脊髓炎在症状上相似。1974 年，Ceek 等首次报道本病，1980 年，Crawford 等人从美国一患慢性关节炎的成年山羊体内分离到一株合胞体病毒，接种 SPF 山羊复制本病成功，证明上述病是该同一病毒引起的，统称为山羊病毒性关节炎－脑炎。目前本病已在世界范围内，包括欧、美、澳、亚洲的十多个国家流行。1985 年以来，我国甘肃、四川、陕西、山东和新疆等省（区）先后发现本病。山羊关节炎－脑炎病毒琼脂试验呈阳性反应或有临床症状的羊，均为从英国引进的萨能、吐根堡奶山羊及其后代，或是与这些进口奶山羊有过接触的山羊。由于本病呈世界性分布且在许多国家感染率很高，潜伏期长，感染山羊终生带毒，且没有特异的治疗方法，最终死亡，对畜群的生产性能特别是奶产量有重要影响，同时妨碍了种用动物的正常贸易，导致经济遭受严重损失。

【病原特点】 山羊病毒性关节炎－脑炎病毒为有囊膜的 RNA 病毒，属反录病毒科慢病毒亚科，其基因组在感染细胞内由逆转录酶转录成 DNA，再整合到感染细胞的 DNA 中成为前病毒，成为新的病毒粒子。无菌采取病羊关节滑膜组织制备单细胞进行体外培养，经 2～4 周细胞出现合胞体。山羊胎儿滑膜细胞常用于病毒的分离鉴定。接种材料包括滑液、乳汁和血液白细胞，其中以前二者的病毒分离率最高。用驯化病毒接种山羊胎儿滑膜细胞经 15～20 h，病毒开始增殖，96 h 达高峰，接种 24 h 细胞开始融合，5～6 d 细胞层上布满大小不一的多核巨细胞。试验证明，合胞体的形成是病毒复制的象征。因此，可用于感染性的滴定。病毒的形态结构和生物学特点与梅迪－维斯纳病毒类似，基因组有 20% 同源性，在血清学上有穿插反应。本病毒对外界环境的抵抗力不强，56 ℃ 条件下 10 min 可被灭活。低于 pH 4.2 可迅速死亡。常规消毒剂一般浓度均可杀灭本病毒。

【流行病学】 山羊是本病的主要易感动物。山羊品种不同其易感性也有区别，安格拉山羊的感染率明显低于奶山羊，萨能奶山羊的感染率明显高于中国地方山羊。实验感染家兔、豚鼠、地鼠、鸡胚均不发病。患病山羊，包括潜伏期隐性患羊，是本病的主要传染源。病毒经乳汁感染羔羊，被污染的饲草、饲料、饮水等可成为传播媒介。感染途径以消化道为主。在自然条件下，只在山羊间互相传染发病，绵羊不感染，无年龄、性别间的差异，但以成年羊感染居多。感染率为15%～81%，感染母羊所产的羔羊当年发病率为16%～19%，病死率高达100%。不易发生水平传播。呼吸道感染和医疗器械接种传播本病的可能性不能排除。感染本病的羊只在良好的饲养管理条件下常不出现症状或症状不明显，只有通过血清学检查才能发现。一旦改变饲养管理条件、环境或长途运输等应激因素的刺激，则会出现临床症状。本病一年四季均可发病，呈地方流行性。

【临床症状】 依据临床表现可分为三种类型，即脑脊髓炎型、关节型和间质性肺炎型。多为独立发生，少数有所交叉。但在剖检时，多数病例具有其中两型或三型的病理变化。

1. 脑脊髓炎型 潜伏期2～5个月，主要发生于2～4月龄羔羊。有明显的季节性，80%以上的病例发生于3月至8月，显然与晚冬和春季产羔有关。病初病羊精神沉郁、跛行、进而四肢强直或共济失调、一肢或数肢麻痹、横卧不起、四肢呈游泳状划动，有的病例眼球震颤、惊恐、角弓反张、头颈歪斜或做圆圈运动。有时面神经麻痹，吞咽困难或双目失明。病羊一般无体温变化，呈进行性衰弱，病程半月至一年，死亡率可达80%，个别耐过病例留有后遗症。少数病例兼有肺炎或关节炎症状。

2. 关节炎型 关节炎型主要发生于1岁以上的成年山羊，病程1～3年。典型症状是腕关节肿大和跛行，膝关节和跗关节也有罹患。病情逐渐加重或突然发生。开始，关节周围的软组织水肿、湿热、波动、疼痛，有轻重不一的跛行，进而关节肿大如拳，活动不便，常见前膝跪地膝行。有时病羊肩前淋巴结肿大。透视检查，轻型病例关节周围软组织水肿；重症病例软组织坏死，纤维化或钙化，关节液呈黄色或粉红色。有的病例还可见到寰枕关节和脊椎关节发炎。

3. 肺炎型 肺炎型较少见，无年龄限制，各种年龄段山羊均可发生。病程3～6个月。患羊进行性消瘦、咳嗽、呼吸困难，胸部叩诊有浊音，听诊有湿啰音。个别病例兼有关节炎症状。

除上述三种病型外，哺乳母羊有时发生间质性乳房炎。多发生于分娩后的1～3 d，乳房坚实或坚硬，呈硬结节性乳房炎，仅能挤出少量乳汁，无全身反应。采集乳房炎病例的乳汁经菌检无细菌感染。

【病理变化】

1. 神经病变 主要病变发生在中枢神经，如小脑和脊髓的灰质，偶尔可见在脊髓和脑的白质部分有局灶性淡褐色病区。在前庭核部位将小脑与延髓横断，可见一侧脑白质有一棕色区。镜检见血管周围有淋巴样细胞、单核细胞和网状纤维增生，形成套管，套管周围有星状胶质细胞和少突胶质细胞增生包围，神经纤维有不同程度的脱髓鞘变化。严重病例可见到脑软化。组织学观察于大脑白质部和颈部脊髓有非化脓性脱髓鞘性脑脊髓炎，以及淋巴细胞型的单核细胞严重浸润，也常有轻度间质性肺炎变化。

2. 关节 在关节炎病例中，有消瘦和多发性关节炎，几乎所有病例都有退行性关节炎，通常伴有淋巴结肿大和弥漫性间质性肺炎。组织学变化可见肥大型慢性滑膜炎，可见滑膜细胞增生，滑膜面纤维素沉着，滑膜下单核细胞浸润，邻近结缔组织可见坏死和钙化。镜检可见滑膜绒毛增生折叠，淋巴细胞、浆细胞及单核细胞灶状聚集，严重者发生纤维蛋白性坏死。

3. 肺炎型病变 肺脏轻度肿大，质地坚硬，呈灰白色，表面散在灰色小点，切面可见到大叶性或斑块状实质区。肺泡隔和小叶间结缔组织增生，肺泡壁细胞肿大，支气管和血管周围淋巴细胞增生，形成淋巴小结或淋巴细胞套。镜检见细支气管和血管周围淋巴细胞、单核细胞或巨噬细胞浸润，甚至形成淋巴小结，肺泡上皮增生，肺泡膈肥厚，小叶间结缔组织增生，临近细胞萎缩或纤维化。

4. 乳腺 乳腺发生乳腺炎的病例，镜检见血管、乳导管周围及腺叶间有大量淋巴细胞、单核细胞和巨噬细胞渗出，继而出现大量浆细胞，间质常发生灶状坏死。

5. 肾脏 少数病例肾表面有 1 ~ 2 mm 的灰白小点。镜检见广泛性的肾小球肾炎。

【诊断】

1. 临床诊断 在本病常发地区，根据临床症状，病理变化，结合流行病学调查，可以做出初步诊断，确诊须做实验室诊断。

2. 实验室诊断 实验室常用的诊断方法有病毒学诊断和血清学试验。病毒学诊断无菌采取病羊关节液、滑膜、乳汁、血液白细胞等相关病料，接种于山羊胎儿关节滑膜细胞培养物，或直接用病羊滑膜细胞培养，检查有无合胞体形成。可用琼脂免疫扩散反应、酶联免疫吸附试验、直接免疫荧光抗体技术，出现阳性时可以确诊。血清学试验应用最广泛的是琼脂免疫扩散试验、酶联免疫吸附试验及免疫斑点试验，上述方法检测本病毒血清抗体效果很好。

3. 鉴别诊断 本病要与以下病进行鉴别诊断。

（1）与传染性关节炎的鉴别：传染性关节炎多呈急性，跛行更为严重，中性粒细胞增多。

（2）与维生素 E 和硒缺乏症的鉴别：维生素 E 和硒缺乏症多引起以肌肉衰弱和跛行为特征的白肌病，虽然在临床上酷似山羊关节炎 - 脑炎，但其血清和组织含硒量低，用维生素 E 和硒治疗有效。

（3）与李氏杆菌病的鉴别：李氏杆菌病多表现为精神沉郁，转圈运动以及颅神经麻痹，早期磺胺类及抗生素治疗有效。

（4）与脑灰质软化症的鉴别：脑灰质软化症以失明、精神沉郁和共济失调为特征，早期维生素 B 治疗有效，而山羊关节炎－脑炎很少发生失明和精神沉郁。

（5）与弓形虫病的鉴别：弓形虫病与山羊病毒性关节炎－脑炎临床表现有些相似，但前者镜检组织中可检出弓形虫，血清中可检出弓形虫抗体。

【防治】

1. 预防措施　本病尚无有效疗法和疫苗，主要以加强饲养管理和防疫卫生工作为主。定期对羊群进行山羊关节炎－脑炎检疫，监视羊群健康状态。通过羊群的封闭式管理，引进无山羊关节炎－脑炎病毒的种羊，以保持羊群无本病。一旦发现羊群感染了本病，可采取以下防控和消灭措施。一是当群体不大时，可将羊只全群扑杀，重新建立无山羊关节炎－脑炎的羊场。二是有计划地对群体进行定期检疫，及时扑杀阳性羊和隔离饲养新生羔羊，认真执行防疫措施，经数次检疫结果表明羊群中无山羊关节炎－脑炎病毒感染。此时羊群可按无疫情羊群方式管理。澳大利亚、新西兰以及我国一些地方按上述防控措施实施，均收到了良好的效果。

2. 治疗措施　本病尚无有效治疗方法，主要靠对症治疗，减轻临床症状。

（五）绵羊肺腺瘤病

绵羊肺腺瘤病又名"绵羊肺癌"或"驱赶病"，是由绵羊肺腺瘤病毒引起的一种接触性、进行性、肿瘤性、慢性肺脏传染病。山羊也可发生此病。其特征是潜伏期长，肺泡和支气管上皮发生原发性腺瘤状结节，病羊呼吸困难，咳嗽和大量浆液性流涕，躯体渐进性消瘦，最终归于死亡。本病除澳大利亚和新西兰之外，几乎凡是养羊的国家都有过流行。我国 1951 年首先于兰州发现，1955 年新疆、内蒙古等省（区）也曾发病。

【病原特点】　本病病原称为绵羊肺腺瘤病毒或驱赶病毒。本病毒含线性单股负链 RNA，核衣壳直径 95 ~ 115 nm，其外有囊膜，是一种反转录病毒。在病羊的肿瘤匀浆和肺组织中发现有 RNA 以及依赖 RNA 的 DNA 反转录酶。本病毒抵抗力不强，在 56 ℃条件下 30 min 灭活，对氯仿和酸性环境都很敏感。－20 ℃保存的病肺细胞里的病毒可存活数年。本病毒不易在体外培养，而只能依靠人工接种易感绵羊来获得病毒。用病料经鼻或气管接种绵羊，经 3 ~ 7 个月的潜伏期后出现临床症状，在肺脏及其分泌物中含有较多的病毒。

【流行病学】　各种品种和年龄的绵羊均能发病，以美利奴羊最易感。临床发病多为 3 ~ 5 岁绵羊，母羊发病较多，2 岁以内羊只很少发病，在特殊情况下，也可生于 2 ~ 3 月龄绵羊。除绵羊外，山羊也可感染发病。病羊是本病的传染源，通过咳嗽和喘气可将病毒排出，经呼吸道传染给易感羊，也有通过胎盘而使羔羊发病的报道。本病多为散发，有时也能大批发生。羊圈中羊只拥挤，尤其是在密闭的圈舍中，可促进本病的发生和流行。气候阴冷，可使病羊病情加重，也容易引起病羊继发感染细菌性肺炎，使病程缩短，死亡率升高。羊群长途运输或驱赶，尘土刺激，细菌及寄生虫侵袭等均可引起肺源性损伤，导致本病的发生。

【临床症状】 绵羊肺腺瘤病潜伏期较长，一般为半年至2年。人工感染潜伏期也可达3~7个月。一般只有成年绵羊感染后才能观察到临床症状。发病后，早期病羊精神不振，被毛粗乱，步态僵硬，逐渐消瘦，结膜呈粉白色，无明显体温反应。随着病情的发展，呼吸快而浅表，吸气时常见头颈伸直、鼻孔扩张。病羊常有湿性咳嗽。当支气管分泌物积聚于鼻腔时，则出现鼻塞音，低头时，分泌物自鼻孔流出。分泌物检查，可见增生的上皮细胞。肺部叩诊、听诊，可闻知湿啰音和肺实变区。病羊以进行性衰弱、消瘦和呼吸困难为主要症状，同时伴有体温升高，病羊被驱赶时，呼吸困难的症状尤为明显。后期病羊常继发细菌性感染，引起化脓性肺炎，导致急性、有时可能呈发热性病程。病羊从鼻孔流出大量分泌物，咳嗽，食欲减退，急剧消瘦，在数周或数月内死亡。感染羊群的发病率为2%~4%，但病死率很高，可达100%。

【病理变化】 病羊死后剖检时的病理变化主要集中在肺脏及胸部。病羊的肺脏比正常的大2~3倍。在肺的心叶、尖叶和膈叶的下部可见大量弥散性灰白色乃至浅黄褐色结节，其直径为1~3cm，外观圆形、质地坚实，稍凸出于肺表面。然后，密集的小结节发生融合，形成大小不一、形态不规则的大结节，甚至可波及一个肺叶的大部分。如有继发感染则出现大小不等的化脓灶。病变部位的胸膜增厚，肺胸膜常与胸壁及心包膜粘连。部分病羊因肿瘤转移，致使支气管周围淋巴结增大，形成不规则的肿块。左心室增生、扩张。组织学变化可见肺肿瘤，是由增生的肺泡和支气管的上皮增生所组成，除见有简单的腺瘤状构造外，还可见到乳头状瘤构造。病羊的肺脏病理组织切片，可见Ⅱ型肺泡上皮细胞大量增生，形成许多乳头状腺癌灶，乳头状的上皮细胞突起向肺泡腔内扩张。有的腺癌灶周围的肺泡腔内，充满大量增生脱落的上皮细胞，主要以Ⅱ型肺泡上皮细胞为主。这些增生脱落的细胞伴随大量渗出液体，经呼吸道从鼻腔排出。从而可以从病羊鼻腔分泌物的推片染色镜检中特异性的发现有大量Ⅱ型肺泡上皮细胞存在。疾病后期，肺的切面有水肿液流出。

【诊断】

1. 临床诊断 目前对于活体绵羊是否患有绵羊肺腺瘤病还没有一种很明确的诊断方法，对本病的诊断主要依靠病史、临床症状、病理剖检和组织学变化进行。在本病的流行区，如发现逐渐、持续性的呼吸困难，可做出疑为本病的诊断。对可疑的病羊做驱赶试验，观察呼吸数变化、咳嗽和流鼻液情况。提起病羊后躯，使头部下垂观察鼻液流出情况等可做出初步诊断。病死或淘汰羊，如肺上发现灰白色结节，是进一步支持临床诊断的证据。当病羊通过上述方法初步诊断为本病时，可以对病羊进行实验室检查。

2. 实验室诊断 实验室诊断常采集肺脏等病料进行病理学检查，采集血清做琼脂扩散试验和补体结合试验。实验室常用的其他诊断方法还有血清中和试验、直接荧光抗体法以及酶联免疫吸附试验。

3. 类症鉴别 要注意与梅迪－维斯纳病、巴氏杆菌病及蠕虫性肺炎相区别。

（1）与梅迪－维斯纳病的鉴别：梅迪－维斯纳病多为慢性进行性肺炎，一般不流鼻液，为干性咳嗽，其病理组织学特征为肺泡壁因单核细胞浸润而增生，淋巴滤泡增生。

（2）与巴氏杆菌病的鉴别：巴氏杆菌病多为急性经过，体温高，呈败血性症状，肺脏呈大叶性肺炎变化。病料镜检可见巴氏杆菌。

（3）与蠕虫性肺炎的鉴别：蠕虫性肺炎肺脏病料镜检可见蠕虫。

【防治】

1. 预防措施 绵羊肺腺瘤病一旦在羊群中潜存，很难消灭，可持续危害多年。目前尚无有效的治疗方法，也没有特异性疫苗可供免疫接种。在非疫区加强预防工作，消除或减少诱发本病的不利因素，加强饲养管理，改善环境卫生，预防本病的发生。本病到目前尚无有效的防治方法，因此在完全确诊后，最好将全群羊及时淘汰、隔离扑杀，以消除病原。对圈舍和牧场进行消毒并空闲一定时间，再重新使用，并通过建立无绵羊肺腺瘤病的健康羊群，逐步清除本病。在非疫区，严禁从疫区引进绵羊或山羊，对已引进的羊只要严格检疫后隔离，经一定时间观察，进行详细的临床检查后，方可混群。

2. 治疗措施 本病尚无有效的治疗措施，主要是对症治疗，早发现早隔离，早治疗，防止大群感染。

（六）羊伪狂犬病

伪狂犬病是由伪狂犬病病毒引起家畜和多种野生动物共患的一种急性传染病。临床上以发热、奇痒以及脑脊髓炎为特征。1813 年，首先发现于美国牛群，本病主要侵害动物的中枢神经系统，因临诊表现与狂犬病相似，曾一度被误认为狂犬病。后证实是由不同的病毒所引起，被命名为伪狂犬病。1902 年 Aujeszky 证明本病原为非细菌性致病因子。1948 年我国首次报道伪狂犬病例。

【病原特点】 伪狂犬病病毒属于疱疹病毒科、猪疱疹病毒 I 型，双链 DNA 病毒。成熟的病毒粒子由含有基因组的核芯、衣壳和囊膜三部分组成。本病毒能在鸡胚及多种哺乳动物细胞上培养增殖，并产生核内嗜酸性包涵体，有明显的细胞病变和鸡胚的痘斑样病变，并导致鸡胚死亡。本病毒对外界环境抵抗力较强，污染饲草上的病毒在夏季可存活 3 d，冬季可存活 46 h。病料在 50% 甘油盐水中于 4 ℃左右可保持毒力达 3 年。病毒在 0.5% 石炭酸溶液中可保持毒力达数十天之久。0.5% 石灰乳、2% 氢氧化钠溶液、2% 福尔马林溶液等可迅速使病毒灭活。伪狂犬病毒对乙醚、氯仿等较敏感，X 射线和紫外线也能使之灭活。

【流行病学】　本病自然发生于牛、羊、狗、猫、鼠、猪，野生动物如水貂等亦可发病。除成年猪症状轻微很少死亡外，其他动物感染后都以死亡告终，极少康复。病畜、带毒家畜以及带毒鼠类是本病的主要传染源。感染猪和带毒鼠类是病毒重要的天然宿主，羊或其他动物患病多与接触带毒猪、鼠有关。感染动物经鼻液、唾液、乳汁、尿液等排出病毒，污染饲料、牧草、饮水、用具及环境。本病主要通过消化道、呼吸道感染，也可经皮肤、黏膜损伤以及交配传播。病毒进入机体后，直接侵害动物的神经系统，使病畜呈现各种不同程度的神经综合征；如病程较长，则可继发呼吸、消化器官的病变。本病一年四季都可发生，以春、秋两季较为多见，常呈群发。

【临床症状】　本病的潜伏期一般为 3～6 d，长者可达 20 d。发病初期病羊体温升高，可达 41.5 ℃，精神亢奋，呼吸加快，阵发性痉挛。病羊往往在病毒的入侵部位开始发痒，如鼻黏膜受感染，则顽固地摩擦鼻镜或面部某部分。在奇痒部位可见皮肤脱毛、水肿，甚至出血。还出现某些神经症状，如磨齿、强烈喷气、出汗、后足用力踏地，并表现间歇性烦躁不安等。病羊发病初期有短期的体温升高，随后很快降至常温或更低。后期四肢无力直到麻痹，出现咽喉麻痹时大量流涎，最后死亡。病程一般为 1～3 d。

【病理变化】　皮肤擦伤处脱毛、水肿，其皮下组织有浆液性或浆性出血浸润。组织学病变主要是中枢神经系统呈弥漫性非化脓性脑膜脑脊髓炎及神经节炎，有明显的血管套及弥散性局部胶质细胞反应，同时伴有广泛的神经节细胞及胶质细胞坏死。剖检可见脑和脑膜有严重充血和出血，消化道黏膜也发现充血和出血，有时肝脏充血肿胀。

【诊断】

1. 临床诊断　根据临床症状和流行病学资料分析，病羊有剧痒等特征症状，可做初步诊断。确诊必须进行实验室诊断。

2. 实验室诊断　取病羊患部水肿液、侵入部的神经干、脊髓及脑组织，接种家兔，2～3 d 后，病兔接种部位常有典型奇痒症状。或用病料直接接种猪肾或鸡胚细胞，亦可产生典型病变。实验室常用的其他诊断方法还有病毒中和试验、琼脂扩散试验、补体结合试验、免疫荧光抗体技术、酶联免疫吸附试验、聚合酶链式反应等均可用于伪狂犬病的诊断，其中病毒中和试验敏感性高。此外，还可取自然病例的病料如脑或扁桃体的压片或冰冻切片，用直接免疫荧光法，可在几小时内取得可靠结果。

3. 类症鉴别　本病需与绵羊痒病、湿疹、螨病、李氏杆菌病、狂犬病等做鉴别诊断。

（1）与绵羊痒病的鉴别：绵羊痒病病原为朊病毒，发病特征为潜伏期长、剧痒、精神委顿、肌肉震颤、运动失调、衰弱、瘫痪，终归死亡。剖检可见脑部有大小不等的皱缩和空泡。

（2）与湿疹的鉴别：湿疹无传染性，因圈舍潮湿、矿物质缺乏所致。病羊患部鲜红、潮湿，且病羊无神经症状。

（3）与狂犬病的鉴别：狂犬病病畜一般有被患病动物咬伤抓伤的痕迹，病畜异常亢奋，且极具攻击性。

（4）与李氏杆菌病的鉴别：李氏杆菌病一般无皮肤瘙痒症状。血液涂片染色镜检，可见单核细胞增多。病料镜检观察，可发现革兰阳性的李氏杆菌。病料悬液接种家兔，不出现特殊的瘙痒症状。

【防治】

1. 预防措施　平时要加强饲养管理，提倡自繁自养，不从疫区引进种羊。因生产需要购入种羊时，要严格检疫，对血清学检验阳性的羊只进行扑杀、做无害化处理。同群羊隔离观察，经血清学检验阴性时，方可混群饲养。消灭圈舍和牧场内的鼠类，避免羊只与猪接触或混合饲养。本病流行地区可用伪狂犬活疫苗进行免疫接种，4月龄以上羊肌内注射1 mL，接种后6 d产生免疫力，保护期可达1年。也可用牛羊伪狂犬病氢氧化铝甲醛灭活疫苗，对羊只进行免疫。

2. 治疗措施　本病尚无有效的药物和治疗方法。在潜伏期或前驱期使用伪狂犬病免疫血清或病愈家畜的血清可获得良好的治疗效果，但代价略高。

（七）口蹄疫

口蹄疫又称口疮或蹄癀，是由口蹄疫病毒引起的偶蹄兽的一种以口腔黏膜、鼻、蹄和乳房等部位皮肤发生水疱、溃疡和烂斑为特征的急性、热性、高度接触性传染病。口蹄疫的传染性极强，它可通过患病以及带毒动物或动物产品、各类物品如空气、水等媒介传播。目前，该病已广泛流行于世界各地，历史上也曾多次暴发世界性大流行，该病的发生往往会严重影响畜牧生产、经济发展以及国际经济贸易，给企业、社会和国家带来严重的经济损失。因此，世界动物卫生组织（OIE）将其列为A类传染病之首。

【病原特点】　口蹄疫病毒属于微核糖核酸病毒科口蹄疫病毒属。目前已知口蹄疫病毒在全世界有A、O、C、南非1、南非2、南非3和亚洲1型7个血清型，每一个血清型又包括若干亚型，现在已知的有70个以上的亚型。另外，口蹄疫病毒具有较大的变异性，在流行地区常有新的亚型出现。口蹄疫病毒主要存在于患病动物的水疱和淋巴液中。发热期，病畜血液中的病毒含量也非常高。此时，病畜的乳汁、口涎、泪液、尿液、粪便等分泌物、排泄物中也有一定量的病毒存在。病畜康复后，短时间内即失去传染性，也有个别病畜在康复后数月唾液中仍有病毒存在。口蹄疫病毒在羊的扁桃体、咽部和软腭背部表面可存在 1 ~ 5 个月。口蹄疫病毒对外界环境的抵抗力非常强。自然情况下，口蹄疫病毒在病畜组织和饲料、牧草、皮毛以及土壤中数月仍然可以保持较高的感染性。口蹄疫病毒对化学消毒剂如酚类、酒精也有较强的抵抗力，在 1% 石炭酸中病毒可存活 5 个月，3% 来苏儿中可存活 6 h，70% 的酒精也需要 3 ~ 4 d 才能使口蹄疫病毒灭活。不过口蹄疫病毒对酸、碱、高温以及日光均具有敏感性。pH 低于 3.0 时口蹄疫病毒瞬间即被灭活，pH 在 5.5 时 1 min 可灭活 90%。70 ℃ 条件下 30 min 或者 100 ℃ 条件下 3 min 均可使病毒灭活。另外，生产中常用 0.2% ~ 0.5% 的过氧乙酸、1% ~ 2% 的甲醛溶液、2% 的氢氧化钠溶液、4% 的碳酸氢钠溶液、20% ~ 30% 的草木灰溶液进行消毒，也有很好的效果。

【流行病学】 口蹄疫病毒能侵害 30 多种动物，但以偶蹄兽最敏感。本病在流行过程中最易感染的是牛，绵羊、山羊次之，人也具有易感性。患病动物和带毒动物是主要的传染源，病毒可通过直接或间接接触方式进行传播。消化道是主要的感染门户，病毒也可经损伤的皮肤、黏膜感染。另外，呼吸道也是重要的感染途径。口蹄疫病毒可以随风传播到 50 ~ 100 km 以外的地方，所以气源性传播在口蹄疫的流行上起着决定性作用。口蹄疫病毒的传染性极强，传播非常迅速，一旦发生往往呈流行性。老疫区发病率可达 50% 以上，新疫区可达 100%。该病的发生常呈一定的季节性，一般秋末开始流行，冬季加剧，春季减缓，秋季平息。易感及带毒野生动物的大批流动、被污染的畜产品和饲料的转运、运输工具的消毒不严以及兽医防疫措施执行不力等均会造成本病的流行。

【临床症状】 本病潜伏期一般为 2 ~ 4 d。病毒侵入机体进入血液后，病羊体温升高至 40 ~ 41 ℃，病羊精神不振，食欲下降。随后病羊口腔黏膜、蹄部、乳房开始出现大小不一的水疱。随着病情的加重，水疱会汇合成大水疱或连成一片，并很快破溃，遗留下边缘整齐的红色烂斑。病羊大量流涎，如发病于四肢则病羊会出现跛行，严重者难以站立，并且通常会因为感染使伤口化脓病情进一步加重。如单纯发病于口腔，一般 1 ~ 2 周即可痊愈，而当病变延伸至乳房及蹄部时则需要 2 ~ 3 周方可痊愈。该病作用于羊一般呈良性经过，病死率在 1% 左右，一般山羊患病比绵羊更为严重，死亡率也较高。哺乳羔羊对口蹄疫特别敏感，发病后常表现为恶性口蹄疫，常呈现心肌炎和出血性胃肠炎，并且发病急，死亡快，死亡率高，可达 20% ~ 50%。

【病理变化】 口蹄疫病毒主要从上呼吸道、食管、皮肤创伤处或无毛皮肤处侵入机体，并在入侵处增殖，形成原发性水疱和病毒血症。增殖的病毒又随血液到达全身嗜性组织，并继续迅速大量增殖，形成全身症状和继发性水疱。因此，病死羊除见口腔、蹄部以及乳房等部位出现水疱、烂斑外，严重病例咽喉、气管、支气管和前胃黏膜会出现烂斑和溃疡或者黑色痂块。剖检还可见真胃和肠道有出血性炎症。幼畜心内外膜有出血性斑点，心肌松软似煮熟状，心肌上出现灰黄或灰白色条纹和斑块，俗称"虎斑心"。

【诊断】

1. 临床诊断 口蹄疫临床症状非常明显，病羊的口腔、蹄部、乳房等部位相继出现水疱，并会大量流涎。病羊通常以蹄部症状为主，突发急性跛行，甚至无法站立，病羊卧地不愿行走。根据以上临床症状结合流行病学调查即可做出初步诊断。

2. 实验室诊断 通常采取新鲜的水疱皮或水疱液或者取发病动物血液、血清或食管分泌物。病死羊则可取淋巴结、甲状腺或心肌等病料。采集的样品应冷冻保存或置于50%甘油生理盐水中保存并尽快送至专门实验室进行检验。实验室诊断常结合病原学检查和血清学实验进行。

（1）病原学检查：电镜下观察口蹄疫病毒粒子大致呈圆形或近似六角形，衣壳呈二十面体立体对称，病毒无囊膜。口蹄疫病毒可在牛肾细胞、牛舌上皮细胞、猪肾细胞等原代以及继代细胞中增殖。

（2）血清学试验：血清学试验常用于口蹄疫病毒型的鉴定，以便选用同型口蹄疫疫苗进行紧急免疫接种。常用的血清学试验有补体结合反应、中和试验、琼脂扩散试验等。目前也可以用更简便、快速、特异性强的临诊诊断技术，比如用生物素标记探针技术来检测口蹄疫病毒越来越被普遍地使用。

3. 类症鉴别 羊口蹄疫与羊传染性脓疱、蓝舌病等比较相似，临床诊断中应注意鉴别。羊传染性脓疱主要发生于羔羊，其主要病理特征是在口唇部发生水疱、脓疱以及疣状厚痂，病变是增生性的，所以一般无体温升高。

【防治】

1. 预防措施 认真做好常规免疫工作，选用可靠疫苗并参考本地区流行毒型进行免疫。发生口蹄疫后，应立即上报疫情，进行确诊，划定疫点、疫区和受威胁区，采取严格封锁隔离消毒措施，对疫区和受威胁区未发病羊群进行紧急免疫接种，尽快扑灭疫情。

2. 治疗措施 本病传染性极强，且对人也有一定的易感性，因此一般不准许治疗，发病后对病畜应就地扑杀，进行无害化处理。羊被感染后大多经10~14 d即可自愈，必要时可在严格隔离情况下做如下治疗。对病羊首先要加强护理，例如圈棚要干燥，保持良好的通风环境，同时供给柔软饲料（如青草、面汤、米汤等）和清洁的饮水，并且要经常消毒圈舍。在加强护理的同时，还要对症治疗，以促进病羊痊愈，缩短病程。

（1）口腔患病：可用食醋或1%高锰酸钾洗涤口腔，溃疡面涂以1%~2%明矾或甘油合剂（1:1），每天涂搽3~4次，也可使用冰硼散涂搽。

（2）蹄部患病：用3%臭药水、3%煤酚皂溶液、1%福尔马林或3%～5%硫酸铜浸泡蹄子，也可以用消毒软膏（如1:1的木焦油凡士林）或10%碘酒涂抹，然后用绷带包裹起来，或者用3%克辽林或来苏儿洗涤，然后涂以碘甘油或四环素软膏，用绷带包裹，不可接触湿地。尽量避免多洗蹄子，因潮湿会减缓病羊痊愈。用煅石膏和锅底灰各半，研末，加少量食盐粉，涂在患部，也有良效。

（3）乳房患病：先用肥皂水或2%～3%硼酸水清洗乳房，然后涂以1%龙胆紫溶液或抗菌消炎软膏等有良好的效果。

（4）恶性口蹄疫：对于恶性口蹄疫的病羊，应特别注意心脏机能的维护，及时应用强心剂和葡萄糖注射液，或给饮水中加些烧酒。为了预防和治疗继发性感染，也可以肌内注射青霉素或环丙沙星。口服结晶樟脑，每次1 g，每天2次，效果良好，而且有防止发展为恶性口蹄疫的作用。

（八）羊狂犬病

狂犬病俗称"疯狗病"，又名"恐水病"，是由狂犬病病毒引起的人和多种动物共患的急性接触性传染病，本病以神经调节障碍，反射兴奋性增高，发病动物表现狂躁不安、意识紊乱为特征，最终发生麻痹而死亡。

【病原特点】 狂犬病病毒分类上属弹状病毒科，狂犬病病毒属。狂犬病病毒在动物体内主要存在于中枢神经特别是海马角、大脑皮层、小脑等细胞和唾液腺细胞内，并于胞浆内形成对狂犬病为特异的包涵体。该包涵体称为内基氏小体，呈圆形或卵圆形，染色后呈嗜酸性反应。狂犬病病毒对外界环境的抵抗力较弱，对过氧化氢、高锰酸钾、新洁尔灭、来苏儿等消毒药敏感，1%～2%肥皂水、70%酒精、0.01%碘液、丙酮、乙醚等能使之灭活。病毒不耐湿热、高温，50 ℃条件下1 h、75 ℃条件下15 min、100 ℃条件下2 min即可杀死病毒。但在冷冻或冻干状态下可长期保存活性。紫外线、X射线均能灭活病毒。

【流行病学】 本病以犬类易感性最高，羊和多种家畜及野生动物均可感染发病，人也可感染。传染源主要是患病动物以及潜伏期带毒动物，野生的犬科动物（如野犬、狼、狐等）常成为人、畜狂犬病的传染源和自然保毒宿主。患病动物唾液中含有大量病毒也主要经唾液腺排出病毒，以咬伤为主要传播途径，也可经损伤的皮肤、黏膜感染，经呼吸道和口腔途径感染业已得到证实。本病一般呈散发性流行，各种品种、年龄的羊均可感染，无明显季节差异，一年四季都有发生，但以春末夏初多见。

【临床症状】 潜伏期的长短与感染部位、侵入病毒的数量和毒力有关，一般为2～8周，最短仅8 d，长的可达一年以上。本病在临床上分为狂暴型和沉郁型两种。病羊的症状与其他病畜相似。

（1）狂暴型：病羊初期精神沉郁，反刍减少，食欲降低，常呈惊恐状，神态紧张，直走，狂叫不止，不久表现起卧不安，出现兴奋性和攻击性动作，冲撞墙壁，磨牙流涎，性欲亢进，攻击人，甚至攻击自己的羔羊，并有嘴咬石头砖瓦等异食现象，见水狂喝不止。继而精神逐渐沉郁，似醉酒状，行走踉跄。眼充血发红，眼球突出，口大量流涎，最后腹泻消瘦。病羊常舔咬伤口，使之经久不愈，后期发生麻痹，卧地不起，衰竭而死亡。

（2）沉郁型：病例多无兴奋期或兴奋期短，很快转入麻痹期，出现喉头、下颌、后躯麻痹，流涎，张口、吞咽困难等症状，最终卧地死亡。有时被咬的羊只并不发病，没有任何临床症状，可一旦出现标准症状，就会迅速死亡。

【病理变化】病羊尸体消瘦，有咬伤、裂伤，口腔和咽喉黏膜充血、糜烂，因长期未进食，胃内空虚或有异物（如木片、石片、沙土等），胃底、幽门区及十二指肠黏膜充血、出血。肝、肾、脾充血。胆囊肿大、充满胆汁。脑实质水肿、出血。胃肠黏膜和脑膜肿胀充血和出血，组织学检查有非化脓性脑炎，可在神经细胞的脑浆内形成嗜酸性包涵体——内基氏小体。

【诊断】

1. 临床诊断 临床诊断较困难，根据流行病学特性有病犬、病畜咬伤的病史，临床症状有明显特征的一般可做出正确的临床诊断。

2. 实验室诊断 羊狂犬病不易通过临床诊断进行确诊，一般需借助以下实验室诊断手段做出诊断。

（1）病原学检查：将患病羊或可疑感染羊扑杀，采集大脑海马角、小脑以及唾液腺等组织作为病料。

1）包涵体检查：病料做触片和超薄切片，用含碱性品红和亚甲蓝的塞勒（seller）染色液染色，在光学显微镜下观察，内基氏小体呈淡紫色。也可将病料涂片或切片用狂犬病荧光抗体染色液染色，置荧光显微镜下观察，胞质内出现黄绿色荧光颗粒者为阳性。

2）细胞培养：一般用仓鼠肾原代细胞或继代细胞、成鼠神经细胞、瘤细胞等进行病毒的分离培养，培养细胞可能产生细胞病变，甚至出现包涵体，对不出现细胞病变的培养物，并不否定狂犬病病毒的存在和增殖，仍应进行病毒的鉴定检查。

3）动物接种试验：用小鼠、仓鼠或家兔进行接种试验。将病羊脑组织研碎，用肉汤或生理盐水制成10%乳剂，低速离心15~30 min，取其上清液，按每毫升加青霉素1000 IU、链霉素1 mg处理，1 h后，每只小鼠脑内接种0.01 mL，接种6~10只。如有狂犬病病毒存在，小白鼠一般在注射后第9~11 d死亡，死前1~2 d发生兴奋及麻痹症状。为了及早诊断，可于第5~7 d各杀死小鼠一只，检查内基氏小体，其余继续观察。如第9~11 d不死，继续观察到第21 d。

（2）血清学试验：常用中和试验、补体结合试验、血凝抑制试验等方法进行病毒鉴定。

3. 类症鉴别 狂犬病临床诊断常易与破伤风、日本乙型脑炎、伪狂犬病等相混淆。应依靠实验室检查进行鉴别诊断。

（1）与破伤风的鉴别：破伤风的潜伏期短，有牙关紧闭及角弓反张而无恐水症状。

（2）与脑膜炎、乙型脑炎的鉴别：脑膜炎、乙型脑炎常易与狂犬病前驱期的症状相混淆，但没有咬伤史，精神状态出现迟钝、嗜睡、昏迷及惊厥等，与狂犬病的神志清楚、恐慌不安等症状不同。

【防治】

1. 预防措施 平时要加强对羊群的防护，防止野犬及狼咬伤羊只。疫区与受威胁区的羊接种可靠弱毒疫苗或灭活苗。

2. 治疗措施 治疗被咬伤的羊只时，用肥皂水冲洗伤口，再用 0.1% 升汞、2% ~ 5% 碘酊或 3% 石炭酸溶液对伤口进行处理。同时要在 24 h 之内注射狂犬病弱毒疫苗，皮下注射 10 ~ 25 min，隔 3 ~ 5 h 后再注射一次，密切观察羊只临床症状，一旦发病立即扑杀，也可用抗狂犬病高免血清对每只羊皮下或肌内注射 50 min，必要时再重复注射一次，有较好疗效。

（九）绵羊痒病

绵羊痒病又称"驴跑病""搔痒病"或"慢性传染性脑炎"，是由痒病病毒引起的主要发生于成年绵羊的一种慢性进行性中枢神经系统传染病，其特征为潜伏期长、剧痒、精神委顿、肌肉震颤、运动失调、衰弱、瘫痪，终归死亡。感染通常引起显著的皮肤过敏，但并非见于全部病例，可能还有隐性感染。本病在世界各国均有发生，主要流行于英国、比利时、法国、德国、西班牙、印度、冰岛、澳大利亚、新西兰、加拿大和美国。1983 年我国从苏格兰引进的边区莱斯特羊群中发现疑似病例，根据病羊症状并通过脑组织切片观察确诊为痒病，由于采取坚决措施，及时扑灭了疫情。本病在我国被列为一类传染病。

【病原特点】 痒病的病原与牛海绵状脑病类似，均为朊病毒。痒病病毒是一种弱抗原物质，不含核酸，不能引起免疫应答，无诱生干扰素的性能，也不受干扰素的影响；痒病病毒大量存在于受感染羊的脑、脊髓、脾脏、淋巴结和胎盘中，脑内所含的病原比脾脏多 10 倍以上。本病毒对外界环境抵抗力较强。对福尔马林和高热有耐受性。在室温放置 18 h，或置于 10% 福尔马林中室温放置 6 ~ 28 个月仍保持活性。病羊脑组织中的病原能耐高温和化学消毒药。用胃蛋白酶和胰蛋白酶消化及紫外线照射处理，并不能使有感染力的脑悬液完全失去活性。对氯仿、乙醇、乙醚、高碘酸钠和次氯酸钠敏感。酸和碱（如 pH2.5 ~ 10 的溶液）对其无影响。痒病病原可经口腔或黏膜感染，也可在子宫内以垂直方式传播，直接感染胎儿。

【流行病学】 主要侵害绵羊，其次为山羊，不同性别、不同品种的绵羊均可发生痒病，但以英国品种萨福克（Suffolk）种绵羊敏感性高。在品种内，某些受感染的谱系发病率高，这可能是由于垂直传播之故。一般发生于 2~4 岁的羊，以 3 岁半的羊发病率最高，18 个月以内的绵羊具有不同程度的抵抗力。病羊是主要传染来源，被污染草场也可成为传染来源。绵羊与山羊间可以接触传播。在有些痒病暴发中，似乎是以直接种间接触方式而传播的。关于唾液、乳、尿和粪便的传染性还缺乏证据。感染母羊的胎盘组织内含有病毒。取病畜血液和血清接种易感绵羊，可使之发病。病羊的脑脊髓悬浮液经脑内，甚至皮下注射，均能在易感绵羊体内复制本病。本病多呈地方性流行或散发，首次发生痒病的地区，发病率为 5%~20% 或高一些。病死率极高，几乎达 100%。在已受感染的羊群中，以散发为主，常只有个别动物发病。

【临床症状】 该病潜伏期很长，一般为 2~5 年或更久。初期病羊表现为精神沉郁、反应敏感，受刺激易兴奋，头颈部肌肉震颤，在兴奋时肌肉颤动更加剧烈，在休息时肌肉颤动稍微缓和。病的中期可以见到瘙痒和神经症状。病羊常在墙上或在围栏边摩擦，或不断用口、头、蹄摩擦或以蹄搔头、背和体侧、臀部、腹部等，因而上述部位表现为大面积被毛脱落。除机械性损伤外，没有皮肤炎症。疾病后期病羊丧失视力，盲目冲撞。步样蹒跚，常跌倒。晚期机体衰弱，发生吞咽麻痹直至死亡。有部分病羊呈瘫痪状态。在患病期间，食欲降低，体重下降，妊娠母羊可发生流产。病程从几周到几个月，体温并不升高，发病率为 10%~20%，死亡率为 100%。

【病理变化】 病羊尸体，除摩擦和啃咬引起的羊毛脱落及皮肤创伤和消瘦外，内脏常无肉眼可见的病变。打开颅腔，脑脊液有不同程度地增多。原发性病变主要见于中枢神经系统的脑干内，以延脑、脑桥、中脑、丘脑、纹状体等部位较为明显。大脑皮质罕有患病，脊髓仅有小的变化。病变是非炎性的，两侧对称。特征性的病变为：神经元的空泡变性与皱缩，灰质的海绵状疏松（海绵状脑），星形胶质细胞肥大、增生等。神经元的空泡形成表现为单个或多个的空泡出现在细胞质内。典型的空泡呈大而圆或卵圆形，空泡内不含着色的液体或被伊红着染成淡红色，界线明显，它代表液化的细胞质。细胞核被挤压于一侧甚至消失。海绵状疏松或海绵状脑是神经基质的空泡化，即神经纤维网分解而出现许多小空泡。于脑干的灰质核团和小脑皮质内可见弥漫性或局灶性的星形胶质细胞的肥大、增生。

【诊断】

1. 临床诊断 本病的临床诊断主要依据本病的特征性临床症状。病程长，可持续几年，症状随着时间的推移而逐渐加剧，各种药物治疗均表现无效。病羊表现为瘙痒，兴奋性增强，颈部肌肉震颤，四肢共济失调，站立不稳，但体温不升高。

2. 实验室诊断　本病的确诊主要靠病理组织学检查。脑灰质部呈海绵状疏松，神经胶质细胞，特别是星状胶质细胞的增生和神经元的空泡变性。经常用到的其他实验室诊断方法还有异常朊病毒蛋白的免疫学检测、痒病相关纤维（SAF）检查等实验室检验。必要时可做动物接种试验。

3. 类症鉴别　本病通常须与梅迪－维斯纳病、羊螨病和虱病等疾病相区别。

【防治】　本病无特效治疗办法，一旦感染，病势呈进行性经过而全部死亡。对于本病关键是预防，生产上常采用以下综合防控措施。

（1）严禁从有痒病的国家和地区引进种羊、精液以及羊胚胎。引进动物时，严格口岸检疫。引入羊在检疫隔离期间发现痒病应全部扑杀、销毁，并进行彻底消毒，以除后患。不得从有病国家和地区购入含反刍动物的饲料。

（2）无病地区发生痒病，应立即上报，同时采取扑杀、隔离、封锁、消毒等措施，并进行疫情监测。

（3）加强饲养管理，定期消毒。常用的消毒方法有：焚烧，5%～10%氢氧化钠溶液作用1 h，0.5%～10%次氯酸钠溶液作用2 h，浸入3%十二烷基磺酸钠溶液煮沸10 min。

（十）　小反刍兽疫

小反刍兽疫又称羊瘟或伪牛瘟，是由小反刍兽疫病毒引起绵羊和山羊的一种急性接触性传染病，临床上以高热、眼鼻有大量分泌物、上消化道溃疡、腹泻和肺炎为主要特征。世界动物卫生组织（OIE）将本病列为A类烈性传染病，我国也将其列为一类动物疫病。1942年，由Gargudennec等在非洲西部的科特迪瓦首次发现本病，在随后的10年内疫情几乎遍及了从撒哈拉沙漠到赤道的所有非洲国家。据OIE公报，2004年，国际上共有29个国家暴发本病。2003年以来，我国周边的老挝、印度、尼泊尔、俄罗斯、巴基斯坦和缅甸等国均暴发了大规模小反刍兽疫病疫情。2007年我国首次报道在西藏发生本病疫情。

【病原特点】　小反刍兽疫病毒属副黏病毒科麻疹病毒属。与牛瘟病毒有相似的物理化学及免疫学特性。病毒呈多形性，通常为粗糙的球形。病毒颗粒较牛瘟病毒大，核衣壳为螺旋中空杆状并有特征性的亚单位，有囊膜。病毒粒子的基因组为单股负链无节段RNA。病毒可在胎绵羊肾、胎羊及新生羊的睾丸细胞、Vero细胞上增殖，并产生细胞病变（CPE），形成合胞体。感染山羊的尸体，在4 ℃保存8 d后，从淋巴结内可分离到病毒。病毒对外界抵抗力很弱，对乙醚和氯仿敏感，在pH 6.7～9.5最稳定。本病毒对温度和酸敏感，在4 ℃条件下12 h灭活，pH 3.0条件下3 h能灭活。病毒悬液在37 ℃的半衰期约为2 h，在50 ℃条件下 30 min 即可被杀死。

【流行病学】　自然发病主要见于绵羊、山羊、羚羊、美国白尾鹿等小反刍动物，但山羊比绵羊更易感，山羊发病时也比较严重。牛、猪等可以感染，但通常为亚临床经过。该病的传染源主要为患病动物和隐性感染者，处于亚临床状态的羊尤为危险，通过其分泌物和排泄物可经直接接触或呼吸道飞沫传染。病毒可经精液和胚胎传播，亦可通过哺乳传染给幼羔。在易感动物群中该病的发病率可达100%，严重暴发时致死率为100%，中度暴发时致死率达50%。但是在该病的老疫区，常常为零星发生，只有在易感动物增加时才可发生流行。本病主要流行于非洲西部、中部和亚洲的部分地区。无年龄性，无季节性，多呈流行性或地方流行性。

【临床症状】　本病潜伏期为 4~6 d，最长达 21 d。自然发病仅见于山羊和绵羊。临床主要表现为发病急，体温高热 41 ℃以上，并可持续 3~5 d。初期病羊精神沉郁，食欲减退，鼻镜干燥。口鼻腔分泌物逐步变成脓性黏液，若患病动物尚存，这种症状可持续 14 d。发热开始 4 d 内，齿龈充血，进一步发展到口腔黏膜弥漫性溃疡和大量流涎，这种病变可能转变成坏死。后期常出现带血的水样腹泻，病羊严重脱水、消瘦，并常有咳嗽、胸部啰音以及腹式呼吸的表现。死前体温下降。幼年动物发病严重，发病率和死亡率都很高。本病在流行地区的发病率可达 100%，严重暴发期死亡率为 100%，中等暴发致死率不超过 50%。

【病理变化】　尸体病变与牛瘟相似，尸体剖检可见结膜炎、坏死性口炎等肉眼病变，严重病例可蔓延到硬腭及咽喉部。皱胃常出现病变，而瘤胃、网胃、瓣胃较少出现病变，表现为有规则，有轮廓的糜烂，创面红色、出血。肠可见糜烂或出血，在大肠内，盲肠和结肠结合处呈特征性线状出血或斑马样条纹。淋巴结肿大，脾有坏死性病变。组织学变化，因本病毒对淋巴细胞和上皮样细胞有特殊亲和性，一般能在上皮样细胞和形成的多核巨细胞中形成具有特征性的嗜伊红性胞浆包涵体，淋巴细胞和上皮样细胞的坏死，这对病例诊断具有重要意义。

【诊断】

1. 临床诊断　根据该病的流行病学、临床表现和剖检变化可做出初步诊断，确诊需要进行实验室检查。

2. 实验室诊断　该病的实验室检查通常包括病毒分离鉴定和血清学试验。

（1）病毒分离鉴定：可用棉拭子采集活体动物的眼结膜分泌物、鼻腔分泌物、颊及直肠黏膜或病死动物的脏器（如肠系膜淋巴结、支气管淋巴结、脾脏、大肠和肺脏）等病料接种适当的细胞，当细胞培养物出现病变或形成合胞体时，表明病料样品中存在病毒，然后用标记抗体、电镜或 PCR 方法鉴定，也可用电镜技术和 PCR 方法直接检测病料。

（2）血清学方法：常用的方法有中和试验、ELISA、琼脂免疫扩散试验、荧光抗体试验等。通常采集双份血清进行检测，当抗体滴度升高 4 倍以上时具有示病意义。

3. 鉴别诊断　该病应与牛瘟、羊传染性胸膜肺炎、巴氏杆菌病、羊传染性脓疱、口蹄疫和蓝舌病相鉴别。

（1）与牛瘟的鉴别：小反刍兽疫主要感染山羊，绵羊较少发病，牛及大型偶蹄动物呈隐性感染，鉴于世界上已基本根除牛瘟，所以基本可排除牛瘟。同时采用聚合酶链式反应技术可特异性地鉴别。

（2）与羊传染性胸膜肺炎的鉴别：在急性病例中二者均有呼吸道症状，但羊传染性胸膜肺炎由支原体引起，以浆液性和纤维素性肺炎和胸膜炎为主要病症，无黏膜病变和腹泻症状。

（3）与巴氏杆菌病的鉴别：在急性病例中二者均有呼吸道症状存在，但羊巴氏杆菌病由巴氏杆菌引起，以胸腔积水、肺炎及呼吸道黏膜和内脏器官发生出血性炎症为主，无溃疡性和坏死性口腔炎及舌糜烂。

（4）与羊传染性脓疱的鉴别：羊传染性脓疱是由副痘病毒引起，以口唇、眼和鼻孔周围的皮肤上出现丘疹和水疱，并迅速变为脓疱，最后形成痂皮或疣状病变即桑葚状病垢，但不出现腹泻症状。

（5）与蓝舌病的鉴别：蓝舌病是由蓝舌病病毒引起，以颊黏膜和胃肠道黏膜严重卡他性炎症为主，乳房和蹄冠等部位发生病变，但不发生水疱。小反刍兽疫无蹄部病变。

（6）与口蹄疫的鉴别：口蹄疫是由口蹄疫病毒引起，临床以口鼻黏膜、蹄部和乳房等处皮肤发生水疱和糜烂为特征。

【防治】

1. 预防措施　对本病的防控主要靠疫苗免疫，同时加强饲养管理。在很少发生该病的国家和地区发现病例，应严密封锁，扑杀患羊，严格隔离消毒。受威胁地区可通过接种牛瘟弱毒疫苗建立免疫带，防止该病传入。

2. 治疗措施　本病尚无有效的治疗方法，发病初使用抗生素和磺胺类药物可对症治疗和预防继发感染。

（十一）绵羊传染性脑脊髓炎

绵羊传染性脑脊髓炎是侵害绵羊中枢神经系统的一种病毒性传染病，主要发生于苏格兰。病羊因中枢性运动障碍而表现为类似蹦跳的步态，故又称跳跃病，主要侵害绵羊，人也具易感性，患者在临床上与绵羊的病程相似。

【病原特点】　绵羊传染性脑脊髓炎病毒在分类上属于黄病毒科、黄病毒属，形态和理化学特性与其他黄病毒相似。抗原性上与中欧蜱传脑炎病毒极为相近，也与其他黄病毒呈现一定的交叉反应性。病毒可在鸡胚绒毛尿囊上生长，于接种后 20 ~ 24 h 出现表层细胞增厚，鸡胚于 6 d 内死亡。可用鸡胚成纤维细胞、猪肾细胞或 "Dt – 6" 细胞系培养，并能引起细胞病变。绵羊，特别是羔羊，对本病病毒具有易感性。马、牛、山羊、鹿和人也可自然感染。猴、大鼠对实验感染有易感性。感染后痊愈的动物，可获得强大的免疫力，并持续很长的时间。恢复动物和注射疫苗动物的血液内可检测出中和抗体，血凝抑制抗体使补体结合抗体。但补体结合抗体维持的时间短。硬蜱是本病的传播媒介和病毒储存宿主。疾病发生与蜱的活动期相符。病毒的抵抗力不强，60 ℃ 条件下 2 ~ 5 min 可被杀死，在 4 ℃ 冰箱中存活不超过 2 周，但在甘油中可以活存 4 ~ 6 个月。对酸敏感，能被脱氧胆酸钠灭活，对 0.5% 碳酸没有抵抗力。

【流行病学】　绵羊传染性脑脊髓炎主要侵害绵羊，人和其他多种动物如牛、马等也可能发生自然感染。幼龄羊较成年羊易感。本病在蜱虫活跃的春末、夏季和初秋多发。病毒通过野生动物，包括啮齿动物和禽类存在于自然界。

【临床症状】　主要发生于 2 岁以内的幼羊，成年羊或早先感染而具备了免疫力，或呈轻症感染。绵羊传染性脑脊髓炎的潜伏期为 6 ~ 18 d，在临床上呈典型的双相病程。初相期的特征为持续高热，可达 42 ℃，同时出现高水平的病毒血症，高热期血液中可检出病毒。病羊委顿，喜躺卧。此期持续约 6 d。随后体温下降，病羊似乎痊愈。感染大多就此告终，即所谓的亚临床感染。某些病羊在缓解 4 ~ 5 d 后体温再度上升，这时病毒已经侵入脑内，病羊呈现短暂的应激性增高现象，全身震颤，唇及鼻孔抽动，遇意外刺激则突然跃起。随后出现小脑共济失调，病羊步态不稳，蹒跚，不能保持站立平衡。鼻孔周围常有泡沫并大量流涎。四肢发生阵挛性痉挛，或伴以点头运动，有时将腿高举。病羊最后倒卧，并做剧烈的划水运动，有时就地打滚，在牧地上留下特征性的凹坑。继而发生麻痹，病羊随即死亡。最急性病例可在出现症状后的 1 ~ 2 d 内死亡，但慢性病例的麻痹症状可能持续几个月。死亡率平均为 10% ~ 20%，幼龄羊只死亡率可达 50% 以上。耐过羊会留下颈项弯曲、拱背和四肢僵硬、麻痹等后遗症。

【病理变化】　尸体剖检可见病羊肾和脾等实质脏器瘀血，呈蓝紫色，软脑膜充血。组织学检查，中枢神经系统呈现典型的非化脓性脑脊髓炎和脑膜炎病变。神经细胞变性，特别是小脑蒲肯耶氏细胞极为典型，发生虎斑溶解，并伴有神经纤维的分解，神经胶质细胞增生，组织学检查可见血管周围出现单核细胞和少数多形核细胞构成的血管套。延脑和脊髓中也有严重的神经细胞变化。

【诊断】

1. 临床诊断　根据本病流行病学特点、临床症状和病理变化可进行初步诊断，如本病独特的跳跃动做和打转时留下的凹坑具有一定的示病意义，但确诊需做病原学鉴定和血清学试验。

2. 实验室诊断　采取病畜初次发热期的血液或濒死期的脑和脊髓，接种鸡胚或接种乳鼠脑内，鸡胚在接种后5~6 d死亡，并有肝脏坏死、水肿和黄疸等病变，也可应用猪肾细胞或鸡胚细胞培养物分离病毒，可在3~5 d内产生细胞病变。分离获得病毒以后，再用已知的免疫血清予以鉴定。血清学试验中最常应用小鼠或猪肾细胞培养物做中和试验，因其特异性较高，有利于绵羊传染性脑炎和脊髓炎病毒与其他黄病毒的鉴定。补体结合试验和血凝抑制试验的特异性较差，仅用于流行病学调查，但急性发病期和恢复期双份血清的比较测定，具有较高的定性诊断价值。

3. 类症鉴别　绵羊传染性脑脊髓炎需与李氏杆菌病、脑包虫病、狂犬病、痒病等相区别。

（1）与李氏杆菌病的鉴别：李氏杆菌病病初体温升高，但不久降至常温。2~4 d后出现神经症状，病羊视力障碍，颈部、头部和咬肌痉挛。病羊颤抖，耳、唇和下颌等麻痹，大量流涎，常做长时间的转圈运动，最后倒地，四肢做划水动作。孕羊常发生流产。本病多发于冬、春季节，发病羊血液中单核白细胞增多，镜检血液、髀枢和肝脏等组织涂片常可见有典型的革兰阳性小杆菌即李氏杆菌，应用葡萄糖血液或血清琼脂也易分离获得李氏杆菌。抗生素治疗有效。流行病学上也与绵羊传染性脑脊髓炎不同。

（2）与脑包虫病的鉴别：脑包虫病一般体温正常，剖检可见脑包虫。

（3）与狂犬病的鉴别：狂犬病病畜一般有被患病动物咬伤抓伤的痕迹，病畜异常亢奋，且极具攻击性。

【防治】

1. 预防措施　加强饲养管理，做好防蜱灭蜱工作，引进和输入羊都要做严格的检疫工作，防止随同羊只带入或带出蜱。在蜱叮咬最活跃的春季、初夏和秋季，定期对羊体进行药浴灭蜱。同时要搞好畜舍环境卫生，清除牧场或饲养场杂草和灌木等蜱的滋生地，消灭啮齿类动物等均有较好的灭蜱效果，可降低发病率。疫情严重地区应定期注射疫苗，绵羊传染性脑脊髓炎具有坚强的病后免疫力，在疫苗注射后1年，还可使免疫母羊所产的羔羊获得足够强度的母体免疫力。由于哺乳羔羊由免疫母体的初乳中获得抗体，故在羔羊断乳后注射疫苗，可获最好效果。

2. 治疗措施　本病尚无特效疗法，只能采取对症治疗，加强护理。

二、羊的细菌性传染病

（一）羊炭疽病

羊炭疽病是由炭疽杆菌引起的一种急性、热性、败血性人畜共患传染病，常呈散发性或地方性流行，绵羊更易感染。一年四季均可发生，但以夏季多雨季节发生较多。病羊体内以及排泄物、分泌物中含有大量的炭疽杆菌，健康羊采食了被污染的饲料、饮水或通过皮肤损伤感染了炭疽杆菌，或吸入带有炭疽芽孢的灰尘，均可导致发病。

【病原特点】　羊炭疽病由炭疽杆菌引起，炭疽杆菌为革兰阳性菌。本菌在氧气充足，温度适宜（25～30 ℃）的条件下易形成芽孢。在活体或未经解剖的尸体内，则不能形成芽孢。

炭疽杆菌受低浓度青霉素作用，菌体可肿大形成圆珠，称为"串珠反应"。这也是炭疽杆菌特有的反应。

【流行病学】　对炭疽最易感的是草食动物，包括家畜和野生动物，其次是杂食动物和肉食动物。患羊发病急，病程短，不到 12 h 即倒地死亡。病羊体温达41 ℃，濒死前口、鼻流出白沫，无特征性临床症状。成年母羊发病易死亡，公羊、羔羊未见发病。本病的主要传染源是病畜。当病畜尸体处理不当，形成芽孢污染土壤、水源、牧地，可为长久的疫源地。

消化道是其主要感染途径，自然条件下，常因采食受污染的饲料饲草和饮水而感染。其次是通过皮肤感染，主要由吸血昆虫叮咬所致。此外也可通过呼吸道感染。

本病常呈地方流行性。夏季雨水多，洪水泛滥，吸血昆虫多更易发生传播。

【临床症状】　羊发生该病多为最急性或急性经过，最急性发病羊，突然倒地，昏迷，磨牙，口含带血白沫，鼻孔流血，肛门外翻、出血，迅速死亡，死后尸僵不全。急性发病羊，兴奋不安，行走摇摆，心悸亢奋，心率超过 120次/min，体温40 ℃以上，呼吸困难，全身抽搐、颤抖，结膜呈蓝紫色，之后精神沉郁，卧地不起，鼻孔、肛门流血，在数小时内死亡。亚急性病羊，食欲下降，精神委顿，体温40 ℃以上，结膜潮红，呼吸急促，病程 3～5 d。表现为突然倒地，磨牙，呼吸困难，体温升高到40～42 ℃，黏膜呈蓝紫色。

【病理变化】　急性炭疽为败血性病变，病畜腹胀明显，瘤胃鼓气，肛门突出，天然孔流血，血液呈酱油色煤焦油样，黏膜发绀并有出血点。皮下、肌肉和浆膜下组织出血和胶样浸润，淋巴结肿大出血，脾脏显著肿胀，有时可达正常的2～5 倍，脾髓软化如糊状。由于对炭疽病尸体严禁剖检，因此特别注意外观症状的综合判断，以免误剖。

【诊断】　对疑似炭疽病的羊，严禁剖检、剥皮和食用，必须剖检时应在严格隔离消毒的场所和安全措施下进行。对疑似炭疽的病死羊，应取末梢（耳、肢、尾）血液，必要时可局部解剖采取一小块脾，涂片，用姬姆萨染液、瑞氏染液或亚甲蓝染色镜检，若发现带有荚膜的单个、成双或短链的，两端平截像竹节状的粗大杆菌即可确诊。如镜检仍不能确定，可进行细菌培养、血清学检查或炭疽沉淀反应试验。临床诊断要注意与恶性水肿、气肿疽等鉴别。

【防治】

1. 预防措施

（1）经常发生炭疽及受威胁地区的易感羊，每年均应用疫苗免疫接种。目前我国使用的疫苗主要有两种疫苗：无毒炭疽芽孢苗和Ⅱ号炭疽芽孢苗，前者对山羊毒力强，禁用于山羊，绵羊皮下接种 0.5 mL，免疫保护期为 1 年；后者可用于绵羊和山羊，皮下接种均为 1 mL，绵羊保护期为 1 年，山羊为半年。在暴发炭疽疫情时，可紧急注射抗炭疽血清，预防剂量为 16～20 mL，预防有效期为 10～14 d。

（2）有炭疽病例发生时应及时隔离病羊并立即上报、封锁疫区。用浸泡消毒液的棉花或破布塞住死畜的口、鼻、肛门、阴门等天然孔，然后于偏僻地方焚烧或深埋；病羊吃剩的草料和排泄物、垫料等，要深埋或焚烧，深埋地点应远离水源、道路及牧地。对污染的羊舍、用具及地面要彻底消毒，可用 10% 氢氧化钠溶液、20% 漂白粉或 0.2% 的升汞溶液连续消毒 3 次，间隔 1 h。

（3）羊群除去病羊后，全群用抗菌药 3 d。

2. 治疗　由于炭疽病病程短，常来不及治疗，对病程稍缓和的病羊，必须在严格的隔离条件下进行治疗，采用特异血清疗法结合药物治疗。

（1）羊发病初期，可注射抗炭疽血清，第一次肌内注射 50 mL，注射后 4 h 体温不退时，可再注射 25～30 mL。

（2）对亚急性病羊，注射抗炭疽血清，第一次用 160 万 IU 肌内注射，以后每隔 4～6 h 用 80 万 IU，连用 3 d。

（3）10%～20% 磺胺嘧啶钠 100～500 mL 肌内注射，或用生理盐水稀释成 5% 溶液，静脉注射。

（二）羊布氏杆菌病

布氏杆菌病又称"波状热"，简称"布病"，是由布氏杆菌引起的人畜共患的慢性传染病，主要侵害生殖系统。羊感染后，以母羊发生流产和公羊发生睾丸炎为特征。本病分布很广，不仅感染各种家畜，而且易传染给人。

【病原特点】　布氏杆菌是革兰阴性需氧杆菌，为布氏杆菌属。布氏杆菌在土壤、水中和皮毛上能存活几个月，一般消毒药能很快将其杀死。引起羊发病的为马耳他布氏杆菌，该菌对 0.1% 升汞、1% 来苏儿、2% 福尔马林、5% 生石灰乳较敏感。

【流行病学】　母羊比公羊易感，性成熟的成年羊比羔羊易感。消化道是主要感染途径，其次经皮肤、黏膜及生殖道感染也较常见。羊群一旦感染此病，首先表现孕羊流产，开始仅为少数，以后逐渐增多，严重时可达半数以上，多数病羊流产一次。病畜和带菌者是主要传染源。病菌存在于流产胎儿、胎衣、羊水、流产母畜的阴道分泌物及公畜的精液内，不定期随乳汁、精液、脓汁特别是随流产胎儿、胎衣、羊水、子宫和阴道分泌物等排出体外。在缺乏消毒和防护的条件下接生、护理病畜，易造成工作人员感染和本病的人为传播。本病呈地方性流行，新疫区常使大批妊娠母羊流产；老疫区流产减少，但关节炎、子宫内膜炎、胎衣不下、屡配不孕、睾丸炎等逐渐增多。某些吸血昆虫也可能传播本病，自然交配可相互传染。本病无明显的季节性，不分性别、年龄，一年四季均可发生。

【临床症状】 临床症状不明显，多数病例为隐性感染，潜伏期6～30 d。怀孕羊发生流产是本病的主要症状，但不是必有症状。流产多发生在怀孕后的3～4个月，有时患羊发生关节炎和滑液囊炎而致跛行，公羊发生睾丸炎，少部分病羊发生角膜炎和支气管炎。

【病理变化】 病变主要发生在生殖器官。胎盘绒毛膜下组织呈黄色胶样浸润、充血、出血、水肿、糜烂和坏死，胎衣增厚，有出血点。胎儿皮下和肌肉有出血浸润，真胃中有淡黄色或白色黏液絮状物，脾和淋巴结肿大，肝出现坏死灶，肠胃和膀胱黏膜及黏膜下可见有出血斑。公羊睾丸有出血点、坏死灶及组织增生。流产胎儿主要为败血症状，浆膜与黏膜有出血点与出血斑，皮下和肌肉间发生浆液性浸润，脾脏和淋巴结肿大，肝脏中出现坏死灶。公羊得病时，可发生化脓性坏死性睾丸炎和附睾炎，睾丸肿大，后期睾丸萎缩。

【诊断】 通过临床症状、病理剖检和实验室检查相互配合，可以做出正确的诊断。

1. 现场诊断 流行病学资料，流产胎儿、胎衣的病理损害，胎衣滞留以及不育等都有助于布氏杆菌病的诊断，但确诊只有通过实验室诊断才能得出结果。

2. 实验室诊断 布氏杆菌的实验室诊断方法很多，除流产材料的细菌学检查外，以平板凝集反应最简便易行。绵羊和山羊的大群检疫也可用血清平板凝集试验和变态反应检查。近年来，血凝抑制试验、ELISA、荧光抗体法等也在布氏杆菌病的诊断中得到广泛的应用。

【防治】 目前，本病尚无特效的药物治疗，要坚持"预防为主"的原则，加强预防检疫。

1. 定期检疫 羔羊每年断乳后进行一次布氏杆菌病检疫。成羊两年检疫一次或每年预防接种而不检疫。检出的阳性病羊立即淘汰，可疑病羊应及时严格分群隔离饲养，等待复查。对从未发生过布氏杆菌病的羊群，坚持自繁自养，不从疫区引进羊只；需要引进的羊只必须严格检疫，确定无感染后方可混群。

2. 免疫接种 布氏杆菌病常发地区，每年应定期对羊只进行预防接种，接种过疫苗的不再进行检疫。常用的疫苗有布氏杆菌猪型Ⅱ号菌苗和羊型Ⅴ号菌苗。

布氏杆菌猪型Ⅱ号菌苗可皮下注射或肌内注射，每只山羊25亿菌，绵羊50亿菌，免疫保护期均为3年，也可将布氏杆菌猪型Ⅱ号菌苗拌入饲料中饲喂，绵羊每只用量100亿活菌。在喂药前后数天内应停止使用含抗生素添加剂的饲料、发酵饲料或热饲料，亦可将山羊或绵羊赶入室内并关闭门窗，每只羊用布氏杆菌猪型Ⅱ号菌苗20亿～50亿活菌用水稀释后喷雾，保持羊只在室内20～30 min（孕羊除外）。

布氏杆菌羊型Ⅴ号菌苗，每只羊皮下注射或肌内注射10亿活菌，接种10亿活菌，室内喷雾每只羊剂量为50亿活菌，饮用或灌服每只羊剂量为250亿活菌。

3. 治疗　本病无治疗价值，一般确诊后做淘汰处理，但对价值昂贵的种羊，可在隔离条件下进行治疗，用0.1%高锰酸钾溶液冲洗阴道和子宫，必要时用磺胺和抗生素治疗。可疑病例可用土霉素、金霉素或磺胺类药物治疗，一经确诊最好做淘汰处理。

一旦确诊羊场发生本病，对于受污染的羊舍、运动场、饲喂用具等用5%克辽林或来苏儿溶液、10%～20%石灰乳、2%氢氧化钠溶液等消毒。流产胎儿、胎衣、胎水及分泌物等应深埋处理。

（三）破伤风

破伤风又名"锁口风""强直症"，是由破伤风梭菌经伤口感染引起的一种人畜共患的急性、中毒性传染病。临床上以全身骨骼肌呈现持续的痉挛收缩以及对外界刺激反射的兴奋性增强为特征。多因烙角、断脐、剪毛、分娩、手术及外伤等未消毒或消毒不严格而感染发病。

【病原特点】　破伤风的病原是破伤风梭菌。该病病原菌是一种专性厌氧革兰阳性杆菌，多单个存在，细长，长4～8 μm，宽0.3～0.5 μm，周身鞭毛，在动物体内外均可形成芽孢，芽孢呈圆形，位于菌体顶端，直径比菌体宽大，似鼓槌状。繁殖体带上芽孢的菌体易转为革兰阴性。破伤风梭菌最适生长温度为37 ℃，营养要求不高。本菌繁殖体抵抗力与其他细菌相似，一般消毒药均能在短时间内将其杀死。但芽孢抵抗力强大，能耐煮沸40～50 min，在土壤中可存活数十年。对1%碘酊、10%漂白粉、3%过氧化氢等敏感。对青霉素敏感，磺胺类有抑菌作用。

破伤风梭菌能产生强烈的外毒素，即破伤风痉挛毒素，是一种神经毒素，不耐热，可被肠道蛋白酶破坏，故口服毒素不起作用。破伤风毒素的毒性非常强烈，仅次于肉毒毒素。破伤风梭菌只在污染的局部组织中生长繁殖，一般不入血流。当局部产生破伤风痉挛毒素后，引起全身横纹肌痉挛。

破伤风潜伏期不定，短的1～2 d，长的达2个月，平均7～14 d。潜伏期越短，死亡率越高。

【流行病学】 破伤风梭菌芽孢可由伤口侵入动物体，但破伤风梭菌是厌氧菌，在一般伤口中不能生长，伤口的厌氧环境是破伤风梭菌感染的重要条件。当伤口小而深，创伤内发生坏死或创口被泥土、粪便、痂皮封盖或创内组织损伤严重、出血、有异物，或在需氧菌混合感染的情况下，局部组织缺血或同时有需氧菌或兼性厌氧菌混合感染，均易造成厌氧环境，破伤风梭菌才能生长发育、产生毒素，引起发病。也可经胃肠黏膜的损伤部位而感染。

各种动物对破伤风梭菌均有易感性。该病多为散发，无明显的季节性。破伤风梭菌广泛存在于自然界。人和动物的粪便都可能带有该菌，尤其是施肥的土壤、腐臭淤泥中可能有该菌的存在。感染见于各类创伤，如断脐、去势、手术、断尾、穿鼻、产后感染等，在临诊上有些病例会查不到伤口。

【临床症状】 该病的潜伏期一般在 1 ~ 2 周内，发病初期症状不明显。病羊眼神呆滞，进食缓慢，口腔有很多黏液，进而牙关紧闭，饮食困难，并伴有气喘、呼吸急促和困难。两耳直立、颈项直伸，四肢张开站立，各关节屈曲困难，步态僵硬，全身肌肉僵直，行动不便，呈典型的木马状。应激性增高，当受外界刺激时常仰头向后，遇到障碍物时易摔倒，倒地后不能站立。在病程中，常并发急性肠卡他，引起剧烈的腹泻。但人工扶助拉走时，仍能站立行走。粪便干燥，尿频，体温正常。瘤胃鼓胀，采食困难。能缓慢采食一些饲料。

【病理变化】 临床上剖检一般无明显病变，有时可见躯干和四肢的肌间结缔组织有浆液性浸润，杂有小点出血；肺充血水肿，骨骼肌和心肌变性坏死。

【诊断】 根据该病的临床特殊症状，并结合创伤史，即可确诊。对于轻症病例或病初临诊症状不明显者。要注意与马钱子中毒、癫痫、脑膜炎、狂犬病及肌肉风湿等相鉴别。

【防治】

1. 预防 该病要坚持"防重于治"的原则。在破伤风多发地区，每年进行 1 次破伤风类毒素的预防注射，每只羊 1 mL，注射 21 d 后可产生免疫力，免疫期为 1 年。平时应加强饲养管理和环境卫生，防止发生外伤。在进行手术和去势过程中，应严格消毒。在手术或剪毛前应临时注射破伤风抗毒素。羔羊断尾、上耳标时，尾根和耳部要用 5% 的碘酊消毒。发现创伤后，应彻底清洁伤口，并涂上 5% 的碘酊。

2. 治疗

（1）创伤处理：尽快查明感染的创伤并进行外科处理。清除创伤内的脓汁、异物、坏死组织及痂皮，以 5%、10% 碘酊和 3% 过氧化氢或 1% 高锰酸钾消毒，再撒以碘仿硼酸合剂，然后用青霉素或链霉素进行创周注射，同时用青霉素或链霉素进行全身治疗。

（2）药物治疗：使用破伤风抗毒素治疗，越早疗效较好，剂量为 20 万 ~ 80

万 u，分 3 次注射，也可一次全量注射。同时静脉混合滴注（缓慢滴注）25% 硫酸镁 50 mL、氯丙嗪 20 mL、10% 安钠咖 20 mL、1% 普鲁卡因 20 mL、葡萄糖盐水 1 000 mL。

（四）羊副结核病

羊副结核病，也称羊副结核性肠炎，是由副结核分枝杆菌引起的一种牛、羊慢性细菌性接触性传染病。临床以间歇性腹泻、进行性消瘦、肠黏膜增厚为特征。

【病原特点】 病原为副结核分枝杆菌，它与结核杆菌一样为抗酸性细菌。本菌对化学药品的抵抗力与结核杆菌大致相同。病原菌主要存在于病羊的肠道黏膜和肠系膜淋巴结中，通过粪便排出，污染饲料、饮水等，经过消化道感染健康羊。羊多在幼龄时感染，经过很长的潜伏期，到成年时才出现临床症状，特别是在机体抵抗力减弱等条件下容易发病。

【流行病学】 任何年龄、性别的羊都可感染发病。幼龄羊易感性大，病羊和隐性感染羊是本病的传染源，病菌主要随粪便排出，污染周围环境。健康羊采食了被病菌污染的饲料、饮水而感染。本病为散发性，有时也可呈地方流行性。

【临床症状】 潜伏期数月至数年，感染初期常无临床表现，随着病程的延长，病羊体重逐渐减轻，间断性或持续性腹泻，有的呈现轻微的腹泻或粪便变软，体温正常或略有升高；发病数月后，病羊逐渐消瘦、衰弱、脱毛、卧地，患病末期可并发肺炎，多数归于死亡。

【病理变化】 尸体常极度消瘦。剖检可见主要病变在消化道，回肠、盲肠和结肠的肠黏膜整体增厚或局部增厚，形成皱褶，像大脑皮质的回纹状，但无结节、坏死和溃疡形成，肠系膜淋巴结坚硬，色苍白，肿大呈索状。有的表现肠系膜淋巴管炎。

【诊断】

1. 变态反应诊断 对于没有临床症状或症状不明显的病羊，可用副结核菌素或禽型结核菌素 0.1 mL，注射于尾根皱皮内或颈中部皮内，经 48～72 h，观察注射部的反应，局部发红肿胀的，可判为阳性。

首次流行本病的羊场，须通过细菌学和变态反应检查方能确诊，以便排除由于饲养不当引起的消瘦，以及寄生虫病、肠结核病和某些中毒病等。

2. 类症鉴别 该病应与胃肠道寄生虫病，营养不良，沙门杆菌病等相鉴别。

（1）与寄生虫病的鉴别：寄生虫病在粪便中常发现大量虫卵，剖检时在胃肠道里有大量的寄生虫，肠黏膜缺乏副结核病的皱褶变化。

（2）与营养不良的鉴别：营养不良多见于冬春枯草季节，病羊消瘦、衰弱；在早春抢青阶段，也会发生腹泻，但肠道缺乏副结核病的病理变化。

（3）与沙门杆菌病的鉴别：该病多呈急性或亚急性经过，粪便中能分离出致病性沙门杆菌。

【防治】 病羊无治疗价值，应注重预防工作。用变态反应每年检疫4次，鉴于目前对本病尚无有效菌苗和特异有效的治疗方法，对出现临床症状或变态反应阳性的病羊及时淘汰，感染严重、经济价值低的生产羊群应整体淘汰，采取宰杀处理病羊是防止疫病扩大蔓延的最好办法。圈栏彻底消毒，空闲1年后再引进健康羊。

（五）羊巴氏杆菌病

巴氏杆菌病主要是由多杀性巴氏杆菌引起的一种急性、热性传染疾病。动物巴氏杆菌病的急性病例常以败血症和出血性炎症为主要特征，所以又叫"出血性败血症"；慢性病例常表现为皮下结缔组织、关节及各脏器的化脓性病灶，并多与其他疾病混合感染或继发感染。

【病原特点】 多杀性巴氏杆菌是两端钝圆、中央微凸的短杆菌，不形成芽孢，不运动，无鞭毛，革兰染色阴性的需氧兼性厌氧菌，长 $0.6 \sim 2.5 \, \mu m$，宽 $0.25 \sim 0.6 \, \mu m$。

多杀性巴氏杆菌抵抗力不强，对干燥、热和阳光敏感，在直射阳光和干燥的情况下迅速死亡；$60 \, ℃$ 条件下 10 min 可杀死；用一般消毒剂在数分钟内可将其杀死。3% 石炭酸和 0.1% 升汞水在 1 min 内可杀菌，10% 石灰乳及常用的甲醛溶液 $3 \sim 4$ min 可使之死亡。但在尸体内可存活 $1 \sim 3$ 个月，在厩肥中亦可存活 1 个月。本菌对链霉素、青霉素、四环素、氯霉素及磺胺类药物敏感。

【流行病学】 多种动物对多杀性巴氏杆菌都有易感性。在绵羊多发于幼龄羊和羔羊，山羊较少见。病羊和健康带菌羊是传染源。病原随分泌物和排泄物排出体外，经呼吸道、消化道及损伤的皮肤而感染。本病呈地方性流行或散发，在冷热交替、天气骤变、羊营养不良和环境污浊等条件下易发生或流行。

【临床症状】 常以最急性型、急性型和慢性型三种形式出现。

1. 最急性型 多见于哺乳羔羊，无明显症状而突然死亡，或发病急，出现寒战、虚弱、呼吸困难等症状，常在数分钟至数小时内死亡。

2. 急性型 病羊精神沉郁，食欲废绝，体温升高到 $41 \sim 42 \, ℃$。咳嗽，呼吸急促，鼻孔流血并混有黏液。眼结膜潮红。有时在颈部、胸前部发生肿胀。病初便秘，后期腹泻，有的粪便呈血水样，病羊在 $2 \sim 5$ d 因腹泻脱水而死亡。

3. 慢性型 病期可达 $2 \sim 3$ 周或更长。病羊消瘦，食欲减退，咳嗽，呼吸困难。有时颈部和胸下部发生水肿。有时可见角膜炎，腹泻。粪便稀软，恶臭。临死前极度衰弱，体温下降。

【病理变化】 最急性型剖检无特征性病变，全身淋巴结肿胀，浆膜、黏膜有出血点。急性型可见颈、胸部皮下胶样水肿和出血，上呼吸道黏膜充血、出血，其中有淡红色泡沫状液体。肺部瘀血、水肿、出血。肝部常见灰黄色病灶。胃肠道黏膜出血、水肿和溃疡。病期长者病变主要位于胸腔，呈纤维素性肺炎变化。常有肝坏死、心包炎和胸膜炎。

【诊断】 根据流行特点、主要症状和病理变化，可以做出初步诊断。进一步诊断应做实验室检查。羔羊患巴氏杆菌病时，应注意与肺炎链球菌所引起的败血症相区别。后者剖检时可见脾脏肿大，而且在病料中镜检很易查到以成对排列为特征的肺炎链球菌。

【防治】

1. 预防

（1）平时加强饲养管理，做好羊舍、饲养工具和周围环境的消毒工作，注意保暖，增强机体的抗病能力。

（2）发现病羊立即隔离治疗，以防传播，并用5%漂白粉液或10%石灰乳等彻底消毒圈舍、用具。必要时用高免血清和菌苗给羊群做紧急免疫接种。

2. 治疗

（1）20%磺胺嘧啶钠注射液：用量为5～10 mL，肌内注射，每天2次。

（2）庆大霉素：用量为1 000～1 500 IU/kg，肌内注射，每天2次。

（3）青霉素：用量为160万 IU/kg，肌内注射，每天2次，连用2～3 d。

（4）对体温升高的可加30%的安乃近10 mL，效果良好，有神经症状的可加维生素 B_1 注射液进行注射，每天1次，连用3 d。

（5）在治疗前，要通过药敏试验，选择敏感性好的药物进行治疗，这样既利于疾病的治疗，又节省费用。

（六）羊败血性链球菌病

羊链球菌病俗称嗓喉病，是一种急性、热性、败血性传染病，主要特征是全身性出血性败血症和浆液性、纤维素性胸膜肺炎。该病以咽喉部及下颌淋巴结肿胀，大叶性肺炎，呼吸异常困难，胆囊肿大为特征，其病原为链球菌属 C 群兽疫链球菌的一种。

【病原特点】 本病的病原为兽疫链球菌，属于链球菌属，革兰阳性球菌。病菌通常存在于病羊的各个脏器以及各种分泌物、排泄物中，而以鼻液、气管分泌物和肺脏含量为高。病原体对外界环境抵抗力较强，死羊胸水内的细菌在室温下可存活 100 d 以上。常用的消毒药有2% 石炭酸、0.1% 升汞水、2% 来苏儿以及0.5% 漂白粉。

【流行病学】 本病主要发生于绵羊，绵羊易感性较高，山羊次之。病羊和带菌羊是本病的主要传染源，通常经其呼吸道排出病原体。自然感染主要通过呼吸道途径，也可通过消化道和损伤的皮肤、黏膜以及羊虱蝇等吸血昆虫叮咬传播。病死羊的肉、骨、皮、毛等可散播病原，在本病传播中具有重要作用。疾病多发生于冬季和春季，尤其1~3月，气候严寒和剧变以及营养不良等因素均可促使发病和死亡。新疫区常呈地方性流行，老疫区则多为散发。发病不分年龄、性别和品种。

【临床症状】　发病羊食欲减退，严重者食欲废绝，反刍减弱，行走不稳，不愿走动，呆立，体温升高至41℃以上。流涎并混有泡沫，鼻孔流浆性、脓性分泌物，结膜充血，常见流出脓性分泌物，粪便松软，带有黏液或血液。有时可见眼睑、嘴唇、面颊及乳房部位肿胀，咽喉部及下颌淋巴结肿大，呼吸紧促（每分钟可达50~60次），心跳加快（每分钟为110~160次）。怀孕母羊易发生流产，阴门红肿，有瘀血斑。病羊死前常有磨牙、呻吟及抽搐现象。病程短，一般2~4d，最急性者24h内死亡。人工感染的潜伏期为3~10d。

【病理变化】　主要以败血性变化为主，尸僵不显著或不明显。咽喉肿胀，扁桃体肿胀、出血、坏死。咽喉部有大量黏性渗出物，咽部淋巴结肿大出血、坏死，切面有黏脓性液体，肩前淋巴结及纵隔淋巴结也有同样变化。上呼吸道呈卡他性炎症，气管充满泡沫性液体，有时出血，肺脏水肿、气肿，常与胸壁粘连。肺实质出血、肝（实）变，呈大叶性肺炎，有时肺脏尖叶有坏死灶。消化道黏膜充血和出血，黏膜上皮脱落。各脏器广泛出血，尤以膜性组织如大网膜、肠系膜等最为明显。心内膜与心外膜有小出血点，脾脏肿大，有小出血点。胆囊肿大2~4倍，肾脏质地变脆、变软、肿胀、梗死，被膜不易剥离。各脏器浆膜面常覆有黏稠、丝状的纤维素样物质。真胃有出血，其内容物稀薄，幽门充血、出血，肠道充满气体，十二指肠、膀胱也有出血点。

【诊断】　根据发病季节、症状和剖检，可以做出初步诊断。确诊需实验室检查，可采集血液、脏器组织涂片镜检，也可将肝脏、脾脏、淋巴结等病料组织做成悬液，给家兔腹腔注射，则家兔于1d内死亡，取材染色检查，可发现病原典型特征。同时可进行病原分离鉴定。

另外，本病要与以下几种病做鉴别诊断：巴氏杆菌病，临诊和剖检症状极相似，做细菌学检查才能区别；肠毒血症，尸体腐败较慢，皮下很少有带血的胶样浸润，肾脏软化，大肠出血严重；炭疽，病程急速，夏季多发，多无唇、舌、面颊、眼睑及乳房处的肿胀，也少见有各脏器尤其肺表面有黏稠拔丝状纤维素的覆盖；绵羊快疫，病程很快，看不出特殊症状，死后尸体很快腐败，鼓胀严重，四肢开张，肛门哆开，皮下有带血的胶样浸润，胸腔内积有多量的淡红色混浊液，消化道内产生大量气体，第四胃与肠道有出血性炎症，肝与心脏如煮熟样，肝表面触片镜检有长丝状或长链状杆菌。

【防治】　平时要做好饲养管理工作，预防本病的发生，具体要做到以下几点：改善放牧管理条件，保暖，防风，防冻，防拥挤，防病原传入；定期消灭羊体内外寄生虫；做好羊圈及有关场地、用具的消毒工作。

1. 预防接种

（1）羊链球菌氢氧化铝菌苗，注射后 21 d 产生免疫力，免疫期为 1 年。羊不论年龄大小，一律皮下注射 5 mL，3 月龄内羔羊 14～21 d 后再免疫注射 1 次。菌苗于 2～15 ℃冷暗干燥处保存，有效期一年半。

（2）羊链球菌弱毒冻干菌苗，注射后 14～21 d 产生可靠的免疫力，免疫期 1 年。

1）注射法：用生理盐水将菌苗稀释成 50 万～100 万活菌/mL。成年羊尾根皮下注射 1 mL，半岁至 2 岁羊剂量减半。

2）气雾法：用蒸馏水稀释后，室内喷雾，羊用 3 000 万活菌/只。4 头份/mL；室外喷雾，羊用 3 亿活菌/只。菌苗于 15 ℃以下阴暗干燥处保存，有效期为 2 年。

在流行地区给每只健康羊注射抗羊链球菌血清或青霉素等抗生素有一定的效果。

2. 治疗　发病后，对病羊和可疑羊要分别隔离治疗，场地、器具等用 10%的石灰乳或 3%的来苏儿严格消毒，羊粪及污物等堆积发酵，病死羊按《畜禽病害肉尸及其产品无害化处理规程》进行无害化处理。

（七）羊沙门杆菌病

羊沙门杆菌病主要由鼠伤寒沙门杆菌、羊流产沙门杆菌、都柏林沙门杆菌引起羊的一种传染病。遍发于世界各地，对牲畜的繁殖和幼畜的健康带来严重威胁。许多血清型沙门杆菌可使人感染，发生食物中毒和败血症等，是重要的人兽共患病原体。

【病原特点】　沙门菌属是肠杆菌科中一大类重要致病菌，是一种革兰阴性小型杆菌。沙门杆菌对外界的抵抗力较强，在水、土壤和粪便中能存活几个月，但不耐热。一般消毒药物均能迅速将其杀死。

【流行病学】　本病一年四季均可发生，所有品种的母羊各个年龄段均可感染，年龄轻者发病率较高，其中以断乳或断乳不久的羊最易感。病原菌可通过羊的粪、尿、乳汁、流产胎儿、胎衣和羊水，以及污染的饲料和饮水等传播，主要以消化道感染为主，交配和其他途径也能感染；育成期羔羊常于夏季和早秋发病，孕羊则主要在晚冬、早春季节发病。冷、拥挤和长途运输等不良因素均可促进本病的发生。

【临床症状】　羊流产沙门杆菌病是由羊流产沙门杆菌引起的一种急性传染病，以子宫炎和流产为特征。潜伏期长短不一，依动物的年龄、应激因子和侵入途径等而不同。出现死产或初产羔羊几天内死亡，呈现败血症病变。组织水肿、充血，肝脾肿大，有灰色坏死灶。胎盘水肿出血。母羊有急性子宫炎，流产或产死胎的子宫肿胀，有坏死组织、渗出物和滞留的胎盘。

怀孕绵羊于怀孕的最后 1/3 期间发生流产或死产。在此之前，病羊体温上升至 40 ~ 41 ℃，厌食，精神沉郁，部分羊有腹泻症状。流产前和流产后数天，阴道有分泌物流出。病羊产下的活羔，表现衰弱，委顿，卧地，并可有腹泻；不吮乳，往往于 1 ~ 7 d 死亡。羊群暴发一次，一般持续 10 ~ 15 d，流产率和病死率可达 60%。其他羔羊的病死率达 10%，流产母羊一般有 5% ~ 7% 死亡。流产率和病死亡率均很高。

【病理变化】 流产的母羊主要表现子宫炎和胎衣滞留，并伴有胃肠炎等变化。流产、死亡的胎儿或生后 1 周内死亡的羔羊，呈败血病变化。下痢型的羊尸体后躯常被稀粪污染，组织脱水。真胃和小肠空虚，内容物稀薄，常含血块。肠黏膜充血，肠系膜淋巴结肿大，心内外膜有小出血点。

【诊断】 根据流行特点、症状和剖检变化即可做出初步诊断。确诊需要取病母羊的粪便、阴道分泌物、血液和胎儿组织进行细菌分离鉴定。可采取下痢死亡羊的肠系膜淋巴结、胆囊、脾脏、心血、粪便或发病母羊的粪便、阴道分泌物、血液以及胎盘和胎儿的组织进行病原沙门杆菌的分离培养。要与引起羔羊痢疾的 B 型魏氏梭菌和引起羔羊下痢的大肠杆菌相区别。

【防治】

1. 预防 对于羊病的防治来说，"预防为主"的方针是很有必要的。尤其应加强饲养管理，搞好环境卫生工作，扎实地做好防疫、检疫工作。具体做好以下几点：

（1）首先要引进良种，选择对疾病的抵抗力强的良种公、母羊，坚持自繁自养。日粮搭配要均一，营养全面，粗粮细粮合理搭配，以增强机体的抵抗能力，提高羊的品质和生产性能。

（2）加强环境卫生与消毒工作。净化周围环境，减少病原微生物的滋生和传播的机会。建立完善的消毒卫生计划，对羊的圈舍、活动场地以及用具等要经常保持清洁、干燥。对粪便以及病死羊要做到及时、合理的处理，以减少污染源。

（3）完善免疫接种程序，有计划、有目的地对健康的羊群进行预防接种和紧急接种是有效预防和控制该传染病的重要措施之一。这样使羊群产生对羊流产沙门菌的特异性免疫力。

（4）定期地进行药物预防和驱虫。药物预防可使动物机体各个方面达到的稳定和平衡。驱除一些体外寄生虫如蚊、蝇、蜱等，可尽量减少其对羊健康状态的扰乱。

2. 治疗 对病羊隔离治疗，流产胎儿、胎衣及污染物进行销毁，污染场地全面消毒处理。对可能受威胁的羊群，注射相应菌苗预防。病初用抗血清较为有效。药物治疗，应首选氟苯尼考，其次是新霉素、土霉素和呋喃唑酮等。一次治疗不应超过 5 d，每次最好选用一种抗菌药物，如无效立即改用其他药物。在抗菌消炎的同时，还应进行对症治疗。

用土霉素或新霉素，羔羊每天按每千克体重 30～50 mg 剂量，分 3 次内服；成年羊每天按每千克体重 10～30 mg 剂量，肌内注射或静脉注射，每天 2 次。也可口服或注射恩诺沙星或环丙沙星。连续用药不得超过 2 周，并配合护理及对症治疗。

（八）羔羊大肠杆菌病

羔羊大肠杆菌病俗称"羔羊白痢"，是由致病性大肠杆菌引起的一种幼羔急性、致死性传染病，其特征是胃肠炎或败血症，羔羊发病率较高，死亡率也很高。

【病原特点】 大肠杆菌是革兰阴性、中等大小的杆菌。分类上属肠杆菌科、埃希氏菌属。无芽孢，具有周鞭毛，对碳水化合物发酵能力强。本菌对外界不利因素的抵抗力不强，50 ℃加热 30 min 即死亡，一般常用消毒剂均易将其杀死。

【流行病学】 多发生于几日龄至 6 周龄的羔羊，呈地方性流行，也有散发的。该病的发生与气候不良、营养不足、场地潮湿污秽等有关，主要是通过消化道感染。在羔羊接触病羊、不卫生的环境、吸吮母羊不干净的乳汁时均可感染。少部分通过子宫内感染或经脐带和损伤的皮肤感染。主要在冬春舍饲期间发生，放牧季节很少发生。

【临床症状】 潜伏期 1～2 d，分为败血型和下痢型两型。

1. 败血型 多发于 2～6 周龄的羔羊。病羊体温 41～42 ℃，精神沉郁，迅速虚脱，有轻微的腹泻或不腹泻，有的病羊有神经症状，运步失调，磨牙，视力障碍，有的出现关节炎，有的发生胸膜炎，有的在濒死期从肛门流出稀粪，呈急性经过，多于病后 4～12 h 死亡。死亡率可达 80% 以上。

2. 下痢型 多发于 2～8 日龄的新生羔。主要症状是下痢，病初体温略高，出现腹泻后体温下降，粪便呈半液体状，带气泡，恶臭，起初呈黄色，继而变为淡白色，含有乳凝块，严重时混有血液。羔羊表现腹痛，虚弱，严重脱水，卧地不起，有时出现痉挛。不能起立；如不及时治疗，可于 24～36 h 死亡。病死率 15%～17%。

【病理变化】

1. 败血型的病变 胸腹腔和心包大量积液，混有纤维素；肘关节、腕关节等关节肿大，内含混浊液体或脓性絮片；脑膜充血，有很多小出血点。脑沟常有脓性渗出物。

2. 下痢型的病变 肠浆膜瘀血，色暗红。胃肠呈卡他型炎症变化，胃内乳凝块发酵，肠黏膜充血、水肿和出血，肠内混有血液和气泡，肠系膜淋巴结肿胀，切面多汁或充血。有时可见纤维素化脓性关节炎。肺瘀血或有轻度炎症。

【诊断】 依据临床症状、病理变化和流行情况，可做出初步诊断，确诊需进行实验室诊断。

B 型魏氏梭菌也可引起初生羔下痢，应注意区别。在病羔濒死或刚死时，采取内脏和肠内容物做细菌分离培养，如分离出纯的 B 型魏氏梭菌时，具有鉴别诊断意义。

【防治】

1. 加强管理 首先要加强怀孕母羊的饲养管理，保证饲料中蛋白质、维生素、矿物质的含量。做好母羊临产的准备工作，严格遵守临产母羊及新生羔羊的卫生防疫制度。对产房进行消毒，可用 3% ~ 5% 的来苏儿喷洒消毒。其次是加强新生羔羊的饲养管理，搞好新生羔羊饲舍的环境卫生，哺乳前用 0.1% 的高锰酸钾水擦拭母羊的乳房、乳头和腹下，让羔羊吃到足够的初乳，做好羔羊的保暖工作。对于缺奶羔羊，一次不要喂饲过量。对有病的羔羊，及时进行隔离。对病羔接触过的房舍、地面、墙壁、排水沟等，要进行严格的消毒，可用 3% ~ 5% 来苏儿。也可根据病原的血清型，选用同型菌苗给孕羊和羔羊进行预防注射。

2. 免疫接种 羊大肠杆菌灭活疫苗，注射后 14 d 产生可靠免疫力，免疫期 5 个月。3 月龄以上的羊皮下注射 2 mL，3 月龄以下的羔羊 0.5 ~ 1 mL。疫苗于 2 ~ 15 ℃冷暗处保存，有效期半年。

3. 治疗措施

（1）大肠杆菌对土霉素、磺胺类和呋喃类药物都具有敏感性，但必须配合护理和其他对症疗法。土霉素按每天每千克体重 20 ~ 50 mg，分 2 ~ 3 次口服；或按每天每千克体重 10 ~ 20 mg，分两次肌内注射。磺胺甲基嘧啶，将药片压成粉状加入奶中，让羔羊自己喝下，首次 1 g，以后每隔 4 ~ 6 h 服 0.5 g。或磺胺嘧啶钠 5 ~ 10 mL，肌内注射，每天 2 次。呋喃唑酮，按每日每千克体重 5 ~ 10 mg，分 2 ~ 3 次内服。

（2）新生羔再加胃蛋白酶 0.2 ~ 0.3 g；对心脏衰弱的，皮下注射 25% 安钠咖 0.5 ~ 1 mL；对脱水严重的，静脉注射 5% 葡萄糖盐水 20 ~ 100 mL；对于有兴奋症状的，用水合氯醛 0.1 ~ 0.2 g 加水灌服。如病情好转时，可用微生态制剂，如促菌生、调痢生、乳康生等，加速胃肠功能的恢复，但不能与抗生素同用。

（九）羊李氏杆菌病

羊李氏杆菌病又称转圈病，是由李氏杆菌引起的以脑膜脑炎、败血症和母畜流产为主要特征的传染病。该病常散在发生，但致死率高，以早春及冬季多见。

天气变化、阴雨天气、青饲料缺乏及寄生虫感染均可诱发本病。

【病原特点】　本病的病原为产单核细胞李氏杆菌，本菌对 pH 5 以下缺乏耐受性，对食盐和热耐受性强，在 20% 食盐溶液内经久不死，巴氏消毒法不能杀灭，但一般消毒药易使其灭活。对青霉素有抵抗力；对链霉素敏感，但易于形成抗药性；对四环素类和磺胺类药物敏感。

【流行病学】　本病多为散发，有时呈地方性流行。病羊和带菌动物是传染源，病菌通过其粪、尿、乳汁以及眼、鼻、生殖道分泌物排出体外，污染饲料和饮水。所以，消化道、呼吸道、眼结膜及损伤的皮肤为本病的传播途径。蜱、蚤、蝇类也可作为媒介传播本病。维生素 A 和维生素 B 的缺乏，冬季缺乏青饲料，内外寄生虫病，沙门杆菌感染，污染的青贮料，天气突变等，均可诱发本病，病死率达 10%。许多野生动物尤其是啮齿动物中的鼠类都易感此病，且常为本菌的储存宿主。饲喂变质青贮饲料也是引起本病的原因之一。本病多发生于春、秋两季，在这期间，给圈养舍饲的羔羊喂了多量青贮或微贮饲料，再加之青贮窖设备很差造成饲料质量不佳；周围鼠洞又多，饲养管理粗放等因素是造成该病发生的重要原因。

【临床症状】

自然感染的潜伏期为 2～3 周，有的可能只有几天，也有长达 2 个月的。根据临床症状，病理特征等可分为以下三种类型。

1. 脑炎型　患病羊精神沉郁，目光呆滞，头低垂，一侧或两侧耳下垂，不愿随群活动；有的意识障碍，无目的地乱窜乱撞；舌麻痹，采食、咀嚼、吞咽困难，鼻孔流出黏性分泌物；眼流泪，结膜发炎，眼球突出，常向一个方向斜视，甚至视力丧失；头颈偏向一侧，走动时向一侧转圈，遇有障碍物时则以头抵靠、不动；颈项强直，头颈呈角弓反张，后期卧地不起、昏迷、四肢划动呈游泳状，一般于 3～7 d 死亡。

2. 子宫炎型　常伴有流产和胎盘滞留，但子宫内的微生物和炎症很快消失。

3. 败血型　精神沉郁，轻热，流涎、流泪、流鼻液，不听驱使，吃食、吞咽缓慢。病程短，死亡快。

【病理变化】

1. 脑炎型　剖检可观察到脑膜水肿，血管高度扩张充血呈树枝状，脑脊液较正常为多，稍混浊，有时呈淡红色；大、小脑脑沟变浅，脑回稍宽，切面湿润、水肿，脑实质可见散在的米粒大小灰白色病灶并有针尖大小鲜红色的出血点。肝脏被膜稍紧张，色泽淡黄，切面可见有不规则的小米粒大小灰白色病灶。心脏心包内积液较多、混浊，有的病羊在心外膜上可见有多量灰黄色絮状的纤维蛋白附着，易剥离，冠状沟有针尖大小的出血点，心耳、心室肌有散在的灰白色针尖大小的病灶。

2. 子宫炎型　胎盘病变显著，绒毛上皮坏死，顶端附有内含细菌的脓性渗出物。在子宫内早期死亡的胎儿，自溶常掩盖了轻微的败血性病变，在子宫内后期死亡和流产的胎儿，由于病变已充分发展，不易为自溶所掩盖，故常在肝脏、有时在脾脏和肺脏可见到粟粒性坏死灶。流产母羊都有胎盘炎，表现子叶水肿坏死，血液和组织中单核细胞增多。

3. 败血型　剖检见脾脏肿大、肝粟粒状坏死灶、心外膜出血、脑膜充血、出血性结膜炎和黏脓性的鼻炎。肺脏在心叶、尖叶、膈叶均有散在的灰红色、灰白色点状病变，切面挤压时，有淡红色炎性分泌物流出。肾脏被膜易剥离，切面有数量不一、大小不等的出血点。淋巴结肿大，被膜紧张，切面稍隆起，较湿润，并有大小不等数量不多的灰黄色或灰白色病灶。

【诊断】　根据病羊的转圈病以及孕羊发生流产等症状可以做出初步诊断。脑炎型李氏杆菌病，可根据典型的病理组织变化做出诊断。败血型李氏杆菌病的诊断，必须从病变脏器取材、培养、检查细菌。子宫炎型的诊断，只有在胎儿和胎膜中找到细菌，才能确诊。该病应与具有神经症状的疾病相区别，如羊的脑包虫病。患脑包虫病的病羊仅有转圈或斜着走等症状，病情发展缓慢，不传染给其他羊只。脑炎则有兴奋和抑郁交替发生的临床症状。另外，应与有流产症状的其他疾病进行鉴别（主要靠实验室检查）。

【防治】

1. 预防　平时要做好饲养管理工作，预防本病的发生，具体要做到以下几点。

（1）加强饲养管理，贯彻自繁自养的原则。羊有发达的瘤胃，是典型的草食动物，在饲养中一定要注意粗精饲料的配比，必须坚持以粗料为主、精料适当补充的饲养方法，严禁大量饲喂精料。另外注意矿物质、维生素的补充，多胎羊（如小尾寒羊）一定要注意钙的补充，防止缺钙。必须从外地引进的羊只，要调查其来源，引进后先隔离观察一周以上，确认无病后方可混群饲养，从而减少病原体的侵入。

（2）由于老鼠为疫源，所以在羊舍内要消灭鼠类。夏秋季节注意消灭羊舍内蜱、蚤、蝇等昆虫，减少传播媒介。

（3）经常观察羊群，发现病羊应马上隔离治疗。对原有棚舍清除粪便及污物后，用3%来苏儿或5%漂白粉，或2%～2.5%氢氧化钠进行彻底消毒。

（4）对受威胁的羊群，在饲料和饮水中加入土霉素，每千克饲料中加入20～30 mg，混饲，连用5～7 d，可预防性治疗。

（5）本病为人畜共患病，故畜牧兽医人员应注意保护，不要吃死羊的肉，防止感染致病。

2. 治疗　对于患病羊只可采取以下方法进行治疗。

（1）链霉素：用量为 600 万 ~ 800 万 u，注射水 30 mL，一次肌内注射，连用 5 d。

（2）四环素：用量为 250 万 ~ 500 万 u，5% 葡萄糖生理盐水 2000 mL，一次静脉注射，每天 1 次。

（3）12% 复方磺胺甲基异噁唑：用量为 80 mL，一次肌内注射，每天 2 次，连用 5 d，首次加倍。

（4）氟苯尼考：内服量 20 mg/kg，一次内服，每天 2 次，连用 3 ~ 5 d；肌内注射量 20 mg/kg，一次肌内注射，每天 1 次，连用 2 d，孕羊禁用。

（5）青霉素：20 万 u，链霉素 25 万 u，注射水 5 mL，羔羊一次肌内注射，每天 2 次，连用 3 ~ 5 d。

（6）对神经症状明显的羊可用氯丙嗪（冬眠灵）50 mL，肌内注射，每天 1 次；或用醒脑静注射液，每次 3 mL，每天 1 ~ 2 次；六神丸 10 粒，1 次灌服，可使病羊症状缓解。

（十）羊坏死杆菌病

羊坏死杆菌病是由坏死杆菌引起的羊以跛行、腹下水肿、下颌及口腔周围出现不同程度的丘疹、溃疡、坏死为主要症状的疾病。坏死杆菌可造成关节坏死杆菌病和肝肺坏死杆菌病等。

【病原特点】 病原为坏死杆菌。坏死梭杆菌为革兰阴性，严格厌氧的细菌，分类上属拟杆菌科、梭形杆菌属。该菌至少可产生两种毒素，其外毒素皮下注射（兔）可引起组织水肿，静脉注射则数小时内死亡；内毒素皮下注射或皮内注射可致组织坏死。

坏死杆菌对理化因素抵抗力不强，对热及常用消毒剂敏感，但在污染的土壤中能长时间存活。本菌对 4% 的醋酸敏感。

【流行病学】 坏死杆菌广泛存在于自然界，可以导致多种动物发生坏死杆菌病。动物的饲养场、被污染的土壤、沼泽地、池塘等处均可发现。此外，还常存在于健康动物的口腔、肠道和外生殖器等处。羊主要通过损伤的皮肤黏膜而感染。草料锐硬，饲料中矿物质特别是钙、磷缺乏，维生素不足，营养不良均可促使该病的发生。在低洼潮湿地区和多雨季节潮湿、拥挤圈舍内的羊易造成散发性和地方性流行。

【临床症状】 病羊消瘦，跛行，腹下水肿，蹄叉腐烂，腐蹄，口腔及下颌肿胀出现丘疹，继而出现溃疡、龟裂、坏死。重者体温升高，呼吸困难，食欲废绝而死亡。

绵羊患病后常侵害四肢关节及蹄部，因而俗称"腐蹄病"。主要侵害育成羊四肢关节，前肢腕关节发病较多。检查时腕关节发生红肿、发热、疼痛，反应严重，随后出现关节肿胀、溃烂、流出恶臭脓液、溃疡面盖有厚痂，严重者卧地不能行走，患羊如护理治疗不当，长期不愈或转为慢性，少数病例严重时由于影响采食逐渐消瘦，造成前肢畸形，不能种用，继发脓毒败血症而死亡。

【病理变化】 剖检病死羊，发现皮下有胶样浸润，肝稍肿，心外膜有出血点，腹腔、心包腔有大量黏液，少数胸壁粘连，肺表面有散在粟粒状灰白色圆形病例，肺与结节切面干燥，肾表面有少量出血点，淋巴结出血、水肿并有小坏死灶，真胃和回肠黏膜下层水肿，有斑条状出血。

羊肝肺坏死杆菌病是由坏死杆菌引起的以肝脏和肺脏坏死为主要特征的疾病，是羊常发疾病之一。病羊体温达到 40.5 ℃，表现出精神沉郁、喜卧、反刍停止等临床症状。对病死羊进行剖解，肝脏明显肿大、变硬，表面有很多灰白色的坏死灶，与周围组织界线明显，肝脏与腹腔发生粘连，其他脏器均无明显病变。

【诊断】 根据发病特点、临诊症状可做出诊断。必要时，可从病羊的病灶与健康组织的交界处采取病料涂片，用稀释石炭酸复红或碱性亚甲蓝加温染色，可发现着色不匀、细长丝状的坏死梭杆菌。

【防治】

1. 预防 对于本病的防治，应加强饲养管理，保持圈舍的干燥，定期消毒，防止过度拥挤，避免外伤的发生，可以有效地防止该病的流行。一旦发生外伤，应及时用 5% 碘酊涂擦伤口，以防感染。发病后病羊隔离饲养，羊舍用 3% 热氢氧化钠溶液喷洒消毒，料槽、水槽用"易克林"（含强力表面活性剂的双链季胺盐类消毒剂）溶液喷洒、洗刷消毒，给羊群饲喂全价饲料，合理补充钙、磷。

2. 治疗

（1）口腔周围及颌下病灶在清除坏死组织后，创面涂以红霉素鱼肝油软膏（自制）或碘甘油，每天 1 次，直到痊愈为止。局部组织治疗的同时，对所有病羊用庆大霉素肌内注射，连续 5~7 d。

（2）局部治疗方法：

1）消毒：将患部及周围被毛剪掉，用 1% 的高锰酸钾或用 4% 的醋酸洗净患部，用碘酊涂搽，再用酒精脱碘消毒。

2）开创：将患部中心点下，竖切开约 3 cm 创口，让内容物排出，清除坏死组织，然后用碘酊涂搽，可排物全部消除。

3）注射药物及包扎：向创腔内注射长效治菌磺 10~20 mL 进行清洗，然后用长效治菌磺与赋形剂（化石粉）混合成糊，涂创口及周围，再用纱布将创口及周围包扎，一般 1 周后即可治愈，治愈率达 98%，严重病例若 1 周没有治愈，再连续 2 周换药，即可 100% 治愈。

大批发生四肢关节坏死杆菌病时，设置浴槽，槽内液体深度以羊前肢长 2/3

为准，槽为盛 10% 硫酸铜液或 1% 的高锰酸钾液或 2% ~5% 福尔马林液药浴四肢，浴后绵羊四肢保持在通风条件下至少 1 h。

（十一）羊土拉杆菌病

土拉杆菌病又称野兔热，是牧场绵羊（特别是羔羊）的一种急性败血性疾病，由土拉弗朗西斯菌引起，也是一种人畜共患的自然疫源性疾病，主要传染源为野兔及鼠类，蜱为传播媒介。该病特征为发热，肌肉僵硬和淋巴结肿大。

【病原特点】 土拉弗朗西斯菌为革兰阴性球杆菌，菌体大小为（0.3 ~0.5）μm×0.2 μm，培养物中菌体呈小球形；动物组织中菌体呈球杆状。用脏器或菌落制备的涂片做革兰染色，可以看到大量的黏液连成一片呈薄细网状复红色，菌体为玫瑰色，此点为本菌形态学的重要特征。

本菌对低温具有特殊的耐受力，在 0 ℃ 以下的水中可存活 9 个月，在 20 ~25 ℃水中可存活 1 ~2 个月，而且毒力不发生改变。本菌对热及常用消毒剂敏感，但在土壤、水、肉和皮毛中可存活数十天，在尸体中可存活一百余天。对链霉素、氯霉素和四环素族抗生素敏感。

【流行病学】 该病的易感动物种类很多，人也可感染。野兔和野生啮齿动物是主要传染源，通过蜱、蚊和虻等吸血昆虫传播。污染的饲料和饮水等也是传播媒介。

【临床症状】 发病后体温高达 40.5 ~42 ℃，2 ~3 d 后体温恢复正常，但之后又常回升，出现贫血和腹泻。精神委顿，步态僵硬、不稳，后肢软弱或瘫痪，步行时头部高抬。体表淋巴结肿大，特别是肩前淋巴结显著肿胀。有大量蜱寄生在腹部和耳周围。一般 8 ~15 d 痊愈。妊娠母羊发生流产或死胎，羔羊病较重，除上述症状外，还有腹泻、兴奋不安或昏睡。病羊不久死亡，病死率很高。山羊较少患病，症状与绵羊相似。

【病理变化】 剖检尸体表面可见大量蜱寄生，组织贫血明显，在皮下和浆膜下分布着许多出血点，在蜱侵袭部位及其附近尤为显著。淋巴结肿大，有坏死和化脓现象。在一些羔羊中，肺脏的尖叶与心叶可能有肺炎病变。

【诊断】 根据临诊症状和实验室所见可做出初步诊断。在草场羔羊和周岁母羊中的发热、强直和蜱寄生乃是指征性症状。在实验室，从附着的蜱或病绵羊与死绵羊的淋巴结、脾脏和肝脏中分离出土拉杆菌，或从康复绵羊中发现凝集效价上升，都可确诊。鉴别诊断需要考虑蜱麻痹与其他肺炎。蜱麻痹出现极度的麻痹，但无一贯的高热，其他肺炎与蜱的寄生无关，而肺的损伤程度较大。

【防治】

1. 预防 为防止蜱对羊群的侵袭，可用灭蜱药物进行全群药浴；病死羊及鼠类尸体要深埋，以免污染环境。由于人类对土拉杆菌病有易感性，放牧人和看护者应避免剖检死羊。

2. 治疗 治疗本病以链霉素最为有效，其次是土霉素、金霉素和氯霉素。每天 2 次肌内注射，链霉素按每千克体重 10 mg，土霉素和金霉素按每千克体重 5～10 mg，氯霉素按每千克体重 10～30 mg，连用 5～7 d。

（十二）羊肠毒血症

羊肠毒血症又称"软肾病"或"类快疫"，是由 D 型魏氏梭菌在羊肠道内大量繁殖，产生毒素引起的主要发生于绵羊的一种急性毒血症。本病以急性死亡、死后肾组织易于软化为特征。

【病原特点】 本病的病原是 D 型魏氏梭菌，又称产气荚膜杆菌。为厌氧性粗大杆菌，革兰染色阳性。一般消毒药易杀死本菌繁殖体，但芽孢抵抗力强。魏氏梭菌为土壤常在菌，也存在于污水中，通常羊只采食被芽孢污染的饲草或饮水，芽孢随之进入消化道，一般情况下并不引起发病。当饲料突然改变，特别是从吃干草改为采食大量谷类或青嫩多汁和富含蛋白质的草料之后，导致羊的抵抗力下降和消化功能紊乱，D 型魏氏梭菌在肠道迅速繁殖，产生大量毒素，毒素进入血液，引起全身毒血症，发生休克而死。

【流行病学】 发病以绵羊为多，山羊较少，通常以 2～12 月龄、膘情好的羊为主，经消化道而发生内源性感染。本病的发生常表现一定的季节性，牧区以春夏之交抢青时和秋季牧草结籽后的一段时间发病为多，农区则多见于收割抢茬季节或采食大量富含蛋白质饲料时。一般呈散发性流行。

【临床症状】 本病的特点为突然发作，很少能见到症状，往往在表现出疾病后绵羊便很快死亡。死亡稍慢的病羊表现不安，有腹痛症状，肚胀，离群呆立，独自奔跑或卧下。病羊在临死前步态不稳，心跳加快，呼吸增数，全身肌肉颤抖，磨牙，侧身倒地，四肢痉挛，左右翻滚，头颈向后弯曲，鼻流白沫，肛门排出黄褐色或白红色水样粪便。病羊一般体温不高，急性病例从发病到死亡仅 1～4 h，无抢救时间。病情缓慢的病例，可延至 12 h 或 2～3 d 死亡。

【病理变化】 胸、腹腔和心包常有积液，心脏扩张，心肌松软，心内外膜有出血点，肺脏出血、水肿，比较有特征而有鉴别意义的是肠道和肾的变化，肠道黏膜充血、出血，严重的整个肠段、肠壁呈血红色，有的还有溃疡，肾脏软化如泥样，稍加触压即朽烂。

【诊断】 因本病病程很短，动物生前诊断困难，但根据本病流行特点以及剖检变化，可以做出初步诊断。确诊还需进行实验室诊断。此外，本病应与炭疽、罕氏杆菌病和羊快疫等相鉴别。

1. 羊肠毒血症与炭疽的鉴别 炭疽可致各种年龄的羊只发病，临床检查有明显的体温反应，死后尸僵不全，可视黏膜发绀，天然孔流血，血液凝固不良；

如剖检可见脾脏高度肿大。细菌学检查可发现具有荚膜的炭疽杆菌，此外，炭疽环状沉淀试验也可用于鉴别诊断。

2. 羊肠毒血症与巴氏杆菌病的鉴别 巴氏杆菌病病程多在 1 d 以上，临床表现有体温升高，皮下组织出血性胶样浸润，后期则呈现肺炎症状。病料涂片镜检可见革兰阴性、两极浓染的巴氏杆菌。

【防治】

1. 预防

（1）常发地区定期注射羊快疫、肠毒血症、猝狙三联苗或羊快疫、肠毒血症、猝狙、羔羊痢疾、黑疫五联苗，羊只不论大小，一律皮下或肌内注射 5 mL，注苗后 2 周产生免疫力，保护期达半年。

（2）加强饲养管理，农区、牧区春夏之际少抢青、抢茬；秋季避免吃过量结籽饲草；发病时搬圈至高燥地区。

（3）本病病程短促，往往来不及治疗。羊群出现病例多时，对未发病羊只可内服 10% ~20% 石灰乳 500 ~1000 mL 进行预防。

2. 治疗 对病程较缓慢的病羊，可用下列方法之一：

（1）青霉素，肌内注射，每次 80 万 ~160 万 u，每天 2 次，3 ~4 d 病羊逐渐康复。

（2）磺胺脒，按每千克体重 8 ~12 g，第 1 天 1 次灌服，第 2 天分 2 次灌服。

（3）10% 石灰水灌服，大羊 200 mL，小羊 50 ~80 mL，连用 1 ~2 次。

（4）应结合强心、补液、镇静等对症治疗，有时尚能治愈少数病羊。

本病重在预防，羊舍应建在高燥的地方，避免过多喂精料、多汁饲料。每天在饲料中加入每千克体重 120 mg 的金霉素，连续数日，采取上述措施后，再进行疫苗注射，一般情况下疫情能得到控制。

（十三）羊猝狙

羊猝狙是由 C 型魏氏梭菌引起的一种毒血症，临床上以急性死亡、腹膜炎和溃疡性肠炎为特征。

【病原特点】 魏氏梭菌又称为产气荚膜杆菌，分类上属于梭菌属。本菌科产生多种外毒素，依据毒素 - 抗毒素中和试验，可将魏氏梭菌分为 A、B、C、D、E 五个毒素型。羊猝狙由 C 型魏氏梭菌引起。

【流行病学】 本病多呈散发性，绵羊发病较多，且多发于成年绵羊，以 1 ~2 岁的绵羊发病最多，山羊较少。牧区多发于春末夏初青草萌发时，所以该病的发生表现出明显的季节性和条件性，即呈地方性流行。本病主要经消化道感染，常流行于低洼、潮湿地区和冬春季节。在秋冬和初春季节，羊寒冷饥饿或吃了冰冻带霜的饲草而抵抗力减弱时，容易诱发本病。病原产生的毒素可致消化道黏膜发炎、坏死并引起中毒性休克。

【临床症状】　C 型魏氏梭菌随污染的饲料或饮水进入羊的消化道，在小肠特别是十二指肠和空肠内繁殖，主要产生 β 毒素，引起羊发病。病程短促，多未来及见到症状即突然死亡。有时发病羊掉群、卧地，表现不安、衰弱或痉挛，于数小时内死亡。

【病理变化】　剖检可见十二指肠和空肠黏膜严重充血、糜烂，个别区段可见大小不等的溃疡灶，黏膜上有出血点。体腔多有积液，暴露于空气易形成纤维素絮块。浆膜上有小点出血。病羊刚死时骨骼肌表现正常，死后 8 h，骨骼肌肌间积聚有血样液体，肌肉出血，有气性裂孔，这种变化与黑腿病的病变十分相似。

可视黏膜充血呈暗紫色。真胃有未消化的饲草料，并伴有出血性炎症，胃底及幽门周围黏膜有大小不等的出血点，表面有坏死区。肠道内充满气体。肠黏膜充血、有溃疡，肝脏肿大，质脆。脾脏严重瘀血呈紫黑色，肾有针尖状出血点，心外膜也有多数小点出血。

【诊断】　根据羊突然发病，病程短、死亡快，真胃出血和坏死性炎症等症状及病理变化初步诊断为魏氏梭菌病。进一步诊断应与羊快疫等其他梭菌性疾病、炭疽、巴氏杆菌病等类似疾病相鉴别。主要通过病原学的检查和毒素检验进行区别。

1. 涂片镜检　取死羊肠内容物、肝、脾涂片，革兰染色、镜检均发现大量革兰阳性杆菌，菌体较大，两端钝圆、整齐，呈单个散在或双链排列，有荚膜。

2. 细菌培养　无菌取病羊心、肝、脾、肺、肾及肠内容物，接种于熟肉培养基中培养，37 ℃ 5～6 h 后，培养液变得混浊，产生了大量的气体。取培养液涂片镜检，结果同上。将此培养物接种于血琼脂培养基中。37 ℃ 24 h 后，培养基上产生双溶血环的圆形、薄而透明、边缘整齐、表面光滑隆起、直径大约2 mm淡灰色菌落。

3. 生化反应　菌落液能使牛乳培养试管剧烈发酵，分解葡萄糖、果糖、乳糖、棉实糖、蕈糖，产酸产气。不发酵甘露醇，不分解杨苷、菊淀粉。

【防治】

1. 预防　在该病的常发区，每年按免疫时间注射羊"三联四防苗"，或者在秋季、转群的前2周、产前20 d 再接种一次上述的五联苗，以提高抗体水平。在注射疫苗前，最好给羊在饮水中加入口服补液盐、电解多维等抗应激的药物。羊圈应保持干燥，避免潮湿，羊群一旦发病，随时隔离病羊，并做好圈舍及用具的消毒工作，病死羊要深埋处理。平时加强羊的饲养管理，防止受寒，避免羊采食冰冻饲料，搞好羊只的抓膘保膘工作，使羊只体格健壮，抗病力强。

2. 治疗　由于病程短促，常来不及治疗。对病程稍长的病羊，可用青霉素肌内注射，每次 80 万～160 万 u，每天 2 次；磺胺嘧啶内服，按每次每千克体重5～6 g，每天 2 次，连服 3～4 次；也可给病羊内服 10%～20% 石灰乳，每次

50～100 mL，连用 1～2 次；在使用上述抗菌药物的同时应及时配合强心、输液等对症治疗措施，如 10% 的安钠咖 10 mL 加于 500～1 000 mL 的 5% 葡萄糖中，静脉注射。

（十四）羊黑疫

羊黑疫又称"坏死性传染性肝炎"，是绵羊和山羊的一种急性高度致死性毒血症，由 B 型诺维氏梭菌引起，特征性病变为肝脏实质性坏死灶。

【病原特点】 本病由 B 型诺维氏梭菌引起，诺维氏菌分类上属于梭菌属，为革兰阳性大杆菌。本菌严格厌氧，具周身鞭毛，能运动，可形成芽孢，不产生荚膜。根据本菌产生的外毒素，通常分为 A、B、C 三型，A 型菌主要产生 α、β、γ、δ 等 4 种外毒素；B 型菌主要产生 α、β、η、ξ、θ 共 5 种外毒素；C 型菌不产生外毒素，一般认为无病原学意义。

【流行病学】 本菌能使 1 岁以上的绵羊发病，以 2～4 岁、营养好的绵羊多发；山羊也可患病，牛偶可感染。实验动物以豚鼠最为敏感，家兔、小鼠易感性较低。诺维氏梭菌广泛存在于自然界特别是土壤之中，羊采食被芽孢体污染的饲草后，芽孢由胃肠壁进入肝脏。当羊感染肝片吸虫时，肝片吸虫幼虫游走损害肝脏，使其氧化—还原电位降低，存在于该处的诺维氏梭菌芽孢即获适宜的条件，迅速生长繁殖，产生毒素，进入血液循环，引发毒血症，导致急性休克而死亡。本病主要发生于低洼、潮湿地区，以春、夏季节多发，发病常与肝片吸虫的感染侵袭密切相关。

【临床症状】 本病临床表现与羊快疫、羊肠毒血症等疾病极为相似。病程短促，大多数羊未见病征就突然发病死亡，一般观察不到发病的羊只。发病羊大多表现为突然死亡，临床症状不明显。部分病例可拖延 1～2 d，病羊放牧时掉群，食欲废绝，精神沉郁，反刍停止，呼吸急促，体温 41 ℃，常昏睡，俯卧而死亡。

【病理变化】 尸体皮下静脉显著瘀血，使羊皮呈暗黑色外观（黑疫之名由此而来）。真胃幽门部、小肠黏膜充血、出血。肝脏表面和深层有数目不等的凝固性坏死灶，呈灰黑色不整圆形，周围有一鲜红色充血带围绕，坏死灶直径达 2～3 cm，切片呈半月形。羊黑疫肝脏的这种坏死变化，具有重要诊断意义（这种病变与未成熟肝片吸虫通过肝脏时所造成的病变不同，后者为黄绿色、弯曲似虫样的带状病痕）。体腔多有积液，心内膜常见有出血点。

【诊断】

1. 现场诊断 根据病羊临床症状皮呈黑色外观和病理变化可做出初步诊断。

2. 实验室诊断

（1）病料采集：采集肝脏坏死灶边缘与健康组织相邻接的肝组织作为病料，也可采集脾脏、心血等材料。用作分离培养的病料，应于死后及时采集，立即接种。

（2）染色镜检：病料组织染色镜检，可见粗大、两端钝圆的诺维氏梭菌，排列多为单在或成双存在，也有 3 ~ 4 个菌体相连的短链。

（3）分离培养：诺维氏梭菌严格厌氧，分离较为困难，特别是当病料污染时则更为不易。病料采集时严格无菌操作，之后立即划线接种，在严格厌氧条件下分离培养。由于羊的肝脏、脾脏等组织在正常时可能有本菌芽孢存在。因此，分离得到病原菌后尚要根据流行病学、临床症状和剖检变化综合判断才能确诊。

（4）动物接种实验：病料悬液肌内注射豚鼠，豚鼠死后剖检，可见接种部位有出血性水肿，腹部皮下组织呈胶样水肿，透明无色或呈玫瑰色，厚度有时可达1 cm，这种变化极为明显，具有诊断意义。

（5）毒素检查：一般用卵磷脂酶试验检查病料组织中 B 型诺维氏梭菌产生的毒素。

3. 类型鉴别　应与羊快疫、羊肠毒血症、羊炭疽等类似疾病进行区别诊断。

【防治】

1. 预防　预防此病首先在于控制肝片形吸虫感染，驱虫不仅是治疗病畜，也是积极的预防措施。对羊群每年应有两次定期驱虫，一次在秋末冬初或由放牧转为舍饲之后，可保护动物过冬并预防冬季发病；一次是在冬末春初，动物由舍饲改为放牧，驱虫可以减少动物在放牧时散播病原。

药物可选用蛭得净（溴酚磷），羊每千克体重剂量 16 mg，一次喂服；或使用丙硫苯咪唑，以每千克重 15 ~ 20 mg 剂量，一次喂服；也可使用三氯苯唑，以每千克体重 8 ~ 12 mg 剂量，一次喂服。定期接种羊快疫、肠毒血症、猝狙、羔羊痢疾、黑疫五联苗。发病时将羊圈搬至高处且干燥的地方，也可使用抗诺维氏梭菌血清早期预防，皮下注射或肌内注射 10 ~ 15 mg，必要时可重复一次。

病死羊一律烧毁或深埋处理，不得随地丢弃，不得食用，也不得喂狗，也不得剥皮出售，场地用 3% 来苏儿严格消毒。对羊黑疫病程缓慢的病羊及早淘汰出栏，减少死亡数量，降低损失。平时要加强饲养管理，消除一切诱病因素，羊圈要选择背风、暖和的干燥地方。勤观察，发生本病时，隔离病羊，未发病的羊立即转移至干燥、安全地区做紧急预防接种。

2. 治疗　病程稍缓的羊只，肌内注射青霉素 80 万 ~ 160 万 u，每天 2 次，连用 3 d；或者发病早期静脉或肌内注射抗诺维氏梭菌血清 10 ~ 80 mL，连用 1 ~ 2次。

（十五）羔羊痢疾

羔羊痢疾是羔羊梭菌性痢疾的简称，是初生羔羊的一种急性毒血症，以剧烈腹泻和小肠发生溃疡为特征。本病常可使羔羊发生大批死亡，给养羊业带来重大损失。

【病原特点】 本病的病原为 B 型魏氏梭菌。

【流行病学】 本病一般经消化道感染，羔羊在生后数日内，魏氏梭菌可以通过羔羊吮乳、饲养员的手和羊的粪便而进入羔羊消化道。本病也可通过脐和伤口侵入羊的体内。本病主要为害 7 日龄以内的羔羊，其中又以 2 ~ 3 日龄的羔羊发病最多，7 日龄以上的很少患病。本病一般呈地方性流行，多发于秋、冬和初春气候骤变，阴雨连绵季节，于低洼地、潮湿地、沼泽地放牧的羊只易患本病。本病的传染源是病羔，其粪便内含有大量病原菌，污染羊舍和周围环境，经消化道、脐带和外伤等途径感染。诱因很重要，特别是弱羔受到寒冷或饥饱不均等因素作用，常促使其发病。

【临床症状】 自然感染的潜伏期为 1 ~ 2 d，病羊病初精神委顿，低头拱背，不想吃奶。不久即发生腹泻，粪便恶臭，有的稠如面糊，有的稀薄如水，到后期，有的还含有血液。病羔逐渐虚弱，卧地不起，最后昏迷，头向后仰，体温降至常温以下，常在数小时到十几小时内死亡。

【病理变化】 尸体脱水现象严重，最显著的病理变化在消化道，第四胃内往往存在未消化的凝乳块，胃黏膜水肿充血，有出血斑点。小肠（特别是回肠）黏膜充血发红，溃疡周围有一出血带环绕，有的肠内容物呈血色。大肠的变化与小肠类似，但程度较轻。肠系膜淋巴结肿胀充血，间或出血。肝脏肿大呈紫红色。心包积液，心内膜有时有出血点。肺常有充血或瘀斑。

【诊断】

在常发地区，依据流行病学、临床症状和病理变化一般可以做出初步诊断。确诊需进行实验室检查，以鉴定病原菌及其毒素。沙门杆菌、大肠杆菌和肠球菌也可引起初生羔羊下痢，应注意区别。

1. 与沙门杆菌病的鉴别 由沙门杆菌引起的初生羔羊下痢，粪便也混有血液，剖检可见真胃和肠黏膜潮红并有出血点。

2. 与大肠杆菌病的鉴别 由大肠杆菌病引起的羔羊下痢，用魏氏梭菌免疫血清预防无效，而用大肠杆菌免疫血清则有一定的预防作用。

【防治】

1. 预防

（1）加强饲养管理：科学计划配种，尽量避免在最冷季节产羔。秋季搞好母羊的抓膘保膘，为生产体格健壮、抗病力强的羔羊做保障。合理哺乳，羔羊出生后，应及早吃上初乳，增强其免疫力和抵抗力，避免饥饱不均，注意环境卫生和羊体卫生。

（2）消毒羊舍：搞好隔离，每年秋末做好羊舍消毒工作，一旦发生痢疾，随时隔离病羔羊，并搞好羊舍的消毒工作。产羔前对产房做彻底消毒，可选用

1% ~2% 的热氢氧化钠溶液或 20% ~30% 石灰水喷洒羊舍地面、墙壁及产房一切用具；隔离病羔，被污染的棚圈和用具用 50% 来苏儿彻底消毒，立即将羊群转移到未被污染的草场。

（3）免疫接种：在母羊产前 14 ~20 d 接种羊厌氧菌病五联灭活苗，皮下注射或肌内注射 5 mL，初生羔羊吸吮免疫母羊的奶汁，可获得被动免疫力。

（4）药物预防：在羔羊痢疾常发地区，可于羔羊生后 12 h 灌服土霉素 0.15 ~0.2 g，每天 1 次，连服 3 d。

2. 治疗　治疗羔羊痢疾的方法很多，可依据各地的不同条件和实际效果试验选用。用药前，先用热炕灰揉揉羔羊的肚子，能起到减轻病症的作用。

（1）磺胺脒 0.5 g，鞣酸蛋白 0.2 g，次硝酸铋 0.2 g，酵母 0.2 g，加水适量，1 次灌服，每天 3 次。如果无效，可肌内注射青霉素 4 万 ~5 万 u，每天 2 次，直至痊愈。

（2）土霉素 0.2 ~0.3 g/只，胃蛋白酶 0.2 g，加水灌服，每天 2 次。

（3）呋喃西林 0.5 g、磺胺脒 0.5 g、次硝酸铋 0.2 g，加水 100 mL，混匀，每次服 4 ~5 mL，每天 2 次。

（4）用胃管灌服 6% 的硫酸镁溶液（内含 0.5% 的福尔马林）30 ~60 mL，6 ~8 h 后再灌服 1% 的高锰酸钾溶液 1 ~2 次，每天 2 次。

（5）对下痢严重者应配合补糖、补液，保护胃肠黏膜，调整胃肠机能等对症治疗。对湿热型下痢佐以黄连素片剂，对寒湿型下痢佐以附子理中丸，对非菌型泄泻口服参苓白术散、鲜姜汁等中药制剂能收到良好的效果。

三、羊的其他传染病

（一）传染性角膜结膜炎

传染性角膜结膜炎又名红眼病或流行性眼炎，是由多种病原菌引起的一种主要侵害反刍动物的急性传染病，其特征为眼结膜和角膜发生明显的炎症变化，伴有大量流泪，其后角膜混浊或呈乳白色。本病于 1889 年发现于美国，目前已广泛分布于世界各国，它虽不是一种致死性传染病，但由于局部刺激和视觉扰乱，也会给养牛业和养羊业造成较重的经济损失。

【病原特点】　羊传染性角膜结膜炎，是由多种病原引起的急性传染病，主要是由鹦鹉热衣原体引起，其次还有结膜支原体、立克次氏体、奈氏球菌、李氏杆菌等。鹦鹉热为衣原体病原，呈球形或椭圆形，革兰染色阴性，含 DNA 和 RNA，严格细胞内寄生。本病原主要存在于羊结膜和鼻分泌物中。在某些情况下可产生内毒素，与引起羔羊多发性关节炎的衣原体在抗原性方面有相关性。病原抵抗力不强，60 ℃条件下 10 min 灭活。在 0.1% 福尔马林溶液或 0.5% 石炭酸溶液中 24 h灭活。冻干保存于 −70～−50 ℃，经数月或数年还具有传染性，对某些抗生素如四环素族抗生素和青霉素敏感。

【流行病学】 主要侵害反刍动物，尤其是奶山羊，绵羊、奶牛、黄牛、水牛、骆驼等也能感染，偶尔波及猪和家禽，幼龄动物最易感。病畜或带毒动物为本病主要传染源，易感动物可通过接触感染。患病动物的分泌物，如鼻液、泪液、乳汁和尿液等污染物，均能传播本病。本病主要通过眼结膜间接接触感染，蚊、蝇类可成为本病的主要传染媒介。气候炎热、刮风、尘土等因素有利于本病的发生和传播。本病多发生在蚊、蝇较多的炎热季节，一般在 5 月至 10 月（夏、秋季）。以放牧期发病率最高，进入舍饲期也有发病。本病呈地方性流行。

【临床症状】 起初仅个别羊只发病，数天全群发病。潜伏期一般为 3～7 d。病初多为单眼，患眼流泪，眼睑肿胀，眼怕光，不能张开。结膜潮红，血管舒张，并有黏液性脓性分泌物。2～3 d 后角膜混浊，有一黄白区，表面上有黄色沉着物，仅是结膜炎或轻微的角膜炎并在短期内恢复，病重者由于眼内压升高，角膜凸起，呈尖圆形，间有破裂形成溃疡，角膜周围血管成树枝状充血、舒张，有时可发生眼前方积脓或角膜破裂。虹膜粘连，晶状体可能脱落，多数病例初期为一侧患病，后为双眼感染。一般无全身症状，很少有发热的现象，但眼球化脓时，常伴有体温升高，食欲减退，精神沉郁和泌乳量减少等现象。羊群的发病率为 60%～90%。病羊一般全身症状不明显。病程一般为 20～30 d。多数病羊可自然康复。有的导致角膜炎、角膜云翳、角膜白斑和失明。康复后似乎完全健康，但在一定时期内可能继发。

【病理变化】 镜检可见结膜固有层纤维组织明显充血、水肿和炎症细胞浸润，纤维组织疏松，呈海绵状。上皮变性、坏死或程度不等地脱落。角膜的变化基本相同，有明显炎症细胞和组织变质过程，但无血管反应。

【诊断】

1. 临床诊断 根据发病情况和临床症状，以及发病速度和发病季节等特点可诊断为羊传染性角膜结膜炎。

2. 实验室诊断 必要时可做微生物学检查或用沉淀反应试验、凝集反应试验、间接血凝反应试验、补体结合反应试验及荧光抗体试验以确诊。

3. 类症鉴别 本病要与传染性无乳症相区别。传染性无乳症除发生角膜炎外，还有关节炎和乳房炎等症状。

【防治】

1. 预防措施 发现病羊应立即隔离，划定疫区，定时清扫消毒，严禁牛、羊等易感动物流动。新购买的羊只，至少需隔离 60 d，方能允许与健康羊合群。在疫区应加强饲养管理，及时采取隔离、封锁、消毒等措施，防止疫情扩散。在发病季节注意做好预防和扑灭蚊蝇工作，要注意在早期及时治疗。

2. 治疗措施 一般病羊若无全身症状，在 15 d 内可以自愈。发病后应尽早治疗，越快越好。用 2%～4% 硼酸溶液洗眼，拭干后再用 3%～5% 弱蛋白银溶液滴入结膜囊中，每天 2～3 次；或用 0.025% 硝酸银溶液滴眼，每天 2 次；或涂以青霉素或四环素软膏；有人用普鲁卡因青霉素注射液做眼周围封闭。如有角膜混浊、角膜穿孔时，可吹入甘汞粉或注入一滴红药水，也可用 0.1% 新洁尔灭溶液或 4% 硼酸溶液洗眼后，再滴以 5 000 u/mL 普鲁卡因青霉素（用时摇匀），每天 2 次。重症病羊加滴醋酸可的松眼药水，并放太阳穴、三江穴血。角膜混浊者，滴视明露眼药水效果很好。

（二）传染性无乳症

羊传染性无乳症是由无乳支原体引起的一种绵羊和山羊的急性、热性、败血性传染病。临床上，以无乳症、关节炎、角膜炎和流产为主要特征。山羊和绵羊均能感染此病。本病在 19 世纪初首先发现于意大利和瑞士。目前，本病主要分布于欧洲、非洲和亚洲等养羊国家，我国也有本病的报道。本病不仅能引起病羊死亡，而且能使孕羊发生流产，给养殖户带来巨大的经济损失。

【病原特点】 本病病原为无乳支原体，属于支原体科，支原体属。山羊对本病原最敏感，绵羊次之。这是一种多形性微生物。在一昼夜培养物的染色涂片中，可以发现大量的小杆状或卵圆形细菌。有时两个连在一起呈小链状。在两天的培养物中，见有许多小环状构造物。在 4 天培养物内呈大环状、丝状或大圆形，类似酵母菌和纤维物的线团。本菌对外界抵抗力不强，对各种消毒剂均敏感，－20 ℃能存活数月，19～21 ℃和相对湿度 64%～72% 条件下则 17 d 才死亡，50 ℃条件下几秒之内失活。无乳支原体对卡那霉素、新霉素、链霉素、多黏菌素 B 和泰乐菌素都敏感。

【流行病学】 各种年龄、性别、品种的羊群都有易感性，山羊易感性较绵羊高。绵羊和山羊是本病唯一的易感宿主，而其他家畜和实验动物均无易感性。不论是性成熟的母羊，还是没有性成熟的母羊和公羊都可感染发病。泌乳期的奶山羊发病较多，以初产母羊第一个泌乳期的奶山羊发生最多。带菌羊和病羊是本病的主要传染源，病愈羊仍能多日甚至多年排菌，是最危险的传染源。本病主要经水平传播，且接触感染性极强，主要经消化道和眼结膜感染，皮肤和黏膜的损伤也会提高羊只的感染概率。本病主要呈地方性流行，一般 11 月至翌年 1 月多发。

【临床症状】

本病潜伏期较长，一般为 15～60 d。根据病程长短可分为急性型和慢性型。急性病例较常见，病羊一般 5～7 d 或一月内死亡，慢性病例较少见。根据发病部位不同可分为乳房炎型、关节炎型和眼型 3 种。

1. 乳房炎型　病初羊只精神抑郁，食欲减退，但无明显的体温反应。在感染 5～15 d 后发生"干奶"现象，开始乳汁变清，泌乳减少，后变浓稠，有咸味，乳汁的 pH 由 6.8 变为 7.8。有的乳汁中混有块状物，有的带血。该病常发于两侧乳房，一侧发病者较少。触诊乳房，有紧张、敏感、发热疼痛状，乳房及乳房淋巴结肿大，乳头基部有硬固结节。随着炎症的发展，乳腺发生萎缩，泌乳停止。病愈后大部分羊只尚能恢复泌乳能力，但产奶量没有原来高。如同时感染其他化脓性细菌，则常引起化脓性乳房炎。

2. 眼型　常发生结膜炎，畏光流泪，分泌物增加，角膜混浊形成白翳，出现溃疡。如治疗及时，溃疡可逐渐愈合，白翳消退，仍有复明希望。若角膜穿孔，则终生致盲。

3. 关节炎型　多在前肢的腕关节和后肢的跗关节患病，出现跛行，关节肿胀，触摸有热痛感。经一个月左右跛行消失。重者因关节增生而僵硬，常躺卧不起。若感染化脓菌则转为化脓性关节炎。

【病理变化】　剖检可见乳腺质地坚硬，腺胞萎缩，乳室内充满白色或绿色的凝乳样物质，断面呈大理石状。在乳房实质内有豌豆大小的结节。关节型病例，切开肿胀的关节，可见结缔组织的大量增生，并有黄色黏性胶样物质浸润。

【诊断】

1. 临床诊断　根据症状及流行特点综合分析可初步诊断。

2. 实验室诊断　常用的实验室诊断方法有病原鉴定和血清学试验。实验室最常用的血清学试验为酶联免疫吸附试验，目前已有很多商品化的 ELISA 试剂盒可供选择。

3. 类症鉴别　本病应注意与传染性乳房炎区别。传染性乳房炎潜伏期短，发病更急，病势更重，乳房的炎症重剧、体温高，死亡率高。确切诊断应采病料送检病原，传染性乳房炎病原是细菌。送检病料是病羊乳汁、发病关节液及血清等。

【防治】

1. 预防措施　引进或输入种羊应做好隔离检疫工作，发现病羊及时隔离淘汰。经常消毒圈舍，加强羊群的护理。注射氢氧化铝疫苗，可获得良好的预防效果。

2. 治疗措施　本病原对多种抗生素均敏感，用抗生素治疗有良好的效果。临床上根据病羊患病部位不同常采取不同治疗方法。

（1）乳房炎型：用抗生素溶液做乳房内灌注。如用 0.02% 呋喃西林溶液反复洗涤乳房后，以青霉素 20 万～40 万 u 溶解于 1% 普鲁卡因溶液 5～10 mL 中，注入乳房，每天一次。也可用 1% 碘化钾溶液 10～20 mL，注入乳房内，每天一次，4 d 为一疗程，也有良好的效果。

（2）眼型：用8%硼酸水冲洗眼后，点入油剂青霉素或醋酸考的松眼膏。为了促进眼角膜混浊吸收，可以向眼吹入甘汞粉。外用磺胺粉，每天1~2次，连续用4~5 d。

（3）关节炎型：可用鱼石脂软膏等消炎药局部涂抹数天即可治愈。

（三）羊钩端螺旋体病

钩端螺旋体病（Leptospirosis）是由致病性钩端螺旋体引起的一种急性传染病，同时也是重要的人畜共患病之一。本病可发生于任何年龄的家畜，但以幼畜发病率较高，主要发生于猪、牛、犬，马、羊次之。临床表现主要以体温升高、黄疸、血红蛋白尿、出血性素质、皮肤和黏膜坏死、水肿为特征。该病有明显的季节性．以7~10月为多发期。

【病原特点】　钩端螺旋体（Leptospira）属革兰阴性需氧菌，该菌呈纤细、螺旋致密型，一端或两端成钩状。姬姆萨染色和镀银法染色可见菌体的一端或两端弯转成钩，且可绕长轴旋转和摆动，运动性很强。钩端螺旋体在水田、池塘、沼泽可生存数月，是需氧菌，对酸和碱的反应感敏，对一般消毒药反应敏感，对冷冻抵抗力较强。

【流行病学】　钩端螺旋体的动物宿主非常广泛，几乎所有的温血动物都可感染。其中啮齿目的鼠类是最重要的储存宿主，是本病自然疫源的主体。传染的主要来源是病畜和鼠类，病原体主要由尿排出，污染饲料和水源，也通过消化道和皮肤，通过鼠咬伤、结膜或上呼吸道黏膜传染，还可能通过交配和吸血昆虫传播，有明显的季节性，每年以7月至10月为流行的高峰期。

饲养管理与本病的发生和流行有着密切的关系，如饥饿、饲料质量差、饲喂不合理，管理混乱或其他疾病使家畜抵抗力下降时，常常引起本病的暴发和流行。钩端螺旋体通过皮肤、黏膜、消化道或生殖道进入人体内后在体内繁殖，并迅速进入血液到各组织脏器造成机体溶血、出血和肝脏、肾脏及生殖系统的损害。

【临床症状】　潜伏期一般为2~20 d。急性型为体温突然升高至40.5~41 ℃，食欲废绝，呼吸和心跳加速，黏膜发黄，尿色呈红褐色，有大量白蛋白、血红蛋白和胆色素，并常见皮肤干裂、坏死和溃疡，由于胃肠道弛缓而发生便秘，尿呈暗红色，眼结膜炎，流泪，皮腔流出黏液脓性分泌物，鼻孔周围皮肤破裂。病程5~10 d，死亡率达45%~65%。亚急性症状与急性者大致相同，发展比较缓慢。体温不稳定，升高后又迅速降到常温，反复不定。耳部、躯干及乳头部的皮肤发生坏死。胃肠道弛缓，便秘严重。死亡率达20%~30%。怀孕羊发生流产。

【病理变化】　病死羊剖检可见口腔黏膜苍白或发黄；皮下组织出血、黄染，胸腹腔内有大量液体渗出；骨骼肌松软而多汁，呈柠檬黄色；血液凝固不良，呈暗褐色；肝脏显著肿大、质地脆、土黄色；胆囊肿大，胆汁中有少量酱油渣样沉淀；肾脏表面有瘀血斑，质脆，病程稍长时，肾脏变为坚硬；肠系膜及皮下脂肪黄染；膀胱少量积尿，呈酱油色。

【诊断】 钩端螺旋体病根据临床和剖检病变难以诊断，必须结合实验室检验进行综合性诊断，最后才能确诊。

1. 直接镜检钩端螺旋体 采取血液、尿液、脑脊液等病料，以 3 000 r/min 离心 30 min，取沉淀物制成压滴标本。用革兰染色可见染成粉红色弯曲的菌体，呈"C""S"形。镀银染色可见菌体染成黑色。因螺旋过于致密，经硝酸银沉淀后，菌体增粗，螺旋不易显现，而似弯杆状。在暗视野显微镜下检查，可见到菌体呈螺旋体状、两端弯曲成钩状的病原体。

2. 动物试验 采用鲜血、尿或肝肾等组织制成乳剂，取 1 ~ 3 mL 接种于体重 250 g 左右的 15 ~ 18 日龄仔兔，接种 3 ~ 5 d 后体温升高，减食，黄疸，体温下降时扑杀，肉眼可见广泛性黄疸和出血。取肝、肾涂片镜检见有大量钩端螺旋体。

3. 血清学试验 有条件可进行血清学检验（凝剂溶解试验、补体结合试验、间接血凝试验及酶联免疫吸附试验）。

【防治】

1. 预防措施 平时防治钩端螺旋体病的主要措施要从以下几方面入手。

（1）消除带菌排菌的各种动物，包括隔离治疗病羊，消灭鼠类等。消毒和清理被污染的水源、污水、淤泥、牧地、饲料、场舍和用具等。常用的消毒剂为 2% 氢氧化钠溶液或 20% 生石灰乳，污染的水源可用漂白粉消毒。

（2）常发地区应提前预防接种钩端螺旋体菌苗或接种本病多价苗。

（3）严禁从疫区引进羊只，必要时应隔离观察 1 个月，确认无病后才能混群。

（4）定期清理圈舍粪便，运出舍外将粪便堆积起来，进行生物热发酵。

（5）同时要加强饲养管理，喂给易消化、含有丰富维生素的饲料，提高动物的特异性和非特异性抵抗力。

2. 治疗措施 对本病的早期诊断、早期治疗，也是防治本病的有效措施。

（1）链霉素一般每千克体重 15 ~ 25 mg，每天 2 次肌内注射，连用 3 ~ 5 d。

（2）土霉素每千克体重 15 ~ 30 mg，口服或注射，每天 1 次连用 3 ~ 5 d。

（3）四环素每天 2 次，连用 3 ~ 5 d。

（4）青霉素、链霉素混合肌内注射，每天 2 次，3 ~ 5 d 为一疗程。

对严重病例同时进行对症治疗，静脉注射葡萄糖、维生素 C，以及使用强心利尿药物，可给予缓泻剂（便秘时）、利尿剂乌洛托品（肾脏患病时）或强心剂（心脏衰弱时）。同时进行补液（静脉注射 20% 葡萄糖溶液或葡萄糖氯化钠溶液）对提高治愈率有重要作用。

（四）山羊传染性胸膜肺炎

山羊传染性胸膜肺炎，又称羊支原体性肺炎，是由支原体所引起的一种高度接触性传染病，其临床特征为高热、咳嗽，肺、胸膜发生浆液性、纤维素性炎症，取急性和慢性经过，病死率很高。本病见于许多国家，我国也有发生，特别是饲养山羊的地区较为多见。

【病原特点】 引起山羊传染性胸膜肺炎的病原体为丝状支原体山羊亚种，引起绵羊传染性胸膜肺炎的病原体为绵羊肺炎支原体。自然条件下，丝状支原体山羊亚种只感染山羊，以 3 岁以下的山羊发病为多，而绵羊肺炎支原体则可感染山羊和绵羊。

【流行病学】 本病主要通过空气—飞沫经呼吸道传染，接触传染性强。阴雨连绵，寒冷潮湿，羊群拥挤，卫生条件差，冬春枯草季节，羊只营养缺乏，易受寒感冒，机体抵抗力降低等均易诱发本病，一旦发病，迅速传播，20 d 左右可波及全群。冬季流行期平均为 15 d，夏季可维持 2 个月以上。

【临床症状】 本病潜伏期短者 5 ~ 6 d，长者 3 ~ 4 周，平均 18 ~ 20 d。根据病程和临床症状，可分为最急性、急性和慢性三型。

1. 最急性 病初体温增高，可达 41 ~ 42 ℃，极度委顿，食欲废绝，呼吸急促而有痛苦的鸣叫。数小时后出现肺炎症状，呼吸困难，咳嗽，并流浆性带血鼻液，肺部叩诊呈浊音或实音，听诊肺泡呼吸音减弱、消失或呈捻发音。12 ~ 36 h 内，渗出液充满病肺并进入胸腔，病羊卧地不起，四肢直伸，呼吸极度困难，每次呼吸则全身颤动；黏膜高度充血，发绀；目光呆滞，呻吟哀鸣，不久窒息而亡。病程一般不超过 4 ~ 5 d，有的仅 12 ~ 24 h。

2. 急性 最常见。病初体温升高，继之出现短而湿的咳嗽，伴有浆性鼻漏。4 ~ 5 d 后，咳嗽变干而痛苦，鼻液转为黏液 – 脓性并呈铁锈色，高热稽留不退，食欲锐减，呼吸困难和痛苦呻吟，眼睑肿胀，流泪，眼有黏液 – 脓性分泌物。口半开张，流泡沫状唾液。头颈伸直，腰背拱起，腹肋紧缩，最后病羊倒卧，极度衰弱委顿，有的发生鼓胀和腹泻，甚至口腔中发生溃疡，唇、乳房等部皮肤发疹，濒死前体温降至常温以下，病期多为 7 ~ 15 d，有的可达 1 个月。幸而不死的转为慢性。孕羊大批（70% ~ 80%）发生流产。

3. 慢性 多见于夏季。全身症状轻微，体温降至 40 ℃左右。病羊间有咳嗽和腹泻，鼻涕时有时无，身体衰弱，被毛粗乱无光。在此期间，如饲养管理不良，与急性病例接触或机体抵抗力由于种种原因而降低时，很容易复发或出现并发症而迅速死亡。

【病理变化】 剖检变化多局限于胸部。胸腔常有淡黄色液体，量多至 500 ~ 2000 mL，间或两侧有纤维素性肺炎。肝变区凸出于肺表，颜色由红至灰色不等，切面呈大理石样。病程久者肺肝变区肌化，结缔组织增生，甚至有包囊化的坏死灶。胸膜变厚而粗糙，上有黄白色纤维素层附着，严重者可见胸膜与肋膜粘连，甚至肺烂在胸腔，模糊不清。心包积液，心肌松弛、变软。急性病例还可见肝、脾肿大，胆囊肿胀，肾肿大和被膜下小出血点。

【诊断】　由于本病的流行规律、临床表现和病理变化都很明显，根据这三个方面做出综合诊断并不困难。确诊需进行病原分离鉴定和血清学试验。血清学试验可用补体结合反应，多用于慢性病例。

本病在临床上和病理上均与羊巴氏杆菌病相似，可取病料进行细菌学检查以资区别。

【防治】　平时要做好饲养管理工作，注意羊舍通风换气，防止拥挤，保持干燥卫生，适当增加精料、维生素和微量元素及钙、磷等，增强机体抵抗力。本病防疫的关键是防止引入或迁入病羊和带菌者。新引进羊只必须隔离检疫1个月以上，确认健康后方可混入大群。

1. 免疫接种　本病流行区坚持免疫接种，是预防本病的有效措施。山羊传染性胸膜肺炎氢氧化铝菌苗，注射后14 d产生可靠的免疫力，免疫期1年。6月龄以下的山羊皮下或肌内注射3 mL，6月龄以上山羊5 mL。菌苗于2～10 ℃冷暗处保存，有效期1年。

2. 治疗措施　羊群发病应及时进行封锁、隔离和治疗。对污染的场地、厩舍、饲管用具，以及粪便、病死羊的尸体等进行彻底消毒或无害处理。对于患病羊只可采取以下方法进行治疗。

（1）口服土霉素，每天每千克体重20～50 mg，分2次内服，连用3～5 d。

（2）新胂凡纳明（945）注射液，用量为每千克体重10 mg，临用前用生理盐水或5%葡萄糖注射液与之混合成5%～10%的溶液，静脉注射。

（3）硫酸卡纳霉素，用量为每千克体重10～15 mg，肌内注射，每天2次。

在采取上述疗法的同时，必须加强护理，结合饮食疗法和必要的对症疗法。

（五）羊衣原体病

羊衣原体病是由鹦鹉热衣原体引起的绵羊、山羊的一种传染病。临床上以发热、流产、死产和产出弱羔为特征。在疾病流行期，也见部分羊表现多发性关节炎、结膜炎等疾患。

【病原特点】　本病的病原是鹦鹉热衣原体，是介于细菌与病毒之间的一类独特微生物。鹦鹉热衣原体对酸碱的抵抗力较高，在－70 ℃条件下可保存活力几年。60 ℃条件下30 min可以将其杀灭，乙醚和季铵盐类可在30 min使其灭活。

【流行病学】　鹦鹉热衣原体可感染多种动物，但常为隐性经过。家畜中以羊、牛较为易感，禽类感染后称为"鹦鹉热"或"鸟疫"。许多野生动物和禽类是本菌的自然宿主。患病动物和带菌动物为主要传染源，可通过粪便、尿液、乳汁、泪液、鼻分泌物以及流产的胎儿、胎衣、羊水排出病原体，污染水源、饲料及环境。本病主要经呼吸道、消化道及损伤的皮肤、黏膜感染；也可通过交配或用患病公畜的精液人工授精而感染，子宫内感染也有可能；蜱、螨等吸血昆虫叮咬也可能传播本病。山羊在每年 2 ~ 4 月发生流产较多，2 岁左右的母羊发病率较高，本病一般呈散发性或地方性流行。密集饲养、营养缺乏、长途运输或迁徙、寄生虫侵袭等应激因素可促进本病的发生和流行。

【临床症状】　本病的潜伏期因动物不同而有差别，短则几天，长则可达数周，也可有不同的临床表现及剖检结果，主要分为以下几种。

1. 流产型　又名地方流行性流产，潜伏期为 50 ~ 90 d。由于病原在胎衣，特别是绒毛膜中驻足和繁殖，引起发炎，造成胎羔感染或流产。流产通常发生于妊娠的中后期，一般观察不到征兆，临诊表现主要为流产、死产或娩出生命力不强的弱羔羊。流产羊阴道排出子宫分泌物达数天之久，胎衣常滞留。病羊体温升高达 1 周。有些母羊因继发感染细菌性子宫内膜炎而死亡。羊群第一次暴发本病时，流产率可达 20% ~ 30%，以后则下降至每年 5% 左右。流产过的母羊一般不再发生流产。在本病流行的羊群中，可见公羊患有睾丸炎、附睾炎等疾病。

2. 关节炎型　又称多发性关节炎，主要发于羔羊，病程一般为 2 ~ 4 周。羔羊于病初体温上升至 41 ~ 42 ℃，食欲减退甚至丧失，掉群，不适。肌肉僵硬，肢关节（尤其腕关节、跗关节）肿胀、疼痛，一肢甚至四肢跛行，随着病情的发展，跛行加重，羔羊弓背而立，有的羔羊长期侧卧，有些羔羊同时发生结膜炎。患病羔羊体重减轻，生长发育受阻。发病率高，一般达 30%，甚至可达 80% 以上。如隔离和饲养条件较好，病死率则较低。

3. 结膜炎型　又称滤泡性结膜炎，主要发生于绵羊，尤其是肥育羔和哺乳羔。衣原体侵入羊眼后，进入结膜上皮细胞的胞质空泡内，形成初体和原生小体，从而引起眼的一系列病变。病羊的一眼或双眼均可出现病变。眼结膜充血、水肿，大量流泪，病的第 2 天、第 3 天，角膜发生不同程度的混浊，角膜翳、糜烂，溃疡和穿孔。混浊和血管形成最先开始于角膜上缘，然后向下缘发展，最后扩展至中心。经 2 ~ 4 d 开始愈合，病程 6 ~ 10 d，角膜溃疡者，病期可达数周，发病率高，一般不引起死亡。

【病理变化】

1. 流产型　剖检发现流产母羊胎膜水肿、增厚，子叶呈黑红色或土黄色。流产胎儿水肿，皮肤、皮下组织、胸腺及淋巴结等处有点状出血，肝脏充血、肿胀，表面可能有针尖大小的灰白色病灶。组织病理学检查，胎儿肝、肺、肾、心肌和骨骼肌血管周围网状内皮细胞增生。

2. 关节炎型　剖检发现关节囊扩张，发生纤维素性滑膜炎。关节囊内积聚有炎性渗出物，滑膜附有疏松的纤维素性絮片。患病数周的关节滑膜层由于绒毛样增生而变粗糙。

3. 结膜炎型 眼结膜充血、水肿，2～3 d 后，角膜发生不同程度的混浊，角膜翳、糜烂、溃疡和穿孔。混浊和血管形成最先开始于角膜上缘，然后向下缘发展，最后扩展至中心。经 2～4 d 开始愈合，组织病理学检查可发现滤泡内淋巴细胞增生。

【诊断】 根据临床症状、流行特征可对本病做出初步诊断，但要确诊需结合实验室诊断，如姬姆萨氏染色法染色镜检，动物接种试验。另外，血清学试验、补体结合试验、血清中和试验也可用于本病诊断。

本病在临床上常容易与布氏杆菌病、弯杆菌病、沙门杆菌病等混淆，须依据病原学检查和血清学试验鉴别诊断。同时还应与因气候、营养不良、管理不当等因素引起的流产相区别。

【防治】

1. 预防措施 平时应做好饲养管理及预防工作，主要应做好以下几个方面。

（1）用羊衣原体灭活苗，严格按疫苗使用说明进行免疫接种，可有效控制衣原体病的流行。

（2）应用复方长效伊丙硫二醇注射液，剂量为每 10 千克体重 0.05 mL，肌内或皮下注射；应用伊维菌素，每 10 千克体重 0.2 mL，肌内或皮下注射。春秋定期驱虫，控制和降低羊只体内外寄生虫的危害，驱虫后对粪便堆积进行生物发酵。

（3）对疑似病羊的分泌物、排泄物及被污染的土壤、场地、圈舍、用具和饲养人员衣物等进行消毒灭菌处理。可用 2% 氢氧化钠溶液或中洲菌毒杀或 2% 来苏儿溶液对圈舍、场地等进行喷洒消毒，每周 1 次。

（4）要加强饲养管理水平，控制由管理不当，如拥挤、缺水，采食毒草、霜草、冰凌水，受冷等因素诱发的流产。避免羊群与鸟类接触，杜绝病原体传入。同时要增加常量元素（Ca、P、Na、K 等）和微量元素（Cu、Mn、Zn、S、Se 等）的摄入。

2. 治疗措施 对于患病羊只，可采取以下治疗方法：

（1）肌内注射青霉素，用量为 80 万～160 万 IU，每天 2 次，连用 3 d。

（2）10% 氟苯尼考注射液，用量为每千克体重 0.05 mL，每天 2 次，连用 3 d。

（3）结膜炎病羊可用土霉素软膏点眼治疗。

在治疗期间，应加强饲养管理，给予优质饲料和清洁饮水，以促进患羊的康复。

（魏战勇　张红英）

第九部分 羊的主要寄生虫病

一、羊的原虫病

（一）羊巴贝斯虫病

羊巴贝斯虫病是由莫氏巴贝斯虫、绵羊巴贝斯虫等寄生于绵羊、山羊红细胞内引起的一种血液原虫病，又称梨形虫病，俗称巴贝斯焦虫病、蜱热、红尿热，临床常出现血红蛋白尿，故又称红尿症、血尿症，具有高热、黄疸、溶血性贫血、血红蛋白尿，发病急、致死率高、季节性强等特点。本病在我国广泛存在，常呈地方性流行。

【病原特点】 本病病原分类属于梨形虫纲（Piroplasmea）、巴贝斯虫科（Babesiidae）、巴贝斯虫属（Babesia）。已报道的感染羊的巴贝斯虫有 5 种，分别为莫氏巴贝斯虫（B. motasi）、绵羊巴贝斯虫（B. ovis）、粗糙巴贝斯虫（B. crassa）、泰氏巴贝斯虫（B. taylori）和叶状巴贝斯虫（B. foliate）。

巴贝斯虫均寄生于羊的红细胞内，是由原生质和染色质两部分组成的单细胞原虫。在羊红细胞内的虫体形态多样，呈单梨籽形、双梨籽形、圆形、卵圆形、椭圆形、环形、边虫形、阿米巴形、三叶形、十字形、钉子形、短杆形、纺锤形、逗点形等。姬姆萨染色血片中，原生质呈淡蓝色或着色不明显而呈空泡状，染色质呈紫红色。不同种巴贝斯虫根据其典型虫体形态、大小和结构以资鉴别。

1. 莫氏巴贝斯虫 为寄生于羊红细胞内的多形性大型虫体，以双梨籽形虫体最多，可占 60% 以上。典型虫体为尖端呈锐角相连的双梨籽形，每个虫体两团染色质，虫体长度大于红细胞半径（长 2.5~3.5 μm，宽 1.5~2.0 μm），多数位于红细胞中央。

2. 绵羊巴贝斯虫 为寄生于羊红细胞内的小型虫体。小于红细胞半径，在红细胞内或单独存在呈圆形或单梨籽形，大小 1.0~1.8 μm；或成双存在而呈双梨籽形，长 1.8~2.4 μm，宽 1.3~1.8 μm，两虫体的尖端相连呈锐角、钝角或平角，大多位于红细胞边缘，每个虫体通常有 2 个染色质团，位于虫体较宽的一端。梨籽形虫体占 15%~16%。

3. 粗糙巴贝斯虫 寄生于羊红细胞内的多形性大型虫体，其形态结构与莫氏巴贝斯虫相似；感染羊的许多红细胞内含 4 个虫体。通过血清学检测和基于 18sRNA 基因序列检测，可把该虫体与莫氏巴贝斯虫和绵羊巴贝斯虫区分开。其传播媒介和传播方式尚不清楚。

4. 泰氏巴贝斯虫和叶状巴贝斯虫 有报道称虫体与莫氏巴贝斯虫相似，也有报道认为其主要形态呈三叶草状，但这两种虫体仅见于 60 多年前在印度被报道，此后未再见分离和报道，有学者认为它们不是独立的种。

5. 双芽巴贝斯虫（*B. bigemina*） 有人依据病羊的临床症状、病理变化和在红细胞内检查到双梨籽形虫体报道了羊的双芽巴贝斯虫病，但未见进一步的深入研究。该病羊患的可能是莫氏巴贝斯虫病。

【流行病学】 羊的巴贝斯虫病发生和流行于世界许多国家和地区，多发生于热带、亚热带地区，常呈地方性流行。该病的发生和流行与传播媒介蜱的消长、活动密切相关。由于硬蜱的分布具有地区性，活动具有明显的季节性。因此该病的发生和流行也具有明显的地区性和季节性。不同年龄和品种的羊易感性存在差异，羔羊发病率高，但症状轻微，死亡率低。成年羊发病率低，但症状明显，死亡率高。纯种羊和非疫区引进羊发病率高，疫区羊有带虫免疫现象，发病率低。

巴贝斯虫的发育、繁殖和传播需硬蜱和家畜宿主共同参与，其不同阶段要么寄居于硬蜱体内，要么存在于羊体内，是一种永久性寄生虫，不能离开宿主而独立生存于自然界。莫氏巴贝斯虫病发生于 4～6 月和 9～10 月，其传病蜱包括青海血蜱、刻点血蜱、耳部血蜱、微小牛蜱、阿坝革蜱、森林革蜱、囊形扇头蜱和蓖子硬蜱等。绵羊巴贝斯虫病最早发生于 5～6 月，而以 6 月中旬和 7 月中旬为发病高峰期，8 月以后很少发生，其传病蜱包括囊形扇头蜱、耳部血蜱和硬蜱属的成虫。体内带有绵羊巴贝斯虫的雌蜱可经卵传递病原体给下一代，次代蜱叮咬羊吸血时把虫体注入羊体内而传病。

【临床症状】 羊巴贝斯虫病的潜伏期一般为 10～15 d。病羊临床上主要以高热稽留、溶血性贫血、黄疸、血红蛋白尿和虚弱、死亡为特征。精神沉郁，食欲减退，呼吸困难，轻度腹泻，反刍迟缓或停止，迅速消瘦，可视黏膜苍白并逐渐发展为黄染。乳羊泌乳减少或停止，怀孕母羊常发生流产。

莫氏巴贝斯虫病体温升高至 41～42 ℃，稽留数日，或直至死亡；因红细胞大量被破坏、溶血性贫血而表现呼吸快而浅表，脉搏加快；血液稀薄，红细胞数减少至每立方毫米 400 万以下，红细胞大小不均；黄疸，可视黏膜黄染，血红蛋白尿。有的病羊出现神经症状，表现无目的地狂跑，突然倒地死亡。

绵羊巴贝斯虫病大部分表现为急性型，体温升高至 40～42℃。患羊精神沉郁，食欲减退甚至废绝；反刍迟缓或停止，虚弱，肌肉抽搐，呼吸困难，贫血、黄疸，血红蛋白尿。血液稀薄，红细胞数减少至每立方毫米 150 万以下。50%～

60%急性病羊于2~5d后死亡。慢性病例少见，表现为渐进性消瘦，贫血和皮肤水肿，黄疸少见，血红蛋白尿仅见于患病的最后几天。

【病理变化】 剖检病死羊可见尸体消瘦，可视黏膜和皮下组织、全身各器官浆膜、黏膜苍白、黄染，并有点状出血。血液稀薄，凝固不良，严重者如水样。肝脏肿大呈灰黄色。脾脏肿大明显。胆囊肿大2~4倍，充满胆汁。心脏肿大，心内、外膜及浆膜、黏膜亦有出血点。肾脏充血、发炎、肿大。膀胱扩张，充满红色尿液。第3胃内容物干硬，第4胃及大肠、小肠黏膜充血，有时有出血点。

【诊断】 根据流行病学、症状、剖检和药物疗效可做出诊断，采外周血涂片、姬姆萨法或瑞氏法染色、高倍显微镜下检查，发现典型形态虫体可确诊。补体结合试验、间接荧光抗体试验、间接血凝试验、胶乳凝集试验和酶联免疫吸附试验等血清学方法可用于生前诊断和早期诊断，尤其酶联免疫吸附试验具有较强的特异性和敏感性，但临床工作中尚未广泛应用。分子生物学技术如PCR技术可用于虫种的研究和鉴定。

【防治】 羊巴贝斯虫病为蜱传性疾病，预防性灭蜱仍是目前预防蜱媒疾病的唯一措施，消灭蜱媒害虫应遵循有效、简便、经济的方针。

1. 灭蜱，阻断媒介传播 在蜱类活动季节，取2.5%敌杀死乳油剂（有效成分为溴氰菊酯）用水按250~500倍稀释，20%杀灭菊酯乳油剂（有效成分为戊酸氰醚酯）3000~5000倍稀释，10%二氯苯醚菊酯乳油1000~2500倍稀释，0.05%辛硫磷、1%~2%马拉硫磷、0.015%~0.02%巴胺磷水乳液，喷淋或药浴杀灭羊体上的蜱，并喷洒羊舍和运动场地面、墙壁及圈舍周围以杀灭环境中的蜱。间隔15d再用1次。

2. 加强检疫 引入或调出羊只，先隔离检疫，经检查无血液巴贝斯虫和蜱寄生时再合群或调出。

3. 及时治疗病羊和带虫羊 发现病羊，除加强饲养管理和对症治疗外，及时用下列药物治疗，杀灭羊体内的巴贝斯虫，防止病原散播。

（1）贝尼尔（血虫净、三氮脒）：每千克体重3.5~3.8mg，配成5%水溶液深部肌内注射，1~2d1次，连用2~3次。

（2）阿卡普啉（硫酸喹啉脲）：每千克体重0.6~1mg，配成5%水溶液，分2~3次间隔数小时皮下或肌内注射，连用2~3d效果更好。

（3）咪唑苯脲：每千克体重1~2mg，配成10%水溶液，1次皮下注射或肌内注射，每天1次，连用2d。

（4）黄色素：每千克体重3~4mg，配成0.5%~1%水溶液，1次静脉注射，每天1次，连用2天。

（二）羊泰勒虫病

羊泰勒虫病主要是由莱氏泰勒虫、绵羊泰勒虫等寄生于山羊和绵羊淋巴细胞和红细胞内引起的一种蜱传性血液原虫病，俗称泰勒焦虫病。临床以高热稽留、发病率和致死率高为特征。本病在我国广泛存在，常呈地方性流行。

【病原特点】 泰勒虫在分类上属于梨形虫纲（Piroplasmea）、泰勒科（Theileriidae）、泰勒属（*Theileria*）。已报道并命名的寄生于羊的泰勒虫有6种，分别是莱氏泰勒虫（*T. lestoquardi*）、绵羊泰勒虫（*T. ovis*）、分离泰勒虫（*T. separata*）、隐藏泰勒虫（*T. recondita*）、吕氏泰勒虫（*T. luwenshuni*）、尤氏泰勒虫（*T. uilenbergi*）。莱氏泰勒虫、吕氏泰勒虫和尤氏泰勒虫致病性较强，被称为恶性泰勒虫；绵羊泰勒虫、隐藏泰勒虫和分离泰勒虫致病性较弱或无明显致病性，被称为温和型泰勒虫。

各种泰勒虫均为大小不一，形态多样的多形性虫体，在红细胞内的虫体呈圆形、卵圆形、梨籽形、环形、椭圆形、逗点形、针形、点形、短杆形、三叶草形或不规则形等，其中以圆形和卵圆形虫体最多见，占60%~80%。圆形虫体直径0.6~2.0 μm，卵圆形虫体长约1.6 μm。红细胞的染虫率在莱氏泰勒虫可达30%~50%，最高可达90%，而绵羊泰勒虫的红细胞染虫率低于2%；每个红细胞内的虫体数为1~4个。姬氏染色后，虫体的原生质呈淡蓝色或着色不明显，染色质为紫红色，呈点状或半月状居于虫体一侧边缘。莱氏泰勒虫的裂殖体（石榴体、柯赫氏兰体）见于脾脏和淋巴结涂片的淋巴细胞中，而绵羊泰勒虫的裂殖体仅见于淋巴结中且不易查检。裂殖体有时会游离于细胞外。裂殖体直径约8 μm，大的可达10~20 μm。裂殖体有大裂殖体和小裂殖体之分，一个裂殖体内含1~80个裂殖子，裂殖子大小为1~2 μm。姬氏染色后，裂殖子的原生质呈淡蓝色，核呈紫红色。

1. 莱氏泰勒虫（同物异名山羊泰勒虫 *T. hirci*，绵羊泰勒虫 *T. ovis*） 莱氏泰勒虫主要分布于中东地区和非洲，可感染绵羊和山羊，致病力强，致死率高。其先后被命名为绵羊泰勒虫、山羊泰勒虫，后被更名为莱氏泰勒虫并被更多人所认识。传播媒介为小亚璃眼蜱和扇头蜱属的某些蜱。

2. 绵羊泰勒虫（同物异名 *T. sergenti*，*T. recondita*，*Gonderia ovis*，*G. hirci*） 绵羊泰勒虫广泛分布于欧洲、非洲、亚洲和中东地区，可引起绵羊和山羊发病，但致病力较弱，病羊多呈良性过程。扇头蜱属的囊形扇头蜱、璃眼蜱属的小亚璃眼蜱、钝眼蜱属、血蜱属和牛蜱属的某些蜱为传播媒介。从羊体采集的若蜱发育来的扇头蜱和血蜱成蜱可传播绵羊泰勒虫。

3. 分离泰勒虫（同物异名 *Haematoxenus separatus*） 其形态结构与绵羊泰勒虫相似，不易区别，故有人认为与绵羊泰勒虫为同一种。其特点是在感染的红细胞内或血浆中有与虫体分离的膜状结构，该膜状结构在染色特性与密度上与红细胞质相似；间接免疫荧光试验发现该膜状结构不能荧光染色，因此推断该膜状结构可能是由泰勒虫诱导的，不是泰勒虫的固有成分。分离泰勒虫对羊的致病性不强，且主要引起绵羊感染。埃氏扇头蜱可传播分离泰勒虫，其传播方式为期间传播。

4. 隐藏泰勒虫　有人认为该虫和绵羊泰勒虫为同一个种，也有人认为该虫是不同于绵羊泰勒虫的一个新种，主要分布于欧洲西北部。硬蜱叮咬后一周，可在淋巴穿刺检查时看到少量大裂殖体；在感染的红细胞内虫体主要呈环形和杆状。隐藏泰勒虫对羊的致病力不强，感染后的潜伏期为 8 d，病程可持续 9 d，病羊表现贫血、血红蛋白减少和短暂的红细胞增大。对切除脾脏的羊，其致病性可能增强。其传播媒介为篦子硬蜱、边缘革蜱、森林革蜱和刻点血蜱。

5. 吕氏泰勒虫和尤氏泰勒虫　均为多形性虫体，在感染羊体内，梨籽形和针状虫体最先出现并长期存在，之后可见杆状、圆形、椭圆形虫体，后期有三叶草状和十字状虫体出现。这两种虫体在形态学上难以区别，但从基因序列和进化关系上属于两个不同的种。这两种虫广泛分布于我国的四川、宁夏、甘肃、辽宁、内蒙古、青海、陕西、河南和河北等地，均能感染绵羊和山羊且常是混合感染并有较强的致病性，对养羊业危害极大。青海血蜱和长角血蜱为传播媒介蜱，传播方式为硬蜱的期间传播。

【流行病学】　羊泰勒虫病广泛分布于多个国家，我国的四川、青海和甘肃等地多见，其他地方散在发病。羊泰勒虫病为蜱传性季节性疾病，其发生和流行与硬蜱的出没季节及种类等密切相关，一般 3 月下旬开始发病，4 月和 5 月为发病高峰期，6 月中旬后逐渐停止。本病呈地方性流行，带虫羊是主要传染源，绵羊和山羊均易感，无品种差异，但从外地引进的羊只更易感染和发病。不同年龄段的羊发病率不同，1～6 月龄的羔羊发病率高，病死率也高，1～2 岁的羊次之，2 岁以上的羊很少发病。

泰勒虫在羊体内进行裂殖生殖，羊为中间宿主，在硬蜱体内进行配子生殖，硬蜱为终末宿主。感染有泰勒虫的蜱叮咬羊吸血时，子孢子随蜱的唾液进入羊体内，首先侵入淋巴细胞、巨噬细胞等中进行裂殖生殖，形成多核的裂殖体，经两代裂殖增殖后，裂殖子侵入红细胞内成为多形性的配子体，不再分裂而处于相对静止状态，当蜱叮咬羊吸血时，红细胞内的虫体随血液进入硬蜱体内进行配子生殖时，大配子和小配子融合成合子后，再转变为长形的动合子。动合子进入蜱的唾液腺细胞进行孢子生殖，最终形成具有感染力的虫体。

莱氏泰勒虫和吕氏泰勒虫的致病力强，可引起羔羊和外地引进羊的大量死亡，常给养羊业造成重大经济损失。

患泰勒虫病的愈后羊可获得免疫力，但莱氏泰勒虫和绵羊泰勒虫之间无交叉免疫。

【临床症状】 莱氏泰勒虫的致病力强，致死率高，成年羊的死亡率可达46%～100%。绵羊泰勒虫的致病力弱，一般呈良性经过，死亡率低。

本病的潜伏期4～12 d。病羊体温升高达40～42 ℃，多呈稽留型热，一般持续4～7 d，也有间歇热者；食欲减退甚至废绝；体表淋巴结肿大，尤其是肩前淋巴结显著肿大；因红细胞生成障碍而表现呼吸加快且困难，每分钟50次，叩诊肺泡音粗重，腹式呼吸明显；脉搏加快，每分钟达到100次以上，心律不齐；严重贫血，可视黏膜苍白但黄疸不明显；尿液一般无变化，个别羊尿液混浊或呈红色；反刍及胃肠蠕动音减弱或停止，初期便秘，后期腹泻，呈酱油状，有的病羊粪便混有血样黏液。病羊精神沉郁，消瘦，被毛粗乱，四肢僵硬，以羔羊最明显，放牧时常离群，头伸向前方，呆立不动，步态不稳，后期衰弱，卧地不起，最后衰竭而死。妊娠母羊流产。病程6～12 d，急性病例1～2 d内死亡。

【病理变化】 剖检病死羊可见尸体消瘦，贫血，血液稀薄，凝固不良，呈淡褐色；全身淋巴结不同程度肿胀，尤以肠系膜淋巴结、肩前淋巴结、肝淋巴结和肺淋巴结更为明显，充血和出血，呈紫红色，被膜上有散在出血点，切面多汁；第四胃和十二指肠黏膜脱落，有溃疡斑；肝脏、胆囊、脾脏肿大，有出血点；肺水肿，充血或出血；肾脏黄褐色，表面有淡黄或灰白色结节和小出血点；小肠和大肠黏膜有出血点。心内外膜有出血点，甚至有大面积片状出血，心冠状沟黄染，心肌苍白、松软，心包液增多，心外膜有纤维素样渗出。

【诊断】 根据流行病学资料、临床症状和剖检变化可做出诊断。淋巴结穿刺液涂片或淋巴结、脾脏等脏器触片，染色镜检查到裂殖体，或采外周血涂片染色查到红细胞内的虫体可确诊。

酶联免疫吸附试验（ELISA）等血清学方法和聚合酶链式反应（PCR）等分子生物学诊断技术均具有较高的敏感性和特异性，但在临床工作中尚未广泛应用。

对怀疑患泰勒虫病的羊，用贝尼尔等药物进行治疗性诊断，如果好转甚至症状消失，则可诊断为羊泰勒虫病。

【防治】 羊泰勒虫病的防控措施与羊巴贝斯虫病相似。药物治疗可用：贝尼尔，按每千克体重5～6 mg，配成5%水溶液深部肌内注射，每天1次，连用3次；或磷酸伯氨喹啉按每千克体重0.75～1.5 mg内服，每天1次，连用3 d。

（三）羊球虫病

羊球虫病是由一种或多种艾美耳球虫寄生于绵羊或山羊肠黏膜上皮细胞内引起的原虫病。本病分布广泛，临床以下痢、消瘦、贫血、发育不良为特征，对羔羊危害严重，病死率高，成年羊多为带虫者。

【病原特点】 本病病原为艾美耳科（Eimeriidae）、艾美耳属（*Eimeria*）的艾美耳球虫。文献报道比较多的寄生于山羊的球虫有 13 种，分别为艾丽艾美耳球虫、阿普艾美耳球虫、阿氏艾美耳球虫、山羊艾美耳球虫、羊艾美耳球虫、克氏艾美耳球虫、吉氏艾美耳球虫、家山羊艾美耳球虫、约奇艾美耳球虫、柯察艾美耳球虫、妮氏艾美耳球虫、苍白艾美耳球虫、斑点艾美耳球虫；寄生于绵羊的球虫有 14 种，分别为阿撒他艾美耳球虫、浮氏艾美耳球虫、巴库艾美耳球虫、槌形艾美耳球虫、吉氏艾美耳球虫、贡氏艾美耳球虫、颗粒艾美耳球虫、错乱艾美耳球虫、马耳西卡艾美耳球虫、类绵羊艾美耳球虫、苍白艾美耳球虫、小型艾美耳球虫、斑点艾美耳球虫、威布里吉艾美耳球虫。其中以阿撒他艾美耳球虫和浮氏艾美耳球虫的致病力较强。

寄生于羊的艾美耳球虫的基本形态结构相似。卵囊呈球形、亚球形、卵圆形或椭圆形，长 12～44 μm，宽 7.5～30 μm；一般无色，个别虫种呈黄褐色或淡黄色；卵囊壁分两层，表面光滑；卵膜孔、极帽有或无；未孢子化的卵囊内含一团颗粒状的卵囊质（成孢子细胞），孢子化卵囊（感染性卵囊）内含有 4 个孢子囊，每个孢子囊内含 2 个子孢子，呈香蕉形或梨籽形；无外残体（卵囊残体），有内残体（孢子囊残体）；多种卵囊含 1 至数个极粒，少数无极粒。

【流行病学】 寄生于羊的艾美耳球虫的生活史均属直接发育型，发育过程包括裂殖生殖、配子生殖和孢子生殖 3 个阶段。羊因摄食孢子化卵囊污染的饲草、饲料或饮水而感染，在胃液的作用下，子孢子逸出并迅速侵入肠黏膜上皮细胞内，经反复分裂而形成多核的裂殖体，其成熟、破裂后释出大量的裂殖子，其再侵入新的肠黏膜上皮细胞内进行裂殖生殖，最后一代形成的裂殖子分化成雌配子体和雄配子体及雌配子、雄配子，雌、雄配子结合形成合子，最后形成卵囊。随着卵囊的增大，上皮细胞破裂，卵囊落入肠腔并随粪便排到外界，在适宜条件下进行孢子生殖，一般经 2～7 d 发育成感染性卵囊，卵囊孢子化到感染性阶段所需时间因虫种及外间环境的温度、湿度等条件不同而异。

羊球虫病是一种呈世界性分布的原虫病，在我国，虽然在羊粪中常可查到各种球虫卵囊，但有关羊球虫病的病例报道并不多。由于羊球虫卵囊很小，其发育不需中间宿主参与，孢子化卵囊对外界环境的抵抗力也比较强，随羊粪排出和散播的卵囊常污染土壤、饲草、饲料、饮水或用具等，野鸟和饲养人员也可机械性传播卵囊，所以其分布相当广泛。各种品种的绵羊、山羊对球虫病均有易感性。成年羊一般都是带虫者，羔羊最易感染而且发病严重，时有死亡。该病多发生于多雨炎热的水草旺季，在羊舍不卫生及羊体抵抗力降低的情况下，极易诱发该病的流行。

【临床症状】 该病潜伏期为 2～3 周。患羊精神不振，食欲减退甚至废绝，饮水量增加，被毛粗乱，消瘦，发育缓慢，贫血，可视黏膜苍白，腹泻，后躯被粪便污染，粪恶臭，粪便中常混有血液、脱落的黏膜碎片，并含大量的卵囊。严重者可在数日内死亡。奶羊的产奶量下降。1岁以内的幼龄羊感染率高且症状严重，感染可达率30%~50%，甚至高达100%，死亡率通常在10%~25%。

【病理变化】 剖检可见病变主要在小肠，黏膜发炎、增厚，肉眼可见针尖大或粟粒大、白色或灰白色的病灶斑点，呈圆形、椭圆形或不规则，与肠黏膜平或凸出于黏膜表面。在有些病例可见凸出于黏膜表面的白色或浅黄色息肉状病灶，间或有出血点，表面光滑或呈花菜样。挑开病灶取内容物制片镜检，可见大量裂殖体、配子体和少量的卵囊。有时在回肠和结肠等可见有许多白色病灶结节或糜烂、溃疡。

【诊断】 采用饱和盐水漂浮法或直接涂片法查到粪便中的球虫卵囊或取肠黏膜刮取物制片镜检查到大量球虫内生长发育阶段的裂殖体和配子体等虫体，即可确诊为球虫感染。但由于带虫现象在羊群中极为普遍，所以应在粪检的同时，根据羊的年龄、发病季节、饲养管理条件、发病症状、剖检变化及感染强度等因素进行综合判定羊是否患有球虫病。

【防治】 防控羊球虫病应注意羔羊与成年羊分群喂养。勤清扫圈舍，对羊粪便、杂草等进行堆积发酵处理以杀灭卵囊，保持饲料和饮水卫生。发现病畜，及时隔离治疗。可用以下药物治疗。

1. 氨丙啉 每千克体重25~50 mg，混入饲料或饮水，连用2~3周。

2. 磺胺甲基嘧啶 每千克体重0.1 g，每天口服2次，连用1~2周；如给大批羊使用，可按每天每千克体重0.2 g混入饲料或饮水中。

3. 莫能菌素 每千克体重1.6 mg，每天内服1次，连用7 d。该药对羊球虫的驱杀效果较好，3 d即见效，5 d驱除率可达100%。

（四）羊弓形虫病

本病是由刚第弓形虫寄生于多种动物体内引起的一种重要的人兽共患原虫病。临床以高热稽留，侵害呼吸系统和网状内皮系统，传染性强，发病率和致死率高为特征，对人畜危害严重。

【病原特点】 本病病原为孢子虫纲（Sporozoa）、弓形虫科（Toxoplasmatidae）、弓形虫属（*Toxoplasma*）的刚第弓形虫（*T. gondii*），根据其发育阶段不同而有不同形态，在中间宿主体内有速殖子和包囊两种形态。在终末宿主猫的肠上皮细胞内有裂殖体、配子体和卵囊3种形态。

1. 滋养体及速殖子 位于细胞外或细胞内，主要见于急性病例的腹水、脑脊髓液、脾脏、淋巴结等有核细胞内。位于细胞外者为游离的单个虫体，呈新月形、香蕉形或弓形、梨籽形、梭形、椭圆形，长4~7 μm，宽2~4 μm，一端稍尖，另一端钝圆；姬氏或瑞氏染色后，胞浆呈浅蓝色，有颗粒，核深蓝紫色，偏于钝圆一端。革兰染色胞浆呈红色，胞核着色淡，呈透亮的空泡状。在细胞内的滋养体多为正处出芽繁殖的多形性虫体，呈柠檬状、圆形、卵圆形或正出芽的不规则形状等，有时在宿主细胞的胞浆内，许多滋养体簇集在一个囊（假囊）内。细胞内的虫体繁殖快的称快（速）殖子。

2. 包囊（组织囊，真包囊） 是由中间宿主组织反应形成的，见于慢性病例或无症状病例的脑、视网膜、骨骼肌及心肌、肺、肝、肾等组织中。包囊呈圆形、卵圆形或椭圆形，直径 8～150 μm，多为 20～60 μm，囊壁较厚，囊内含虫体几个至数千个。包囊内的虫体发育和繁殖慢，处于相对静止状态，称慢殖子（缓殖子，包囊子），其形态结构与速殖子相似。

3. 裂殖体 是在终末宿主肠上皮细胞内进行无性繁殖时的形态，一个裂殖体可发育形成许多裂殖子，呈扇状排列，裂殖子形如香蕉状，较滋养体小。

4. 配子体 是在终末宿主肠上皮细胞内进行有性繁殖时的形态。小配子体色淡，核疏松，最后分裂形成许多带鞭毛的小配子；大配子核致密，较小，含着色明显的颗粒，后发育成大配子。大、小配子接合形成合子、卵囊。

5. 卵囊 随猫粪排到外界，呈卵圆形、近圆形或短椭圆形，无色或淡绿色，长 11～14 μm，宽 8～11 μm，卵囊壁光滑，分两层，薄而透明。新排出卵囊内含一团多颗粒球状卵囊质（合子，成孢子细胞）。孢子化后每个卵囊内含两个卵圆形或椭圆形孢子囊，每个孢子囊内含 4 个长形略弯曲的子孢子。有孢子囊残体，无卵囊残体。

【流行病学】 弓形虫病呈世界性分布。弓形虫的易感动物宿主范围广泛，羊、猪、牛、人等 200 多种哺乳动物和禽类均可感染，在其体内进行出芽生殖，为中间宿主；猫科猫属和山猫属的家猫、野猫、美洲豹、亚洲豹、猞猁等为终末宿主，在其体内进行裂体生殖和配子生殖；猫科动物也可作为中间宿主。弓形虫属兼性二宿主寄生虫，有无终末宿主和中间宿主，均可完成生活史，并在中间宿主、终末宿主间长期传播、蔓延下去。患病和带虫动物均是本病的传染源，其肉、内脏、血液、分泌物、排泄物、乳，以及流产胎儿体内、胎盘和其他流产物中都含有大量的滋养体、慢殖子、快殖子。终末宿主体内的卵囊可随粪排出，污染饲草、饲料、饮水和土壤，可保持数月的感染力。各种病料中的各阶段虫体——滋养体、速殖子、缓殖子、孢子化卵囊，被动物经口吃入或通过损伤的皮肤、呼吸道、消化道黏膜及眼、鼻等途径侵入宿主体内均可造成感染；经胎盘感染胎儿普遍存在；污染的注射器、产科器械及其他用品可机械性传播；多种昆虫，例如食粪甲虫、蟑螂、污蝇等和蚯蚓可机械性传播卵囊。人体感染主要是吃入含虫的肉、乳、蛋及污染蔬菜的卵囊或与猫玩耍吃入卵囊。

侵入中间宿主体内的弓形虫，经血液或淋巴循环进入血管内皮细胞、淋巴细胞及全身各脏器组织中的有核细胞胞浆内，以内出芽法或二分裂法繁殖，长大变圆形成滋养体或速殖子及假囊，细胞破裂后，速殖子逸出，再侵入新的有核细胞内如上繁殖，此为感染早期即急性感染期的情况，在虫株毒力强或机体免疫力弱等条件下，可引起急性发病甚至死亡。若虫体毒力弱或机体很快产生了较强的免疫力，则虫体进入组织内，形成包囊和缓殖子。包囊可长期或终生存在于宿主体内。侵入终末宿主体内的弓形虫，一部分可以进入中间宿主体内的方式进入有核细胞或组织内形成速殖子、缓殖子，所以终末宿主亦可作为中间宿主。侵入终末宿主体内的弓形虫（子孢子、速殖子、缓殖子）侵入肠上皮细胞内进行裂体生殖形成裂殖体、裂殖子（可能5代），再行配子生殖形成雌、雄配子，合子，卵囊。肠上皮细胞破裂后，卵囊落入肠腔并随粪排到外界，在适宜的温度、湿度等条件下，经2~4 d发育形成具有感染力的孢子化卵囊。受感染的猫1 d可排出1000万个卵囊，排卵囊持续期10~20 d。卵囊对酸、碱、消毒剂均有相当强的抵抗力。在室温可生存3~18个月，猫粪内可存活1年。对干燥和热的抵抗力较差，80℃条件下1 min即失去活力。包囊在冰冻和干燥条件下不易生存，在4℃条件下尚能存活68 d。速殖子的抵抗力较差，在生理盐水中几小时便丧失感染力。

怀孕母羊感染弓形虫后，虫体可经胎盘进入胎儿体内导致先天性感染，引起流产、死胎、胎儿畸形及不孕等。

【临床症状】 多数病羊表现呼吸系统和神经系统症状。病羊体温升高达41℃以上，呈稽留热型；呼吸促迫，呈明显腹式呼吸；心跳加快；流泪，呈浆液性或脓性分泌物；流涎，流清鼻涕；精神沉郁，嗜睡，发病后数日出现神经症状，视力障碍，摇头，乱撞，运动失调，后肢麻痹，病程2~8 d，常发生死亡。慢性病例病程较长，病羊表现为厌食，逐渐消瘦，贫血。青年羊全身颤抖，腹泻，粪恶臭。大多数成年羊呈隐性感染，临床表现以妊娠羊流产为主，在流产组织内可查到弓形虫速殖子，其他症状不明显。流产常出现于正常分娩前4~6周。

【病理变化】 急性病例主要见于羔羊，出现全身性病变，淋巴结、肝、肺和心脏等器官肿大，并有许多出血点和坏死灶。肠道重度充血，肠黏膜上常可见到扁豆大小的坏死灶。胸腔和腹腔内有多量渗出液。病理组织学变化为网状内皮细胞和血管结缔组织细胞坏死。慢性病例常见于老龄羊，可见有各内脏器官的水肿，并有散在坏死灶。病理组织学变化为明显的网状内皮细胞的增生，淋巴结、肾、肝和中枢神经系统等处更为显著。隐性感染的病理变化主要是在中枢神经系统内见有包囊，有时可见有神经胶质细胞增生性和肉芽肿性脑炎。流产后大约50%胎盘有病变，绒毛叶呈暗红色，在绒毛叶中间有许多直径1~2 mm的白色坏死灶。产出的死羔皮下水肿，体腔内有多量液体，肠管充血，脑部有泛发性非炎性小坏死点。

【诊断】 依据流行病学资料、临床症状、剖检病变，结合磺胺类药物治疗效果良好而抗生素无效等可做出综合诊断，确诊需查病原。将可疑动物或尸体组织制成体液涂片、触片、切片、压片等，在显微镜下检查虫体。生前查腹水、淋巴结穿刺液中的滋养体或有核细胞内的快殖子；死后查肺门淋巴结、脑、心、肝、肺等脏器或腹水中的缓殖子、速殖子及滋养体。

生前诊断可采用免疫学方法，包括染色试验、间接血细胞凝集试验（IHA）、酶联免疫吸附试验（ELISA）、免疫荧光试验、放射免疫测定，其中 ELISA 和 IHA 具有简单、快速、敏感和特异等优点而应用广泛。

【防治】　预防本病应对猫严格控制。猫为终末宿主，在本病传播上起重要作用，所以应尽量少养猫。如养猫需定期给猫服用磺胺类药物，防止猫进入羊舍，严格防止猫的一切分泌物、排泄物污染羊的饲草、饲料和饮水。教育儿童不玩猫，孕妇更不能玩猫。注意个人卫生，养成良好的饮食卫生习惯，饭前洗手，不食生食品及生菜，不饮生水，接触病羊分泌物、排泄物时要做好防护、消毒工作。发现病羊，及时用药治疗。多种磺胺类药物如磺胺嘧啶、磺胺六甲氧嘧啶、磺胺甲氧嗪、磺胺甲基嘧啶、磺胺二甲基嘧啶均可用于防治本病，按每千克体重 60～70 mg，肌内注射或内服，每天 2 次，连用 3～4 d，对弓形虫病均具有良好防治效果。但应注意的是，使用磺胺类药，首次量应加倍；与抗菌增效剂甲氧苄胺嘧啶合用，效果更好；应在发病初期及时用药，如用药较晚，虽可使临床症状消失，但不能抑制虫体进入组织形成包囊，结果使病畜成为带虫者。

（五）羊隐孢子虫病

本病是由一种或多种隐孢子虫寄生于绵羊和山羊胃肠黏膜上皮细胞微绒毛刷状缘引起的一种人兽共患原虫病。临床上病羊以腹泻为主要特征。

【病原特点】　本病病原属隐孢子虫科（Cryptosporidiae）、隐孢子虫属（*Cryptosporidium*）。能够感染和寄生于绵羊、山羊肠、胃的隐孢子虫包括肖氏隐孢子虫（*C. xiaoi*）、微小隐孢子虫（*C. parvum*）、人隐孢子虫（*C. hominis*）、泛在隐孢子虫（*C. ubiquitum*）、安氏隐孢子虫（*C. andersoni*）、费氏隐孢子虫（*C. fayeri*）、猪隐孢子虫（*C. suis*）等 7 个种和 sheep genotype、pig genotype Ⅱ 2 个基因型，其中前 5 个种和 pig genotype Ⅱ 可感染人。

隐孢子虫卵囊呈圆形、卵圆形或椭圆形，无色，表面光滑，内含一团颗粒状残体和 4 个裸露的长形弯曲的子孢子，不含孢子囊。抗酸染色后，卵囊染成玫瑰红色，背景为淡绿色。经饱和蔗糖溶液漂浮后，隐孢子虫卵囊呈淡粉红色或淡紫红色。隐孢子虫卵囊很小，最大的安氏隐孢子虫卵囊长 6.0～8.1 μm，宽 5.0～6.5 μm，必须在高倍显微镜下才能看到。能寄生于羊的 7 种隐孢子虫卵囊的主要特征见表 9.1。

表9.1　寄生于羊的7种隐孢子虫卵囊的主要特征

虫　种	寄生部位	卵囊长度/μm	卵囊宽度/μm	卵囊形状指数
肖氏隐孢子虫	肠	2.94～4.41（3.94）	2.94～4.41（3.44）	1.15
微小隐孢子虫	小肠	4.5～5.4（5.0）	4.2～5.0（4.5）	1.16
人隐孢子虫	小肠	4.6～5.4（4.86）	3.8～4.7（5.2）	1.15～1.21（1.19）
泛在隐孢子虫	肠	4.71～5.32（5.04）	4.33～4.98（4.66）	1.08
安氏隐孢子虫	胃	6.0～8.1（7.4）	5.0～6.5（5.5）	1.35
费氏隐孢子虫	小肠	4.5～5.1（4.9）	3.8～5.0（4.3）	1.14
猪隐孢子虫	小肠	4.48～5.10（4.6）	4.17～5.0（4.2）	1.0～1.10（1.09）

　　注：括号内为平均值。

　　【流行病学】　隐孢子虫呈世界性分布，许多国家和我国的20多个省、市、自治区已报道有畜、禽的隐孢子虫感染，106个国家已报道有人体感染病例。据报道，我国人体隐孢子虫平均感染率为2.6%。有关羊隐孢子虫病的报道相对较少，澳大利亚、美国、英国、比利时、突尼斯、意大利、波兰、西班牙、土耳其和韩国等国家已报道有羊隐孢子虫感染病例，我国报道的羊隐孢子虫平均感染率为10.2%，其中，山羊感染率为14.6%，绵羊为6.7%，绒山羊为21.1%。

　　隐孢子虫的宿主特异性因种而异，有些种类的特异性不强，宿主范围相当广泛。除特定种类外，羊隐孢子虫感染呈现明显的年龄相关性，幼龄羊易感染隐孢子虫，断奶前羔羊隐孢子虫感染率最高，断奶后感染率明显下降，而怀孕母羊和产后母羊隐孢子虫感染率最低。感染有隐孢子虫的羊等相关动物及人均可以作为隐孢子虫病的传染来源，随粪排出的卵囊污染土壤、饲草、饲料、饮水及用具等，羊经口吃入均可导致感染。

　　隐孢子虫的生活史包括裂殖增殖、配子生殖和孢子增殖3个阶段，全部发育过程均在同一个宿主体内完成。当卵囊被宿主吃入后，子孢子逸出并侵入胃肠黏膜上皮细胞，在上皮细胞与微绒毛之间形成的带虫空泡内发育形成第一代裂殖体，每个内含8个裂殖子，第一代裂殖体破裂后，子孢子逸出并侵入新的上皮细胞内形成第二代裂殖体，每个内含4个裂殖子。第二代裂殖体破裂后，其裂殖子侵入新的上皮细胞，形成雌配子体和雄配子体及雌配子和雄配子，二者受精形成合子，再发育为卵囊。随着卵囊的增大，上皮细胞破裂，卵囊落入肠腔。隐孢子虫卵囊有薄壁型和厚壁型两种类型，薄壁型卵囊可在体内自行脱囊造成宿主自体感染，而厚壁型卵囊为传播性卵囊，其随粪排出感染其他宿主。与羊艾美耳球虫不同的是，随宿主粪便排到体外的新鲜隐孢子虫卵囊即对其他宿主具有感染性。

　　【临床症状】　病羊常表现间歇性水样腹泻、脱水和厌食，有时粪便带血。发育缓慢甚至停滞，进行性消瘦和减重，严重者可引起死亡。羊的病程 1～2 周，病羊康复后常复发。该病危害羔羊时，死亡率可达 40%，3～14 日龄的羔羊死亡率更高。但不同虫种可能只影响特定年龄段的羊，如肖氏隐孢子虫仅见于羔羊，安氏隐孢子虫发现于母羊，而泛在隐孢子虫可感染所有年龄段的羊。

【病理变化】 剖检可见尸体消瘦，脱水，胃肠黏膜出现卡他性及纤维素性炎症，严重者有出血点。

【诊断】 粪便中隐孢子虫卵囊的常规诊断方法包括饱和蔗糖溶液漂浮法、改良抗酸染色法等；免疫学检测方法有免疫荧光抗体试验（IFA）和酶联免疫吸附试验（ELISA）等；分子生物学方法包括聚合酶链式反应（PCR）等。取粪便用饱和蔗糖溶液漂浮法检查有大量卵囊，或取粪便、胃肠黏膜刮取物涂片，改良抗酸染色法染色、镜检发现大量特征性卵囊即可确诊。

1. 饱和蔗糖溶液漂浮法 取被检粪便 10 g，加蒸馏水搅拌均匀后经 80 目粪筛过滤至 50 mL 离心管中，3500 r/min 离心 5 min，倾倒上清液，用一次性筷子把粪便沉淀物搅匀后加入 35 mL 饱和蔗糖溶液（相对密度为 1.28），再搅拌均匀后 3500 r/min 离心 5 min，用吊环蘸取表面液膜于一洁净载玻片上，加盖盖玻片。显微镜检测时，隐孢子虫卵囊呈圆形或卵圆形，淡粉红色或淡紫红色，内含 4 个裸露的子孢子。

2. 改良抗酸染色法 试剂配制：碱性复红 4 g，95% 酒精 20 mL，石炭酸 8 mL，蒸馏水 100 mL（一液）；10% 硫酸脱色液（二液）；孔雀绿 0.2 g，蒸馏水 100 mL（三液）。取少许粪便样品涂布于一洁净的载玻片上，自然干燥后滴加甲醇以固定粪膜，干燥后染色。首先，滴加一液于粪膜上，3 min 后水洗；滴加二液，脱色 30～60 s 至样品呈粉红色，水洗；最后，滴加三液，2 min 后水洗，干燥。显微镜观察时，卵囊为圆形或卵圆形，玫瑰红色，内含 4 个裸露的子孢子，背景为淡绿色。

【防治】 隐孢子虫病的治疗目前尚无特效药。研究表明，硝唑尼特、巴龙霉素、拉沙洛菌素、常山酮、磺胺喹噁啉、环糊精和地考喹酯等在抗反刍动物微小隐孢子虫感染上具有明显或部分效果。卵囊对多种消毒剂和温度都有强大的抵抗力，室温保存的粪便中，卵囊可保存活力 6 个月，但卵囊在 5% 氨水和 10% 福尔马林液中 18 h 死亡，冰冻或加热 65 ℃ 30 min 才死亡。因此防控羊隐孢子虫病应采取综合性措施。加强饲养管理，搞好羊场环境卫生，定期对圈舍和运动场地用热水和蒸汽进行消毒；及时清理粪便并进行无害化处理，防止污染环境，散播病原；保持饲草料、饮水的清洁卫生；尽力消灭养殖场内的鼠类和苍蝇等，防止其机械性传播隐孢子虫；增加营养，辅以饮食疗法，给予抗生素、葡萄糖、电解质及维生素制剂，增强机体免疫力，提高动物抗病能力等，这些措施对防治合并感染或继发感染及控制本病都是必要的和有益的。

二、羊吸虫病

（一）片形吸虫病

羊片形吸虫病是由肝片形吸虫或大片形吸虫寄生于终末宿主羊肝胆管内引起的一种人兽共患吸虫病。本病在我国分布广泛，对羊也危害很大。

【病原特点】 本病病原属片形科（Fasciolidae）、片形属（*Fasciola*），包括肝片形吸虫（*F. hipatica*）和大片形吸虫（*F. gigantica*）。肝片形吸虫呈背腹扁平的叶片状，棕红色，头椎和肩部明显，虫体长 20 ~ 35 mm，宽 5 ~ 13 mm；虫卵呈长卵圆形，黄褐色，窄端有卵盖，卵内充满卵黄细胞和 1 个胚细胞，虫卵长 116 ~ 132 μm，宽 66 ~ 82 μm。大片形吸虫呈长叶状，两侧较平行，肩部不明显，虫体长 33 ~ 76 μm，5 ~ 12 μm；虫卵长 150 ~ 190 μm，宽 75 ~ 90 μm。

【流行病学】 片性吸虫的成虫寄生于羊的肝胆管内，羊是终末宿主，其他动物如牛、骆驼、鹿及人、猪、兔、马等也可作为终末宿主，淡水螺蛳（椎实螺）为中间宿主。寄生在肝胆管内的成虫所产虫卵随粪便排到外界并落入水中，孵出的毛蚴在水中游动并钻入中间宿主椎实螺体内，经无性繁殖形成胞蚴、雷蚴、尾蚴，尾蚴离开螺体进入水中，附着在水生植物上形成囊蚴。羊等动物吃草或饮水时吃入囊蚴而感染，幼虫在消化道内逸出，经移行到达肝胆管发育为成虫。从吃入囊蚴到幼虫发育为成虫需 2 ~ 4 个月。

该病多发于多雨年份和沼泽低洼地区。各种品种、性别、年龄的羊均可感染和发生本病。春末和夏季气候温暖、多雨，沟塘低洼处积水，有利于虫体发育和繁殖，羊易感染和发病，而且多为片性吸虫童虫在肝内移行引起的急性病例，严重者可致羊成群发病和死亡。秋季和冬春季节，多为成虫寄生于肝胆管内引起的慢性增生性肝胆管炎症病例，羊常呈零星发病。慢性病例或隐性感染病例，在环境条件突然改变，如长途运输、异地圈养等条件下，均可导致病羊突然发病和死亡。

【临床症状】 急性病例多见于春末和夏秋季节，病羊精神沉郁，体温升高，食欲减退甚至废绝，严重贫血，腹胀，腹围增大，叩诊肝区疼痛、羊躲闪，偶尔出现腹泻，常在 3 ~ 5 d 发生死亡。冬春季节，羊渐进性消瘦，贫血，眼结膜、口黏膜苍白，被毛粗乱无光泽，下颌及胸腹部水肿，顽固性腹泻，最后因极度衰竭而死亡。该类病情持续时间可达二十多天甚至数月。

【病理变化】 剖检急性病死羊可见急性肝炎，肝脏肿大、有出血斑点，胆管内有大量未成熟虫体。有些病例腹膜发炎，腹腔内有大量血色液体。慢性病死羊可见慢性增生性肝胆管炎症，肝脏硬化、萎缩变小，胆管扩张或呈绳索状凸出于肝表面，胆管壁增厚，内膜粗糙，管腔变窄，内含血性黏液和虫体。严重病例可见肝脏表面有大小不等的囊肿，切开后内有滞留的胆汁和虫体。

【诊断】　生前诊断用沉淀法检查粪便发现虫卵，或死后剖检发现典型肝脏病变和童虫、成虫即可确诊。羊每克粪便中的虫卵数达到 300 ~ 600 时即为感染比较严重，应及时用药驱虫。

【防治】　片形吸虫病是羊的一种常见病、多发病和老病，临床上常以渐进性消瘦、贫血等为特征，养殖者由于缺乏对羊片形吸虫病的认识，多以营养不良看待，因误诊误治而导致损失，养羊实践中应予重视。

1. 预防措施　防治羊片形吸虫病，关键应做好如下预防工作。

（1）定期驱虫：至少应在每年春季和秋末冬初各进行 1 次预防性驱虫，也可根据当地具体情况及羊群状况确定驱虫次数和驱虫时间。最好采用水洗沉淀法或直接涂片法定期检查粪中虫卵，依据感染强度确定驱虫时机，尤其放牧羊群应在放牧前对带虫羊进行驱虫。将驱虫后的粪便堆积发酵做无害处理，以防止虫卵散播、环境污染及全群感染。

（2）防止感染：避免在沼泽、低洼地放牧，以免感染片形吸虫的囊蚴。保证饮水水源清洁，最好用自来水、井水或流动的河水，避免饮用浅塘水或低洼地积水。有条件的地方可采用轮牧方式，以减少感染机会。

（3）消灭中间宿主：可结合水土改造，消除淡水螺滋生条件。本病流行地区可应用药物灭螺，可用 4% 氯硝柳胺乙醇胺盐粉剂，按每平方米 50 g（折合氯硝柳胺乙醇胺盐为每平方米 2 g）喷粉灭螺。该方法现场操作方便，施药效率高，撒布均匀，受制约因素少，不需用水并且不需清理环境，效果显著且稳定，适用于内陆渠道、山丘地区灭螺。但现场喷粉灭螺时要做好操作人员的防护，注意风向，避免大风时使用；同时应注意，4% 氯硝柳胺乙醇胺盐粉剂中的氯硝柳胺在环境中易降解，虽然对环境危害不大，但对鱼类毒性大，使用其灭螺时勿将药物误入鱼塘中。

2. 药物驱虫　预防性和治疗性驱虫羊片性吸虫，可选用下列药物。

（1）芬苯达唑（苯硫咪唑）：每千克体重 50 ~ 60 mg，1 次喂服，即可杀灭各发育阶段的片形吸虫。

（2）三氯苯咪唑（肝蛭净）：每千克体重 10 mg，1 次喂服，对成虫和童虫均有良效。

（3）溴酚磷（蛭得净）：每千克体重 12 mg，1 次喂服，对成虫和童虫均有效。

（4）阿苯达唑（丙硫咪唑，抗蠕敏）：每千克体重 20 mg，1 次喂服，对成虫有效，对童虫效果较差。

（5）硝氯酚（拜耳 9015）每千克体重 4 ~ 5 mg，1 次喂服。对早期童虫效果较差。

（6）氯氰碘柳胺钠：片剂或混悬液，每千克体重 8 ~ 10 mg，1 次喂服；注射液，每千克体重 5 ~ 10 mg，1 次皮下或肌内注射。

（二）双腔吸虫病

本病是由矛形双腔吸虫和中华双腔吸虫寄生于羊肝胆管和胆囊内引起的一种人兽共患吸虫病。

【病原特点】 本病病原属双腔科（Dicrocoeliidae）、双腔属（Dicrocoelium），包括矛形双腔吸虫（D. dendriticum）和中华双腔吸虫（D. chinensis）。矛形双腔吸虫呈扁平而透明的柳叶状，虫体长 5 ~ 15 mm，宽 1.5 ~ 2.5 mm，两个睾丸前后纵列在腹吸盘后方，虫卵呈褐色，近卵圆形，一端有卵盖，新排出的虫卵内即含毛蚴，虫卵长 38 ~ 45 μm，宽 22 ~ 30 μm。中华双腔吸虫较宽，长 3.54 ~ 8.96 mm，宽 2.03 ~ 2.09 mm，2 个睾丸左右并列在腹吸盘后方，虫卵长 45 ~ 51 μm，宽 30 ~ 33 μm。

【流行病学】 双腔吸虫的成虫寄生于羊肝胆管和胆囊内，羊是终末宿主，其他动物如牛及骆驼、鹿、马、兔、猪、狗、人等也可作为终末宿主。虫卵随羊的胆汁进入肠腔后随粪便排到外界，被陆地螺吞食后，在螺体内发育为尾蚴，其离开螺后形成尾蚴黏团黏附到植物枝叶等处，被蚂蚁吃入后，在蚂蚁体内形成囊蚴，羊等动物吃入带囊蚴的蚂蚁而感染。幼虫经总胆管进入胆管和胆囊内，经 72 ~ 85 d 发育为成虫。据调查，不同地区羊矛形双腔吸虫的感染率差别较大，有些库区羊的感染率高达 100%。

【临床症状】 病羊食欲不振，贫血，可视黏膜苍白、黄染，下痢，颌下及胸腹部水肿，消化紊乱，逐渐消瘦，最后陷于恶病质而死亡。

【病理变化】 剖检病死羊可见主要病变为肝胆管发炎，管壁增厚。肝大，肝被膜肥厚。胆囊肿大，胆汁浓稠。

【诊断】 用沉淀法检查粪便发现虫卵，或剖检发现典型病变和在胆管、胆囊内查到虫体均可确诊。

【防治】 防治本病应做好定期预防性驱虫和发病羊的及时治疗性驱虫，驱虫后的粪便应堆积发酵无害化处理。治疗可使用下列药物：吡喹酮或硝硫氰胺，按每千克体重 30 mg，1 次内服。或用丙硫咪唑，按每千克体重 15 ~ 20 mg，1 次内服。据报道，苯硫咪唑按每千克体重 90 mg，1 次内服，对矛形双腔吸虫的驱虫率可达 100%。杀灭中间宿主陆地螺蛳等。其他预防措施参考片形吸虫病。

（三）羊血吸虫病

本病是由分体吸虫和东毕吸虫寄生于羊门静脉、肠系膜静脉内引起的蠕虫病。

【病原特点】 本病病原属于分体科（Schistosomatidae），包括分体属（*Schistosoma*）的日本分体吸虫（*S. japanicum*）和东毕属（*Orientobilharzia*）的程氏东毕吸虫（*O. cheni*）、彭氏东毕吸虫（*O. bomfordi*）。虫体雌雄异体，细长线状，雄虫呈乳白色，雌虫呈暗褐色，口吸盘在虫体前端，腹吸盘较大，位于口吸盘后方不远处。食道在腹盘水平分为两支肠管，延至虫体后 1/3 处合并成单管，伸达虫体末端。雄虫的睾丸纵列于腹盘后后方。卵黄腺居虫体后部。体壁自腹吸盘后方至尾部两侧向腹面卷起形成抱雌沟，雌虫常居于抱雌沟内呈雌雄合抱状态。

日本分体吸虫雄虫长 10 ~ 20 mm，宽 0.5 ~ 0.55 mm；雌虫长 15 ~ 26 mm，宽 0.3 mm。腹吸盘具有粗而大的柄。6 ~ 8 个圆形睾丸，在腹吸盘后排成一纵行。卵巢椭圆形。子宫内含 50 ~ 100 个虫卵。生殖孔开口在腹盘后方。虫卵呈淡黄色，椭圆形，卵壳薄，无卵盖，卵壳侧方有一小刺，卵内含毛蚴，虫卵长 70 ~ 100 μm、宽 50 ~ 65 μm。

程氏东毕吸虫雄虫体表光滑，长 4.39 ~ 4.56 mm，宽 0.36 ~ 0.42 mm，口、腹吸盘均不发达；睾丸 70 ~ 80 个，呈细小颗粒状，不规则地双行排列于腹吸盘后方，亦有个别虫体以单行排列。雌虫长 3.95 ~ 5.73 μm，宽 0.074 ~ 0.116 mm；卵巢呈螺旋形扭曲，子宫内通常只有一个虫卵。虫卵无卵盖，长 72 ~ 77 μm、宽 22 ~ 26 μm，虫卵两端各有一个附属物，一端比较尖，另一端钝圆。

彭氏东毕吸虫雄虫长 6.75 ~ 8.50 mm、宽 0.29 ~ 0.47 mm，表皮上有结节。睾丸较大，呈圆形或卵圆形，单行排列，睾丸数 62 ~ 67 个。雌虫长 6.28 ~ 8.69 mm，宽 0.13 ~ 0.20 mm。其他形态结构与程氏东毕吸虫相似。

【流行病学】 日本分体吸虫和东毕吸虫寄生于羊门静脉、肠系膜静脉内，羊是其终末宿主。日本分体吸虫还是一种重要的人兽共患寄生虫，广泛分布于我国长江流域及其以南地区，人、牛、猪、马、兔、狗、猫等动物都可作为终末宿主，牛的易感性最强，对人、牛危害严重。东毕吸虫的终末宿主包括绵羊、山羊、黄牛、水牛、骆驼、马、鹿等草食哺乳动物和一些野生动物，在人体内不能发育为成虫，只在感染尾蚴时表现皮肤炎症。东毕吸虫分布较广，几乎遍及全国，特别在西北、东北牧区普遍存在，常呈地方性流行，引起不少羊死亡，对养羊业危害很大。

血吸虫的发育过程需要中间宿主淡水螺蛳参与，日本分体吸虫的中间宿主为湖北钉螺和光壳钉螺，在东毕吸虫为折叠萝卜螺和卵萝卜螺等。随终末宿主粪便排出的虫卵落入水中孵出毛蚴，其钻入中间宿主螺体内，经胞蚴发育为尾蚴，并钻出螺体。当羊等终末宿主在水中吃草或饮水时，尾蚴即钻入皮下组织小静脉内，随血流分布到全身各处，经 1.5 ~ 2 个月发育为成虫。只有到达门脉系统的虫体才能发育成熟。感染和流行季节一般从 5 月中旬到 10 月中旬。

【临床症状】 病羊精神沉郁，食欲减退，消化不良，粪变软或下痢，粪带黏液、血液或腥臭黏膜块，或顽固性腹泻，贫血，可视黏膜苍白，颌下及胸腹部水肿，腹围增大。幼羊生长发育缓慢甚至停滞。母羊乏情、不孕或流产。若突然大量尾蚴感染则导致羊急性发病，体温升高，食欲减退甚至废绝，呼吸促迫，在山羊和羔羊可见急性成批死亡。

【病理变化】 剖检主要变化为虫卵沉积于组织中形成虫卵结节或虫卵性肉芽肿。尸体明显消瘦、贫血，腹腔内常有大量腹水。急性病死羊或病初肝脏肿大，有出血点，后期肝组织不同程度结缔组织增生，肝脏萎缩、硬化，肝表面可见灰白色小米粒大到高粱米大的坏死性虫卵结节，肝表面凹凸不平。肠壁分区性肥厚，有出血点或坏死灶、溃疡或瘢痕。肠系膜静脉内可见雌雄合抱状态的成虫。肠系膜淋巴结水肿。

【诊断】 采用沉淀法查到粪便中虫卵，或粪便毛蚴孵化法查到毛蚴可确诊，也可采用环卵沉淀反应、间接血凝试验、环状沉淀反应等免疫学方法诊断该病。

【防治】 防治本病需采取综合性措施，做好粪、水管理和无害化处理工作，做到安全放牧，防止人畜感染。做好预防性驱虫，根据流行区的具体情况，制定适宜的驱虫方案和程序，至少应春秋二季对羊各驱虫1次。结合水土改造工程或用灭螺药物杀灭中间宿主螺蛳（参考片形吸虫病），阻断血吸虫的循环途径。疫区内粪便进行堆肥发酵或制作沼气，杀灭虫卵。选择无螺水源，实行专塘用水，以杜绝尾蚴的感染，及时查治病羊。预防和治疗本病可用下列药物之一：硝硫氰胺，每千克体重4 mg，配成2%～3%无菌水悬液，颈部静脉注射。吡喹酮，每千克体重30～50 mg，1次灌服。敌百虫，每千克体重绵羊按70～100 mg，山羊按50～70 mg，灌服。注意不要与碱性药物或添加剂，如碳酸氢钠、人工盐、健胃散、各类磺胺药的钠盐等配合使用，避免加大毒性。

三、羊绦虫病及绦虫蚴病

（一）羊绦虫病

本病是由莫尼茨绦虫、曲子宫绦虫、无卵黄腺绦虫等寄生于羊小肠内引起的一种常见蠕虫病。本病常呈地方性流行，对羔羊危害严重，甚至引起大批死亡。

【病原特点】 引起羊绦虫病的病原体包括裸头科（Anoplocephalidae）、莫尼茨属（Moniezia）的扩展莫尼茨绦虫（M. expansa）和贝氏莫尼茨绦虫（M. benedeni），曲子宫属（Helictometra）的盖氏曲子宫绦虫（H. giardi），无卵黄腺属（Avitellina）的中点无卵黄腺绦虫（A. centripunctata）等，均为乳白色、背腹扁平的分节链带状。

扩展莫尼茨绦虫长 1～5 m、宽 16 mm。头节呈近球形，头节上有 4 个椭圆形吸盘。颈节细线状。节片宽度大于长度，但后部节片长宽近等。每个成熟节片有两组生殖器官，对称分布于两个排泄管之间。睾丸 300～400 个，散在于整个节片中，两侧较密。生殖孔开口在节片两侧边缘横中线稍前方。成节子宫为两个盲囊状，孕节子宫分枝之后汇合成网状。成节向后的每个节片后缘、两个排泄管之间都有一排节间腺，呈圆形泡状，3～16 个，串珠状排成一行，越向后的节片，节间腺数目越多。贝氏莫尼茨绦虫长可达 6 m，最宽处 26 mm。睾丸约 600 个。节片后缘的节间腺呈小点状密布的横带状，分布范围只有扩展莫尼茨绦虫的1/3。其他与扩展莫尼茨绦虫相似。虫卵无色，56～67 μm，形态不一，呈近三角形、近方形或近圆形，周边较厚，中间稍薄。卵内有一个含六钩蚴的梨形器，但扩展莫尼茨绦虫以圆形或三角形卵为多，贝氏莫尼茨绦虫以近方形卵为多。

曲子宫绦虫长可达 2 m，最宽处 12 mm。每个成节内有 1 组生殖器，个别的有两组。生殖孔左右不规则地开口在节片两侧缘上。睾丸分布于排泄管的外侧，卵巢、卵黄腺和卵模位于排泄管内侧。雄茎囊外凸，使节片侧缘外观不整。孕节子宫有很多分枝，呈穗状，故称遂体属盖氏遂体绦虫。孕节子宫内形成副子宫器（子宫周围器、卵袋），每个内含 3～8 个虫卵。卵内仅含六钩蚴，无梨形器。虫卵椭圆形，直径 18～27 μm。卵黄腺不发达，但不消失。

无卵黄腺绦虫长而窄，长可达 2～3 m 以上，宽仅 2～3 mm。节片短，分界不明显。每成节一组生殖器官，生殖孔不规则开口于节片两侧缘。无卵黄腺。睾丸分布于排泄管两侧。成节子宫横囊状，位节片中央。每个孕节子宫形成一个副子宫器，位节片中央，每个内含 6～12 个虫卵。各孕节副子宫器连成一条不透明而凸出的白色线状物，贯穿于虫体后部。虫卵近圆形，直径 21～38 μm，卵内无梨形器。

【流行病学】　各种绦虫均可感染和寄生于各种品种、性别、年龄的绵羊、山羊和牛，但 6 月龄以内的羔羊、犊牛易感性强，感染率高且发病严重；6 月龄以上的羊、牛较少感染，症状不明显。羊绦虫的发育过程中需土壤螨（地螨）作为中间宿主。在羊小肠内寄生的绦虫成熟的孕卵节片经常不断地自动脱落并随粪便排到外界，破裂后释出虫卵污染环境，被中间宿主土壤螨吃入后，经 26～30 d 发育为似囊尾蚴而达到感染性阶段。羊、牛吃草时因吞食含似囊尾蚴的土壤螨而感染，似囊尾蚴吸附在牛、羊的肠黏膜上，经 1～2 个月发育为成虫。成虫寿命 2～6 个月。

土壤螨怕光和干燥而喜阴暗和潮湿，故在阴暗、潮湿和富含腐殖质的环境中易于生存，以植物腐烂碎片为食。土壤螨出现的高峰期亦在多雨和光照时间短的 4～6 月和 9～10 月。土壤螨具有向湿性和向弱光性，在黄昏和黎明的弱光时向草梢部爬，因此，在低洼潮湿处或清晨、傍晚放牧或割喂露水草，羊、牛易因摄入带有似囊尾蚴的土壤螨而感染。羊、牛发病季节与土壤螨出没规律相一致，多在7~8月或冬季发病。

【临床症状】 患羊营养不良，发育受阻，日渐消瘦，贫血，被毛干燥无光泽，颌下、胸前水肿，下痢，有时便秘，或二者交替，粪便中混有乳白色孕卵节片。食欲正常或降低，严重者可因恶病质而致死。虫体的分泌、代谢产物的毒素作用可致神经中毒，表现回旋运动，或抽搐、兴奋、冲撞、头后仰，或抑制、头抵物不动等。应注意与脑包虫病和羊鼻蝇蛆病区别。

【病理变化】 虫体的机械性刺激可引起小肠黏膜卡他性炎症，肠扩张、充气，严重者肠黏膜上有小出血点。由于虫体较大，多时可致肠阻塞、套叠、扭转甚至破裂而致死。

【诊断】 检查粪便表面见有白色大米粒大小、能蠕动的扁平孕卵节片，或取孕节压破后镜检见有大量虫卵，或剖检在小肠内发现虫体，即可确诊。

【防治】 预防应做好定期预防性驱虫和粪便管理，一般应在春秋两季各驱虫1次。尽可能减少牧场上的中间宿主土壤螨滋生，不在清晨、傍晚放牧，不割喂露水草。可通过深翻土地以杀灭土壤螨。与单蹄兽轮牧，一般间隔两年，阳性土壤螨便死亡。选用下列药物之一防治驱除羊绦虫均有良好效果。

1. 芬苯达唑（苯硫咪唑） 每千克体重 10 mg，1 次内服。

2. 阿苯达唑（丙硫咪唑） 每千克体重 10~20 mg，1 次内服。

3. 吡喹酮 每千克体重 8~10 mg，1 次内服。

4. 硫双二氯酚 每千克体重 100 mg，1 次内服。

5. 氯硝柳胺（灭绦灵） 每千克体重 70~100 mg，1 次内服。

（二）脑多头蚴病（脑包虫病）

本病是由多头绦虫的幼虫——脑多头蚴寄生于羊、牛脑及脊髓内引起的，因此又称脑包虫病，亦可感染人。

【病原特点】 本病病原为带科（Taeniidae）多头属（*Multiceps*）多头绦虫（*M. multiceps*）的幼虫，因其寄生于脑部，所以也称脑包虫。脑多头蚴呈囊泡状，豌豆大到鸡蛋大，最大的可达 20 cm 以上。囊壁薄，呈白色半透明状，囊内充满无色囊液和 150~200 个内嵌的头节。头节结构与成虫头节相同。其成虫为多头绦虫，呈背腹扁平的分节带状，长 0.4~1 m，由 200~250 个节片组成。头节呈球形，头节上有 4 个圆形吸盘，顶突上有二圈小钩。卵巢分二叶，孕节子宫每侧 18~26 个主分枝。虫卵无色，近圆形，直径 27~39 μm，卵内含六钩蚴。

【流行病学】 成虫寄生于狗、狼等食肉动物的小肠内，成熟孕节自动脱落并随粪便排到外界，羊、牛吃入虫卵污染的饲草或饮水等而感染。在小肠内，六钩蚴从虫卵内逸出并钻入肠黏膜血管，随血流到脑内，经 2~3 个月发育为多头蚴。

狗吞食了含多头蚴的羊、牛脑即感染，在小肠内头节翻出，以吸盘和顶突上的小钩附着在肠壁上，经 1～2 个月发育为成虫。

本病呈世界性分布。我国各地均有报道，东北、西北牧区多发，多呈地方性流行；农区多呈散发，或某羊场、羊群小范围发生，多与养狗相关。本病无明显季节性，一年中四季均可发生。两岁以内的羊发生较多。

【临床症状】 患羊初期体温升高，呼吸和心跳加快，表现强烈兴奋、脑炎和脑膜炎等神经症状，甚至急性死亡。后期，病羊将头倾向脑多头蚴寄生侧，并向患侧做圆圈运动，故常将此病称为"回旋症"；有的病羊头颈向侧后弯曲，呆立不动。虫体寄生于脑前部时，病羊头下垂，向前猛冲或抵物不动。寄生于脑后部时，则头高举或后仰，做后退运动或坐地不能站立。寄生于脑脊髓部则致后躯麻痹。寄生于脑表层则导致颅骨变薄变软，局部隆起，触诊有痛感，叩诊有浊音。病畜视力减退甚至失明。

【病理变化】 剖检病羊脑，初期可见脑内有六钩蚴移行引起的虫道、出血及脑炎和脑膜炎病变，后期可见大小、数量不等的脑多头蚴及其周围脑脊髓局部组织贫血、萎缩等。

【诊断】 在本病流行区，根据羊的"回旋症"等特殊神经症状和病史可做出诊断，剖检病羊脑发现脑多头蚴可确诊。

【防治】 预防羊脑多头蚴病应加强犬类尤其是牧羊犬的管理，防止犬粪中的虫体节片或虫卵污染羊的饲草、饲料或饮水，做好定期预防性驱虫并无害处理狗粪。驱除犬小肠内的多头绦虫，可用吡喹酮，按每千克体重 5～10 mg，1 次内服；驱虫后 3 d 内排出的狗粪应集中烧毁或深埋，防止虫体节片和虫卵散播而污染羊的饲草、饲料和饮水等。加强卫生检验，不用含脑多头蚴的羊、牛等动物脑及脊髓喂犬；治疗脑多头蚴病目前尚无特效药。在头部前脑表面寄生的脑多头蚴，可采用圆锯术摘除。吡喹酮和丙硫咪唑有一定疗效。有人用吡喹酮，按每千克体重 100 mg，配成 10% 溶液给羊皮下注射，但有一定的副作用；或按每千克体重 50 mg 内服，每天 1 次，连用 5 d；或按每千克体重 70 mg 内服，每天 1 次，连用 3 d。也有用丙硫咪唑，按每千克体重 30 mg 内服，每天 1 次，连用 3 d。

（三）棘球蚴病（包虫病）

棘球蚴病是由细粒棘球绦虫的幼虫——棘球蚴寄生于羊、牛等动物肝脏和肺脏等器官内引起的，亦能寄生于人。由于棘球蚴是一封闭的包囊，所以该病也称包虫病。因该病宿主范围比较广泛，分布于我国各地，尤其在牧区流行，危害严重，国家将其定为多种动物共患的二类动物疫病。

【病原特点】 本病病原主要为带科（Taeniidae）棘球属（*Echinococcus*）细粒棘球绦虫（*E. granulosus*）的幼虫。棘球蚴是一封闭的包囊，囊内充满无色或微黄色的透明液体。包囊呈近球形，黄豆大到排球大，直径 5～10 cm，最大的可达 50 cm，但亦有因寄生部位不同而呈分枝状囊状或长形囊体者。包囊壁呈白色半透明状，分两层，即外层的角皮层和内层的胚层。胚层向囊内长出许多头节称为原头蚴，其有的落入囊液，有的长大形成生发囊；生发囊亦有的落入囊液，有的在原始囊（母囊）内形成子囊，其结构与母囊相同；子囊内又可形成孙囊，故一个母囊内可含上百万个原头蚴。因原头蚴与生发囊脱落沉淀于囊液内，眼观似沙砾，故称棘球蚴沙或包囊沙。细粒棘球绦虫的成虫小，长 2～6 mm，由头节、颈节和 3～4 个体节节片组成。头节上有顶突与顶突钩及四个吸盘，孕节子宫每侧有 12～15 个主分枝。虫卵的大小、形态结构与多头绦虫卵相似。

【流行病学】 棘球蚴的发育史与多头蚴相似。棘球蚴寄生在中间宿主绵羊、山羊的肝、肺、脾及其他各种器官，黄牛、水牛、骆驼、猪、马等各种家畜及多种野生动物与人也可作为中间宿主。其成虫细粒棘球绦虫寄生于终末宿主狗、狼、虎、豹等肉食动物小肠内，成熟的孕卵节片经常自动脱落并随粪排到外界污染人的食物、蔬菜或动物的饲草、饲料及饮水。羊、牛、人等中间宿主吃入孕节或虫卵而感染，六钩蚴随血流移行到肝、肺等处，经 6～12 个月发育成棘球蚴。狗因吃入含棘球蚴的动物内脏而患细粒棘球绦虫病。本病在牧区流行严重。体内有成虫寄生的牧羊犬是人及羊等家畜棘球蚴病的主要传染源。本病呈世界性分布，我国新疆、内蒙古等牧区流行严重。

【临床症状】 由于棘球蚴在羊等动物宿主体内的寄生部位不同而常表现不同的临床症状和病理变化。虫体在体内移行和到达寄生部位的过程中，常引起所经器官组织的炎症、损伤。由于棘球蚴在寄生部位逐渐增大，长期挤压周围组织，引起组织萎缩与机能障碍。若寄生于肝脏则病羊消化机能障碍，腹水增多，腹部膨大，触诊肝区有痛感，营养失调，逐渐消瘦、衰弱，终因恶病质而死亡。若寄生于肺则呼吸困难，咳嗽气喘，甚至因窒息而死亡。虫体分泌物及包囊破裂后囊液的毒素作用可致机体的严重过敏反应。

【病理变化】 剖检可见受损器官组织有虫道、出血，肝脏肿大，肝、肺表面凹凸不平，可见大小不等的棘球蚴包囊，其周围组织因受压迫而萎缩。取出棘球蚴包囊，可见局部因组织萎缩而形成的囊腔。

【诊断】 生前可用 X 线检查诊断肺囊型包虫病，B 超探查诊断肝囊型包虫病，也可用皮肤变态反应、间接血细胞凝集试验（IHA）、酶联免疫吸附试验（ELISA）等免疫学方法进行诊断。但由于免疫学检查与其他包囊性寄生虫病有交叉反应而表现不同程度的假阴性或假阳性反应，因此以 2～3 种免疫学检查方法同时呈现阳性反应作为本病的诊断指标。死后剖检见肝、肺表面凹凸不平并在肝、肺等器官组织发现棘球蚴可确诊。生前查犬粪中孕节或虫卵可确诊犬感染有成虫。

【防治】　防治棘球蚴病应实施综合性防控措施。保持畜舍、饲草、饲料和饮水卫生，防止犬粪污染。严禁用感染有棘球蚴的家畜组织器官喂狗。定点屠宰，加强检疫，防止感染有棘球蚴的动物组织和器官流入市场。加强科普宣传，注意个人卫生，在人与狗等动物接触或加工狼、狐狸等毛皮时，防止误食孕节或虫卵而感染。对狗定期用药物进行预防性驱虫，驱虫后的狗粪要进行无害化处理，杀灭其中的虫卵。驱除狗细粒棘球绦虫可用氯硝柳胺按每千克体重 150 mg 口服，或氢溴槟榔碱按每千克体重 2 mg 口服，或吡喹酮按每千克体重 20 mg 口服。

治疗棘球蚴病应在早期诊断的基础上尽早用药，可取得较好的效果。绵羊棘球蚴病可用丙硫咪唑治疗，剂量为每千克体重 90 mg，连服 2 次，对原头蚴的杀虫率为 82% ~ 100%。吡喹酮也有较好的疗效，剂量为每千克体重 25 ~ 30 mg，每天服 1 次，连用 5 d（总剂量为每千克体重 125 ~ 150 mg），亦可使用甲苯咪唑、氟苯咪唑、苯硫咪唑等药物治疗。对老弱、幼龄、体质差的羊应适当补饲，提高机体抗病力。

四、羊线虫病

（一）羊肺线虫病

羊肺线虫病主要是大型网尾线虫中的丝状网尾线虫和原圆科的小型线虫寄生在羊的器官和支气管内所引起的一种以呼吸症状为主的线虫病。

【病原特点】　该病病原包括两类肺线虫，大型肺线虫为丝状网尾线虫，主要为害绵羊；小型肺线虫为缪勒线虫，主要为害山羊。大型肺线虫成虫寄生在绵羊和山羊的支气管内，致病力强，危害大。虫体为乳白色细丝状，雌虫长 35 ~ 44.5 mm，雄虫长 30 mm，虫卵为椭圆形，在粪便检查中看到的虫卵内往往含有已经发育的幼虫。小型肺丝虫成虫呈灰色或浅褐色，纤细如丝，寄生于中小气管分叉的间隙和管壁上，或分布在肺表面或肺胸膜上，并在这些部位形成包囊。

【流行病学】　山羊和绵羊对本病都比较易感。各地牧区都有流行，往往造成羊只的大批死亡。雌虫在器官和支气管内产出虫卵，随着痰液到口腔后再咽到肠管内，随粪便排出体外。虫卵在适宜温度和湿度条件下，孵出幼虫，经 6 ~ 7 d 发育成侵袭性的幼虫。羊摄入被感染性幼虫污染的水、草而感染，感染性幼虫到达肠内，经淋巴、血液到肺内寄生。幼虫在羊体内发育至成虫大概需要一个月的时间。羔羊在 3 月龄开始可发生本病，成年羊比幼龄羊感染率高。小型肺丝虫的雌虫在羊肺内产卵，虫卵孵出幼虫后由呼吸道口腔，进入肠道随粪便排出体外，在螺或蜗牛体内发育成侵袭性幼虫，在羊饮水或吃草的过程中随着进入羊的消化道，再钻入肠系膜淋巴结内，移行于肺部发育成成虫。

【临床症状】 感染本病的羊的临床症状和羊只感染肺线虫的数量、自身抵抗力有关。感染量少或为感染初期，往往不表现明显症状。当大量虫体感染时，随着虫体的繁育，羊开始表现短而干的咳嗽。整群羊最初可能只有个别羊出现症状，以后咳嗽羊只逐渐增多，咳嗽频率和强度增加，尤其是在驱赶或夜间休息时咳嗽症状更为明显。有的羊表现呼吸粗重，犹如拉风箱音。病羊经常打喷嚏，鼻孔常流出黏性鼻液，呈绳索状脱垂于鼻孔下或鼻周围形成干痂。病程久的羊表现消瘦、贫血、被毛粗乱、食欲减退、精神不振。随着病情的发展，逐渐发生腹泻和下颌、腹下、四肢水肿等贫血症状，严重的可导致消瘦死亡。当寄生的虫体和黏液混合成团有可能堵塞喉头时，可能发生窒息死亡。

【病理变化】 该病的主要病变在肺线虫的寄生部位肺脏。少量寄生是在肺的膈叶，大量寄生整个肺脏支气管内形成大量黏液和虫体，严重者堵塞支气管。支气管扩张、管壁增厚。气管和支气管有小点状出血。虫体寄生部位的肺部边缘有隆起的白色小结节，有的有局部的肺气肿。

【诊断】 根据其有阵发性咳嗽和黏鼻涕等症状建立初诊印象。病原检查应用饱和硫酸镁漂浮法或沉淀法，查到粪、痰液和鼻液中的虫卵或剖检病变（局灶性肺气肿与实变相间，支气管和气管内含大量黏液）和查到气管、支气管内虫体，结合流行病学资料和症状可确诊。

【防治】

1. 预防措施 加强饲养管理，流行地区在每年的春秋两季各进行 1 次预防驱虫。可以用酚噻嗪治疗，羔羊 0.5 g，成年羊 1 g，混饲，两天一次，共用 3 次。驱虫后粪便要堆积发酵，以便杀死幼虫和虫卵。放牧羊群可以实行轮牧。

2. 治疗措施 治疗本病的药物和治疗消化道线虫的药物有相似效果。

（1）硫氧苯唑：每千克体重 2.5 ~ 5 mg，口服。

（2）阿苯达唑：每千克体重 10 ~ 15 mg，内服。注意，绵羊妊娠早期不应使用阿苯达唑，因为可能伴有致畸胎和胚胎毒性作用。休药期 4 d。

（3）盐酸左旋咪唑：每千克体重 7.5 mg，内服。但注意泌乳期禁用，休药期 3 d。

（4）枸橼酸乙胺嗪：每千克体重 20 mg，一次内服。本药休药期 28 d，需弃奶 7 d。

（二）毛圆线虫病

羊毛圆线虫病主要是由毛圆科血矛属的捻转血矛线虫和奥斯特属的几种线虫寄生于绵羊、山羊和其他反刍动物的皱胃黏膜和小肠引起的以贫血、消化机能障碍和消瘦为主要特征的羊的最重要的线虫病。该病在全国各地的养羊地区都有发生，且为害严重。

【病原特点】 捻转血矛线虫主要寄生于皱胃，偶尔见于小肠。虫体呈毛发状，淡红色。头端尖细，口囊小，内有一对矛状背齿。雄虫长 15~19 mm，一对等长的交合刺，其背侧有一引器。交合伞侧叶和肋长，背叶小，偏于左侧；背肋呈倒 "Y" 或 "人" 字形。雌虫长 27~30 mm，白色生殖器官与因吸血而呈红色的肠管互相缠绕，形成红白相间的麻花状外观，故称捻转血矛线虫，亦称捻转胃虫。雌虫生殖孔位虫体后半部，有一个明显的唇状阴门盖。虫卵无色，椭圆形，（66~82）μm×（39~46）μm，壳薄，光滑。

奥斯特线虫虫体褐色，通常小于 14 mm，口囊浅而宽，雄虫有生殖锥和生殖前锥。生殖锥后体部有副伞膜，交合刺短，末端分叉，雌虫尾端常有环纹，常具阴门盖。虫卵呈典型的圆线虫卵。

【流行病学】 该虫属土源性线虫，分布广泛，其传播主要是通过摄入环境中的第三期幼虫而感染，常见于绵羊和山羊，牛、鹿也可感染，国外有人体感染的报道。成虫寿命可达一年，每条雌虫每天可产卵 5000~10 000 枚，卵在北方寒冷地区不能越冬。而第三期幼虫抵抗力强，在一般草场可以存活 3 个月以上，也能休眠至翌年来抵御不良环境。因此，一旦环境污染了该寄生虫的虫卵和幼虫，放牧羊群很容易感染。该病在反刍兽养殖地区普遍存在，通常与其他毛圆线虫混合感染，危害较大。春秋两季牛、羊感染率和发病率均较高，羊对捻转血矛线虫存在自愈现象。

【临床症状】 捻转血矛线虫对羔羊的危害更大，急性型的羔羊往往表现可视黏膜苍白，短期内导致羔羊大批死亡。亚急性的病畜表现显著贫血，消瘦，颌下和腹下水肿。急、慢性胃肠炎，持续性腹泻，粪暗绿色，带有大量黏液，有时带血，或腹泻与便秘交替出现。慢性病羊食欲减退，精神萎靡，被毛粗乱，放牧中常常落于羊群后面，病羊渐进性消瘦，最后常因衰竭而死亡。

【病理变化】 捻转血矛线虫以强大的口囊吸附在胃、肠黏膜上，其口中的齿可刺破胃黏膜，吸取宿主大量血液，其分泌的抗凝血酶常在其饱血后仍流血不止。分泌的毒素可干扰造血功能，导致宿主的贫血。大量寄生可引起胃肠黏膜的广泛损伤、炎症、出血、广泛溃疡。通常可见胃肠黏膜发炎、充血、出血、肿胀，重者发生溃疡、坏死。

【诊断】 结合临床症状和当地羊毛圆线虫病流行情况，可建立初诊印象。确诊需要采集粪便进行饱和盐水漂浮法检查虫卵，虫卵和其他圆线虫的相似度很高，需要鉴别要进行幼虫培养，待发育到第三期幼虫（长 650~750 μm，尾鞘长，口囊球状，肠细胞数 16 个），鉴定后可确诊。

【防治】

1. 预防措施 根据当地流行情况制定切实可行的预防措施。加强饲养管理和饲料营养水平，在冬春季节补饲以提高羊只的抵抗力。放牧羊只要避开低洼潮湿地带，不在清晨傍晚放牧，以避开幼虫活跃时间，减少感染机会。注意饲料、饮水的清洁卫生。

进行预防性驱虫，在春秋各一次，北方可在春节前后驱虫一次，可防止春季成虫高潮的发生和羔羊的大批死亡。在流行地区经常检测羊只的粪便寄生虫流行情况，适时合理制定相应防治对策也很重要。

2. 治疗措施

（1）丙硫苯咪唑（阿苯达唑）：每千克体重 10～15 mg，一次口服。

（2）左旋咪唑：每千克体重 6～8 mg，一次口服或注射，奶山羊休药期不得少于 3 d。

（3）伊维菌素：每千克体重 0.2 mg，一次口服或皮下注射，效果良好。

（三）食道口线虫病

由食道口线虫幼虫寄生于肠道而形成的以肠壁结节为显著特征的线虫病。该病俗称结节虫病，除了对羊只营养的掠夺，发生结节的肠道不能制作肠衣，造成的损失很大。

【病原特点】 寄生于羊的食道口线虫共有 4 种。哥伦比亚食道口线虫雄虫长 12～13.5 mm，雌虫长 16.7～18.6 mm；甘肃结节虫雄虫长 14.5～16.5 mm，雌虫长 18～22 mm；微管食道口线虫雄虫长 12～15 mm，雌虫长 16～20 mm；粗纹结节虫雄虫长 13～15 mm，雌虫长 17.3～20.3 mm。其中甘肃食道口线虫只见于绵羊，其他三种在绵羊和山羊均有寄生。四种虫体都呈洁白色，其中前两种虫体前部弯曲呈钩状，后两者没有弯曲。

【流行病学】 羊的结节虫病分布广泛，在全国养羊多的地区都有发生。结节虫为土源性线虫，其传播主要是在污染虫卵的牧场或圈舍。该病以春秋季节感染率最高，对幼龄羊危害严重。结节虫的虫卵在低于 9 ℃就不能发育，在温度 11～12 ℃条件下可以存活两个月以上。第三期披鞘幼虫对外界抵抗力较强，能存活几个月的时间。0 ℃以下，35 ℃以上的气温幼虫会死亡。幼虫通过羊只吃草而进入消化道，幼虫钻破肠黏膜造成机械损伤，进而形成结节性病变。成虫寄生于肠腔，其分泌的毒素会导致肠壁的炎症。

【临床症状】 本病的临床表现和感染虫体的数量和羊自身的抵抗力有关，病初表现持续性腹泻或者顽固性下痢，粪便呈暗绿色，带有黏液或血液，慢性病例表现为腹泻与便秘交替，贫血、下颌水肿，甚至衰竭死亡。

【病理变化】 主要表现为幼虫所致的肠壁的结节性病变。结节大小在 2～10 mm，内含浅绿色脓样物，有时为灰褐色，时间长的可能完全钙化变得坚硬。在未钙化的结节内常常可以检查到幼虫。而肠壁因结节而变硬，影响肠道蠕动，造成消化吸收障碍。当结节向肠浆膜面破裂时，会导致腹膜炎。

【诊断】 确诊本病主要根据剖解病尸是否能见到肠壁的结节，以及在结节内的幼虫。生前不易确诊。如果检查粪便，可见结节虫的虫卵颜色较深，胚细胞数比捻转血矛线虫的少，一般只有 4～16 个，卵细胞的界线不明显。

【防治】

1. 预防措施 对感染地区羊群采用定期驱虫、药物预防及粪便生物发酵杀虫的综合预防方法。

2. 治疗措施

（1）氧阿苯达唑：每千克体重 5～10 mg，内服，羊用本药的休药期为 4 d。

（2）盐酸左旋咪唑：每千克体重 7.5 mg，内服，但注意泌乳期禁用，羊的休药期为 3 d。

（四）仰口线虫病

仰口线虫病又称钩虫病，是反刍动物常见的寄生虫，在我国的北方牧区比较常见。

【病原特点】 虫体乳白色或淡红色，线状，头端向背面弯曲，故称仰口线虫。口囊大，内有角质齿，又称钩虫。主要在小肠寄生尤其是十二指肠最多。羊的仰口线虫成乳白色或淡红色，雌雄异体。雌虫长 15.5～21 mm，尾端钝圆，阴门位于虫体腹面中部。雄虫长 12.5～17 mm。

仰口线虫卵长 0.079～0.097 mm、宽 0.047～0.050 mm，深棕黑色，两端钝圆，一边较直，一边中部稍有凹陷，在显微镜下观察时，形似肾脏，比较容易识别。

【流行病学】 该虫为土源性线虫，春秋两季羊感染率和发病率均较高。虫卵随粪便排出体外，在外环境中发育为一期幼虫，在适宜环境下，幼虫经两次蜕皮变成侵袭性幼虫。侵袭性幼虫沿着潮湿的牧草移行，通过羊吃草或饮水食入，在胃壁和肠壁滞留几天后返回肠腔，固着在肠黏膜上发育到成虫。另一种是侵袭性幼虫直接钻入羊的皮肤而感染，该方式侵入的幼虫随血流经过漫长的移行过程，在此过程中大量幼虫滞留在经过组织，形成出血点或炎症后以死亡告终。部分幼虫可使怀孕胎儿先天感染。

【临床症状】 羊仰口线虫为吸血性线虫，多以强大的口囊吸附在胃、肠黏膜上，吸取宿主大量血液，病畜表现显著贫血，消瘦，颌下和腹下水肿，急、慢性胃肠炎，顽固性下痢。造成成羊消瘦，幼羊发育不良，重者可造成死亡。

【病理变化】 胃肠黏膜发炎、充血、出血、肿胀，重者发生坏死、溃疡。

【诊断】 本病仅凭临床症状很难确诊，查到粪便中的虫卵或在胃肠内查到虫体，结合流行病学资料、症状和剖检变化可确诊。

【防治】

1. 预防措施 预防性驱虫，春秋各一次，其他季节根据粪检情况确定驱虫时间。

注意放牧和饮水卫生，不吃露水草、雨草，牧场轮牧，饮流水或井水。管理好粪便，生物热处理，杀灭虫卵。草场喷药，杀灭幼虫。加强饲养管理，增强羊只体质。

2. 治疗措施　发现钩虫病后，对病羊所在羊群整体进行药物驱虫，并注意收集驱虫后一周内的粪便进行生物热发酵杀灭虫卵处理。

（1）丙硫咪唑：每千克体重 5～8 mg，口服。

（2）左旋咪唑：每千克体重 7～10 mg，口服；或者每千克体重 5 mg，配成 5% 水溶液，肌内注射。

（3）伊维菌素（害获灭）：每千克体重 0.2 mg，皮下注射或内服。

（五）毛首线虫病（鞭虫病）

鞭虫病是由毛首科毛首属的绵羊毛首线虫和球鞘毛首线虫寄生于羊、鹿等动物的大肠引起的以消化道症状为主的线虫病。因虫体前半部分呈毛发状，因而称毛首线虫。虫体前段细长，后段粗短，很像鞭子，俗称鞭虫。

【病原特点】　虫体乳白色，长 20～80 mm，前部细长为食道部，由一列食道腺细胞围绕，占虫体全长的 2/3 以上；后部短粗为体部，内有肠及生殖器官。雄虫后部弯曲，泄殖腔在尾端，一根交合刺，在有刺的交合刺鞘内。雌虫后端钝圆，生殖器官单管型。阴门位于虫体粗细交界处。卵生。虫卵棕黄色，腰鼓形，卵壳厚，两端有卵塞，内含一个近圆形胚胎。绵羊毛首线虫虫卵长 70～80 μm、宽 30～40 μm。

【流行病学】　毛首线虫病养羊地区都有发生，以为害幼龄羊为主。该虫为土源性线虫，其发育不需要中间宿主，随粪便排出的虫卵在外界发育到含二期幼虫时即具有感染能力，羊吃草和饮水摄入感染性虫卵而感染。幼虫在其进入小肠后端时孵出，钻入肠黏膜发育，8 d 后移行到盲肠和结肠内，以前段食管部固着在肠黏膜上发育为成虫。

【临床症状】　一般感染病羊不表现明显症状，严重感染可见下痢、贫血、消瘦，粪中常见黏液和血液，病羊食欲减退，发育受阻。

【病理变化】　轻者表现为慢性盲肠及结肠卡他性炎症，重者在虫体寄生部位可见肠黏膜呈黄褐色坏死灶。

【诊断】　漂浮或沉淀法查到粪便中腰鼓型虫卵或死后在大肠查到虫体确诊。

【防治】

1. 预防措施　加强饲养管理，搞好环境卫生，做好治疗性或预防性驱虫，并无害化处理粪便。

2. 治疗措施

（1）左旋咪唑：每千克体重 10 μm，配成 5% 水溶液肌内注射；或每千克体重 10 ~ 15 mg，口服；或左咪唑透皮剂，每千克体重 0.1 mg，涂搽耳根部，均有良效。

（2）伊维菌素（害获灭）或阿维菌素（虫克星）：每千克体重 0.3 mg，内服或皮下注射。

五、羊外寄生虫病

（一）硬蜱病

由于硬蜱叮咬而导致的羊只不安、体表发炎、贫血、组织水肿等，直接危害和感染蜱传疾病等的统称。

【病原特点】 羊可感染硬蜱属、血蜱属、革蜱属、花蜱属、盲花蜱属、璃眼蜱属、扇头蜱属、异扇蜱属和牛蜱属等约 47 种硬蜱，比较常见的有以下几种。

1. 全沟硬蜱（*I. persulcatus*） 雄蜱躯体卵圆，中部最宽。体长约 2.45 mm，宽约 1.33 mm。

2. 二棘血蜱（*H. bispinosa*） 雄蜱身体呈黄褐色。体长约 1.96 mm，宽约 1.26 mm。

3. 长角血蜱（*H. longicornis*） 雄蜱体长 2.1 ~ 2.38 mm，宽 1.29 ~ 1.57 mm。体色黄褐。

4. 草原革蜱（*D. nuttalli*） 雄蜱呈长卵圆形，前部较为狭窄。体长约 6.2 mm，宽 4.4 mm。

5. 残缘璃眼蜱（*H. detritum*） 雄蜱体长 4.9 ~ 5.5 mm，宽 2.4 ~ 2.8 mm。

6. 血红扇头蜱（*R. sanguineus*） 雄蜱长 2.7 ~ 3.3 mm，宽 1.6 ~ 1.9 mm。

7. 微小牛蜱（*B. microplus*） 雄蜱身体小，长 1.9 ~ 2.4 mm，宽 1.1 ~ 1.4 mm，体中部最宽。

【流行病学】 主要传播者是患病羊和带虫羊，传播方式为羊群间接触传播或自然感染。羊、牛、犬、马、猪、兔、鸡等动物均可感染。常寄生于家畜耳郭、眼睑、面部、口周、颈部垂肉、腋下、腹部、乳房、会阴、肛周、股内侧、尾根等各处。

硬蜱的活动有明显的季节性，这和蜱类的地理分布，栖息环境中的植被、温度、湿度和光周期因素有关。同一种蜱的各期季节活动规律也不相同。大多数硬蜱在春季出现，秋末消失。

【临床症状】 蜱寄生于羊体短毛的部位，如口周、眼睑、耳朵、肢体内侧等，刺咬皮肤时使羊剧痒、不安，引起体表发炎，局部组织水肿、出血、皮肤增厚。当大量虫体长期寄生时，由于吸血量大，可见贫血，病羊体质衰弱、发育不良，皮、毛质量降低以及产乳量下降等。除叮咬吸血造成动物宿主损伤外，还是许多病原体（如原虫、病毒、细菌、立克次体、螺旋体等）的传播媒介或储存宿主。被蜱叮咬后，在特定的环境下可能会引起地方性人畜共患病（如巴贝斯虫病、泰勒虫病、出血热、森林脑炎、蜱媒斑疹热、Q热、莱姆病等）。

【病理变化】 硬蜱病在进行尸体检查时，除了叮咬在身体上的蜱和它们所咬的伤口和羊只的贫血外，基本没有其他特征变化。

【诊断】 根据该病的季节性和查到寄生于羊体上的蜱可以做出诊断。

【防治】 主要是杀灭羊体和环境中的硬蜱。

1. 杀灭羊体上的硬蜱

（1）手工器械法灭蜱：可用手或器械拔除羊体上的蜱，或将凡士林、液状石蜡等涂于蜱寄生部位，使其窒息后拔除并立即杀灭。

（2）化学药物灭蜱：用2.5%敌杀死乳油250～500倍稀释，或20%杀灭菊酯乳油2000～3000倍稀释，或1%敌百虫喷淋、药浴、涂搽羊体灭蜱；或用伊维菌素或阿维菌素，每千克体重0.2 mg，皮下注射，对各发育阶段的蜱均有良好杀灭效果；间隔15 d左右再用药1次。

2. 消灭畜舍和运动场中及自然界的蜱 可用上述杀虫药液，或1%～2%马拉硫磷，或辛硫磷，喷洒畜舍、柱栏及墙壁和运动场以灭蜱。硬蜱一年不吸血便死亡，所以一年更换一个放牧地点可灭蜱。

3. 加强饲养管理 依据当地硬蜱的种类、生活习性、出现和活跃季节等，及时做好药物预防工作。引入或调出羊只，先隔离检疫，经检查无硬蜱寄生时再合群或调出。

（二）疥螨病

羊疥螨病是疥螨寄生于羊的皮肤真皮层内引起的一种慢性接触传播的以皮肤发炎、剧痒、脱毛、结痂、渐进性消瘦等为特征的外寄生虫病。疥螨无严格的宿主特异性，频繁接触病羊的人，可能受到羊疥螨的侵袭而患病。

【病原特点】 绵羊疥螨和山羊疥螨成虫均呈圆形，微黄白色，背面隆起，腹面扁平。雌螨体长0.33～0.45 mm，宽0.25～0.35 mm，雄虫体长0.20～0.23 mm，宽0.14～0.19 mm。虫卵较大，呈灰白色或灰黄色，椭圆形，长0.15～0.3 mm，宽0.1～0.14 mm。整个发育过程都是在真皮和表皮之间进行的，生活史经过虫卵、幼虫、若虫、成虫几个阶段，是专性寄生虫。

【流行病学】 患病羊和带虫羊是传播者。通过健康与患病羊直接接触感染，患畜擦痒时皮肤落屑造成传播。此外通过被疥螨及其卵污染的厩舍、用具等间接接触感染。工作人员的衣服和手等也可机械性传播疥螨。绵羊、山羊都可以感染。

该病一年四季均可发生。秋冬时期，尤其是阴雨天气，蔓延最广，发病最烈。春末夏初，畜体换毛，通气改善，皮肤受光照充足，造成不利于疥螨发育繁殖的环境，尤其是夏季的阳光照射和干燥，使疥螨大量死亡，这时症状减轻或完全康复。幼畜较成畜易感，发病严重，存在年龄免疫。

【临床症状】　患羊临床以皮肤发炎、剧痒、脱毛、结痂、渐进性消瘦等为特征，严重者因衰竭引起死亡，羊毛产量和皮张质量降低，对养羊业危害很大。温暖环境中痒感加重。绵羊疥螨病常始发于唇、口角、鼻周和耳根部，严重者蔓延至整个头面部和颈部皮肤，病变如干固的石灰，固有"石灰头"之称。病初患部发痒，常抵于物体上摩擦，继之局部形成丘疹、结节、水疱或脓疮，破溃后干涸形成坚硬的灰白色痂皮；嘴唇、口角附近或耳根部常发生龟裂甚至出血，常因感染而化脓，甚至形成脓痂或脓血痂。病变发生于眼睑时引起眼睑肿胀、怕光、流泪，甚至失明。

山羊疥螨病常始发于嘴唇、鼻面、眼周和耳根部，皮肤发炎、奇痒、发红、增厚，继之出现丘疹、水疱，破溃后形成痂皮。龟裂常发生于嘴唇、口角、耳根和四肢弯曲面。严重时患羊采食困难、消瘦、被毛粗乱、行动迟缓，常落群。虫体和病变迅速蔓延至全身，食欲废绝，终因衰竭而死亡。

【病理变化】　患羊皮肤逐渐脱毛、发红、增厚，感染处不断向周围皮肤蔓延至全身，出现丘疹、水疱、破溃等，并有血样渗出物，最后结痂。唇部发硬凸起，有的患病严重山羊病变部增厚 1～3 cm 以上。

【诊断】　根据症状可做出诊断，在病、健交界处刮皮肤至微出血采取病料，查到虫体或虫卵可确诊。

1. 死虫检查法　病料置玻片上，加 5% 氢氧化钾或煤油、甘油水、液状石蜡等浸泡透明后查虫体。也可以将病料置离心管内，加 5% 氢氧化钾或氢氧化钠浸泡过夜，或在酒精灯上煮沸数分钟溶解皮屑，离心沉淀后弃上层液，沉淀物制片镜检。为提高检查效率，可以将上述方法重大额沉淀物中加 60% 硫代硫酸钠液，混匀后静置 10 min，取表层液制片镜检。

2. 活虫检查法　可判断虫体是否存活，特别适用于判断药物疗效。油镜观察时，可见活虫体内淋巴内含物流动。

（1）直接涂片法，病料加生理盐水镜检，最常用。像死虫检查法一样加 5% 氢氧化钠、液状石蜡或 50% 甘油水等浸泡、镜检。该法浸泡时间不能过长，一般不超过 40 min，时间长了则虫体死亡。

（2）培养皿加温法：病料置平皿内，加盖，放在盛有 40～45 ℃温水的杯上，10～15 min 后将平皿翻转，大量皮屑落于皿盖上，虫体及少量皮屑粘于皿底，取皿底物镜检。

（3）温水检查法：病料浸入盛有 40～45 ℃温水的试管内或平皿内，置恒温箱中 1～2 h 后，活螨在温热作用下由皮屑内爬出，集结成团，沉于水底部。将水底团块物倾于表面玻璃上镜检。

【防治】　主要以药物防治为主。

1. 药物驱虫

（1）伊维菌素（害获灭）或阿维菌素（虫克星）：有针剂、片剂、粉剂、胶囊剂等剂型。按每千克体重 0.2 mg，一次口服或皮下注射、拌料喂服均可。

（2）拟除虫菊酯类杀虫药：2.5% 敌杀死乳油剂 250～500 倍稀释，或 20% 杀灭菌酯乳油 3000～5000 倍稀释，或 10% 二氯苯醚菊酯乳油 1000～2500 倍稀释，喷淋、药浴或局部涂抹均可。

（3）第一次用药后，间隔 8～10 d 再用药一次。

2. 环境同步杀虫　在羊体用药的同时，对圈舍、运动场地面、墙壁和饲槽、饮水槽等用具，必须使用杀虫药 2～3 次（每次间隔 1 周）同步杀灭外环境中的虫体，才能获得较好的防治效果。

3. 加强饲养管理　搞好环境卫生，保持圈舍干燥、通风良好，光照充足，防止密度过大。环境、用具定期使用杀虫药物杀虫。发现病羊，及时隔离治疗或处理，防止接触传播。串换、引进羊时要隔离观察，证明无疥螨病时再合群。

4. 做好人身的防护　接触病羊的人，应做好自身防护，防止被动物传染。

（三）痒螨病

羊痒螨病是由疥螨科、痒螨属的痒螨引起的以奇痒脱毛为主要症状的外寄生虫病，常常引起患病羊的体质衰弱，尤其是对绵羊危害严重，可以导致患病绵羊在寒冷季节大批死亡。

【病原特点】　羊痒螨病病原属于痒螨属的羊痒螨，同其他动物的痒螨一样，都是马痒螨的变种。各种家畜的痒螨形态基本相似，都是呈长椭圆形或者卵圆形，虫体长 0.3～0.9 mm，宽 0.2～0.52 mm，刺吸式口器，呈长圆锥形，躯体背部表面有稀疏的刚毛和细皱纹。成虫有 4 对分节的附肢，其中雌虫第 1、第 2、第 4 对足末端有吸盘，雄虫前 3 对足有吸盘，而且柄较长。

【流行病学】　和疥螨不同，痒螨具有严格的宿主特异性，不会侵袭人，各种家畜之间也不会交叉感染。痒螨主要在体表以螯肢和须肢上的吸盘吸附在羊皮肤表面或毛根部，用刺吸式口器吸食体表渗出液。绵羊的痒螨多在春秋季节发病，冬季进入潜伏期，以带卵雌螨越冬。宿主的体表温度和湿度对痒螨的发育影响很大，虫体的生活周期也随之发生变化。

【临床症状】　本病多发于绵羊毛长、毛密的背部或臀部，以后逐渐蔓延至全身。患羊表现奇痒，患部形成水疱，羊只因剧痒到处用力摩擦或者用后腿蹭抓患部，有的羊因痒不停啃咬患部，形成患处皮肤破溃和结痂及脓包，随着病情的发展，患部毛束脱落，皮肤裸露，体质衰弱，在寒冷季节可导致患羊严重衰竭死亡。山羊与绵羊情况不同，发病部位常常在耳郭内，其患部皮肤形成坚实的黄白色痂块，通常蔓延至外耳道。病羊因痒常常摇耳或到处摩擦而引起患部出血和炎症反应，严重的可引起死亡。

【病理变化】 本病主要病变是患羊因剧痒摩擦而导致的皮肤组织炎性浸润及皮肤结节和水疱。如有继发感染可能会有细菌性败血症和肺炎出现。

【诊断】 根据羊痒螨病的特征症状，剧痒、皮肤结痂、脱毛、羊到处蹭痒和羊只逐渐消瘦，可以初步诊断。要查找病原确诊可采用直接检查法、温水检查法，皮屑溶解法和漂浮法等。最简便的是直接检查法，具体步骤：将患部皮肤与健部皮肤交界处剪毛后，用消毒刀片将皮肤表面呈垂直角度刮至皮肤微出血，将刮下的皮屑置于载玻片上，用 50% 甘油水溶液处理后，置显微镜下低倍视野观察，若检到虫体即可确诊。

【防治】

1. 药物治疗 对患羊的药物治疗在任何季节都可以进行。首先对患病羊进行隔离治疗，每千克体重用 0.2 ~ 0.3 mg 阿维菌素或皮下注射，间隔 7 d 后再用药 1 次；也可以局部用药，用涂抹或喷淋的方法施用 0.01% ~ 0.05% 双甲脒或 0.03% 辛硫磷涂擦患部，7 ~ 10 d 后再重复用药一次。有机磷化合物中巴胺磷主要通过触杀、胃毒起作用，给痒螨病的绵羊按照每升 20 mg 的浓度药浴，螨虫一般两天后全部死亡。注意该药与其他有机磷化合物以及胆碱酯酶抑制剂有协同作用，同时应用毒性增强。

2. 药浴 药浴法通常用于大批羊群的预防和治疗。可在木桶、水泥池、帆布或塑料布池中进行，选择天气较好的时候进行。通常用 0.05% 辛硫磷、0.05% 双甲脒或 0.005% ~ 0.008% 溴氰菊酯等。此外也可以用浇泼杀虫剂虱螨灵杀虫。药浴时要实行全群药浴，不漏浴一只羊。要保证投药量准确，药物充分溶解或混悬均匀，当天配制当天施用，药物过程要注意及时补充药液，保持有效药物浓度。药浴时间需达到 1 min，并按压羊头入药液 3 次。药淋要浸透羊毛。

3. 定期消毒 可以用 10% ~ 20% 的生石灰乳或 30% 的草木灰对圈舍和用具定期消毒。

（四）羊鼻蝇蛆病

羊鼻蝇蛆病是由羊狂蝇的幼虫寄生于羊的鼻腔、鼻窦、额窦等部位引起的一种以慢性鼻炎、鼻窦炎为主的外寄生虫病，主要特征是羊流鼻涕和不安。本病在牧区危害严重，在华北和东北地区分布也较广，绵羊比山羊易感。

【病原特点】 病原为羊狂蝇及其幼虫。羊狂蝇的生活史经过幼虫、蛹、成虫三个阶段。蛹羽化成虫后，成虫追逐羊在其鼻孔处产卵。成虫较大，形似蜜蜂，长 10 ~ 12 mm，为深灰黑色。头大眼睛小，翅膀透明，腹部有黑色斑块。成虫口器退化，不叮咬羊只。成虫出现于夏季或其他暖热季节，雌雄交配后，雄性成蝇很快死去，雌蝇栖息于背风向阳的僻静处，静待体内的幼虫发育，几天后，在晴朗无风的白天追逐羊只产下幼虫。它们一般是突然袭击羊只，将幼虫射入鼻孔及其周围。雌虫一次可产幼虫 20 ~ 40 只，一生可产 500 ~ 600 只。生产完毕后雌虫很快死亡。幼虫即为俗称的蛆，也就是雌蝇所产的幼虫。初生幼虫长 2 mm，前端较尖，有口钩一对，供固定用。后端钝，呈刀切状，有一对黑色气门。幼虫的体色随成长而由白色渐变成黄色至黑棕色。成熟幼虫体长 1 ~ 3 cm，呈椭圆形，分 11 节，虫体背部光滑有黑色横带。

【流行病学】 本病往往在炎热的夏季，出现成蝇袭击羊只产出幼虫，幼虫在羊体内的发育时间 1 ~ 10 个月。在牧区流行该病的地方，狂蝇的成虫追逐羊只产出幼虫，在鼻腔及其周围的幼虫会自动爬入鼻腔内和其他与鼻腔相通的腔隙内，如鼻窦、额窦等处。幼虫在发育过程中如果没有从这些腔窦中爬出来，长大后由于腔窦的间隙小而无法再爬出，那么，这些蝇蛆便不能钻出鼻腔，最终死在这些腔窦中。有些幼虫甚至可进入颅腔，而导致病羊出现神经症状。寄生的幼虫经两次退化后发育为第三期幼虫。整个发育期寄生数量从几个到 100 多个。三期幼虫成熟后有鼻腔深部向鼻腔内爬出，往往刺激羊打喷嚏而将三期幼虫喷出，喷出的幼虫落地后钻入土中变为蛹，经过 2 ~ 3 个月的时间，羽化为成蝇。成蝇寿命很短，普通为 4 ~ 5 d，最长不过两周。成蝇白天往往在中午比较热的时段追逐羊只产出幼虫。

在非疫区往往是由于引进带有幼虫的羊只，幼虫成熟后落地化蛹，成虫破蛹而出，袭击羊只而造成其发生本病。

【临床症状】 成蝇袭击羊只时，羊只表现不安，往往表现四处逃跑，或拥挤在一起，将鼻孔抵地或者将鼻子藏于其他羊只两腿之间以避免侵袭。这样就严重影响羊的采食和休息，造成羊只的精神匮乏，食欲减退。幼虫在鼻腔周围向鼻腔内爬动时，由于幼虫口钩的刺激，使羊只鼻腔发痒，鼻腔黏膜发生圆形凹陷和出血点。羊只流出大量清鼻涕，如有细菌感染会变成黏稠带血的鼻涕。羊只由于受刺激而打喷嚏，将鼻端四处磨蹭，可能导致鼻部出血。随着病程发展，病羊经常出现咳嗽、甩鼻子等动作。如果有幼虫进入颅腔，羊只可能会出现运动失调或痉挛等神经症状。严重感染的羊只可能会因衰竭而死亡。

【病理变化】 主要病理变化在幼虫进入鼻腔阶段表现为鼻黏膜发炎，个别进入颅腔的幼虫会使脑膜发炎或受损。

【诊断】 主要依靠观察临床症状，如果有典型症状的羊只，可用药物进行鼻腔喷施，待羊只打喷嚏喷出幼虫可确诊。

【防治】

1. 预防 根据不同季节鼻蝇的活动规律，采用不同的措施。

（1）成蝇的预防：疫区的夏季，尽量避免中午放牧，夏季羊舍往往有大量成虫飞出，这些飞出的成虫在初期活动较弱，可以人工捕捉，消灭成虫，也可以用捕蝇板诱捕成蝇。

（2）幼虫的杀灭：从鼻蝇蛆患病羊只喷出的幼虫要及时收集杀灭。春季在羊舍的墙角松土找蛹，将查到的蛹消灭。

2. 治疗

（1）用10%敌百虫或1%敌敌畏软膏涂在羊鼻孔周围，可驱避成蝇或杀死幼虫。

（2）伊维菌素或阿维菌素：每千克体重0.2 mg，一次皮下注射，药效可维持20 d，且疗效高，是目前治疗羊鼻蝇蛆病最理想的药物。

（3）鼻腔内喷射药液：用0.1%～0.2%辛硫磷、2%～10%敌百虫等药物喷射到羊的鼻腔内，对羊鼻蝇早期幼虫均有很好的驱杀效果。

（4）在羊鼻蝇蛆成熟幼虫从鼻孔排出的季节，在地上撒上石灰或者草木灰，把羊头按下，让鼻端接触石灰或者草木灰，促使羊打喷嚏以排出幼虫，而后将排出的成熟幼虫消灭。

（宁长申　菅复春）

第十部分 羊的常见普通病

一、营养代谢病

（一）维生素 A 缺乏症

维生素 A 缺乏症是因动物体内缺乏维生素 A 而引起的以眼和皮肤病变为主的全身性疾病，此病易发于舍饲绵羊、怀孕绵羊及羔羊，其主要特征为角膜及结膜干燥，视力衰退。

【病因】 本病的发生主要是由于羊的饲料中缺乏维生素 A 或胡萝卜素，故在长期舍饲而得不到青绿饲料时，羊群中容易见到此病。饲料调制加工不当，使其中脂肪酸败变质，加速饲料中维生素 A 类物质的氧化分解，也可导致维生素 A 缺乏。当羊处于蛋白质缺乏的状态下，不能合成足够的视黄醛结合蛋白质运送维生素 A，而脂肪不足会影响维生素 A 类物质在肠中的溶解和吸收，因此，当蛋白质和脂肪不足时，即使在维生素 A 足够的情况下，也可发生功能性的维生素 A 缺乏症。此外，慢性肠道疾病和肝脏发生疾病时，会影响维生素 A 的转化，容易继发维生素 A 缺乏症。

【临床症状】 当维生素 A 缺乏时，视网膜中视紫质的合成遇到障碍，以致影响到视网膜对弱光刺激的感受，故形成夜盲症。病初，在早晨、傍晚或月夜光线朦胧时，患羊盲目前进，碰撞障碍物，或行动迟缓，小心谨慎；后期病羊角膜增厚，结膜细胞萎缩，腺上皮机能减退，故不能保持眼结膜的湿润，而表现为干眼症。在缺乏维生素 A 时，机体其他部分的上皮也会发生变化，常继发骨骼发育不良、唾液腺炎、副眼腺炎、肾炎、尿石症、繁殖机能障碍等，并且容易遭受传染病的侵害等。

【诊断】 维生素 A 缺乏症的羊只，可见视神经乳头水肿并发视网膜水肿和出血。当出现群体性失明、神经症状和生长受阻时，提示维生素 A 缺乏症。测定血浆中维生素 A 的水平低于 20 μg/100 mL，即可确诊。

【防治】

1. 预防措施

（1）加强饲料的管理，防止饲料发热和霉变，以保证维生素 A 不被破坏。

（2）在配合日粮时，必须考虑到维生素 A 的含量。每天应供给胡萝卜素每千克体重 0.1 ~ 0.4 mg。

（3）在冬季饲料中要注意补充青干草、青贮料或胡萝卜。

2. 治疗措施

（1）在日粮中加入青绿饲料及鱼肝油，可迅速治愈，鱼肝油的口服剂量为 20 ~ 30 mL/次，每天 2 次。

（2）用维生素 A 注射液，肌内注射，每次 2 ~ 4 mL，每天 1 次。

（二）维生素 B_1 缺乏症

维生素 B_1 缺乏症是因饲料中维生素 B_1（硫胺素）不足或缺乏所引起的以神经症状为主的营养缺乏病，多见于羔羊。

【病因】　维生素 B_1 在体内为氧化脱羧酶的辅酶，参与糖中间代谢中丙酮酸和 α - 酮戊二酸的氧化脱羧反应。维生素 B_1 缺乏时，糖代谢的中间产物，如丙酮酸和乳酸不能进一步氧化而积聚使能量供应受阻，损害全身组织，尤其是神经组织。维生素 B_1 普遍存在于植物中，植物种子和奶中的含量均较丰富。但维生素 B_1 易被破坏，经过煮沸或遇碱性环境更易损失。维生素 B_1 属于水溶性维生素，在体内储藏量不大，当体内储存饱和后，多余部分易从尿中排出。成年羊瘤胃中的微生物可以合成维生素 B_1，故在一般饲养条件下，不致发生严重的维生素 B_1 缺乏症。但 2 ~ 3 月龄以下的羔羊，由于瘤胃生理机能不完善而容易引起维生素 B_1 缺乏症。

【临床症状】　成年羊无明显症状，体温、呼吸正常，心跳缓慢，体重减轻，腹泻和排干粪球交替发生，粪球表面有一层黏液，常呈串珠状。病羔羊有明显的神经症状，主要为共济失调，步态不稳，痉挛，角弓反张，有时转圈，无目的地乱撞，行走时摇摆，常发生强直性痉挛和惊厥，颈歪斜，并呈僵硬状。食欲减退，消瘦，便秘或拉稀。有时可见到水肿现象。

【诊断】　根据饲料中维生素 B_1 的不足，结合临诊症状可做出初步诊断，确诊需测定血中维生素 B_1 的含量。

【防治】　预防要注意羔羊饲料的储存与调制，防止过多破坏维生素 B_1。治疗可用维生素 B_1 注射液 50 ~ 100 mg，肌内注射，每天 1 次，连用 3 次；或是复合维生素 B 注射液 2 ~ 6 mL，一次肌内注射。

（三）硒和维生素 E 缺乏症

硒和维生素 E 缺乏症，又称白肌病，是由微量元素硒和维生素 E 缺乏所引起的一种以骨骼肌、心肌和肝脏组织变性、坏死为特征的营养代谢症。该病多发于冬春气候骤变、青绿饲料缺乏时，多见于羔羊，发病率和死亡率较高，常造成大批死亡。

【病因】

1. 饲料中缺硒　我国东北、西北、西南、江浙等 14 个省区属于低硒地带，这些地区生长的牧草含硒量通常偏低。缺硒地区生长的植物或生产的饲料、饲草硒含量不足或缺乏。另外，也与饲料中其他微量元素含量高低有关。

2. 饲料中维生素 E 缺乏　饲料变质、酸败等可引起维生素 E 过多消耗而引起维生素 E 相对缺乏。

【临床症状】　硒和维生素 E 缺乏时，谷胱甘肽过氧化物酶（GSH – Px）活性降低，体内产生的过氧化物蓄积，使细胞膜相结构受过氧化物的毒性损害，细胞的完整性丧失，组织器官呈现变质性乃至坏死性变化。这些变化引起相应的机能改变，出现一系列的临床症状，病变组织器官机能紊乱及其相互影响，促使病变进一步发展，严重时引起发病动物死亡。

急性猝死的病羊，不呈现任何症状就突然死亡。亚急性病例的病羊主要表现为精神沉郁，背腰发硬，步态强拘，共济失调，后期常卧地不起。病羊呼吸加快，脉搏增数，体温无明显上升。慢性病例，病羊精神不振，身体消瘦，步态不稳，行动缓慢，贫血，食欲下降，大多数病羊出现腹泻，按压背部有痛感。呼吸加快，脉搏增数，体温正常。

剖检可见病变主要限于骨骼肌与心肌。骨骼肌呈对称性受损，以背最长肌、腰肌、股二头肌及半腱肌等变性、坏死最明显。病变肌肉呈灰白色乃至白色，坏死肌纤维束呈线形的白色条纹，也可出现瘀点、瘀斑及水肿。心肌的病变一般以右心室较严重。心室壁变薄，心肌色淡，心内膜和外膜下有淡黄色混浊的坏死条纹或灰白色的斑块。肝脏肿胀，硬而脆，表面有米粒大小的灰黄色坏死灶，突出于肝表面，整个肝脏呈局造性黄色变化。有的真胃黏膜脱落，胃底有出血现象，小肠壁变薄，透明，黏膜有充血现象。

【诊断】　依据临床症状特征，结合剖检时特征性的病理变化，参考病史及流行病学特点，可以做出诊断。

【防治】

1. 预防　2 日龄羔羊肌内注射亚硒酸钠维生素 E 注射液 1 mL/只，妊娠期和哺乳期母羊肌内注射亚硒酸钠维生素 E 进行预防，5 mL/只，每天 1 次，连用 3 次；或者在饲料中添加亚硒酸钠维生素 E 粉，整个羊群挂舔砖，任其自由采食。

2. 治疗　在加强饲养管理的同时，使用维生素 E 和硒制剂，急性病例通常使用注射剂，肌内注射亚硒酸钠维生素 E 注射液 2 mL/只，每天 2 次，连用 3 d；慢性病例可采用在饲料中添加的方法。

（四）低镁血症

低镁血症是一种由镁缺乏引起的镁、钙、磷的比例失调而导致的以全身肌肉抽搐为特征的营养代谢性疾病，又称牧草搐搦、牧草蹒跚、麦田中毒。

【病因】

1. 在迅速生长的春季草场放牧或青绿禾谷类作物田间放牧　这可能因植物含镁低而含钾高，钾又和镁竞争吸收，而继发低镁血症。反刍动物体内尚无明显有效的维持镁平衡的机制，缺乏动员大量镁储的能力。血清镁的精细平衡，在很大程度上依赖于饲料镁的每日摄入量，当摄入镁明显减少，或摄入镁的利用率降低，即可引起低镁血症。

2. 饲料中含镁过少或吸收镁不足　食入钙、蛋白质过多时，会影响镁的吸收。常食施有钾肥的牧草，会由于钾和镁在动物体内的吸收竞争，而使羊发生低镁血症。排泄过多以及各种原因引起的多尿，会使镁从肾脏或泌乳时大量排出。

3. 气候变化　特别是当气温急剧下降或多雨季节，甲状腺功能亢进时，也可诱发本病或促使本病急性发作。

4. 泌乳奶羊　不管低镁血是否存在，泌乳母羊饥饿一段时间，足以引起明显的低镁血症。

【临床症状】　急性病例通常是突然死亡。在早期阶段，病羊四肢震颤，摇摆，磨牙，口流泡沫，伸颈仰头，呈角弓反张。眼球震颤，瞬膜突出，以致遮盖眼球。心音亢进，体温不高，四肢冰冷，频频排尿。感觉灵敏，极易兴奋，常出现阵发性或强直性肌肉痉挛、抽搐和共济失调。如不及时抢救，就会迅速倒地，痉挛，口吐白沫，昏迷而死亡，或很快死于呼吸衰竭。

慢性病例，初无异常，多在数周或数月之后逐渐出现运动障碍，神经兴奋性增高，食欲及泌乳量减少，最后惊厥以致死亡。

【诊断】　从舍饲转入鲜嫩多汁、丰盛的草场，气候突变，或放牧于麦类草场，如遇到泌乳母羊突然发生运动不协调，过敏或搐搦，即可怀疑为本病。

据实验表明，病羊特征是低钙血（1～1.7 mmol/L，4～6.9 mg/dL），低镁血（0.19～0.29 mmol/L，0.5～0.7 mg/dL）和低磷酸盐血（0.3～0.4 mmol/L，0.9～1.2 mg/dL）。如果血钙正常，则母羊不发生低磷酸血和低镁血的临床症状。血液中镁、钙含量降低有助于诊断。

【防治】

1. 预防　在低镁血症的地区应做好经常性预防工作。

（1）补饲含镁矿物质：因为大部分低镁血症发生在冬季和早春，此时都有补饲精料的习惯，在精料中添加菱镁矿石粉，每天每只羊可按8 g加入，或加入氧化镁，每天每只羊按7 g加入。补饲开始即产生保护作用，停止补饲其作用立即中断。

（2）早春出牧前给予一定量的干草，在青草茂盛时节，不宜过度放牧或使羊只吃得过饱。

（3）改善草场植被中的镁含量：草地上按每公顷撒 14 kg 菱镁矿石粉，或者在肥料中加入氧化镁，都有预防低镁血症的作用。

2. 治疗　用钙镁合剂（葡萄糖酸钙 250 g、硫酸镁 50 g，配成 1000 mL 注射液）20～40 mL，静脉注射，或用 25% 硫酸镁溶液 10 mL，缓慢静脉注射，可使血镁浓度很快升高，效果很好，但必须在病的早期进行，因为低镁血症是迅速致死性疾病。

症状好转后改为维持量：10% 葡萄糖酸钙 25 mL 静脉注射，再用 20% 硫酸镁或氯化镁 10～20 mL 皮下注射，同时内服氯化镁 3 g，至少连服 1 周，而后逐渐停止。

（五）锌缺乏症

锌缺乏症是由于饲料中锌含量不足而引起的一种微量元素缺乏症。其临床特征是生长发育受阻、皮肤角化不全和繁殖机能障碍。

【病因】　原发性锌缺乏主要是由于饲喂锌含量在 30～100 mg/kg 以下地带生长的牧草，其中牧草锌含量少于 10 mg/kg，谷类作物中锌含量少于 5 mg/kg 而引发本病。

继发性锌缺乏是由于饲喂的饲料中含有过多的钙或植酸钙镁等，阻碍羊机体对饲料中锌吸收和利用，而发生锌缺乏症。

【临床症状】　严重缺锌的病羊，皮肤角化不全，脱毛，尤以鼻端、尾尖、耳部、颈部损伤最为明显；趾间皮肤增殖，发生蹄病，重者中蹄壳脱落；羊毛生长不良并脱落；繁殖机能紊乱，母羊发情延迟、不发情或发情配种不妊，公羊精液量和精子减少，活力降低，性功能减弱。发病羔羊发育不良，鼻镜、阴门、肛门、后肢和颈部等处皮肤易发生角化不全、皲裂、肥厚、瘙痒、干燥、弹性减退，四肢、阴囊、鼻孔周围、颈部等处的毛脱落，出现皱襞，后肢弯曲，关节肿胀、僵硬，四肢乏力，步态强拘。

【诊断】　除根据病史调查和临床症状观察外，宜结合血液和各个脏器中锌含量的检测结果，做出诊断。正常羊血清锌水平为 12～18 mmol/L，缺锌时可降到 2.8 mmol/L。此病症状与真菌性皮肤病、疥螨和渗出性皮炎比较相似，要注意区别。

【防治】

1. 预防

（1）可在每吨饲料中加硫酸锌或碳酸锌 180 g 饲喂。对饲养和放牧在锌缺乏地带的羊群，要将饲料中的钙含量严格控制在 0.5%～0.6%，同时，宜在饲料中补加硫酸锌 25~50 mg/kg，混饲。

（2）在饲喂新鲜的青绿牧草时，适量添加一些含不饱和脂肪酸的油类，如大豆油，对治疗和预防锌缺乏症都可收到较好的效果。

2. 治疗

（1）立即改换病畜的饲料，饲料中补加 0.02% 的碳酸锌。

（2）口服硫酸锌，剂量为每头 1g，1 次内服，每周 1 次。

（3）羔羊可连续服用硫酸锌，剂量为 100 mg/kg 体重，连用 3~4 周。

（六）钴缺乏症

钴缺乏症是一种由于饲料和饲草中钴含量不足，以及瘤胃内微生物利用摄入的钴合成维生素 B_{12} 受到阻碍所致的慢性代谢性疾病，其临床特征是食欲减退、贫血和消瘦。

【病因】　饲料或饲草中钴缺乏，长期放牧于土壤钴含量在 0.25 mg/kg 以下的牧场上，或长期饲喂钴含量在 0.04~0.07 mg/kg（干物质）或以下的饲草的羊群，都会发生原发性缺钴。

反刍动物瘤胃中微生物的生长、繁殖都需要钴，并利用钴合成维生素 B_{12}。维生素 B_{12} 不仅是反刍动物的必需维生素，而且是瘤胃微生物的必需维生素。但当牧草中缺乏钴时，则维生素 B_{12} 合成不足，直接影响瘤胃微生物的生长繁殖，从而影响纤维素的消化，可引起反刍动物能量代谢障碍，使动物消瘦和虚弱。

【临床症状】　主要表现为渐进性的消瘦和虚弱，最后发生贫血症，结膜及口鼻黏膜发白。常常发生下痢，眼睛流出水样分泌物，毛的生长也受到影响。

羔羊比成年羊的表现严重。但只要钴缺乏达到数月，任何年龄的羊都会死亡。如果将病羊转移到钴正常地区，可以很快痊愈，若返回发病地区，又会重新发病。

【诊断】　根据病史调查和临床症状观察，可初步做出诊断，但要注意，此病的症状与很多病的症状相同，尸体剖检也没有特征性变化，因此常常会在诊断上造成混淆。为了获得正确诊断，最好是对土壤、牧草进行钴的分析，土壤钴含量低于 3 mg/kg，牧草中钴含量低于 0.07 mg/kg，可认为是钴缺乏。在怀疑患有钴缺乏症时，试用钴制剂治疗，观察有无良好反应，根据疗效做出判断。同时还要注意与寄生虫、铜、硒和其他营养物质缺乏引起的消瘦症相区别。

【防治】

1. 预防　对钴缺乏地区用施用钴肥盐料，一般每公顷每年施用 400~600 g，为了预防还可混饲钴添加剂（日量为 0.3~2 mg），或是每只羊每月给予一次 250 mg 的钴。在钴缺乏的土壤中，锰、铁和镁的含量也会减少，所以应注意锰、镁、铁的补饲。

2. 治疗

（1）在病情还不十分严重时，如果能移到其他非缺钴地区，往往可以迅速恢复。

（2）羔羊在瘤胃未发育成熟之前，可肌内注射维生素 B_{12}，每次 100 ~ 300 μg。

（3）口服氯化钴或硫酸钴，用法为每羊每天 1 mg 钴，连用 7 d，间隔两周后重复用药，或每周两次，每次 2 mg，或每周一次，每次 7 mg 钴，或按每月一次，每次 300 mg。不仅可降低死亡率，而且可加快动物生长。

（七）绵羊妊娠毒血症

妊娠毒血症是母羊怀孕末期发生的一种代谢紊乱性疾病，主要发生在怀双羔、三羔或胎儿过大的母羊，以低血糖、酮血症、酮尿症、虚弱和失明为主要特征。临床表现为精神沉郁，食欲减退，运动失调，呆滞凝视，卧地不起，甚而昏睡等。

【病因】

1. 营养不足　在牧区，绵羊妊娠毒血症常在冬季枯草季节发生于瘦弱的母羊。怀孕末期的母羊怀羔多而喂精料太少，在胎儿迅速发育时，不能按比例增加营养。饲料单纯、维生素及矿物质缺乏，特别是饲喂低蛋白、低脂肪饲料，且碳水化合物不足的羊发病者居多。怀孕早期过肥的羊，至怀孕末期突然降低营养水平，更易发生此病。

2. 垂体－肾上腺系统平衡紊乱　肾上腺过度活动和循环中皮质醇水平升高，致使神经细胞丧失对糖的利用率，因此出现神经症状。

3. 运动不足　长期舍饲，缺乏运动的羊易发本病。

4. 应激　气候恶劣、天气突变、环境改变等可促使本病的发生。

【临床症状】　本病多发生于妊娠最后一个月内，以分娩前 10 ~ 20 d 居多，也有在分娩前 2 ~ 3 d 发病的。症状一般随分娩期的迫近而加剧，但与营养供给情况有关。如果母羊在疾病早期流产或早产，症状可随之缓解。

病初精神沉郁，食欲减退，但体温正常。以后食欲废绝，反刍停止，磨牙。粪球干小，排尿频数。结膜苍白，后期黄染。脉搏快而弱。呼吸浅表，呼出的气体带醋酮味。神经症状明显，如反应迟钝，运动失调，步态蹒跚，或做转圈运动。后期神经症状更为明显，唇部肌肉抽搐，颈部肌肉阵挛，头颈频频高举或后仰，呈观天姿势或弯向腹肋部。严重时卧地不起，经数小时到 1 d 左右昏迷而死。不死者，常伴有难产，或产下弱羔、死胎。

【诊断】　根据临床症状、营养状况、饲养管理方式、妊娠阶段以及血液、尿液检验结果，可做出诊断。

1. 血液检验　血中葡萄糖含量可降至 1.40 mmol/L 以下（正常为 3.33 ~

4.99 mmol/L）。血中总酮体含量可增至 546.96 mmol/L（正常仅为 5.85 mmol/L）。

2. 尿液检查 尿中丙酮试验呈强阳性反应。

【防治】

1. 预防 在妊娠的后 2 个月增加精料量，即从产前 2 个月起，每天喂给 100～150 g，以后逐渐增加，到临分娩之前达到 0.5～1 kg/d。肥羊应该减少喂料。加强管理，避免饲喂制度的突然改变，并增加运动，每天驱赶运动 2 次，每次 0.5～1 h。

2. 治疗 治疗原则是补糖、保肝、解毒。

（1）调整饲养程序。停喂富含蛋白质及脂肪的精料，增加碳水化合物饲料，如青草、块根及优质干草等。

（2）用 20% 葡萄糖溶液，每次 100～150 mL，加入维生素 C 0.5 g，静脉注射，每天 2 次。还可口服丙酸钠 5～7 g、甘油 20～30 mL 或丙二醇 20 mL，每天 2 次，连用 3～5 d。

（3）用氢化泼尼松 75 mg 和地塞米松 25 mg，肌内注射，另外静脉注射葡萄糖，并注射钙、磷、镁制剂。除上述激素外，也可注射促肾上腺皮质激素（ACTH）20～60 u。

（4）为缓解酸中毒，可静脉注射 5% 碳酸氢钠液 100～200 mL。为了促进脂肪代谢，可用肌醇，配合维生素 B_1、维生素 B_{12}、维生素 C 等。

（5）上述方法无效时，尽早施行剖宫产或人工引产，一旦胎儿排出，症状随即减轻。

（八）羔羊低血糖症

羔羊低血糖症是羔羊出生 3～7 d 后发生的一种代谢性疾病，以步态不稳、四肢无力、卧地不起、畏寒发抖为主要特征。山羊发病率较高，如不及时治疗，多数很快死亡，死亡率达 30%～70%。

【病因】 母羊妊娠后期营养供给不足、母羊体质差、营养消耗过盛导致产后乳汁营养不全或产后泌乳功能障碍、产奶量不足等因素影响泌乳，羔羊出生后不能充分吮吸到母乳引起羔羊营养不良，羔羊患有消化不良、营养性衰竭、贫血等症均可引起该病的发生。

【临床症状】 病初精神沉郁，体温正常，黏膜苍白，并常发出尖叫声。24 h后，体温下降、四肢无力、有时后两肢拖地行走，或平躺着地，很快死亡，有的呈阵发性痉挛或前肢无目的地运动。角弓反张、眼球震颤、四肢挛缩，最后在昏迷中死亡。

【诊断】 根据发病日龄，临床症状及母羊的饲养情况，不难做出诊断，必要时可测定羔羊的血糖含量。

【防治】

1. 预防 加强母羊妊娠期间的管理，供给母羊营养丰富的草料，加强泌乳期的饲养管理，维持母羊正常泌乳机能。防止羔羊饥饿，对多胎羔羊，要及早实施人工喂乳或饲补精料。

2. 治疗

（1）用25%葡萄糖溶液40~60 mL静脉注射或腹腔注射。每隔6 h 1次，连用4~5 d。

（2）复方氨基酸注射液50 mL，每天静脉注射1次，连用3 d。

（3）口服能量合剂20~40 mL，每天1次，连用3 d。

（九）佝偻病

佝偻病是羔羊在生长发育期，因维生素D不足，钙、磷代谢障碍所致骨骼变形的疾病。多发在冬末春初。

【病因】 饲料中维生素D含量不足及日光照射不够，致使哺乳羔羊体内维生素D缺乏。妊娠母羊与哺乳母羊的饲料中钙、磷比例不当，圈舍潮湿、污浊阴暗，羊只消化不良、营养状况不佳等均可成为该病的诱因。放牧母羊秋膘差，冬季末补饲，春季产羔，更易发病。

羔羊存在钙、磷代谢障碍，容易发病。

【临床症状】 病羊轻者生长缓慢，食欲减退，异嗜，呆滞，喜卧，卧地起立缓慢，四肢负重困难，行走步态摇晃，出现跛行。触诊关节有疼痛反应。

病程稍长则关节肿大，以腕关节、系关节、球关节较为明显。长骨弯曲，腕关节有时可向后弯曲，四肢可以叉开站立。

后期，病羔以腕关节着地爬行，后躯不能抬起。

【诊断】 根据临床特征和饲养情况即能做出诊断。

【防治】

1. 预防 加强对怀孕母羊和泌乳母羊的饲养管理，饲料中应含有较丰富的蛋白质、维生素D和钙、磷，并注意钙、磷配合比例，供给充足的青绿饲料和青干草，补喂骨粉，增加其运动和日照时间。

羔羊饲养更应注意这些问题，有条件的可喂给干苜蓿、胡萝卜、青草等青绿多汁的饲料，并按需要量添加食盐、骨粉、各种微量元素等。

2. 治疗

（1）用维生素A、维生素D注射液3 mL，肌内注射，隔天1次，连用3次。

（2）精制鱼肝油3 mL，灌服或肌内注射，每周两次。为了补充钙制剂，用10%葡萄糖酸钙液5~10 mL，静脉注射，或用维丁胶性钙2 mL，肌内注射，每周1次，连用3次。

（十）食毛症

食毛症是羊的一种代谢紊乱疾病，是由于羊食入过多被毛或破碎塑料薄膜而影响消化的疾病，表现为喜欢舔食羊毛。由于食毛过多，影响消化，甚至并发肠梗阻造成死亡。本病多见于哺乳羔羊，很少见于成年绵羊，有时可见于山羊。在舍饲情况下，秋末春初容易发生。

【病因】　主要由矿物质代谢障碍引起。一般认为母羊及羔羊饲料中营养成分不全，缺乏矿物质钙、磷和维生素，尤其是缺硫是发生食毛症的主要原因。当饲料中缺乏硫时，引起含硫氨基酸缺乏，羊毛的生长需要大量含硫氨基酸，羔羊从母羊奶中不能获得足够的含硫氨基酸，而且羔羊瘤胃的发育尚不完善，还没有合成氨基酸的功能。

【临床症状】　羔羊突然啃咬和食入母羊的毛，尤喜吃被粪尿污染的母羊腹部、后肢及尾部的脏毛。有异食癖，喜食污粪或舔土，喜食田间破碎塑料薄膜碎片等物。

羔羊之间也可能互相啃咬被毛。吃下去的毛常在幽门部和肠道内彼此黏合，形成大小不同的毛球。由于毛球的影响，羔羊发生消化不良或便秘，逐渐消瘦和贫血。毛球造成肠梗阻时，引起食欲丧失、腹痛、胀气、腹膜炎等症状，最后心脏衰竭而死亡。

【诊断】　在发生大量吃毛现象时，容易诊断出来。但在诊断过程中，应该注意与佝偻病、异嗜癖或蠕虫病进行区别诊断，因为这些疾病也可能造成食毛或个别羊体部发生脱毛现象。

【防治】

1. 预防　主要在于改善饲养管理。对于母羊饲料营养要全面，并经常进行运动。对于羔羊应供给富含蛋白质、维生素和矿物质的饲料，如青绿饲料、胡萝卜、甜菜和麸皮等，每天供给骨粉（5～10 g）和食盐。饲喂要做到定时、定量，避免羔羊暴食。留意分娩母羊和圈舍内的卫生，分娩母羊产出羔羊后，要先将乳房周围、乳头长毛和腿部的污毛剪掉，此后用2%～5%来苏儿消毒擦净，再让新生羔羊吮乳。畜舍内脱落混在草内的羊毛，要勤扫除，保证饲草饲料不混羊毛。

2. 治疗　以清理胃肠，排出异物为主。

（1）便秘和消化紊乱的羊，给予泻剂。如硫酸钠或液状石蜡，也可用人工盐。

（2）加强母羊和羔羊的饲养管理，注意饲料的多样化并保证钙的供应（干草，尤其是苜蓿干草富含钙）。保证有一定的运动。精料中加入食盐和骨粉，补喂鱼肝油。

（3）将吃毛的羔羊与母羊隔离开，只在吃奶时让其接近。

（4）给羔羊补喂动物性蛋白质，可每天用一个鸡蛋，连壳捣碎，拌入饲料或奶中，有制止继续吃毛的作用。

（5）上述措施无效时可做真胃切开术，取出毛球。

二、中毒病

（一）疯草中毒

疯草包括棘豆属和黄芪属的一些有毒植物，对动物有相似的毒害作用，均可引起以神经功能紊乱为主的慢性中毒。这类植物统称为疯草，所致中毒称为疯草中毒或疯草病。疯草在我国主要分布于西北、华北和西南广大牧区，曾给养羊业造成重大经济损失。

【病因】 疯草含多种有毒物质，其中苦马豆素是主要有毒成分。本病的发生与草原生态有密切关系，疯草适于生长在植被破坏的地方，一般疯草适口性不佳，在牧草充足时，羊并不采食，当可食牧草耗尽时才被迫采食。因此，常在每年春、冬发生中毒，干旱年份有暴发的倾向。另据报道疯草在结籽期相对适口性较好，羊有可能主动采食而发生中毒。

发病与采食量有关，大量采食疯草可在 10 余天发生中毒，少量采食疯草常需 1～2 个月甚至更长的时间才发生中毒。

【临床症状】 轻症时羊仅见精神沉郁，常拱背呆立，放牧时掉队，由于后肢不灵活，行走时弯曲外展，步态蹒跚，驱赶时后驱向一侧歪斜，往往欲快不能而倒地，严重者卧地起立困难，头部水平震颤或摇动。中毒羊在安静状态下可能看不出症状，但在应激时，如用手提耳便立即出现摇头，突然倒地等典型中毒症状。妊娠羊易流产，产下畸形羔羊，或羔羊弱小。公羊性欲降低，或无交配能力。体温正常或偏低。病至后期，食欲减少，贫血、水肿及心脏衰弱，最终卧地不起而死亡。病期 2～3 个月，如采食疯草量较大也可在 1～2 个月死亡。

【诊断】 可根据采食疯草病史，结合以运动障碍为主的神经症状可以做出初步诊断。

【防治】 禁止在有疯草的草场上放牧，就可以防止中毒。但是疯草在一些草场上分布很广，面积很大，使得预防工作变得十分困难。只有加强草场和饲养管理等综合措施，才有可能防止中毒，减少损失。

1. 合理轮牧 即在有疯草的草场上放牧 10 d，或在观察到第一只羊轻度中毒，立即转移到无疯草的草场放牧 10～12 d 或更长一段时间，以利毒素排泄和畜体恢复。

2. 间歇饲喂　适于舍饲或冬季补饲，即混有疯草的饲草饲喂 15 d，停 15 d，改喂无疯草的饲草，交替进行。

目前，该病尚无有效治疗方法。对轻度中毒羊，及时转移到无疯草的草场放牧，适当补饲，一般可不治而愈。

（二）有毒萱草根中毒

本病是由于羊采食了萱草属植物的根而引起的中毒。临床上以双目失明、瞳孔散大，进而全身瘫痪和膀胱麻痹、积尿为特征，又称瞎眼病。

【病因】　本病的发生是由于吃了有毒的萱草根。萱草又名黄花菜、金针草，为百合科萱草属多年生草本植物，萱草属某些种的根具有神经毒性。我国是世界上萱草属植物种类最多、分布最广的国家。自然发病有明显的季节性与地方性，北方均在每年的冬春枯草季节，牧草缺乏，表层土壤解冻，萱草根适口性很好，羊只因刨食而发生中毒，或因捡食移栽抛弃的根而发病。

【临床症状】　食入萱草根的数量不同，症状出现的时间和严重程度有很大差异。

轻度中毒病羊由于食入萱草根数量较少，一般采食后 3～5 d 发病。病初精神沉郁，反应迟钝，离群呆立，尿液橙红色，食欲减退。继之双目失明，失明初期表现不安，盲目行走，易惊恐或行走谨慎，四肢高举或转圈运动。随后，除失明外，其他恢复如常，可以人工喂养。

重度中毒的病羊由于食入萱草根数量较大，发病十分迅速。表现低头呆立，或头抵墙壁，胃肠蠕动加强，粪便变软，排尿频数，不断呻吟，空口咀嚼，眼球水平颤动，双目瞳孔散大、失明，眼底血管充血。行走无力，继之四肢麻痹，卧地不起，咩咩哀叫，终因昏迷、呼吸麻痹而死亡。

剖检可见肝脏表面呈紫红色，切面结构不清，部分肝细胞肿大，有的呈颗粒变性和坏死。肾稍肿大，肾小球充血，肾小管上皮细胞颗粒变性，有的坏死。肠道有轻度出血性炎症。膀胱胀大，呈淡紫色，其内充满橙红色尿液。脑膜、延髓及脊髓软膜上常有出血斑点。脑及脊髓的不少神经细胞变性、坏死、肿胀或浓缩，神经胶质细胞增生，多现卫星化或嗜神经现象，白质结构稀疏，常出现边缘不整齐的空洞，神经纤维有的断裂或髓鞘脱失。

【诊断】　根据发病季节，在萱草根开始萌芽的草场、山坡放牧的病史，结合病羊表现突然瞳孔散大、双目失明、瘫痪等特征症状，可做出诊断。脑、脊髓和眼的病理解剖学和组织学观察所见，有助于本病的确诊。

【防治】　目前尚无特效解毒方法，只能采取禁止羊群采食萱草根的方法。羊发病后应停止放牧，采取解毒、镇静、增强抵抗力等对症治疗的措施，可挽救一批病羊。早期可投服盐类泻剂，给予优质干草、饲料，加强护理，并应用抗生素防止继发感染。同时静脉注射葡萄糖生理盐水加维生素 C 有助于本病的恢复。

（三）有机磷中毒

羊有机磷农药中毒是羊接触、吸入或采食了有机磷制剂所引起的一种中毒性病理过程，以体内胆碱酯酶活性受到抑制，导致神经生理机能紊乱为特征。

【病因】　有机磷农药是农业上常用的杀虫剂，也是畜牧业上常用的杀虫和驱虫药，主要有甲拌磷（3911）、对硫磷（1605）、内吸磷（1059）、乐果、敌百虫等。这些杀虫剂多具有较高的脂溶性，可经皮肤渗入机体内，通过消化道和呼吸道被较快吸收。羊有机磷中毒常是误食喷洒有机磷农药的牧草或农作物、青菜等，误饮被有机磷农药污染的饮水，误食拌过农药的种子，应用有机磷杀虫剂防治羊体外寄生虫时剂量过大或使用方法不当，羊接触有机磷杀虫剂污染的各种工具器皿等，而发生中毒。

【临床症状】　有机磷对动物的毒性主要是对乙酰胆碱酯酶的抑制，引起乙酰胆碱蓄积，使胆碱能神经受到持续冲动，导致先兴奋后衰竭的一系列的毒蕈碱样、烟碱样和中枢神经系统等症状。

1. 毒蕈碱样症状　表现为食欲不振，流涎，呕吐，腹泻，腹痛，多汗，尿失禁，瞳孔缩小，可视黏膜苍白，呼吸困难，肺水肿，以及发绀等。

2. 烟碱样症状　表现为肌纤维性震颤，血压升高，脉搏频数，麻痹等。

3. 中枢神经系统症状　表现为兴奋不安，体温升高，抽搐，昏睡等，中毒羊兴奋不安，冲撞蹦跳，全身震颤，进而步态不稳，以至于倒地不起，在麻痹状态下窒息死亡。

【诊断】　根据临床症状、毒物接触史和毒物分析，并测定胆碱酯酶活性，可以确诊。

【防治】

1. 预防　严格农药管理制度，规范农药使用方法，不在喷洒过有机磷农药的草地上放牧，农区注意田间收割的野草可能受到农药污染，避免羊吃到拌过有机磷农药的种子等。

2. 治疗

（1）灌服盐类泻剂，尽快清除胃内毒物，可用硫酸镁或硫酸钠 30～40 g，加水适量，一次内服。

（2）应用特效解毒剂，可用解磷定、氯磷定，按每千克体重 15～30 mg，溶于 5% 葡萄糖溶液 100 mL 内，静脉注射，以后每 2 h 注射 1 次，剂量减半，根据症状缓解情况，可在 48 h 内重复注射。或用双解磷、双复磷，其剂量为解磷定的一半，用法相同。或用硫酸阿托品，按每千克体重 10～30 mg，肌内注射，病情严重者可加大剂量 2～3 倍，第一次注射后隔 2 h 再注射 1 次。症状不减轻可重复应用解磷定和硫酸阿托品。

（四）尿素中毒

利用尿素、铵盐等非蛋白氮加入日粮中以代替部分蛋白质来饲喂羊，能够明显地降低饲料成本，在养羊生产中已广泛应用，但是如果尿素使用不当，则会引起尿素中毒。

【病因】

（1）尿素添加剂量过大，浓度过高，和其他饲料混合不匀，以及羊喝了大量人尿都会引起尿素中毒。

（2）尿素保管不当，被羊只过量偷食，或尿素施用于农田，被放牧的羊只误食。

（3）制作氨化饲料尿素使用量过大，或尿素与农作物秸秆未混合均匀，从而引起饲喂的羊只中毒。

（4）饲喂尿素时同时饲喂大豆饼、蚕豆等含有尿酶的物质，或是饲喂后立即饮水，尿素分解过快，短时间形成大量的氨，经瘤胃壁吸收进入血液、肝脏，血液氨浓度增高，发生中毒。

【临床症状】 通常为急性，症状常在吃食过多尿素或采食氨含量过多的饲料后 30 ~ 60 min 发生。氨主要对神经系统产生损害和对胃肠道产生刺激。初期病羊不安、呕吐、空嚼、磨牙、瘤胃鼓气、停食、口流泡沫性唾液、呻吟、腹痛、出汗、皮温不整、末梢部位冰凉、鼻流泡沫、呼吸困难、心跳亢进、脉搏快而弱，有的达 140 次/min，共济失调，肌肉震颤，卧地后眼球震颤，并发展为严重抽搐，而且程度不断加深，呈强直性痉挛。严重的病羊，出现昏迷，体温下降，眼球凸出，瞳孔散大，全身痉挛，最后窒息死亡。

【诊断】 根据病史调查和临床症状即可做出诊断，曾采食过量尿素或含氨饲料，发病迅速，流涎，呼吸困难，呼出气中有氨味，运动共济失调，全身痉挛。必要时采取胃内容物进行实验室检验。

【防治】

1. 预防

（1）平时应防止羊只误食尿素及其含氮化肥。

（2）使用尿素补饲时，必须将尿素溶解与饲料充分混匀。饲喂量由少量逐渐增加，10 ~ 15 d 后逐渐达到标准喂量。

（3）羊只精料的含量应控制在 3% 以内。

（4）不要同时饲喂生豆饼等含有尿酶的物质。

（5）饲喂后不要马上饮水，应间隔 2 h 以后再饮。

2. 治疗

（1）中毒初期，为避免尿素进一步吸收，可投服酸化剂。如醋酸 2 ~ 5 mL、乳酸 2 ~ 4 mL（加自来水 200 ~ 400 mL），或食醋 200 ~ 400 mL，食糖 50 ~ 100 g，混合一次灌服。使用该法可降低瘤胃 pH，限制尿素连续分解为氨，可采用该法直至症状消失。

（2）静脉注射 10% 葡萄糖 500 mL，10% 葡萄糖酸钙 50 ~ 100 mL，20% 的硫代硫酸钠溶液 10 ~ 20 mL，可收到较好效果。

（3）瘤胃鼓气严重时，可行瘤胃穿刺放气急救。

（4）在中毒症状得到纠正后，应用抗生素，防止继发感染。

（五）硒中毒

硒中毒是动物采食大量含硒牧草、饲料或补硒过多而引起的一种中毒性疾病，以出现精神沉郁、呼吸困难、步态蹒跚、脱毛、脱蹄壳等为主要临床特征。

【病因】

1. 土壤含硒量高　导致生长的粮食或牧草含硒量高，动物采食后引起中毒。一般认为土壤含硒 1 ~ 6 mg/kg，饲料含硒达 3 ~ 4 mg/kg 即可引起中毒。一些专性聚硒植物，如豆科黄芪属某些植物的含硒量可高达 1000 ~ 1500 mg/kg，是羊硒中毒的主要原因。此外，有些植物如玉米、小麦、大麦、青草等，在富硒土壤中生长亦可引起动物硒中毒。

2. 硒制剂用量不当　如治疗白肌病时亚硒酸钠用量过大，或动物饲料添加剂中含硒量过多或混合不均匀等都能引起硒中毒。此外，由于工业污染而用含硒废水灌溉，也可使作物、牧草被动蓄硒而导致硒中毒。

【临床症状】

1. 急性中毒　初期羊表现为不安，后则精神沉郁无力，头低耳聋，卧地时回头观腹，呼吸困难，运动障碍，可视黏膜发绀，心跳快而弱，往往因虚脱、窒息而死。死前高声鸣叫，鼻孔流出白色泡沫状液体。

2. 慢性中毒　表现为消化不良，逐渐消瘦，贫血，反应迟钝，缺乏活力。被毛粗乱脱落，关节僵硬，蹄过度生长并变形严重时蹄壳脱落。此外，慢性硒中毒还可影响胎胚发育，造成胎儿畸形及新生仔畜死亡率升高。

【诊断】　本病可根据饲喂情况（如在富硒地区放牧或采食富硒植物）以及有硒剂治疗史，再结合临床症状可做出初步诊断。确诊可依据血硒的测定，血硒含量高于 0.21 μg/g 可作为硒中毒的早期诊断指标。

【防治】

1. 预防

（1）高硒地区：土壤加入氯化钡并多施酸性肥料，以减少植物对硒的吸收。

同时，增加动物日粮中蛋白质、硫酸盐、砷酸盐等含量，以促进动物对硒的排出。

（2）缺硒地区：临床预防白肌病或饲料添加硒制剂要严格掌握用量，必要时，可选小范围试验再大范围使用。

2. 治疗　急性硒中毒尚无特效疗法，慢性硒中毒可用砷制剂内服治疗，亚砷酸钠 5 mg/kg 加入饮水服用，或 0.1% 砷酸钠溶液皮下注射，或对氨基苯胂酸按 10 mg/kg 混饲，可以减少硒的吸收。此外，用 10% ～20% 的硫代硫酸钠以 0.5 mL/kg 静脉注射，有助于减轻刺激症状。

三、内科疾病

（一）口炎

口炎是羊口腔黏膜表层和深层炎症的总称。临床上以流涎、咀嚼困难及口腔黏膜潮红、肿胀为特征。患羊常见单纯局部炎症或继发性全身反应。

【病因】　羊原发性口炎多由外伤引起，包括采食粗硬、有芒刺或刚毛的饲料或者饲料中混有玻璃、铁丝等各种尖锐异物引起的直接损伤，采食冰冻饲料或霉败饲料，灌服过热的药液，或因接触氨水、强酸、强碱，损伤口黏膜等。

羊继发性口炎多发生于患口疮、口蹄疫、羊痘、霉菌性口炎、过敏反应、咽炎、唾液腺炎、前胃疾病、胃炎、肝炎以及某些维生素缺乏症。

【临床症状】

1. 共同症状　病羊采食、咀嚼缓慢甚至不敢咀嚼；只采食柔软饲料，拒绝粗硬饲料；流涎，口角附白色泡沫；口腔黏膜潮红、红肿、疼痛、口温升高等；当继发细菌感染时有口臭。

2. 卡他性口炎　表现口腔黏膜发红、充血、肿胀、疼痛，特别是唇、齿龈、颊部、腭部黏膜肿胀明显。

3. 水疱性口炎　病羊的上下唇内有很多大小不等的充满透明或黄色液体的水疱。

4. 溃疡性口炎　在黏膜上出现有溃疡性病灶，口内恶臭，体温升高。

上述各类型可相继和交错出现，继发性口炎常伴有关疾病的其他症状。

【诊断】　原发性口炎，根据病史及口腔黏膜炎症变化，可做出诊断。继发性口炎结合原发疾病进行诊断。

【防治】

1. 预防

（1）加强饲养管理。防止化学、机械及尖锐的异物对口腔的损伤。

（2）提高饲料品质，饲喂富含维生素的柔软饲料；不喂发霉变质饲料，饲槽应经常使用2%的碱水进行消毒。

（3）服用带有刺激性或腐蚀性的药物时，一定按要求使用。

2. 治疗

（1）轻度口炎可用0.1%的雷佛奴尔或0.1%高锰酸钾溶液洗涤口腔，亦可以用2%的明矾冲洗。发生糜烂和渗出时，用2%的明矾冲洗。口腔黏膜有溃疡时，可用碘甘油、5%碘酊、龙胆紫溶液、磺胺软膏、四环素软膏等涂搽患部。

（2）继发细菌感染，病羊体温升高时，可用青霉素40万～80万u、链霉素100万u肌内注射，每天2次，连用3～5d，也可服用或注射磺胺类药物。

（3）中药可用青黛散（青黛9g，薄荷3g，黄连、黄柏、桔梗、儿茶各6g）研为细末，装入布袋内，衔于口内，给食时取下，吃完后再嚼上，每天或隔天换药一次，也可用桂林西瓜霜喷涂口腔。

（二）食道阻塞

食道阻塞是羊食道被食物或异物堵塞而发生的以咽下障碍为特征的疾病。

【病因】 该病主要由于过度饥饿的羊吞食了过大的块根饲料，未经充分咀嚼而吞咽，阻塞于食道某一段而致病。例如，吞进大块西瓜皮、萝卜、马铃薯、玉米棒、包心菜根及落果等，亦见有误食塑料袋、地膜等异物造成食道阻塞的。继发性食道阻塞常见于食道麻痹、狭窄和扩张。

【临床症状】 该病一般多突然发生。一旦阻塞，病羊采食停止，头颈伸直，伴有吞咽和作呕动作，口腔流涎，骚动不安，或因异物吸入气管，引起咳嗽。当阻塞物发生在颈部食道时，局部突起，形成肿块，手触可感觉到异物形状；当发生在胸部食道时，病羊疼痛明显，并可继发瘤胃鼓气。食道阻塞时，如有异物吸入气管可发生异物性气管炎和异物性肺炎。

【诊断】 食道阻塞分完全阻塞和不完全阻塞两种情况，使用胃管探诊可确定阻塞的部位。完全阻塞，水和唾液不能下咽，从鼻、口腔流出，在阻塞物上方部位可积存液体，手触有波动感。不完全阻塞，液体可以通过食道，而食物不能下咽。

诊断时，应注意与咽炎、急性瘤胃鼓气、口腔疾病相区别。

【防治】

1. 预防 为了预防该病的发生，饲喂块根饲料时要切碎，防止羊偷食未加工的块根饲料；补喂家畜生长素制剂或饲料添加剂；清理牧场、厩舍周围的废弃杂物。

2. 治疗

（1）吸取法：适用于阻塞物为草料食团时，可将羊保定好，送入胃管后用橡皮球吸取水，注入胃管，在阻塞物上部或前部软化阻塞物，反复冲洗，边注入边吸出，反复操作，直至食道畅通。

（2）胃管探送法：阻塞物在近贲门部位时，可先将2%普鲁卡因溶液5 mL、液状石蜡30 mL混合后，用胃管送至阻塞部位，待10 min后，再用硬质胃管推送阻塞物进入瘤胃中。推动无效时，可将胃管一端与打气筒连接，适当打气后再行推送。

（3）砸碎法：当阻塞物易碎、表面光滑并阻塞在颈部食道时，可在阻塞物两侧垫上布鞋底，将一侧固定，在另一侧用木槌或拳头砸（用力要均匀），使其破碎后咽入瘤胃。

若继发严重瘤胃鼓气，可施行瘤胃放气术，以防病羊发生窒息。经上述处理仍无效时，可手术切开食道取出阻塞物。

（三）瘤胃积食

瘤胃积食是指瘤胃内充满食物，引起瘤胃急性扩张，致使胃的正常容积增大，胃壁扩张，食糜停滞于瘤胃引起的一种消化不良的疾病。该病临床特征为反刍、嗳气停止，瘤胃坚实，疝痛，瘤胃蠕动极弱或消失。

【病因】

（1）羊只贪吃了大量优质饲料，如苜蓿、青草、豆科牧草；或养分不足的粗饲料，如玉米秸秆、干草以及霉败饲料；饲喂干料而饮水不足等。

（2）过食容易膨胀的饲料，如谷物和豆类。

（3）前胃弛缓、瓣胃阻塞、创伤性网胃炎、腹膜炎、皱胃炎、皱胃阻塞等也可引起继发性瘤胃积食。

【临床症状】　发病初期，食欲、反刍、嗳气减少或停止；鼻镜干燥，排粪困难，腹痛，不安摇尾，弓背，回头顾腹，呻吟咩叫；呼吸急促，脉搏加快，体温正常，结膜发绀；听诊瘤胃蠕动音减弱、消失；触诊瘤胃胀满、硬实。后期由于过食造成胃中食物腐败发酵，导致酸中毒和胃炎，精神极度沉郁，全身症状加剧，四肢颤抖，常卧地不起，呈昏迷状态。

【诊断】　根据临床特征即可做出诊断，如瘤胃充满食物，按压较硬，瘤胃蠕动弱，呼吸急促。

【防治】

1. 预防　加强饲养管理。如饲草、饲料过于粗硬，要经过加工再喂；喂羊定时定量，不让饥饿，更换饲料时少给勤添，防止过食生病，供给充分的饮水并进行适当运动。

要加强运动。并对病羊加强护理，停喂草料，待积去胀消、反刍恢复后，喂给少量易于消化的干青草，逐步增量；反刍正常后，方可恢复正常饲喂。治疗期间给温盐水饮用。

2. 治疗 治疗原则是消导下泻，止酵防腐，纠正酸中毒，健胃补液。

（1）消导下泻，用液状石蜡 100 mL、人工盐 50 g 或硫酸镁 50 g、芳香氨醑 10 mL，加水 500 mL，一次灌服。

（2）纠正酸中毒，用 5% 碳酸氢钠 100 mL，5% 葡萄糖 200 mL，一次静脉注射；或用 11.2% 乳酸钠 30 mL，静脉注射。为防止酸中毒继续恶化，可用 2% 石灰水洗胃。

（3）心脏衰弱时，可用 10% 樟脑磺酸钠 4 mL，静脉注射或肌内注射。呼吸系统和血液循环系统衰竭时，可用尼可刹米注射液 2 mL，肌内注射。

（4）中药可用大承气汤：大黄 12 g、芒硝 30 g、枳壳 9 g、厚朴 12 g、玉片 1.5 g、香附子 9 g、陈皮 6 g、千金子 9 g、青香 3 g、二丑 12 g，水煎，一次灌服。

（5）药物治疗无效时，宜迅速进行瘤胃切开术，取出内容物。

（四）前胃弛缓

羊前胃弛缓是前胃兴奋性和收缩力量降低导致的疾病。临床特征为食欲减退、反刍和嗳气减少或丧失，胃蠕动减弱或停止，可继发酸中毒。在冬末、春初饲料缺乏时容易发生。

【病因】

（1）饲养管理不良，饲料品种单一，长期饲喂劣质粗硬、纤维过多难以消化的饲料。

（2）长期过多给予精料和柔软饲料，以及饲喂霉变、冰冻、缺乏矿物质和维生素类饲料，导致消化机能下降，均可引起本病的发生。

（3）患有瘤胃积食、瘤胃鼓气、胃肠炎和其他多种内科、产科和某些寄生虫病时，也会继发前胃弛缓。

【临床症状】 急性前胃弛缓表现食欲废绝，反刍停止，瘤胃蠕动力量减弱或停止；瘤胃内容物腐败发酵，产生多量气体，左腹增大，触诊不坚实。

慢性前胃弛缓表现病畜精神沉郁，倦怠无力，喜卧地；被毛粗乱；体温、呼吸、脉搏无变化，食欲减退，反刍缓慢；瘤胃蠕动力量减弱，次数减少。

【诊断】 触诊瘤胃，其内容物常为柔软感觉，无抵抗力，无指压痕迹遗留。听诊瘤胃蠕动音，初期减弱，后期停止。粪便初期干硬，色暗，有时表面附有黏液，后期则排恶臭稀粪，或便秘和腹泻交替发生。

【防治】

1. 预防 改善饲养管理，合理调配饲料，不喂霉败、冰冻等质量低劣的饲料，适当运动等。

2. 治疗 治疗原则是排除病因，兴奋瘤胃，防止脱水和自体中毒。

（1）饥饿疗法：对病羊先禁食 1 ~ 2 d，但不限制饮水，每天人工按摩瘤胃数次，每次 10 ~ 20 min，并给予少量易消化的多汁饲料。

（2）当瘤胃内容物过多时，可投服缓泻剂，内服硫酸镁 20 ~ 30 g 或液状石蜡 100 ~ 200 mL。

（3）为加强胃肠蠕动，恢复胃肠功能，可用瘤胃兴奋剂：10% 氯化钠 50 ~ 100 mL、10% 氯化钙 20 mL、20% 安钠咖液 10 mL，静脉一次注射。还可内服吐酒石 0.2 ~ 0.5 g、番木鳖酊 1 ~ 3 mL，或用 2% 毛果芸香碱 1 mL，皮下注射。

（4）为防止酸中毒，可内服碳酸氢钠 10 ~ 15 g。

（5）为恢复羊的食欲，后期可选用各种健胃剂，如灌服人工盐 20 ~ 30 g，或用大蒜酊 20 mL、龙胆末 10 g、豆蔻酊 10 mL，加水适量一次内服。

（五）瘤胃鼓气

瘤胃臌气是由于家畜采食了大量易于发酵的饲料，迅速产生大量气体致使瘤胃体积迅速增大，过度膨胀并出现嗳气障碍为特征的一种疾病。该病多发生于春、夏季，绵羊和山羊均可患病，往往绵羊较山羊多见。

【病因】

1. 吃了大量容易发酵的饲料 最危险的是各种蝶形花科植物，如苜蓿、车轴草及其他豆科植物，尤其是在开花以前。初春放牧于青草茂盛的牧场，或多食萎干青草、粉碎过细的精料、发霉腐败的马铃薯、胡萝卜及山芋类都容易发病。

2. 吃了雨后水草或露水未干的青草、冰冻饲料或稿秆 尤其是在夏季雨后清晨放牧时，易患此病。

3. 继发性瘤胃臌气 主要是由于前胃机能减弱，嗳气机能障碍。多见于前胃弛缓、食道阻塞、腹膜炎、创伤性网胃炎等。每年剪毛季节若发生肠扭转也可发生瘤胃鼓气。

【临床症状】 一般呈急性。病羊食欲消失，反刍和嗳气停止，明显症状是腹部迅速臌大，腹围增大，瘤胃蠕动音初期增强，后转弱直至完全消失。病羊呼吸困难，快而浅，甚至张口伸舌，可视黏膜呈青紫色，静脉充血、努张，脉搏次数增加。病重时，张口流涎，站立不稳，不久倒地不起，呻吟，痉挛，可于 1 h 后死亡。

【诊断】 根据临床特征即可做出诊断，如瘤胃充满气体，左肷部显著隆起，叩诊发出鼓音，瘤胃蠕动弱，呼吸急促。

【防治】

1. 预防 此病大都与放牧不小心和饲养不当有关，因此为了预防臌气，必须做到以下各点。

（1）春初放牧时，每天应限定时间，有危险的植物不能让羊任意饱食。一般在生长良好的苜蓿地放牧时，不可超过 20 min。第一次放牧时，时间更要尽量缩短（不可超过 10 min），以后逐渐增加，即不会发生大问题。

（2）放牧青嫩的豆科草以前，应先喂些富含纤维质的干草。

（3）在饲喂新饲料或变换放牧场时，应该严加看管，借以及早发现症状。

（4）放牧人员应掌握简单的治疗方法，放牧时，要带上木棒、套管针（或大针头）或药物，以适应急需，因为急性膨胀往往可以在 30 min 以内引起死亡。

（5）不要喂给霉烂的饲料，也不要喂给大量容易发酵的饲料。雨后及早晨露水未干以前不要放牧。

2. 治疗　治疗原则是排气减压，缓泻制酵，恢复瘤胃机能。

（1）对初发病例或病情较轻者，可立即单独灌服来苏儿 2.5 mL 或甲醛 1 ~ 3 mL 或鱼石脂 2 ~ 5 g（先少加些酒精溶解）或氧化镁 30 g，加水适量，一次灌服。

（2）对病情较重者，用液状石蜡 100 mL，鱼石脂 2 g，酒精 10 mL，加水适量，一次灌服，必要时隔 15 min 后重复用药 1 次。

（3）对急性病例的排气，将病羊牵到斜坡上，使病羊两前肢站在高处，头部向上，把一个短木棒置于口中，两头以细绳结扎在颈部，用拳头或手掌按摩瘤胃区，每次 10 ~ 20 min，以排出胃内气体。然后采用以下方法，防止继续发酵。

1）福尔马林溶液或来苏儿 2.0 ~ 5.0 mL，加水 200 ~ 300 mL，一次灌服。

2）松节油或鱼石脂 5 mL，或薄荷油 3 mL、液状石蜡 80 ~ 100 mL，加水适量灌服，若 30 min 以后效果不显著，可再灌服一次。

3）从口中插入橡皮管，放出气体，同时由此管灌入油类 60 ~ 90 mL。

4）灌服氧化镁。氧化镁是最容易中和酸类并吸收二氧化碳的药物，对治疗臌气的效果很好。其剂量根据羊的大小而定，一般小羊为 4 ~ 6 g，大羊为 8 ~ 12 g。

5）植物油（或液状石蜡）100 mL、芳香氨醑 10 mL、松节油（或鱼石脂）5 mL、酒精 30 mL，一次灌服。或二甲基硅油 0.5 ~ 1 mL、2% 聚合甲基硅香油 25 mL，加水稀释，一次灌服。

（4）危急病例（有窒息危险的病羊）。可用套管针或粗针头在左肷部进行瘤胃穿刺放气。在放气过程中，应该用手指不时遮盖套管的外孔，慢慢地间歇性地放出气体，以免放气太快引起脑贫血。泡沫性臌气时，放气比较困难，应即时注入食用油 50 ~ 100 mL，杀灭泡沫，使气体容易放出，很快消胀。如果套管被食块堵塞，必须插入探针或套针疏通管腔。放气后可从针孔注入制酵防腐药物如 5% 的克辽林溶液 10 ~ 20 mL，或者注入 0.5% ~ 1% 福尔马林溶液 30 mL 左右。拔出针头后，针孔应用碘酊充分消毒。

（5）在气体消除以后，应减少饲料喂量，只给少量清洁的干草，3 d 之内不要喂给青饲料。必要时可用健胃剂及瘤胃兴奋药。

（六）瓣胃阻塞

瓣胃阻塞又称百叶干，是由于羊瓣胃的收缩力减弱，食物排出不充分，瓣胃食糜积聚不能后移，充满瓣叶之间，水分被吸收，内容物变干而致病，其临床特征为前胃弛缓，瓣胃蠕动消失，触诊腹部疼痛，瓣胃坚硬，不见排粪。

【病因】

1. 原发性阻塞 长期饲喂麸糠等含有泥沙的饲料，或粗纤维坚硬的饲草，饲料突然更换、质量低劣、缺乏蛋白质、维生素以及微量元素，饲养不正规，缺乏运动等都可引起发病。

2. 继发性阻塞 常见于前胃弛缓、瘤胃积食、皱胃阻塞、皱胃变位、生产瘫痪、部分中毒病、急性热性病等。

【临床症状】 病羊发病初期，鼻镜干燥，食欲减退，反刍缓慢，腹痛不安，粪便干少，粪球表面黑褐色附有黏液。后期反刍、排粪停止。听诊瘤胃蠕动音减弱，瓣胃蠕动音消失，常可继发瘤胃积食和臌气。触诊瓣胃区（羊右侧第 7～9 肋的肩关节水平线上）病羊表现疼痛不安。随着病情发展，瓣胃小叶可发生坏死，引起败血症，体温升高，呼吸、脉搏加快，全身症状恶化而死。

【诊断】 根据鼻镜干裂，粪便干硬、色黑，呈算盘珠样或栗子状，在右侧第 7～9 肋间肩关节水平线上触诊敏感等，即可确诊。

【防治】

1. 预防 合理饲养，少用秕糠和粗硬饲草喂羊，增加青绿饲料和多汁饲料，供给充分饮水，保证羊只有适当运动，对病羊抓紧治疗。

2. 治疗 本病以排出胃内容物和增强前胃运动机能为治疗原则。

（1）轻症可内服泻剂和促进前胃蠕动的药物。用硫酸镁 50～80 g，加水 1000 mL，或液状石蜡 100 mL，一次灌服；或用硫酸钠 30～50 g、番木鳖酊 2 mL、大蒜酊 20 mL、大黄末 10 g，加水 6～10 mL。为促进前胃蠕动，可用 10%氯化钠 50～100 mL、10%氯化钙 20 mL、20%安钠咖液 10 mL，静脉一次注射。

（2）重症最好采用瓣胃注射，羊站立保定，注射部位在羊右侧第 8～9 肋间与肩关节水平线交界处下方 2 cm 处。剪毛消毒后，用 12 号 7 cm 米长的注射针头，向对侧肩关节方向刺入 4～5 cm 深。可先注入生理盐水 20～30 mL，随即吸出一部分，如液体中有食物或液体被污染时，证明已刺入瓣胃内。然后注入 25%硫酸镁 30～40 mL、液状石蜡 100 mL，再以 10%氯化钠溶液 50～100 mL、10%氯化钙 10 mL、5%葡萄糖生理盐水 150～300 mL，混合后静脉一次注射。等瓣胃内容物松软后，可皮下注射 0.025%氨甲酰胆碱 0.5～1 mL。

（七）创伤性网胃炎及心包炎

本病是由于异物刺伤网胃壁而发生的一种疾病。特征为急性前胃弛缓，胸壁疼痛，间歇性臌气，白细胞总数增加及白细胞核左移等。本病多见于奶山羊。

【病因】 由于饲养管理不当，饲料加工过于粗放，饲料中混入金属异物，常发本病；或是在工厂附近等不适宜的地方随意放牧，家畜采食了金属尖锐异物（铁钉、铁丝、针等）落入网胃，因网胃收缩，异物刺破或损伤胃壁所致。如果异物经横膈膜刺入心包，则发生创伤性网胃心包炎。异物穿透网胃胃壁或瘤胃胃壁时，可损伤脾、肝、肺等脏器，此时可引起腹膜炎及各部位的化脓性炎症。

【临床症状】 本病从吞入异物到发病，快的 1~4 d，慢则几周。一般发病缓慢，前期无明显变化，后期则表现精神不振，食欲减退，反刍减少，鼻镜干燥，瘤胃蠕动减弱或停止，并常出现反刍性臌气。病情较重时患羊行动小心，常有拱背、呻吟等疼痛表现。触诊网胃部，发生疼痛并抵抗，腹肌紧缩。病羊站立时，肘关节张开，起立时先起前肢。体温一般正常，但有时升高。血液检查，白细胞总数每立方毫米高达 14 000~20 000，白细胞分类初期核左移，嗜中性白细胞高达 70%，淋巴细胞则降至 30% 左右。

当发生创伤性心包炎时，病羊全身症状加重，体温升高，心跳明显加快，颈静脉怒张，粗如手指，颌下、胸前水肿。叩诊心区扩大，有疼痛感。听诊心音减弱，混浊不清，常出现摩擦音及拍水音。病后期常导致腹膜粘连，心包化脓和脓毒败血症。

【诊断】 顽固的前胃弛缓，反复发作，药物治疗常无明显效果。体温升高，不易控制，使用抗生素后可能下降，但停用又重新上升。较严重的病例，初期疼痛表现明显，但病程长，炎症转为慢性，且异物周围形成包囊时，减轻了对组织的刺激性，疼痛表现常不明显。创伤性心包炎时，心包磨擦音为本病初期的特征，拍水音是特征性根据。心音遥远、心浊音区扩大是本病最常见的症状。后期多出现静脉怒张和颌下、胸垂水肿，最终可据心包穿刺液的性状确定诊断。

【防治】

1. 预防 清除饲料中异物，在饲料加工设备中安装磁铁，以排除铁器，并严禁在牧场或羊舍内堆放铁器。勿在工厂附近放牧。饲喂人员勿带尖细的铁器用具进入羊舍，以防止混落在饲料中，被羊食入。

2. 治疗 确诊后可行瘤胃切开术，清理排除异物。如病程发展到心包积脓阶段，已无治疗价值，病羊应予淘汰。

对症治疗，消除炎症，可用青霉素 40 万~80 万 u、链霉素 50 万 u，肌内注射，每天 2 次，连用 3 d。亦可用磺胺嘧啶钠 5~8 g、碳酸氢钠 5 g，加水内服，每天 1 次，连用 1 周以上。亦可用健胃剂、镇痛剂。

（八）肠变位

肠变位是肠管的位置发生改变，同时伴发机械性肠腔闭塞，肠壁的血液循环也受到严重破坏，引起剧烈的腹痛。本病发病率很低，但死亡率很高。肠变位通常包括肠套叠、肠扭转、肠缠结及肠嵌闭四种。其中以肠套叠较为常见。

【病因】　羊只强烈运动、猛烈跳跃或过分努责，使肠内压增高、肠管剧烈移动而造成。

当长时间饥饿而突然大量进食（特别是刺激性食物时），由于肠管长时间的空虚迟缓，前段肠管受食物刺激，急剧向后蠕动，而与其相连的后一段肠管则仍处于空虚迟缓状态，因此容易发生前段肠管被套入后段肠腔中而发生肠套叠。

冰冻霜打、腐败发霉以及刺激性过强的饲料，使肠道受到严重的刺激，导致肠管蠕动异常，引起发病。

此外还可继发于肠痉挛、肠炎、肠麻痹、肠便秘等内科病及某些寄生虫病。

【临床症状】　该病常突然发生，呈持续性严重腹痛症状，出现许多不自然姿势，如摇尾、踢腹、起卧不安、犬坐、后肢弯曲或前肢下跪，有时两前肢屈曲而横卧。病羊精神极度痛苦，目光凝视，全身不时发抖，磨牙，呻吟。食欲废绝，结膜充血，呼吸迫促，脉搏弱而快（100～200 次/min）。体温一般正常，如并发肠炎及肠坏死时，体温可升高。病初频频排粪，后期停止。腹围常常增大。肠蠕动音微弱，以后完全消失。病的后期由于肠管麻痹，虽腹痛缓解，而全身症状恶化，预后多不良。病程可由数小时到数天，重症时 3～4 h 即可死亡。

【诊断】　根据临床症状可做出初诊，确诊可采用腹腔探查术。

【防治】　治疗原则是镇痛和恢复肠道的正常位置。应尽快确诊，进行手术整复，最常用方法，是施行开腹整复术，而且必须争取时间及早进行。下面以肠套叠为例，简述手术过程，其他类型肠变位也可以参考进行。

1. 术前准备　除做好一般器材的消毒外，应备好 0.25% 普鲁卡因、青霉素、硫化钠、甘油、磺胺软膏及水合氯醛。

2. 手术过程

（1）保定：将羊前后肢分别绑在一起，使左侧向下放倒，由两人固定。

（2）将右肷部的毛剪到最短程度，再于该部位涂以硫化钠与甘油（2:8）之配合剂，使毛完全脱光。

（3）内服水合氯醛 8～10 g，令其睡眠，然后用 3% 来苏儿水和 70% 酒精对术部进行清洗消毒。

（4）用 0.25% 普鲁卡因对术部进行矩形局部麻醉，然后切开长约 15 cm 的切口，沿腹肌伸入右手，通过盲肠底摸寻坚硬的患部。

（5）取出患部，检查其颜色，如呈暗紫色，有腐烂趋势者，表示为患病部位，此时，应用外科刀切除患部的两端，并用灭菌肠线进行肠管断端缝合，然后给缝合部位涂以磺胺软膏，以防粘连和发炎，最后轻轻放回原位。如果病变部位颜色稍红，无腐烂趋势者，可用两手拇指和食指推压使套叠复位。

（6）把腹膜和肌肉分别进行连续缝合，皮肤行结节缝合，并用脱脂棉和纱布包扎伤口。

3. 术后处理

（1）将羊放在安静清洁而干燥的隔离室，给予适量的温水与流食。

（2）避免给予泻剂及任何可以增强肠蠕动的药品，以防肠管断裂与粘连。

（3）第二至三天有的羊体温略升，精神萎靡，食欲减退，此为肠炎表现，可给予消炎收敛制酵剂。

（4）第三天可开始给予青草，但应避免给多蛋白质饲料。

（九）感冒

感冒是冬春季节，因气候剧变，忽冷忽热，羊只受寒而引起的全身性疾病。无传染性，若及时治疗，可迅速痊愈。但如粗心大意，不进行及时治疗就可能引起喉头、气管和肺的严重并发症。

【病因】 主要是由于管理不当，羊受寒所致，如厩舍条件差，羊在寒冷的天气外出放牧或露宿，或出汗后被拴在潮湿阴凉有过堂风的地方等。

【临床症状】 病羊精神沉郁，被毛蓬乱，初期皮温不均，耳尖、鼻端和四肢末端发凉，继而体温升高达 40 ~ 41 ℃，呼吸、脉搏加快。鼻黏膜充血、肿胀，鼻塞不通，初流清涕，病羊鼻黏膜发痒，不断喷鼻，并在墙壁、饲槽擦鼻止痒。食欲减退或废绝，反刍减少或停止，鼻镜干燥，肠音不整或减弱。听诊肺区肺泡呼吸音增强，偶尔可听到啰音。

【诊断】 根据临床特征即可做出诊断。

【防治】

1. 预防 加强饲养管理，防止羊只受寒，注意保暖，保持环境的清洁卫生，防止流感侵袭。

2. 治疗 治疗以解热镇痛、祛风散寒为主。

（1）给每只羊肌内注射复方氨基比林 5 ~ 10 mL，或 30% 安乃近 5 ~ 10 mL，或复方奎宁、尔百定、穿心莲、柴胡、鱼腥草等注射液。

（2）为防止继发感染，可与抗生素药物同时使用。如给每只羊用复方氨基比林 10 mL、青霉素 160 万 u、硫酸链霉素 50 万 u，加蒸馏水 10 mL，分别肌内注射，每天两次。病情严重时，也可静脉注射 640 万 u 的青霉素，同时配以皮质激素类药物，如地塞米松等治疗。

（十）肺炎

肺炎是细支气管与个别肺小叶与小叶群肺泡的炎症绵羊与山羊均可患肺炎，以在绵羊引起的损失较大，尤其是羔羊。

【病因】

（1）因感冒而引起。如圈舍湿潮，空气污浊，而兼有贼风，即容易引起鼻卡他及支气管卡他，如果护理不周，即可发展成为肺炎。

（2）气候剧烈变化。如放牧时忽遇风雨，或剪毛后遇到冷湿天气。严寒季节和多雨天气更易发生。

（3）羊抵抗力下降，条件性病原菌的侵害（如巴氏杆菌、链球菌、化脓放线菌、坏死杆菌、绿脓杆菌、葡萄球菌等感染）。

（4）异物入肺。吸入异物或灌药入肺，都可引起异物性肺炎（机械性肺炎）。灌药入肺的现象多由于灌药过快，或者由于羊头抬得过高，同时羊只挣扎反抗。例如对鼓胀病灌服药物时，由于羊呼吸困难，最容易挣扎而发生问题。

（5）肺寄生虫引起。如肺丝虫的机械作用或造成营养不良而发生肺炎。

（6）可为其他疾病（如出血性败血病，假结核等）的继发病。往往因病中长期偏卧一侧，引起一侧肺的充血，而发生肺炎。一旦继发肺炎，致死率常比原发疾病为高。

【临床症状】

1. 小叶性肺炎 初期表现为急性支气管炎症状，即咳嗽，体温升高，呈弛张热型，体温高达40℃以上。呼吸浅表增数，混合性呼吸困难。呼吸困难程度，随肺脏发炎的面积大小而不同，发炎面积越大，呼吸越困难，出现低弱痛咳。胸部叩诊出现不规则的半浊音区，浊音区多见于肺下部的边缘，其周围健康部的肺脏叩诊音高朗。胸部听诊肺泡音减弱或消失，初期出现干啰音，中期出现湿啰音、捻发音。

2. 化脓性肺炎 病灶常呈散在性发生，是小叶性肺炎没有被治愈，化脓菌感染的结果。病羊呈现间歇热，体温升高至41.5℃，临床出现咳嗽、呼吸困难等症状。叩诊胸区，常出现固定的局灶性浊音区，病区呼吸音消失。其他症状基本同小叶性肺炎。血液检查白细胞总数增加，每立方毫米1.5万个，白细胞分类，嗜中性白细胞占70%，核分叶增多。

3. 吸入性肺炎 病羊精神沉郁，食欲大减或废绝。流带泡沫的鼻涕，体温升高达40~41℃，为弛张热型，日体温差平均为1.1℃，最高达2.5℃。脉搏加快，呼吸急促而且困难，以腹式呼吸为主，腹部起伏动作明显。病羊初期常出现干咳，随着分泌物的增加可表现为湿咳。鼻流浆性或黏浆性鼻液。病至中期，常流出灰白色带细泡沫的鼻液，咳嗽低哑呈阵发性。有时伸颈摆头。肺部听诊，初期主要为干啰音，以后则出现湿啰音，并有散在性捻发音，肺前下三角区，即心区后上方呼吸音减弱或消失。叩诊该区呈局灶性半浊音或浊音，肺的叩诊界扩大。血液检查，白细胞总数显著增多，嗜中性白细胞增多，核左移，有显著的嗜酸性白细胞增多症。

【诊断】 根据本病的临床特征，如咳嗽、呼吸困难，各种呼吸杂音，结合肺部叩诊检查，即可做出诊断，必要时结合血液检查。

【防治】

1. 预防

（1）加强饲养管理，提高动物的免疫抵抗力，这是最根本的预防措施。饲养上应供给富含蛋白质、矿物质、维生素的饲料。

（2）注意圈舍卫生，不要过热、过冷、过于潮湿，通气要好。在下午较晚时没有条件晒干，所以不要药浴。剪毛后若遇天气变冷，应迅速把羊赶到室内，必要时还应在室内生火。

（3）对呼吸系统的其他疾病要及时发现，抓紧治疗。

（4）为了预防异物性肺炎，灌药时务必小心，不可使羊嘴的高度超过额部，同时灌入要缓慢。一遇到咳嗽，应立刻停止。最好是使用胃管灌药，但要注意不可将胃管插入气管内。

（5）由传染病或寄生虫病引起的肺炎，应集中力量治疗原发病。

2. 治疗

（1）首先要加强护理，发现之后，及早把羊放在清洁、温暖、通风良好但无贼风的羊舍内，保持安静，喂给容易消化的饲料，经常供应清水。

（2）消炎止咳。应用10%磺胺嘧啶20 mL 或抗生素（青霉素、链霉素）肌内注射；氯化铵1~5 g、酒石酸锑钾0.4 g、杏仁水2 mL，加水混合灌服；青霉素40万~80万 IU、0.5%普鲁卡因2~3 mL，气管注入；卡那霉素0.5 g，肌内注射，每天2次，连用5 d。

（3）解热强心。可用复方氨基比林或安痛定注射液5~10 mL，一次肌内注射；10%樟脑水注射液4 mL，肌内注射。

（4）肺脓肿时，可应用10%磺胺注射液20 mL，静脉注射或改用四环素0.5 g加入液体中，静脉注射。

（5）在治疗过程中，应重视维持病羊的心脏机能以及对其他疾病的治疗。为此，除交互应用强心剂咖啡因和樟脑水外，还可用葡萄糖、葡萄糖氧化钙以及酒精葡萄糖酸钙注射液静脉注射，以维持心脏机能和全身营养。对食欲不良的病畜应用健胃剂。

（十一）尿道结石

尿道结石是尿中盐类结晶析出所形成的凝结物，嵌入泌尿道而引起尿道发炎，排尿机能障碍的一种疾病，本病在母羊较少发生，公羊因其尿道细长，又有"S"形弯曲及尿道突，故易发生阻塞，尤其是种公羊多发。

【病因】

（1）长期饲喂高蛋白、高热能、高磷的精饲料，特别是谷类、高粱、麸皮等，含磷高，缺乏钙，易造成钙磷比例失调，造成尿结石。

（2）大量饲喂马铃薯、甜菜、胡萝卜等块根饲料。

（3）饲料中缺乏维生素A，特别是长期饲喂未经加工的棉籽饼，导致结石的形成。

（4）饮水中含镁、盐类较多，导致结石形成；同时饮水不足，造成尿液浓缩，导致结晶浓度过高而发生结石。

（5）肾和尿路感染，使尿中有炎性产物积聚，可促进结石形成。

【临床症状】　尿结石形成于肾和膀胱，但阻塞常发生于尿道，膀胱结石在不影响排尿时，不显示症状，尿道结石多发生在公羊龟头部和"S"状曲部。如果结石不完全阻塞尿道，则可见排尿时间延长，尿频，尿量减少，呈断续或滴状流出，有时有尿排出；如果结石完全阻塞，尿道则仅见排尿动作而不见尿液的排出，出现腹痛，尿频，滴尿，后肢屈曲叉开，拱背卷腹，频频举尾，尿道外触诊疼痛。如果结石在龟头部阻塞，可在局部摸到硬结物，膀胱高度膨大、紧张，尿液充盈，若不及时治疗，闭尿时间过长，则可导致膀胱破裂或引起尿毒症而死亡。

【诊断】　根据临床症状、病理变化可做出初步诊断，确诊需进行尿液沉渣的检查。

【防治】

1. 预防　在平时的饲养当中，不能长期饲喂高蛋白、高热能、高磷的精饲料及块根类、颗粒饲料，多喂富含维生素A的饲料，及时对泌尿器官疾病进行治疗，防止尿液滞留，平时多喂多汁饲料和增加饮水。另外，对于无治疗价值的病畜，及早进行淘汰处理。注意对病羊尿道、膀胱、肾脏炎症的治疗，控制谷物、麸皮、甜菜块根的喂量，饮水要清洁。

2. 治疗

（1）药物治疗：对于发现及时、症状较轻的，饲喂大量饮水和液体饲料，同时投服利尿药及消炎药物（青霉素、链霉素、乌洛托品等），此法治疗简单，对于轻症羊只可以采用。

（2）手术治疗：对于药物治疗效果不明显或完全阻塞尿道的羊只，可进行手术治疗。限制饮水，对膨大的膀胱进行穿刺，排出尿液，同时肌内注射阿托品3～6 mg，使尿道肌松弛，减轻疼痛，然后在相应的结石位置采用手术疗法，切开尿道取出结石。

（3）术后护理：术后的护理是病羊能否康复的关键，要饲喂液体饲料，并注射利尿药及抗菌消炎药物，加强术后治疗。

四、外、产科疾病

（一）创伤

创伤是软组织的一种开放性损伤，是皮肤或黏膜及其深在组织（如筋膜、肌肉等）的开放性损伤。严重的创伤会导致大出血、骨折、内脏器官脱出或破裂甚至休克等严重的并发症。

【临床症状】 创伤按发病时间的长短可分为新鲜（污染）创和陈旧（化脓）创或化脓感染创。新鲜创是指创伤发生后6～12 h以内未发生创内感染的创伤。6～12 h以后，创伤已发生感染者称为陈旧创。

新鲜创伤具有创口裂开或哆开、出血、疼痛和机能障碍等局部症状。陈旧创伤有肿热痛等炎性反应以及化脓坏死、肉芽生长、机能障碍等局部症状。

严重的创伤会出现贫血、体温升高、白细胞数增多、厌食甚至败血症等全身症状。

【治疗】

1. 急救 严重的大面积创伤应及时止血、止痛、抗感染，并进行临时包扎，以防止继发性损伤、继发感染和休克。

可采用压迫、钳夹、结扎、填塞等机械止血法止血；药物止血可用止血粉、肾上腺素、明胶海绵等撒布或敷于患处；全身性止血可肌内注射安络血10～20 mL，或止血敏10～20 mL，或维生素 K_3 10～30 mL，也可静脉注射5%氯化钙250 mL。

局部止痛可用0.25%～0.5%普鲁卡因或利多卡因对创面进行喷洒，或在创伤周围进行环状封闭或分点注射；全身止痛可用安痛定846合剂，必要时可用杜冷丁。

2. 清洁创围 用灭菌纱布块将创面或创腔加以覆盖后，在创伤周围除毛，用温热肥皂水洗净，再用5%碘酊和70%酒精依次消毒。

3. 清理创腔、创面 移去覆盖的纱布块，用生理盐水对创腔、创面反复冲洗（也可用0.1%高锰酸钾、0.1%雷佛奴尔、0.1%新洁尔灭、0.1%洗必泰、0.1%杜米芬、0.01%呋喃西林等防腐液），清除污物、血凝块、被毛等，同时修整创缘，扩大创口，消灭创囊，清除挫伤、坏死组织。化脓感染创宜用3%过氧化氢或 0.5% 高锰酸钾或 2% 醋酸、2% 乳酸、2% 硼酸溶液冲洗，效果更好。最后都要用生理盐水或林格氏液再次冲洗。

4. 创伤用药　污染轻微、冲洗彻底的新鲜创伤及浅表的擦伤仅用 5% 碘酊涂布即可。污染严重的创伤可在创内撒布碘仿磺胺粉（1:9）、碘仿硼酸粉（1:1）或青霉素和磺胺结晶，中药芩膏生肌散（白芨 20 g，煅石膏 10 g，黄芩 30 g）也可。化脓感染创宜先用 25% 硫酸镁引流，待创内炎性净化、化脓缓和或停止后改用魏氏流膏灌注或引流；当肉芽即将长满创腔时，再用氧化锌软膏或 2% 龙胆紫涂布创面，以促进上皮再生和使肉芽表面收敛。

5. 创伤缝合与包扎　创面整齐、外科处理及时且很彻底的创伤可进行密闭缝合；污染严重的新鲜创及陈旧化脓创一般实行开放疗法或只做部分缝合；后躯或四肢下部的创伤，为了防止粪尿的污染，可考虑适当包扎。

6. 全身治疗　要注重全身治疗和控制感染，减少有毒物质的吸收和防治败血症。

（二）脓肿

【病因】　在任何组织器官内发生的外有脓肿膜包裹，内有脓汁潴留的局限性感染灶。应与解剖腔的蓄脓相区别。大多数脓肿是由致病菌感染引起，主要为葡萄球菌，其次为化脓性链球菌、大肠杆菌、绿脓杆菌，也有的是由于血液或淋巴道将致病菌由原发病灶转移至某一新的组织或器官内形成的转移性脓肿。当皮下或肌内注射刺激性强的化学药品如水合氯醛、氯化钙等也会发生脓肿。

【分类及症状】

1. 浅在性热性脓肿和浅在性冷性脓肿　发生于皮下结缔组织、皮下筋膜及表层肌肉组织内呈急性炎症过程的脓肿或非急性炎症过程的脓肿。触诊有明显的肿胀和波动感。

2. 深在性脓肿　发生在深层肌肉、肌间、骨膜下、腹膜下或内脏器官内的脓肿。由于被覆较厚的组织，初期症状不明显，仅出现轻微的炎性水肿，触诊时有疼痛反应并有压痕，以后有的脓肿可逐渐浓缩甚至钙化。

3. 无菌性脓肿　强烈刺激性的化学药品由于误注或漏注而引起的脓肿，如914 合剂、水合氯醛、酒石酸锑钾、氯化钙、松节油、青霉素油剂等。

【治疗】

1. 早期　脓汁尚未形成时，采用消炎、止痛、促进炎性产物消散吸收，可用冷疗、封闭等。

2. 中期　促进脓肿成熟，可用热疗，如热醋或鱼石脂外敷。

3. 后期　脓肿成熟后应尽早手术治疗。

（1）手术摘除：不破膜整体切除。

（2）抽脓：抽尽脓汁后反复冲洗再灌注抗生素溶液。

（3）手术切开：局部进行剪毛消毒和局部或全身麻醉后切口，排出脓汁，双氧水冲洗，填塞药物。禁止挤压或粗暴擦拭，以免破膜扩散，创口可按化脓创进行外科处理。

（三）血肿

血肿是由各种因素引起的血管破裂后，血液流出，聚积于组织内而形成的局限性肿胀。常发生于皮下、筋膜下或肌间。

【病因及症状】 挫伤、刺创、火器创、骨折等因素均可使血管破裂形成血肿。血肿的发生迅速，受伤后在患部立即出现肿胀，并迅速扩大，初期界线不清楚，以后逐渐局限化呈球形，局部温度增高，肿胀柔软有波动，穿刺可抽出血液，疼痛轻微。4～5 d 后，肿胀变得坚实，界线清楚，触诊可感捻发音。血肿感染后可转变为脓肿。

【治疗】 以制止溢血、排出积血和防止感染为治疗原则。初期可包扎压迫绷带，患部及全身注射止血剂，对小血肿有一定的疗效。大的血肿可无菌切开，排出积血，对大血管断端进行结扎，清理创腔，对创伤进行缝合或开放疗法，若发生化脓感染，则按化脓创处理。

（四）淋巴外渗

各种原因引起淋巴管断裂或破裂，使淋巴蓄积于组织内，称为淋巴外渗。常发生于颈基部、胸前、腹底壁两侧及股部、前臂部等。

【病因及症状】 该病的发生原因与血肿的发生原因一致。

该病程发展缓慢，一般要1～3 d 后才见到局部有明显的肿胀，以后还会逐渐增大。这种肿胀呈囊状，有下坠感，初期很柔软且有明显的波动，后期因囊壁增生、发生纤维素沉着而使肿胀变硬。在波动明显的肿胀处穿刺可抽出橙黄色稍透明的淋巴或混有少量血液的红黄色淋巴。

【诊断】 在诊断淋巴外渗时要注意与血肿、挫伤、脓肿、蜂窝织炎、腹外疝、体表肿瘤等进行鉴别诊断。

【治疗】 以制止淋巴溢出、防止感染为原则，不能采用冷疗法、热疗法、按摩疗法和刺激剂疗法。常用穿刺放液和切开法进行治疗。

1. 穿刺法 适合于较小的淋巴外渗及不宜进行切开的患病部位。用灭菌的注射器和针头在严格消毒后无菌穿刺，抽出淋巴液，待全部抽尽后，再注入0.1%稀碘酊或95%酒精或甲醛酒精溶液（精制95%酒精100 mL，甲醛1 mL，3%～5%碘酊8滴）；30 min后再将这些药液抽出，并使用压迫绷带。这些方法往往不能彻底治愈。

2. 切开法 是将患部除毛消毒后切开囊壁，排出淋巴，清除纤维蛋白凝块及挫灭组织，然后用酒精甲醛纱布填塞创腔，皮肤做假缝合，两天后取出填塞物，以后按创伤处理。

（五）疝

腹腔内的组织器官从自然解剖孔或病理性破裂孔脱至皮下或其他解剖腔称为疝，又称赫尔尼亚。常见的疝有脐疝和腹壁疝，偶见腹股沟疝和会阴疝。

【病因】 引起疝的因素有先天性和后天性两种。先天性因素常为生理孔发育不全，如脐孔、腹股沟管开口过大引起的脐疝和腹股沟（阴囊）疝。后天性因素多因脚踢、棍棒打击、冲撞所致，腹内压突然加大也可引起。

【临床症状】 症状的严重程度依疝口的大小、脱出内脏器官的多少及内容物是否发生嵌顿而不同。常见在脐部、腹壁肌肉破裂孔处、会阴部、腹股沟部等形成突出于体表的肿胀。病初一般较小，较柔软，疼痛不明显，用手指触诊肿胀与腹壁之间的交界处，往往可以摸到疝环孔。后期疝囊壁发生增生而使肿胀变硬、增厚，或因疝内容物发生粘连、箝闭、坏死时而出现剧烈热痛，有的还引起全身体温升高、精神沉郁、食欲废绝、脱水等全身症状。

【治疗】

1. 保守疗法 在疝发生的早期，疝环较小，脱出疝内容物较少，部位靠上，局部张力不大，在体外将疝内容物压迫回位时，可试用保守疗法治疗。方法是在确定疝内容物已整复回腹腔后，在疝轮周围分点注射95%酒精或10%氯化钠注射液，分6~8点，每点3~5 mL，使疝轮周围组织发炎和增生，以缩小或封闭疝环孔，体外再包扎压迫绷带。

2. 手术疗法 此法效果确实，是各种疝的根治疗法，麻醉、保定、术部除毛、消毒等，按常规术前准备进行。

手术切口可根据手术需要或术部解剖特点选择。一般可做直线切口、梭形或菱形皮瓣切口，分离疝囊皮肤和疝囊壁。对于可复性疝，可以不切开疝囊壁的最内一层结构——腹膜，而沿腹膜和疝囊壁之间进行分离，直到疝轮四周全部暴露出来，然后连同腹膜将疝内容物整复回腹腔后，在手指的引导之下对疝轮行盲目缝合（可做多个水平褥式外翻缝合后，再分别收紧打结，以封闭疝轮）。

对于不可复性疝和用盲目缝合法难以整复的疝，可将整个疝囊壁（包括腹膜）全部切开后整复疝内容物。若疝内容物发生粘连，要进行分离后再涂以液状石蜡或其他润滑剂；若发生坏死，要将坏死部分切除；若肠管发生套叠和扭转，要进行整复。对疝轮进行缝合后，再对皮肤做接近缝合和结节缝合，创口周围可做封闭注射，全身应用大剂量抗生素以防继发感染。

（六）结膜炎

结膜炎是眼结膜受外界刺激和感染而引起的以畏光、流泪、疼痛、结膜充血肿胀为特征的炎症。

【病因】

（1）异物刺激：如灰尘、芒刺、鞭伤、小昆虫叮咬，眼睑位置改变或结构缺陷，如先天性眼睑内翻、眼睑缺损或睫毛倒生等。

（2）继发于某些传染病或重症消化道病及邻近组织炎症。

（3）感染：当结膜损伤后常在菌繁殖感染。

（4）其他：如化学的、光学的刺激等。

【症状】 畏光、流泪、疼痛、红肿，流出浆液性－黏液性－脓性分泌物。病因不除则常导致角膜炎而失明，或转为慢性使结膜增生肥厚外翻，"眼痛吐肉"，眼角脱毛腐烂。

【治疗】

（1）除去病因：去除发病的主要原因。若是症候性结膜炎，则应以治疗原发病为主。若环境不良，就应设法改善环境。

（2）遮断光线：将病羊放在暗处或包扎眼绷带，避免强光刺激。

（3）清洗患眼：用3%硼酸或1%明矾溶液等清洗，禁止使用强刺激性药物。

（4）对症疗法：

1）急性卡他性结膜炎：炎症初期充血肿胀严重时，可用冷敷疗法；分泌物变为黏液时，则改为温敷，再用0.5%～1%硝酸银溶液点眼（每天1～2次）。用药后经30 min，就可将结膜表层的细菌杀灭，同时还能在结膜表面上形成一层很薄的膜，从而对结膜面呈现保护作用。但用过本品后10 min，要用生理盐水冲洗，避免过剩的硝酸银的分解刺激，且可预防银沉淀。若分泌物已见减少或将趋于吸收过程时，可用收敛药，其中以0.5%～2%硫酸锌溶液（每天2～3次）较好。此外，还可用2%～5%蛋白银溶液、0.5%～1%明矾溶液或2%黄降汞眼膏。疼痛显著时，可用下述配方点眼：硫酸锌0.05%～0.1%、盐酸普鲁卡因0.05%、硼酸0.3%、0.1%肾上腺素2滴、蒸馏水10%。

治疗时还可球结膜内注射青霉素和氢化可的松：用0.5%盐酸普鲁卡因溶液2～3 mL溶解青霉素5万～10万IU，再加入氢化可的松2 mL（10 mg），做球结膜注射或眼睑皮下注射（上下眼睑分别注射），每天或隔天一次。

2）慢性结膜炎：可采用刺激温敷疗法。局部可用较浓的硫酸锌或硝酸银溶液，或用硫酸铜棒轻擦上、下眼睑，擦后立即用硼酸水冲洗，然后再进行温敷。也可用2%黄降汞眼膏涂于结膜囊内。中药川连1.5 g、枯矾6 g、防风9 g，煎后过滤，洗眼效果良好。

3）病毒性结膜炎：可用5%的磺醋酰胺钠、0.1%碘苷（疱疹净）或4%吗啉胍等眼药进行点眼；同时使用抗生素眼药水，以防继发和混合感染。

【预防】 保持厩舍和运动场的清洁卫生；注意通风换气与光线，防止风尘的侵袭；严禁在厩舍里调制饲料和刷拭畜体；在麦收季节，可用0.9%生理盐水经常冲洗眼；治疗眼病时，要特别注意药品的浓度和有无变质情形。

（七）角膜炎

常见多发病，病因与结膜炎类似，维生素A、维生素B缺乏亦可引起。某些眼病如眼睑内翻、瞬膜腺脱出、眼球突出或泪液缺乏、眼吸吮线虫病等。

【症状】 以角膜混浊、缺损或溃疡，形成角膜翳，产生新生血管为特征，同时伴有畏光、流泪、疼痛、红肿等眼疾固有症状。角膜上出现伤痕，浅在性为点状混浊、树枝状新生血管，深在性多为片状混浊、刷状血管网；透创则房水流出、虹膜外溢。

【治疗】 角膜炎急性期的冲洗和用药与结膜炎的治疗基本相同。

（1）为了促进角膜混浊的吸收，可向患眼吹入等份的甘汞和乳糖（白糖也可以）；40%葡萄糖溶液或自家血点眼；可用自家血眼睑皮下或球结膜注射；1%～2%黄降汞眼膏涂于患眼内；静脉注射5%碘化钾溶液或内服碘化钾，连用5～7 d；疼痛剧烈时，可用10%颠茄软膏或5%狄奥宁软膏涂于患眼内；为防止虹膜粘连或当同时发生前色素层炎时，1%硫酸阿托品点眼有效。

（2）如角膜未出现溃疡或穿孔，可用青霉素、普鲁卡因、氢化可的松做球结膜下或做患眼上、下眼睑皮下注射，或单纯使用醋酸强的松龙或甲强龙进行球结膜注射，对外伤性角膜炎引起的角膜翳效果良好，也可采用醋酸强的松龙点眼。角膜有穿孔或溃疡时，禁止使用糖皮质激素类药物，以免加重病情。

（3）角膜穿孔时，应严格消毒防止感染。如保守疗法效果不佳时，可采用结膜瓣或瞬膜瓣遮盖术提高该病的疗效。对新发的虹膜脱出病例，可将虹膜还纳展平。脱出久的病例，可用灭菌的虹膜剪剪去脱出部，涂黄降汞眼膏，装眼绷带。若不能控制感染，可行眼球摘除术。

（4）1%三七液煮沸灭菌后待冷却点眼，对角膜创伤的愈合起促进作用，且能使角膜混浊减退。

（5）中药成药如拨云散、光明子散、明目散等对慢性角膜炎有一定疗效。

（八）腐蹄病

腐蹄病又称指（趾）间蜂窝织炎或坏死杆菌病，它是一种以蹄角质腐败、肢间皮肤和组织腐败、化脓为特征的局部化脓性坏死性炎症；在羊群中具有很强的传染性。

【病因】 本病多发于低湿地带，多见于湿热的多雨季节，由于羊蹄长期处于潮湿环境中使角质层弹性降低、或受损伤后感染坏死杆菌或结节梭菌等，致使指（趾）间皮肤、蹄冠、系部和球节肿胀发炎，甚至皮肤坏死裂开，各年龄的羊均可发生，缺钙或缺乏维生素 A 可诱发本病。

【临床症状】 羊的腐蹄病多发于外侧指（趾），多为一蹄患病，初期见蹄间隙、蹄踵和蹄冠潮湿、红肿、发热、有疼痛反应。病重时引起蹄部深层组织坏死，蹄匣脱落，病羊常跪地采食。由于影响采食，病羊逐渐消瘦。如不及时治疗，可继发感染而引起死亡。

【治疗】 首先进行隔离，对环境进行消毒和保持环境清洁干燥，根据病情采取适当治疗措施。

1. 局部治疗

（1）轻症：可用 10% ~20% 硫酸铜进行浸泡，2 次/d，30 min/次，连用 3 ~5 d，并配合全身抗菌如肌肉青霉素等。

（2）重症已化脓者：在彻底清创后选用几种方法处理。

（1）1% 木焦油醇冲洗，涂 5% 碘酊，干后撒布血褐粉，并用烙铁轻烙使血褐粉熔化形成一层薄膜封口，包扎。一周后重复。

（2）食用油加热并加短发、食盐和花椒各少许，熬成膏状，趁热倒入创洞内，外加包扎，反复数次。

（3）用导火索点燃喷烧创口、创腔至创底，外加包扎，每两天 1 次，连用 3次。

（4）已伤及骨关节和韧带者可用截指（趾）术切除单指（趾）。

2. 全身治疗 可选用磺胺吡啶静脉注射，每千克体重 70 ~100 mg，连用一周，同时配合青霉素、链霉素肌内注射。

【预防】

（1）保持畜舍内洁净干燥，勤清扫除粪。

（2）地面设计留斜度，便于尿、水入槽。

（3）及时补饲钙、磷和维生素 A 等，消除诱因。

（4）定期修蹄，洗蹄（最好用硫酸铜溶液）。

（5）在已有发病的饲养场，应做地面及运动场全面彻底消毒，如 5% ~10% 硫酸铜，或 1% ~4% 福尔马林喷洒，或用生石灰撒布。

（6）疫苗防疫。

（九）流产

流产是指由于胎儿或母体异常而导致妊娠的生理过程发生紊乱，或它们之间的正常关系受到破坏而导致的妊娠中断。

【病因】 流产的原因极为复杂，可概括分为两类，即普通流产（非传染性流产）、传染性流产。

1. 普通流产（非传染性流产）

（1）自发性流产。

1）胎膜及胎盘异常：胎膜异常往往导致胚胎死亡。例如，无绒毛或绒毛发育不全，可使胎儿与母体间的物质交换受到限制，胎儿不能发育。

2）胚胎过多：子宫内胎儿的多少与遗传和子宫容积有关。羊双胎，特别是两胎儿在同一子宫角内，流产也比怀单胎时多，这都可以看作自发性流产的一种。

3）胚胎发育停滞：在妊娠早期的流产中，胚胎发育停滞是胚胎死亡的一个重要组成部分。

（2）症状性流产：

1）生殖器官疾病：局限性慢性子宫内膜炎、阴道脱出及阴道炎、先天性子宫发育不全、子宫粘连等均能妨碍胎儿的发育，妊娠至一定阶段即不能继续下去。

妊娠期激素失调，即子宫环境不能适应胚胎发育的需要而发生早期胚胎死亡。其中直接有关的是孕酮、雌激素和前列腺素。

非传染性全身疾病，例如羊的瘤胃鼓气，可能因反射性地引起子宫收缩，血液中 CO_2 增多，或起卧打滚，引起流产。此外，能引起体温升高、呼吸困难、高度贫血的疾病，都有可能发生流产。

2）饲养性流产：饲料数量严重不足和矿物质含量不足均可引起流产。饲料中缺硒或者饲喂发霉和腐败饲料，饲喂大量饼渣，喂给含有亚硝酸盐、农药、冰冻饲料或有毒植物的饲料等均可引起孕畜流产。

2. 传染性流产 能够引起母羊流产的传染性疾病包括布氏杆菌病及弓形虫病等。

【症状及诊断】 由于流产的发生时期、原因及母畜反应能力不同，流产的病理过程及所引起的胎儿变化和临床症状也很不一样。但基本可以归纳为4种，即隐性流产、排出不足月的活胎儿、排出死亡而未经变化的胎儿和延期流产。

1. 隐性流产 发生于妊娠初期，囊胚附植前后。这时胚胎尚未充分形成胎儿，组织分化尚弱，骨头尚未钙化，死亡之后易被吸收，在子宫内不留任何痕迹。临床上主要表现是配种后发情，发情周期延长，习惯性久配不孕。

2. 排出不足月的活胎儿 这类流产的预兆不像正常分娩那样明显，往往仅在排出胎儿前 2~3 d 乳腺突然膨大，阴唇稍微肿胀，乳头内可挤出清亮液体。

3. 排出死亡而未经变化的胎儿 这是流产中最常见的一种。胎儿死后，它对母体好似异物一样，可引起子宫收缩反应（有时见胎儿干尸化），于数天之内将死胎及胎衣排出。

如胎儿小，排出顺利，预后较好，以后母畜还能受孕。否则，胎儿腐败后可以引起子宫炎或阴道炎症，以后不易受孕；偶尔还可能继发败血病，导致母畜死亡。因此应使胎儿尽快排出体外。

4. 延期流产　胎儿死亡后，由于子宫阵缩微弱，子宫颈口不开张或开张不大，死后长期停留于子宫内，称为延期流产。根据子宫颈口是否开放，其结果有两种，即胎儿干尸化和胎儿浸溶。

5. 胎儿干尸化　指胎儿死亡，未被排出，其组织中的水分及胎水被吸收，变为棕色，好像干尸一样，所以称为胎儿干尸化。原因是胎儿死亡后黄体不萎缩，子宫颈口不开放所致。

6. 胎儿浸溶分解　指妊娠中断后，死亡胎儿的软组织被分解，变为液体流出，骨骼部分仍留在子宫内，称为胎儿浸溶。胎儿死亡后，黄体萎缩，子宫颈口部分开放，腐败菌等微生物从阴道侵入子宫及胎儿，胎儿的软组织分解液化而排出，骨骼则因子宫颈口开放不全而滞留于子宫。

母羊经常努责，努责时流出由胎儿软组织分解，变为红褐色或棕褐色恶臭的黏稠液体，并可带有小的骨片，最后排出脓液污染尾部或后腿。严重时，并发子宫炎，可使母羊表现腹膜炎及败血症等症状。

【病理变化】

（1）在普通流产中，自发性流产表现有胎膜上的反常及胎儿畸形；霉菌中毒可以使羊膜发生水肿、革样坏死，胎盘也水肿、坏死并增大。

（2）由于饲养管理不当、损伤及母畜疾病引起的流产，一般都看不到明显变化。

（3）传染性及寄生虫性的自发性流产，胎膜及胎儿常有病理变化，如布氏杆菌病引起流产的胎膜及胎盘上常有棕黄色黏脓性分泌物，胎盘坏死、出血，羊膜水肿并有皮革样的坏死区；胎儿水肿，胸、腹腔内有淡红色的浆液等。

【防治】

1. 预防

（1）加强饲养管理，控制由管理不当如突然改变饲料、受冷、缺水等因素诱发的流产。

（2）严格按照免疫计划给妊娠母羊接种，控制传染病的发生。

（3）春秋季节定期对羊群驱虫，粪便做生物发酵处理。

2. 治疗　首先应确定属于何种流产以及妊娠能否继续进行，在此基础上再制定治疗措施。

（1）如果妊娠母羊出现腹痛、起卧不安、呼吸和脉搏加快等临床症状，即可能发生流产。处理的原则为安胎，使用抑制子宫收缩药，如肌内注射孕酮 10 ～

30 mg，每天或隔天一次，连用数次。给予镇静剂，如溴剂、氯丙嗪等。

（2）对于早产胎儿，如有吮乳反射，可尽量加以挽救，帮助吮乳或者人工喂奶，并注意保暖。

（3）对于延期流产，胎儿发生干尸化或浸溶者，首先可使用前列腺素制剂，继之或同时应用雌激素，溶解黄体并使子宫颈扩张。由于产道干涩，应在子宫及产道内灌入润滑剂，以便子宫内容物的排出。在取出胎儿后，必须用消毒液或5%～10%盐水等，冲洗子宫，并注射子宫收缩药，促使液体排出，并在子宫内放入抗生素，且进行全身治疗，以免产生不良后果。

（十）产后败血症

产后败血症是局部炎症感染扩散而继发的严重全身性感染疾病。产后败血症的特点是细菌进入血液并产生毒素。

【病因】　本病通常是由于难产、胎儿腐败或助产不当，软产道受到创伤和感染而发生的，也可以是由严重的子宫炎、子宫颈炎及阴道阴门炎引起的。胎衣不下、子宫脱出、子宫复旧延迟以及严重的脓性坏死性乳房炎有时也可继发此病。

病原菌通常是溶血性链球菌、葡萄球菌、化脓棒状杆菌和梭状芽孢杆菌，而且常为混合感染。分娩时发生的创伤、生殖道黏膜淋巴管的破裂，为细菌侵入打开了门户，同时分娩后母畜抵抗力降低也是发病的重要原因。

【症状及诊断】　产后败血症发病初期，体温突然上升至40～41 ℃，触诊四肢末端及两耳有冷感。临近死亡时，体温急剧下降，且常发生痉挛。整个病程中出现稽留热是败血病的一种特征症状。体温升高的同时，病羊精神极度沉郁。病羊往往表现腹膜炎症状，腹壁收缩，触诊敏感。随着疾病的发展，病羊常出现腹泻、粪中带血，且有腥臭味；有时则发生便秘。

患羊常从阴道内流出少量带有恶臭的污红色或褐色液体及内涵组织碎片。阴道检查时，母畜疼痛不安，黏膜干燥、肿胀、呈污红色。

【防治】　治疗原则是处理病灶，消灭侵入体内的病原微生物和增强机体的抵抗力。

（1）对生殖道的病灶，可按子宫内膜炎及阴道炎治疗或处理，但应绝对禁止冲洗子宫，并需尽量减少对子宫和阴道的刺激，以免炎症扩散，使病情加剧。为了促进子宫内聚集的渗出物迅速排出，可以使用催产素、前列腺素等。

（2）为了消灭侵入体内的病原菌，要及时全身应用抗生素及磺胺类药物，抗生素的用量要比常规剂量大，并连续使用，直至体温降至正常2～3 d后为止。可以肌内注射青霉素、链霉素及氯霉素。磺胺类药物中以选用磺胺二甲基嘧啶及磺胺嘧啶较为适宜。

（3）为了增强机体的抵抗力，维持体内电解质的均衡，防止组织缺水，可静脉注射葡萄糖液和盐水；补液时添加 5% 碳酸氢钠溶液剂维生素 C，同时肌内注射复合维生素 B。

（十一）难产

难产是指由于各种原因而使分娩的第一阶段（开口期），尤其是第二阶段（胎儿排出期）明显延长，如不进行人工助产，则母体难以或不能排出胎儿的产科疾病。

【病因】 引起难产的普通病因主要包括遗传因素、环境因素、内分泌因素、饲养管理因素、传染性因素及外伤因素等。

难产的直接原因可以分为母体性和胎儿性两个方面，据此也可将难产分为母体难产和胎儿性难产。母体性难产又包括产力性难产和产道性难产。

1. 母体性难产 主要是指引起产道狭窄或阻止胎儿正常进入产道的各种因素，例如骨盆骨折或骨瘤，母畜配种过早而骨盆狭小，营养不足导致骨盆发育不全，遗传性或先天性产道或阴门发育不全，分娩或其他原因引起产道损伤，子宫颈、阴道或阴门狭窄，骨盆变形，阴道周围脂肪过度沉积，子宫捻转，子宫颈开张不全等。

2. 胎儿性难产 比母体难产更常发生，主要是由于胎向、胎位及胎势异常，胎儿过大等引起。

【症状及诊断】 羊最常见的是胎势异常、双胎及三胎引起的难产。绵羊难产中胎儿与母体骨盆大小不适较为常见，但发病率在品种之间差别很大，初产绵羊及产公羔时发病率一般都较高。

胎势异常引起的难产在绵羊最常发生，其中肩部前置和肘关节屈曲发生的难产占绝大多数，其次为腕关节屈曲、坐生、头颈侧弯，但在单侧性肩关节屈曲时，如果肘关节伸直则常能顺产。

绵羊的双胎及多胎引起的难产发病率较高，而且可伴发胎位、胎向及胎势异常，但胎儿与母体骨盆大小不适的发病率较低。

山羊难产最常见的是由两个或几个胎儿同时进入产道所引起，而且进入的胎儿常有胎位、胎向及胎势异常。

该病的诊断主要依据临床表现进行。

【防治】

1. 防止母羊过早交配 母羊的初情期一般为 5 ~ 6 月龄，但此时母羊身体尚未发育成熟。如此时配种则会影响其生长发育，并容易导致分娩时难产的发生。所以适时配种非常重要，首次配种时间一般以母羊已达体成熟为宜。

2. 坚持正确的体型选配原则 在难产病例中，约有 50% 是与胎儿过大有关，其中绝大部分是由于用过大体型种公羊配种有关。因此，应坚持正确的体型选配原则，即大配大、大配中、中配小，绝不可以大配小。

3. 做好妊娠期饲养管理　妊娠期母羊过度肥胖或营养不良都可导致产力不足而诱发难产。同时，运动对妊娠母羊十分必要，妊娠期母羊运动不足可能诱发胎儿胎位不正，还可导致产力不足。一般每天运动 2 h 为宜。

（十二）胎衣不下

母畜娩出胎儿后，胎衣在第三产程的生理时限内未能排出，就叫胎衣不下或胎膜滞留。羊排出胎衣的正常时间为 4 h（山羊较快，绵羊较慢），如超过以上时间，则表示异常。

【病因】　引起胎衣不下的原因很多，主要和产后子宫收缩无力及胎盘未成熟或老化、充血、水肿、发炎、胎盘构造等有关。

1. 产后子宫收缩无力　饲料单纯、消瘦、过肥、老龄、运动不足、干奶期过短、胎儿过多、胎儿过大、分娩时间长等都可导致子宫迟缓。

2. 胎盘炎症　妊娠期间胎盘受到来自机体某部病灶如乳房炎、蹄叶炎、腹膜炎和腹泻细菌的感染，从而发生胎盘炎，使结缔组织增生，胎儿胎盘和母体胎盘发生粘连，导致胎衣不下。

3. 胎盘组织构造　羊胎盘属于上皮绒毛膜与结缔组织绒毛膜混合型，胎儿胎盘与母体胎盘联系比较紧密，故多发生胎衣不下。

【症状及诊断】　病羊常表现弓腰努责，食欲减少或废绝，精神委顿，喜卧，体温升高，呼吸、脉搏增快。胎衣下垂于阴门外，时间长会发生腐败，并从阴门中流出污红色恶臭的液体，严重时出现全身症状。根据临床表现即可对其进行诊断。

【防治】

1. 预防　妊娠期间应饲喂含钙及维生素丰富的饲料，并加强运动。产后饮用益母草煎剂，或灌服羊水，可促进胎衣的排出。在妊娠期肌内注射亚硒酸钠维生素注射液，对预防胎衣不下有一定作用。

2. 治疗

（1）子宫腔内投药：向子宫腔内投放四环素族、土霉素、磺胺类或其他抗生素，起到防止腐败、延缓溶解的作用，等待胎衣自行排出。药物应投放到子宫黏膜和胎衣之间，每次投药 1～2 g，隔日投药 1 次，共用 1～3 次。子宫颈口如已缩小，可肌内注射雌激素，使子宫颈口开放，排出腐败物，然后再放入防止感染的药物。

（2）肌内注射抗生素：在胎衣不下的早期阶段，常常采用肌内注射抗生素的方法。为了促进子宫收缩，加快排出子宫内已腐败分解的胎衣碎片和液体，可先肌内注射己烯雌酚 3 mg，1 h 后肌内或皮下注射催产素 5～20 IU，2 h 后重复一次。这类制剂对分娩后超过24 h或难产继发子宫迟缓者，效果不佳。

（十三）子宫内膜炎

子宫内膜炎是由于一些致病因素导致细菌感染而发生的子宫黏膜的炎症。

【病因】 常发生于流产前后，尤其是传染病引起的流产，这种子宫内膜炎容易相互传染。分娩时或产后期，微生物可以通过各种感染途径侵入。当母羊产后首次发情时，子宫可排出其腔内的大部分或全部感染菌。而首次发情延迟或子宫迟缓不能排出感染菌的动物，可能发生子宫内膜炎。尤其是在发生难产、胎衣不下、子宫脱出、流产或死胎遗留在子宫内时，使子宫迟缓、复旧延迟，均易引起子宫内膜炎。

【症状及诊断】

1. 急性 病羊体温升高，精神沉郁，食欲及奶量明显降低，反刍减弱或停滞，并有轻度臌气。常从阴门排出污红色或棕红色带有臭味的分泌物，卧下时排出量多。一旦致病微生物产生的毒素被机体吸收，将引起严重的全身症状，有时出现败血症或脓毒血症。

2. 慢性 多由急性转变而来，食欲稍差，阴门排出黏液或黏液脓性分泌物，发情不规律或停止发情，不易受胎。卡他性子宫内膜炎有时可以变为子宫积水，造成长期不孕，但外表没有排出液体，不易确诊。

【防治】

1. 预防 预防和扑灭引起羊流产的传染病。加强饲养管理，将病羊与其他分娩的羊进行隔离。在接产、助产过程中一定要做好卫生消毒工作，防止子宫受到感染。及时治疗子宫脱出、胎衣不下及阴道炎等疾病。

2. 治疗 主要是应用抗菌消炎药物，防止感染扩散，清除子宫腔内渗出物并促进子宫收缩。

首先应将病羊转移到宽敞、温暖的羊舍，饲喂富有营养而带有轻泻性的饲料，经常供给清水。伴有胎衣不下者应轻轻牵拉露在外面的胎衣，将胎衣除掉。对病羊应用广谱抗生素全身治疗及其他辅助治疗。可用温热的消毒液冲洗子宫，利用虹吸作用将子宫内冲洗液排出。每天一次或隔天一次。

为了促进子宫收缩，排出子宫腔内容物，可静脉注射50 IU催产素，也可注射麦角新碱、前列腺素或其类似物，但禁止应用雌激素。

（十四）乳房炎

乳房炎是由各种病因引起的乳房的炎症，其主要特点是乳汁发生理化性质及细菌学变化，乳腺组织发生病理学变化。乳汁最重要的变化是颜色发生改变，乳汁中有凝块及大量白细胞。

【病因】

1. 微生物感染　由于多种非特异性微生物从乳头管侵入乳腺组织而引起，羊乳房炎的常见病原有溶血性巴氏杆菌、金黄色葡萄球菌、大肠杆菌、乳房链球菌、无乳链球菌、停乳链球菌、李氏放线杆菌、伪结核菌等，其中金黄色葡萄球菌是最常见的病原菌。

2. 转移　由其他病灶转移而来，随着血液、淋巴液进入乳腺，尤以子宫疾病转移多见，如结核、产后脓毒血症等。

3. 其他因素　挤奶过程中对乳头的机械性损伤、挤奶环境中病原菌的数量和密度、乳房注射某些药物刺激性过强、停乳不当及机体抵抗力差等。

【症状及诊断】

1. 轻度乳房炎　触诊乳房不觉异常或有轻度发热和疼痛或肿胀。发生乳房炎时检查可发现乳汁有絮状物或凝块，乳汁有的变稀，pH 偏高，体细胞计数和氯化物含量均增加。

2. 重度乳房炎　病羊体温正常或略高，精神、食欲正常。患病乳区急性肿胀，皮肤发红，触诊乳房发热、有硬块、疼痛敏感，常拒绝检查。奶产量减少，乳汁异常，变黄白色或血清样，内有凝乳块。

3. 全身性乳房炎　常在两次挤奶间隔突然发病，病情严重，发展迅猛。患病乳区肿胀严重，皮肤发红发亮，乳头也随之肿胀。触诊乳房发热、疼痛，全乳区质硬，挤不出奶，或仅能挤出少量水样乳汁。病羊伴有全身症状，体温持续升高，心率增速，呼吸增加，精神萎靡，食欲减退，进而拒食，喜卧。

【防治措施】

1. 预防

（1）挤奶卫生：母羊要整体清洁，尤其是乳房要清洁、干燥。

（2）乳头浸浴：在每次挤奶后进行，浸液的量不要多，但要能浸没整个乳头。

（3）干奶期预防：泌乳期末，每头母羊的所有乳区都要应用抗生素。药液注入前，要清洁乳头，乳头末端不能有感染。

（4）淘汰慢性乳房炎病羊：这些病羊不仅奶产量低，而且从乳中不断排出病原微生物，已成为感染源。

2. 治疗

（1）全身疗法：对所有出现全身反应的乳房炎，为了治疗乳房感染，可采用大剂量抗生素，其药品及每千克体重的剂量如下：青霉素 16 500 u，土霉素 10 mg，泰乐霉素或红霉素 12.5 mg，磺胺二甲嘧啶 200 g，其中四环素及泰乐菌素由于其抗菌谱广，扩散能力强而效果很好。

（2）乳房灌注：乳房灌注疗法方便有效，是治疗乳房炎的有效方法，但治疗时一定要严格注意消毒，杜绝将细菌、真菌等引入乳区。乳腺发生炎症后会妨碍灌入药物的扩散，因此对急性乳房炎，在行灌注治疗之前可注射催产素使乳区完全排空。

（3）干奶期疗法：对慢性乳房炎，尤其是金黄色葡萄球菌引起的慢性乳房炎可在干奶期治疗，常常可以取得很好的疗效，而且具有预防效果。但由于干奶期乳腺的分泌物黏稠，因此会干扰灌注药物的扩散，故建议在最后一次挤奶或在干奶期起始或终末时进行灌注。

（4）局部外敷与按摩：乳房炎初期可用冷敷，中后期用热敷。也可用10%鱼石脂软膏外敷，除化脓性乳房炎外，外敷前可配合乳房按摩。

（5）中草药：对初期乳房炎，可用蒲公英100 g，中期用鹿角霜40 g、红花10个，水煎后分两次灌服。

（十五）不孕症

不孕是指由于各种因素而使母畜繁殖障碍的各种疾病的通俗统称。

【病因】 母羊发生不孕症包括先天性不育和后天性不育。先天性不育是指先天性或遗传性因素导致生殖器官发育异常或各种畸形，包括两性畸形和异形孪生母羊。后天性不育则包括营养性不育、管理利用性不育、繁殖技术性不育以及由于疾病引起的卵巢机能减退和卵泡囊肿等。

【症状与诊断】 对于两性畸形的羊，诊断主要根据外生殖器官的位置异常，或阴蒂特别增大，阴毛长而粗硬。为了检查异性孪生母羊是否保持生育能力，可用一粗细适当的玻璃棒或木棒，涂上润滑油后缓慢向阴道插送，在不育的母羊，玻棒插入的深度很浅。

病羊卵巢机能减退时，其特征为不发情，有的母羊到应该发情的年龄而无发情表现，有的母羊在分娩以后长期不见发情，有的母羊在分娩后只出现1~2次发情，以后长期不再发情。

患卵泡囊肿时，不断分泌雌激素，因为分泌过多的雌激素，所以山羊的表现反常，尤其性欲特别旺盛。一般都是在最初发情时间延长，抑制期和均衡期缩短，以后兴奋期更长，以致不断表现出发情症状。病羊愿意接受交配，但屡配不孕。

【防治】

1. 发现与淘汰 在接生时加强诊断，及时发现和淘汰两性畸形羊。及早发现与淘汰孪生不孕羔羊。

2. 正确饲养，适当运动 在配种季节更应特别重视。日粮中含有足够的矿物质、微量元素和维生素。对于正常发情的羊，及时进行交配或授精。及时治疗生殖器官疾病。

3. 增强卵巢机能　改善饲料质量，增加日粮中的蛋白质、维生素和矿物质，增加放牧和日照时间，规定足够的运动，减少泌乳。

4. 催情疗法　将正常种公羊或没有种用价值的公羊，施行阴茎移位术后，混放于母羊群中，作为催情之用；也可用激素催情，如促卵泡素、人绒毛膜促性腺激素、孕马血清促性腺激素、雌激素、孕酮、前列腺素。

5. 激素疗法　对于患有卵巢囊肿的病羊，可注射适宜的激素。注射促排卵 3 号 4 ~ 6 mg，促使卵泡囊肿黄体化，然后皮下或肌内注射 15 – 甲基 – 前列腺素 1.2 mg，溶解黄体，即可恢复发情周期。肌内注射促黄体素也可使促卵泡激素及促黄体素的合成与分泌恢复平衡。

（十六）妊娠毒血症

妊娠毒血症是妊娠末期母羊由于碳水化合物和脂肪酸代谢障碍而发生的一种以低血糖、酮血症、酮尿症、虚弱和失明为主要特征的亚急性代谢病。

【病因】　主要见于母羊怀双羔、三羔或胎儿过大，这时胎儿消耗大量营养物质，而母羊不能满足这种需要，可能是发病的诱因。天气寒冷或母羊营养不良，往往是导致妊娠毒血症发生的主要原因。

【症状及诊断】　病初精神沉郁，放牧或运动时常离群单独行动，对周围事物漠不关心；瞳孔散大，视力减退，角膜反射消失，出现意识紊乱。随着病情发展，精神极度沉郁，黏膜黄染，食欲减退或消失，磨牙，瘤胃迟缓，反刍停止。呼吸浅快，呼出的气体有丙酮味，脉搏快而弱。运动失调，表现为行动拘谨或不愿走动，行走时步态不稳，无目的地走动，或做转圈运动。粪粒小而硬，常包有黏液，甚至带血。

【防治】

1. 预防　合理搭配饲料，是预防妊娠毒血症的重要措施，因为母羊过于肥胖和饲料不足而导致瘦弱均易患这种疾病。对妊娠后半期的母羊，必须饲喂营养充足的优良饲料，保证供给母羊所必需的碳水化合物、蛋白质、矿物质和维生素。对于完全舍饲不放牧的母羊，应当每天驱赶运动两次，每次 30 min。

2. 治疗　为了保护肝脏机能和供给机体所必需的糖原，可用 10% 葡萄糖 150 ~ 200 mL，加入维生素 C 0.5 g，静脉注射。同时还可肌内注射大剂量的维生素 B_1。出现酸中毒症状时，可静脉注射 5% 碳酸氢钠溶液 30 ~ 50 mL。此外，还可使用促进脂肪代谢的药物，如肌醇溶液。如果治疗效果不显著，建议施行剖宫产或人工引产，娩出胎儿后，症状多随之减轻。

（孔雪旺　刘　芳）

第十一部分　羊病的类症鉴别

一、流　产

流产是妊娠的中断，母羊怀孕后，如果发生胚胎吸收或者从生殖道排出死亡或未足月的胎儿都称为流产。

【流产类别】　流产按发病原因分为传染病性流产、寄生虫病性流产和其他疾病导致的流产三种。

【可能疾病】

1. 传染病性流产

（1）羊布氏杆菌病。

（2）羊肠毒血症。

（3）羊链球菌病（羊溶血性链球菌病）。

（4）羊李氏杆菌病（旋转病）。

（5）羊传染性胸膜肺炎急性型。

（6）羊口蹄疫。

（7）羊蜱传热。

（8）羊钩端螺旋体病。

（9）羊沙门杆菌病。

（10）羊胎儿弯曲菌感染。

（11）羊地方性流产（衣原体感染）。

（12）羊土拉杆菌病。

（13）羊蜱性脓毒血症：病原是金黄色葡萄球菌，细菌通过蜱的叮咬进入身体。治疗可以每天注射青霉素，连用5 d；亦可注射长效土霉素。

2. 寄生虫病性流产

（1）弓形虫病。

（2）住肉孢子虫病。

（3）日本血吸虫病。

3. 其他疾病

（1）成年羊骨软病：由于钙、磷代谢障碍而引起的一种全身性慢性疾病。钙、磷量的供给不足或者饲料中的钙、磷比例不当，以及维生素 D 缺乏等因素均可导致该病发生。

（2）维生素 A 缺乏症。

（3）中毒病。

（4）羊疯草中毒。

（5）羊昆明山海棠中毒。

（6）妊娠毒血症。

（7）灌药错误。

【临诊特点】

1. 传染病

（1）羊布氏杆菌病：绵羊流产达 30%～40%，其中有 7%～15%的死胎，流产前 2～3 d，精神萎靡，食欲消失，喜卧，常由阴门排出黏液或带血的黏性分泌物。山羊敏感性更高，常于妊娠后期发生流产，新感染的羊群流产率可高达50%～60%。食欲减退，精神委顿，坐卧不安，少数可出现乳房炎，关节炎，跛行等不同症状，怀孕母羊出现流产症状，其余母羊长期不孕，解剖可见脾脏肿大，肝脏出现坏死点。

（2）羊肠毒血症：病羊最初精神稍显委顿，短时后发生急剧下痢，粪便初呈黄棕色或暗绿色之粥状，量多而臭，内含灰渣样的料粒。以后迅速变稀，混有血液及黏液，继而全呈黑褐色稀水，可见混有黑色血块，行走时拉稀粪。肛门黏膜极度充血，出现抖毛、展腰、张口等表现，大多数病羊有显著的疝痛症状，食欲消失，行动迟缓，后期表现肌肉痉挛，继而卧地不起，头弯向背部，四肢做游泳样运动，大声哀叫而死。怀孕母羊常因腹泻而流产。

（3）羊链球菌病（羊溶血性链球菌病）：病羊精神不振，食欲减少或不食，反刍停止，行走不稳；结膜充血，流泪，之后流脓性分泌物；鼻腔流浆液性鼻液，后变为脓性；口流涎，涎中有泡沫，体温升高至 41 ℃以上，下颌淋巴肿大，咽喉触诊有显性肿胀，舌湿润肿大；粪便松软，带黏液或血液；怀孕母羊流产。濒死期常出现磨牙、抽搐、惊厥等症状，最后心力衰竭死亡。

（4）羊李氏杆菌病（旋转病）：病羊初期体温升高，食欲消失，精神沉郁，眼睛发炎，视力减退，眼球常凸出。后出现神经症状，病羊步态蹒跚，或来回转圈。有时头颈偏于一侧，走动时向一侧转圈，不能强迫改变。在行走中遇有障碍物，则以头抵靠而不动。头颈上弯，呈角弓反张。后期病羊倒地不起，昏迷，四肢做游泳状。一般 2～3 d 死亡。母羊流产或产弱胎，流产发生于妊娠 3 个月以后，流产率达到 15%。

（5）羊传染性胸膜肺炎急性型：病羊最初体温升高，继之出现短而湿的咳嗽，伴有浆性鼻漏。4～5 d后，咳嗽变干而痛苦，鼻液转为黏液－脓性并呈铁锈色，高热不退，食欲减退，呼吸困难，痛苦呻吟，眼睑肿胀，流泪，眼有黏液－脓性分泌物。口半开张，流泡沫状唾液。头颈伸直，腰背拱起，腹肋紧缩，最后病羊倒卧，极度衰弱委顿，有的发生鼓胀和腹泻，甚至口腔中发生溃疡，唇、乳房等部皮肤发疹，濒死前体温降至常温以下，孕羊大批（70%～80%）发生流产。

（6）羊口蹄疫：病羊体温升高，可达40～41 ℃，精神沉郁，食欲减退或拒食，脉搏和呼吸加快。口腔、蹄、乳房等部位出现水疱、溃疡。严重病例可在咽喉、气管、前胃等黏膜上发生溃疡，绵羊蹄部症状明显，口黏膜变化较轻。山羊症状多见于口腔，呈弥漫性口黏膜炎，水疱见于硬腭和舌面，蹄部病变较轻。病羊水疱破溃后，体温即明显下降，症状逐渐好转。剖检可见病羊消化道黏膜有出血性炎症，心脏色泽较淡，质地松软，心脏有斑点状出血，心脏切面有灰白色或淡黄色、针头大小的斑点或条纹，称为"虎斑心"，以心内膜的病变最为显著。可造成母羊流产。

（7）羊胎儿弯曲菌感染：病羊在潜伏期过后体温升高到40～42 ℃，经2～3周减退。在发热期，病原体可在血液中存在，特别是高热期，大部分血细胞中均含有欧立希氏病原体。体温减退后，血液中的病原体几乎消失，但仍具有传染性，可维持2年。少数病羊痊愈后仍可复发。患病绵羊表现抑郁，体重明显下降。成年母羊肌肉强直，站立不稳，大约有30%的妊娠母羊流产。患病羔羊很少出现临床症状，但由于白细胞减少易使羔羊患其他疾病。

（8）羊蜱传热：病羊表现体温升高，呼吸和心跳加速，结膜发黄，黏膜和皮肤坏死，消瘦，黄疸，血尿，迅速衰竭而死，孕羊流产。

（9）羊钩端螺旋体病：成年母羊表现为流产，多见于妊娠的最后两个月。病羊在流产前体温升高到40～41 ℃，厌食，精神沉郁，部分羊有腹泻症状，阴道有分泌物流出。病羊产下的活羔羊比较衰弱，不吃奶，并可有腹泻，一般于1～7 d死亡。病羊伴发肠炎、胃肠炎和败血症。

（10）羊沙门杆菌病：病羊多表现为肠道外感染症状，常见临床类似为败血症或菌血症，也可引起心内膜炎、心包炎、肺部感染、关节炎和其他部位局部感染等。新生羊可发生中枢神经系统感染，表现为脑膜脑炎、硬脑膜下积液，脑肿胀等。妊娠中期感染，可导致死胎和流产。

（11）羊地方性流产（衣原体感染）：通常在妊娠的中后期发生流产，观察不到前期症状，临床表现主要为流产、死产或产下生命力不强的弱羔羊。流产后可胎衣滞留，阴道排出分泌物达数天之久，有些病羊可因继发感染细菌性子宫内膜炎而死亡。流产过的母羊，一般不再发生流产。公羊患睾丸炎及附睾炎。在山羊流产的后期，曾见有角膜炎及关节炎。

（12）羊土拉杆菌病：病羊体温高达40.5~41℃，精神委顿，步态僵硬、不稳，后肢软弱或瘫痪。体表淋巴肿大，2~3 d后体温恢复正常，但之后又常回升。妊娠母羊流产或产死胎，羔羊发病较严重，除上述症状外，见有腹泻，有的兴奋不安，有的呈昏睡状态，不久死亡，病死率很高。山羊较少患病，症状与绵羊相似。剖检可见组织贫血明显，在皮下和浆膜下分布着许多出血点，淋巴结肿大，有坏死和化脓灶，肝、脾可能肿大。

（13）羊蜱性脓毒血症：成年羊多表现母羊流产和公羊不育。羔羊表现体温升高，可达40~41.5℃，持续9~10 d，然后温度下降，体况受到损害，对于其他疾病的抵抗力降低。于退热之后1周左右，病羊表现食欲减少，精神萎靡。

2. 寄生虫病

（1）弓形虫病：流产可发生于妊娠后半期的任何时候，但多见于产前1个月内，流产率不超过10%。

（2）住肉孢子虫病：发热，贫血，淋巴结肿大，腹泻，有时跛行，共济失调，后肢瘫痪，孕羊可以发生流产，部分胎儿死亡。

（3）日本血吸虫病：食欲减退，反刍减少、消化不良、发育迟缓、放牧落群、贫血、肠炎腹泻、极度消瘦，孕畜流产或不孕，最后衰竭死亡。

3. 其他疾病

（1）成年羊骨软：是由于钙、磷代谢障碍而引起的一种全身性慢性疾病。钙、磷量的供给不足或者饲料中的钙、磷比例不当，以及维生素D缺乏等因素均可导致该病发生。病羊表现出明显的骨质软化病的特征，不愿起立。当驱赶起立时，弯背站立，四肢叉开，勉强能走，微小的运动都会伴有呻吟声。行走和起立时可听到关节中发出响声。压其背骨、关节和脊柱时，非常敏感，叩诊时有疼痛。泌乳减少或完全停止。孕羊往往发生流产。

（2）维生素A缺乏症：母羊发生流产、死胎、弱胎及胎衣不下。

（3）中毒病：许多中毒都可以引起流产，常常呈群发性。

（4）羊疯草中毒：病羊轻者仅见精神沉郁，常拱背呆立，放牧时落群，由于后肢不灵活，行走时弯曲外展，步态蹒跚，驱赶时后躯向一侧歪斜，往往欲快不能而倒地，严重者卧地起立困难，头部水平震颤或摇动。妊娠羊易流产，产下畸形羔羊，或羔羊弱小。公羊性欲降低，或无交配能力。

（5）羊昆明山海棠中毒：病羊起初出现食欲减退，体温升高，精神不振，反刍减少，呼吸急促等症状，后表现出肌肉震颤，腹泻，反刍停止，呼吸极度困难，卧地不起，哀叫，口腔流出大量液体，体温降低，心跳迅速但微弱，可迅速死亡，症状轻者可表现出食欲减少，腹胀，粪干，瘤胃蠕动缓慢，间断性腹泻，可致母畜不孕、流产。

（6）妊娠毒血症：发生于产前 1 ~ 2 周。

（7）灌药错误：发生于用药后 1 ~ 2 d。

二、死　胎

死胎是指生产前胎儿在宫腔内死亡。

【死胎类别】　导致怀孕病羊产生死胎的发病原因分为传染病性流产、寄生虫病性流产和其他疾病导致的流产三种。

【可能疾病】

1. 传染病

（1）羊布氏杆菌病。

（2）羊李氏杆菌病。

（3）羊钩端螺旋体病。

（4）胎儿弯曲菌感染。

（5）羊土拉杆菌病。

2. 寄生虫病

（1）羊片形吸虫病。

（2）羊住肉孢子虫病。

（3）羊弓形虫病。

3. 其他疾病　羊霉变饲料中毒。

【临诊特点】

1. 传染病

（1）羊布氏杆菌病：食欲减退，精神委顿，坐卧不安，少数可出现乳房炎、关节炎、跛行等不同症状，怀孕母羊出现流产，死胎症状，其余母羊长期不孕，解剖可见脾脏肿大，肝脏出现坏死点。

（2）羊李氏杆菌病：病羊初期体温升高，食欲消失，精神沉郁，眼睛发炎，视力减退，眼球常凸出。后出现神经症状，病羊步态蹒跚，或来回转圈。有时头颈偏于一侧，走动时向一侧转圈，不能强迫改变。在行走中遇有障碍物，则以头抵靠而不动。头颈上弯，呈角弓反张。后期病羊倒地不起，神态昏迷，四肢做游泳状运动。一般 2 ~ 3 d 死亡。母羊流产或产弱胎，死胎。

（3）羊钩端螺旋体病：病羊表现体温升高，呼吸和心跳加速，结膜发黄，黏膜和皮肤坏死，消瘦，黄疸，血尿，迅速衰竭而死，孕羊流产或产死胎。

（4）胎儿弯曲菌感染：病羊多表现为肠道外感染症状，常见临床类似为败血症或菌血症，也可引起心内膜炎、心包炎、肺部感染、关节炎和其他部位局部感染等。新生羊可发生中枢神经系统感染，表现为脑膜脑炎、硬脑膜下积液，脑肿胀等。妊娠中期感染，可导致死胎和流产。

（5）羊土拉杆菌病：病羊体温高达 40.5～41.0 ℃，精神委顿，步态僵硬、不稳，后肢软弱或瘫痪。体表淋巴肿大，2～3 d 后体温恢复正常，但之后又常回升。一般 8～15 d 痊愈。妊娠母羊发生流产和死胎，羔羊发病较重，除上述症状外，间有腹泻，有的兴奋不安，有的呈昏睡状态，不久死亡，病死率很高。山羊较少患病，症状与绵羊相似。剖检可见组织贫血明显，在皮下和浆膜下分布着许多出血点，淋巴结肿大，有坏死和化脓灶，肝、脾可能肿大。

2. 寄生虫病

（1）羊片形吸虫病：病羊表现体温升高，精神沉郁；食欲废绝，偶有腹泻；肝脏叩诊时，半浊音区扩大，敏感性增高；病羊迅速贫血。有些病例表现症状后 3～5 d 发生死亡。有些病羊眼睑、下颌、胸下及腹下部出现水肿。病程继续发展时，食欲趋于消失，表现卡他性肠炎，因之黏膜苍白，贫血加剧。由于毒素危害以及代谢障碍，羊的被毛粗乱，无光泽，脆而易断，有局部脱毛现象。3～4 个月后水肿更为剧烈，病羊更加消瘦。妊娠母羊可能生产弱羔，甚至生产死胎。

（2）羊住肉孢子虫病：病羊发热，呼吸困难，中枢神经障碍，出现流鼻涕、转圈运动等症状。羊表现不安，无力，肌肉僵硬，食欲减退，发热，贫血，腹泻，发育不良。少数出现跛行，后肢瘫痪，多出现肺炎，肝炎，淋巴结炎等疾病的症状。妊娠母羊多流产，死胎，其余母羊均可出现长期不孕症状。

（3）羊弓形虫病：病羊无明显临床症状，但母羊可表现为不孕、流产、死胎等症状。

3. 其他疾病　如羊霉变饲料中毒，表现为精神不振、食欲减少或废绝、生长发育不良、消瘦、腹痛、腹泻。幼畜常出现神经症状，行走不稳、瘫痪、震颤、体温一般正常。怀孕母羊常引起流产和死胎。

三、异常兴奋

异常兴奋是指羊只表现不安、易惊、对刺激敏感，反应强烈。

【类别】　按病羊发病原因可分为传染病性异常兴奋、寄生虫性异常兴奋和其他原因导致的异常兴奋三种类型。

【可能疾病】

1. 传染病

（1）羊慢性传染性脑炎（痒病）。

（2）狂犬病。

（3）羊跳跃病（脑炎）。

（4）羊传染性脑脊髓炎（博尔纳病）。

2. 寄生虫病

（1）羊锥蝇蛆病。

（2）羊多头蚴病。

（3）羊脑脊髓丝状虫病急性型：羊脑－脊髓丝状线虫病的病原体是丝状线虫的幼虫，该病原体成虫寄生于牛的腹腔，雌虫在牛腹腔产生微丝蚴随血流到体表末梢血管中，蚊虫叮咬牛时，随血液将微丝蚴吸入体内，经蜕化、发育成侵袭性幼虫，当蚊虫再次叮咬山羊时，侵袭性幼虫随血流入山羊的脑或脊髓腔中而引起本病。因此，羊舍要远离牛舍，同时搞好羊舍及周围环境卫生，灭蚊驱虫，防止蚊虫叮咬。

【治疗】 可用独活寄生汤加减：独活25 g，桑寄生25 g，川芎25 g，乳香20 g，没药20 g，牛膝30 g，当归25 g，千年健25 g，木瓜25 g，防己25 g，防风25 g，熟地25 g，苍耳子25 g，柴胡25 g，炒杜仲25 g，菟丝子30 g，巴戟天20 g，川续断25 g，故破纸25 g，桂心25 g，生姜20 g，甘草20 g。水煎，候温分3次灌服，1剂/d，500 mL/次，连用4 d。同时采用维生素C 0.5 g、10%葡萄糖500 mL，混合静脉注射，1次/d，连用3 d，丙硫咪唑片100 mL/10 kg，一次灌服。

3. 其他疾病 绵羊肝炎。

【临诊特点】

1. 传染性异常兴奋

（1）羊慢性传染性脑炎（痒病）：初期病羊敏感、易惊。有些病羊表现有攻击性或离群呆立，不愿采食。有些病羊容易兴奋、头颈抬起、眼凝视或目光呆滞，大多数病例通常呈现行为异常、瘙痒、运动失调及痴呆等症状，头颈部以及腹肋部肌肉发生频细震颤、瘙痒症状有时很轻微以至于观察不到。用手抓搔病羊腰部，常发生伸颈、摆头、咬唇或舔舌等反射性动作。严重时病羊皮肤脱毛、破损甚至撕脱。病羊常啃咬腹肋部、股部或尾部，或在墙壁、栅栏、树干等物体上摩擦痒部皮肤，致使被毛大量脱落，皮肤红肿发炎甚至破溃出血。病羊常以一种高举步态运步，呈现特殊的驴跑步样姿态或雄鸡步样姿态，病羊体温一般不高，可照常采食。但日渐消瘦，体重明显下降，常不能跳跃，遇沟坡、土堆、门槛等障碍时，反复跌倒或卧地不起。

（2）狂犬病：初期病羊呈惊恐状，神态紧张，直走，并不停地狂叫，叫声嘶哑，见其他羊只就咬，并会跃起扑人，并有嘴咬石头砖瓦等异食现象，见水狂喝不止。继而精神逐渐沉郁，似醉酒状，行走跟跄。眼充血发红，眼球凸出，口流涎，最后腹泻消瘦。口腔内、瘤胃内有大量的砖瓦石渣等异物，其他胃和肠被水性内容物充满。脑膜水肿、充血及有少量出血点。脑腔积液，白质有较多的针状出血点。有些病羊无兴奋期或兴奋期短，迅速转入麻痹期，出现喉头、下颌、后躯麻痹，流涎、张口、吞咽困难等症状，最终卧地而死。

（3）羊跳跃病（脑炎）：主要出现于绵羊，病羊呈现双相热。在第一次发热时，病羊精神委顿，呼吸困难，食欲消失，体温达 40 ~ 41 ℃，数日后温度下降，情况好转。在第五天左右发生第二次体温升高，此时出现神经症状，病羊高度兴奋，共济失调，肌肉震颤，以头、颈部震颤最为明显。随着疾病的发展，开始出现跳跃，时而像小跑的马，时而向前冲跳，并躺倒踢腿，终至痉挛和麻痹。

（4）羊传染性脑脊髓炎（博尔纳病）：初期病羊体温升高，结膜发红，视力受损。厌食，流涎，磨牙。运动失调，头、颈肌肉震颤，后期出现过度兴奋，反复发生惊厥，全身虚弱，最终卧地，四肢做游泳样运动，于数天之后死亡或恢复。

2. 寄生虫性异常兴奋

（1）羊锥蝇蛆病：病羊疼痛难忍、起卧不安、过度兴奋。病羊离群独居，咬啃、搔抓受侵袭的创伤。体温可能升高。创伤渗出液发出恶臭，并吸引各种蝇虫，在末期表现沉郁，通常虚脱。经约 10 d 发生死亡。

（2）羊多头蚴病：以羔羊多见，病羊体温升高，食欲下降，反应敏感或迟钝，无目的地奔走或长时间的沉郁。严重时可表现出精神高度沉郁或强烈兴奋，有的斜视，颈弯向一侧，流涎磨牙，有的做圆圈运动，前冲或后退，然后发生痉挛；有的兴奋沉郁，离群躺卧，病程 5 ~ 7 d，死亡率低，多数症状逐渐消失，转变为慢性。

（3）羊脑脊髓丝状虫病急性型：病羊突然卧倒，不能起立。眼球上转，颈部肌内强直或痉挛，而且表现倾斜，呈现过度兴奋、骚乱及叫喊等神经症状。有时可见全身肌肉强直，完全不能起立。由于卧地不起，头部又不住抽搐，致使眼皮受到摩擦而充血，眼眶周围的皮肤被磨破，呈现显著的结膜炎，甚至发生外伤性角膜炎。

3. 其他原因　绵羊肝炎会导致病羊厌食，常伴有便秘或腹泻，可见黏膜出现黄疸，特别从结膜上容易看到。在严重病例，当分开被毛时亦可见皮肤发黄，皮肤瘙痒，脉搏徐缓，精神沉郁或兴奋，共济失调，抽搐或痉挛，或呈昏睡状态，甚至昏迷。在肝脏上发生坏死和脓肿。亦可能不显症状。

四、黄　疸

黄疸又称黄胆，俗称黄病，是一种由于血清中胆红素升高致使皮肤、黏膜和巩膜发黄的症状和体征。通常，血液的胆红素浓度高于 2 ~ 3 mg/100 mL 时，这些部分便会出现肉眼可辨别的颜色。

【黄疸类别】　根据病羊发病原因分为传染性黄疸和普通疾病导致的黄疸。

【可能疾病】

1. 传染病

（1）钩端螺旋体病：本病是由钩端螺旋体引起的传染病，以发热、黄疸、血红蛋白尿、出血性素质、流产、皮肤和黏膜坏死、水肿为特征。

（2）毒血症黄疸：由细菌感染引起。

2. 普通病

（1）肝炎。

（2）亚硝酸盐中毒。

（3）铜中毒：补铜过量，由于吃了含铜多的植物等，而使肝脏受损。

【防治】 禁止用硫酸铜喷雾污染草料，药用硫酸铜制剂应严格掌握用量，使用补加铜时，必须混合均匀，控制喂量。治疗原则是消除致病因素，加速毒物的排出及解毒疗法。可用0.1%亚铁氰化钾溶液洗胃；也可灌服牛奶、蛋清、豆浆或活性炭等，以减少铜盐的吸收。排出已吸收的铜盐，可应用二乙胺四乙酸二钠钙或二巯基丁二酸钠。慢性中毒者，可给予钼酸铵50～500 mg、硫酸钠0.3～1 mg。

【临诊特点】

1. 传染病

（1）钩端螺旋体病：排血尿，发热，喜卧不食，病羊突然绝食，体温升高至40.5～41 ℃，精神沉郁，心跳加快，呼吸促迫，可视黏膜黄染。血尿，全身痉挛，多于1 d内死亡。病后2～5 d的病羊流泪，结膜炎，鼻镜干燥，常有黏液性或脓性鼻汁，口腔黏膜、耳部、四肢皮肤坏死，呈稽留热，有贫血症状。剖检可见尸体消瘦，皮肤有干裂坏死灶，黏膜及皮下组织水肿，呈深浅不同的黄色。骨骼软弱而多汁，呈柠檬黄色。胸、腹腔内有黄色液体。肝脏增大，呈黄褐色，质脆或柔软，肾脏的病变具有诊断意义，肾急剧增大，被膜很容易剥离，切面通常湿润，髓质与皮质的界限消失，组织柔软而脆。病期长久时，则肾脏变为坚硬，有灰白色病灶。膀胱积有深黄色或红茶色尿液，肠系膜淋巴结肿大。肺脏黄染，有时水肿。心脏淡红，大多数情况下带有淡黄色。膀胱黏膜出血，脑室中聚积有大量液体。血液稀薄如水，红细胞溶解，在空气中长时间不能凝固。

（2）毒血症黄疸：皮肤和黏膜发黄，尿色黄，突然死亡或渐进性消瘦，肾脏发紫。

2. 普通病

（1）肝炎：食欲减退，厌食，甚至影响消化功能，进食后腹胀，同时伴有恶心呕吐，活动后易疲惫，出现黄疸症状，初起尿色淡黄，逐日加深，浓如茶色或豆油状，继而皮肤及巩膜发黄。

（2）亚硝酸盐中毒：全身皮肤及黏膜呈现不同程度青紫色；呕吐、腹痛、腹泻。严重者出现烦躁不安、精神萎靡、反应迟钝、意识丧失、惊厥、昏迷、呼吸衰竭甚至死亡。

（3）铜中毒：急性病例主要表现为呕吐、流涎，剧烈腹痛、腹泻，心动过速，惊厥，麻痹和虚脱，最后死亡。粪便中含有黏液，呈深绿色。慢性病例表现精神沉郁、厌食、黏膜黄疸，尿中含有血红蛋白，粪便变黑。剖检可见肝脏黄染，肾脏呈暗黑色。

五、跛　行

指羊被石子、铁屑、玻璃碴等刺伤蹄部，或因蹄冠与角质层裂缝感染病菌，致使化脓，或因环境潮湿，引发腐蹄，不能行走。

【分类】　导致病羊产生跛行的发病原因分为传染性跛行、中毒性跛行和营养代谢性跛行。

【可能疾病】

1. 传染病

（1）腐蹄病。

（2）口蹄疫。

（3）蓝舌病。

（4）羊病毒性关节炎。

（5）布氏杆菌病。

（6）关节炎。

2. 中毒性疾病

（1）亚硝酸盐中毒。

（2）有机氟中毒。

3. 营养代谢病　佝偻病。

【临诊特点】

1. 传染病

（1）腐蹄病：潜伏期从数小时至 1~2 周不等，一般发病后几个小时即可出现单肢跛行。随着病情的发展，跛行变重并向其他肢体发展。后肢患病时，常见病肢伸到腹下，前肢患病时，羊往往爬行。蹄部检查，初期可见蹄间隙、蹄匣和蹄冠红肿、发热，有疼痛反应，以后溃烂，挤压时，有恶臭的脓液流出。更严重的病例引起蹄部深层组织坏死，蹄匣脱落，病羊常跪下采食。有时，在绵羊羔也可引起坏死性口炎。可见鼻、唇、舌、口腔甚至眼部发生结节、水疱，然后，变成棕色痂块。有时，由于脐带消毒不严，可以发生坏死性脐炎。在极少数情况下，可以引起肝炎或阴唇炎。该病病程比较缓慢，多数病羊跛行达数十天甚至数月。由于影响采食，病羊逐渐变为消瘦。如不及时治疗，可能因为继发感染而造成死亡。

（2）口蹄疫：病羊体温升高（40~41℃），精神沉郁，食欲减退，流涎。口腔呈弥漫性口膜炎，常于唇内侧、齿龈、舌面、颊部及硬腭黏膜形成水疱，水疱破裂后形成边缘整齐的鲜红色或暗红色烂斑，有的烂斑附有淡黄色渗出物，干燥后形成黄褐色痂皮，1~2周痊愈。但如波及蹄部或乳房，则经2~3周后康复。

（3）蓝舌病：潜伏期为3~10 d。病初体温升高达40.5~41.5℃，稽留5~6 d。表现厌食，委顿，流涎，口唇水肿，蔓延到面部和耳部，甚至颈部、腹部。口腔黏膜充血、发绀呈青紫色。发热几天后，口、唇、齿龈、颊、舌黏膜发生溃疡、糜烂，致使吞咽困难。继发感染引起坏死及口腔恶臭。鼻分泌物初为浆液性后为黏脓性，常带血，结痂于鼻孔四周，引起呼吸困难和鼾声，鼻黏膜和鼻镜糜烂出血。有的病例蹄冠、蹄叶发炎，触之敏感、疼痛，出现跛行，甚至膝行或卧地不动。

（4）羊病毒性关节炎：多见于2~4月龄羔羊，但有时也见于大龄山羊。有明显季节性，多发生于3月到8月期间。潜伏期53~151 d，体温一般无变化，但也可见轻度体温升高。初发病时，病羊羔精神沉郁，跛行。进而四肢僵硬，共济失调，一肢或四肢麻痹，横卧不起，做游泳状，角弓反张。有的头歪颈斜或转圈运动。病羊经半个月或更长时间死亡，耐过羊多留有后遗症，少数病例兼有肺炎或关节炎临诊症状。

（5）关节炎：见于1岁以上的羊。典型临诊症状是腕关节肿大和跛行，患病关节疼痛、肿大。病羊行动困难，后期则出现跛行，伏卧不动或由于韧带和肌腱的断裂而长期躺卧，有的患病数年仅出现关节僵直，而有些病羊则关节很快不能活动。此型病羊体重减轻。病程的长短与病变的严重程度有关，长期卧倒病羊多由于继发感染而死亡。

（6）布氏杆菌病：主要症状为妊娠母羊流产，有时患病羊发生关节炎和滑液囊炎而致跛行。

2. 中毒性疾病

（1）亚硝酸盐中毒：

1）急性中毒：羊采食后在半小时到4 h突然发病，精神沉郁，呼吸困难，腹泻，肌肉震颤，步态不稳或者呆立不动。可视黏膜前期苍白、后期发绀，耳朵、鼻、四肢以及全身发亮，体温降到常温以下，口吐白沫，倒地痉挛，四肢划动，病后10~24 h死亡。有的病例没有任何症状突然倒地死亡。

2）慢性中毒：病羊腹泻、跛行、甲状腺肿大、母羊流产、受胎率低下等。

（2）有机氟中毒：羊中毒后精神沉郁、食欲降低或者无食欲、反刍停止、全身无力、不愿走动、跛行、体温正常或偏低、心跳不齐、磨牙、呻吟、步态不稳、阵发性痉挛。出现角弓反张、抽搐、呼吸困难、心跳停止而死亡。慢性中毒的症状反复发作，牙齿和骨磨损明显，出现黄褐色氟斑牙和氟骨症关节僵硬、骨骼变形，病羊常在抽搐中死亡。

3. 营养代谢病　如佝偻病，病羊表现为精神沉郁，生长缓慢，发育停滞，喜欢卧倒，站立困难，行走步态摇摆，出现跛行，严重时，前肢腕关节向外侧凸起，后肢则向内弯曲。病程稍长出现关节肿大。后期，长骨弯曲，四肢可以展开，躯体后部不能抬起，病羊以腕关节着地爬行，多数还出现异食癖；呼吸和心跳加快，严重的可死亡。

六、腹　泻

腹泻是一种常见症状，是指排便次数明显超过平日习惯的频率，粪质稀薄，水分增加，或含未消化食物或脓血、黏液。腹泻常伴有排便急迫感、肛门不适、失禁等症状。

【腹泻类别】　腹泻按患病羊的年龄段可分为羔羊腹泻、青年羊腹泻和母羊公羊腹泻，其中以羔羊腹泻最为常见。羔羊腹泻按发病原因又可以分为：

1. 病原微生物因素　引起羔羊腹泻的病原菌主要有大肠杆菌、沙门杆菌等，常发生单一性或混合性感染，导致羔羊发生严重下痢。

2. 寄生虫因素　几乎所有的羊都能感染寄生虫，其中引起羔羊腹泻的寄生虫主要有捻转血矛线虫、贝氏莫尼茨绦虫、扩展莫尼茨绦虫、长角血蜱、粗纹食道口线虫、毛首线虫、细颈囊尾蚴、肝片吸虫等。

3. 气候因素　冬季突然降临的寒流、早春昼夜变化极大的温差、潮湿的阴雨天气，在这些时间段上，羔羊腹泻的发病率和死亡率较高，而在阳春三月和秋高气爽的天气，羔羊腹泻的发病率很低。如6~8月由于黄梅天，连续阴雨天气，环境闷热潮湿，羔羊腹泻发病率与死亡率较其他月份高。

4. 营养状况　母羊怀孕期、泌乳前期营养好，所产羔羊体况健壮，抗病力强，因而发病率低。但如果母羊身体状况差或者羔羊未吃上初乳或摄乳量严重不足时，将增加羔羊腹泻的发生率。此外，某些微量元素（如硒）缺乏也对羔羊的发病构成一定的影响。

5. 饲养管理与养殖环境　传统的平养方式由于羔羊接触感染粪便的机会多，而且地面不易干燥，阴暗潮湿的环境中，寄生虫、细菌易滋生繁殖，所以平养模式比网养模式的发病率要高得多；管理粗放、饲养水平较低的，特别是让羔羊吃了变质或不洁的饲草，容易发病，另外，产羔舍、育羔舍的温度低于3℃，相对湿度高于90%，羔羊发病率及死亡率显著增加。

【可能疾病】

1. 菌源性腹泻

（1）霉菌感染：霉菌是丝状真菌的统称。这一类的致病性真菌不但对羊敏感，还可使人和多种家畜与家禽发生感染，因此，在人与许多动物之间，这种疾病可以互相传播。患有这种病的病羊或其他病畜病禽，或者污染了病原菌的场地、垫草和用具，都是健康羊发生感染的来源。病菌一旦侵入羊的皮肤后，慢慢会钻入毛囊内，然后到达毛根所在位置。进一步造成病羊的生长减缓，以及继发腹泻等症状。发生该病应及时撤换霉变饲草。

（2）大肠杆菌病：大肠杆菌病是由一定血清型的致病性大肠杆菌及其毒素引起的一种肠道传染病，一年四季均可发生，各年龄都易感，主要对幼雏的威胁最大。母羊乳房不洁，产羔房卫生环境不良。潮湿、拥挤、寒冷和通风不良，是发生该病的主要原因。本病与饲料和卫生也有直接关系。应合理搭配饲料，控制能量和蛋白水平；饲料不可突然改变，应有一定的适应期；加强饮食卫生和环境卫生，消除蚊子、苍蝇和老鼠对饲料和饮水的污染。这些措施能有效地控制该病的发生。

（3）沙门杆菌病：又名副伤寒，是由沙门杆菌属细菌引起的疾病总称。临诊上多表现为败血症和肠炎，也可使怀孕母畜发生流产。沙门杆菌流行于世界各国，常致肠炎，对幼畜、雏禽危害甚大，成年畜禽多呈慢性或隐性感染。传染源来自病羊和带菌母羊，经口感染是其最重要的传染途径，而被污染的饲料与饮水则是传播的主要媒介物。各种因素均可诱发本病。羔羊出生后2~3 h发病的主要是羔羊在子宫内或接产中羊水感染的结果；羔羊7~15日龄发病的是出生后经消化道感染。

（4）魏氏梭菌感染：魏氏梭菌病又称产气荚膜杆菌病，它广泛存在于土壤、饲料、蔬菜、污水、粪便中。本病的发生无明显季节性，传染途径主要是消化道或伤口，粪便污染的病原在传播方面起主要作用。本病的主要传染源是病羊和带菌羊及其排泄物。

（5）链球菌感染：链球菌是化脓性球菌的另一类常见的细菌，属于芽孢杆菌纲，乳杆菌目，链球菌科，广泛存在于自然界和人及动物粪便和鼻咽部。

2. 虫源性腹泻

（1）球虫感染：羊球虫病是由艾美耳球虫属的多种球虫寄生于肠道所引起的以下痢、便血为主要特征的羊原虫病，本病为害山羊和绵羊，其中对羔羊为害严重。

（2）隐孢子虫感染：隐孢子虫为体积微小的球虫类寄生虫，广泛存在多种脊椎动物体内，寄生于人和大多数哺乳动物的主要为微小隐孢子虫，是一种以腹泻为主要临床表现的人畜共患性原虫病。

（3）绦虫感染：绦虫感染在我国分布很广，许多地方呈地方性流行，在潮湿季节最易感染发病，严重影响着羊的生长发育，尤其对羔羊为害严重，会造成成批羊只死亡，一定程度上制约着养羊业的发展。

（4）日本血吸虫病（日本分体吸虫病）：日本血吸虫寄生于门静脉系统，通过皮肤接触含尾蚴的疫水而感染。急性期有发热、肝大与压痛、腹痛、腹泻、便血等，血嗜酸粒细胞显著增多；慢性期以肝脾大或慢性腹泻为主要表现；晚期表现主要与肝脏门静脉周围纤维化有关，临床上有巨脾、腹水等，有时可发生血吸虫病异位损伤。本病的传染源为病人和保虫宿主。粪便入水、钉螺的存在和接触疫水是本病传播的三个重要环节。

【临诊特点】

1. 菌源性腹泻

（1）霉菌感染：病羊生长受阻，采食量减少，被毛粗糙，后期体温下降。水泻、粪便的颜色黄灰色。

（2）大肠杆菌病：多见于1~8日龄羔羊。病羊粪便稀薄、恶臭，有时有气泡并混有血液。羔羊腹痛，尖叫。粪便起初为黄色，后呈灰白色，羔羊严重虚脱，体温下降，脱水死亡。病程1~2d。死亡率有的高达50%。

（3）沙门杆菌病：临床表现为体温升高，下痢，粪便中混有血液并伴有黏液和组织碎片，腥臭，病羔羊食欲消失，迅速消瘦衰弱。2~3d死亡。有的羔羊转为慢性成为僵羊。

（4）魏氏梭菌感染：病初病羊精神委顿，低头拱背，不吃乳，不久就发生持续性剧烈腹泻，粪便由糊状转变为水样，黄白色或灰白色，后期为棕色，形成血便。大便失禁，恶臭。1~3d衰竭死亡。少数病羔羊则呈现神经症状，腹胀而不下痢、四肢瘫软、卧地不起、呼吸急促、口吐白沫、角弓反张、体温下降，常数小时后死亡。

（5）链球菌感染：病羊发热，排出腥臭带黏液的稀粪，个别羊濒死前有神经症状，常于3~4d死亡。

2. 虫源性腹泻

（1）球虫感染：主要以反复拉稀为特征，临床2~4月龄羔羊最多见。在高温、高湿、高密度和卫生状况差的环境中以及雨季或雨季后舍饲的羔羊最易暴发流行。病羊普遍消瘦、精神不振、行走摇晃、食欲减退、被毛粗乱、可视黏膜苍白。病羊急剧下痢，粪便褐色、绿色、黑色都有出现，常带有大量肠黏膜、恶臭，有的里急后重、腹痛尖叫。剖检病变为小肠黏膜有大量淡黄色或乳白色圆形、卵圆形结节，从菜籽粒到米粒大小不等。粪便和肠黏膜刮片检查，都可见到大量虫卵。

（2）隐孢子虫感染：主要是引起3~35日龄羔羊拉稀。患病羔羊常出现顽固性腹泻。如果伴有继发感染，症状明显加剧，死亡率直线上升。经粪口途径感染，随着粪便排出的虫卵已孢子化，就具有感染能力，平均潜伏期4d。饲养与产羔环境差、拥挤、潮湿是暴发该病的主要外因。

（3）绦虫感染：1.5~8 月龄的羔羊，在严重感染后则表现食欲降低，渴欲增加，下痢，贫血及淋巴结肿大。病羊生长不良，体重显著降低，腹泻时粪中混有绦虫节片，有时可见一段虫体吊在肛门处。若虫体阻塞肠道，则出现膨胀和腹痛现象，甚至因发生肠破裂而死亡。有时病羊出现转圈、肌肉痉挛或头向后仰等神经症状。后期仰头倒地，经常做咀嚼动作，口周围有泡沫，对外界反应几乎丧失，直至全身衰竭而死。剖检可在小肠中发现虫体，数量不等，其寄生处有卡他性炎症。有时可见肠壁扩张、肠套叠乃至肠破裂；肠系膜、肠黏膜、肾脏、脾脏甚至肝脏发生增生性变性过程；肠黏膜、心内膜和心包膜有出血点；脑内可见出血性浸润和血液；腹腔和颅腔积有渗出液。

（4）日本血吸虫病（日本分体吸虫病）：患羊轻度感染时无明显症状。严重感染时呈急性经过，表现食欲减退，精神沉郁，行动迟缓，呆立不动；进而腹泻，粪中含有黏液、血液，气味腥臭，病羊里急后重，体温升高，消瘦，衰弱，结膜苍白，终因衰竭而死亡。有的持续 2~3 个月，反复发作，消瘦不堪。

七、便　血

血液从肛门排出，大便带血，或全为血便，颜色呈鲜红、暗红或柏油样，均称为便血。便血一般见于下消化道出血，特别是结肠与直肠的出血，但偶尔可见上消化道出血。便血的颜色取决于消化道出血的部位、出血量与血液在肠道停留的时间。

【便血类别】　便血按发病原因分为菌源性便血、虫源性便血、内科性便血和中毒性便血。

【可能疾病】

1. 菌源性便血　羊巴氏杆菌病是羊的一种传染病，绵羊主要表现为败血症和肺炎。在绵羊中多发于幼龄羊和羔羊，山羊不易感染。病羊和健康带菌羊是传染源，病原随分泌物和排泄物排出体外，经呼吸道、消化道及损伤的皮肤而感染。带菌羊在受寒、长途运输、饲养管理不当使抵抗力降低时，可发生自体内源性传染。

2. 虫源性便血

（1）羊球虫：羊球虫病是由艾美耳球虫属的多种球虫寄生于肠道所引起的以下痢、便血为主要特征的羊原虫病，本病为害山羊和绵羊，其中对羔羊为害严重。

（2）羊巴贝斯焦虫病：临床上以突然发热，呼吸困难，贫血、便血为特征。

3. 中毒性便血（食盐中毒）　食盐是羊维持生理活动不可缺少的成分之一，每天需 0.5~1 g。但是，过量喂给食盐或注入浓度特别大的食盐溶液都会引起中毒，甚至死亡。过量的食盐除了剧烈刺激消化道黏膜，引起下泻，发生脱水外，还会导致血液循环障碍。高钠血症可造成脑水肿并引起组织缺氧，造成整个机体代谢紊乱。日粮中补加食盐时量要适当，充分混匀。

4. 内科性便血（腹泻）　羊腹泻多见于羔羊，15 日龄以内的羔羊尤为严重，成年羊少见。羊腹泻通常与小肠疾病有关，主要是分泌过多和吸收不良两个病理过程。羔羊肠黏膜发育不全，胃液酸度小，酶的活性低，在不良因素作用下，进入胃肠的内容物容易发生分解不全而发酵，这样发酵的中间产物刺激肠蠕动加快就出现下痢。肠消化功能紊乱使食糜的氢离子浓度改变，给肠内细菌创造了有利于繁殖的环境。由于病原菌的大量繁殖，从而使羔羊腹泻加剧。

【临诊特点】

（1）羊巴氏杆菌病：病羊可视黏膜发绀、鼻镜干燥、呼吸困难、气喘、打喷嚏、流鼻液、消瘦、软弱无力、行走不稳。部分病羊腹泻、便中带血、呈鲜红色、少数病羊尿血。最急性多于哺乳羔羊，羔羊突然发病，于数分钟至数小时内死亡。急性精神沉郁，体温升高，咳嗽，鼻孔常有出血。初期便秘，后期腹泻，有时粪便全部变为血水，严重腹泻后虚脱而死。慢性病程病羊消瘦，不思饮食，流黏脓性鼻液，咳嗽，呼吸困难，腹泻。剖检主要变化为胸腔内有一定数量的积液，色泽深红色；肺呈暗紫色，表面有弥漫性大小不一的出血点；气管及支气管黏膜呈斑点状出血，内有大量红色泡沫状液体；心脏的冠状沟、心内膜及心室壁有大小不等的出血点；淋巴结肿胀，呈暗紫色；切面多汁；肝轻度肿胀，色黄质脆；膀胱黏膜表面有点状出血，瘤胃、网胃、瓣胃及皱胃黏膜大面积脱落，黏膜下有大量出血斑点，盲肠、直肠黏膜面均有不同程度的出血点；胆囊黏膜表面有少量出血点。

（2）羊球虫病：病羊首先出现软便，粪便不呈粒状，有的带血或黏液，但精神、食欲不见异常。3～5 d 后开始下痢，粪便由粥状到水样，呈黄色或黑褐色，混有黏液，沾污尾根、大腿内侧及跗关节以下的皮毛，气味腥臭。体温 39.5～40 ℃。食欲减退甚至拒食，饮欲增加。哀叫不已，卧地不起，迅速消瘦。病程短的在 2～3 d 死亡，病程较长者在 7～10 d 死亡。耐过的病羊生长发育不良。成年羊一般为隐性感染，但每克粪便中卵囊数可达 100 万枚以上。剖检可见病羊尸体高度消瘦，脱水。内脏病变主要在小肠，肠管充血、出血，肠壁水肿，肠腔内有黄白色的黏液，肠黏膜上有粟粒大或条状结节、斑块，呈黄白色。

（3）羊巴贝斯焦虫病：患羊体温升高，达 40～42 ℃，食欲减退至废绝。初期便秘，粪表面有血迹；后期腹泻，部分羊拉血水样粪便。呼吸困难，心跳加快，部分羊咳嗽，从鼻孔中流出浆液性、脓性、血性鼻液。初期眼结膜潮红，有出血斑，流脓性分泌物；后期结膜苍白，有黄染。肩前淋巴结肿大，尾下无毛区皮肤及肛周围有出血斑，小便赤黄、褐色或红色，急性者常来不及治疗突然死亡。剖检皮下组织苍白，黄染，有点状出血；肺瘀血，有大叶性肺炎的病变；心包膜、心内膜有出血点；肝大，有点状出血；胃肠道黏膜广泛性出血；肩前淋巴结、腹股沟淋巴结肿大。

（4）钠中毒：羊常表现发病急促、呼吸困难、伴有肌肉震颤、流涎呕吐、抽搐、瞳孔放大或缩小、兴奋不安或昏睡，除上述症状外还可能出现体温升高、水样下泻、便血等症状。羊中毒后表现口渴，食欲或反刍减弱或停止，瘤胃蠕动消失，常伴发臌气。急性发作的病例，口腔流出大量泡沫，结膜发绀，瞳孔散大或失明，脉细弱而增数，呼吸困难。腹痛、腹泻，有时便血。盲目行走和转圈运动，继而行走困难，后肢拖地，倒地痉挛，头向后仰，四肢不断划动，多为阵发性。严重时呈昏迷状态，最后窒息死亡。体温在整个病程中无显著变化。剖检主要有胃肠黏膜充血、出血、脱落。心内外膜及心肌有出血点。肝脏肿大，质脆，胆囊扩大。肺水肿。肾紫红色肿大，包膜不易剥离，皮质和髓质界线模糊。全身淋巴结有不同程度的瘀血、肿胀。

（5）腹泻病：病羊精神困倦，食欲减退，被毛零乱，行走无力，迅速消瘦，喜饮冷水，腹痛、腹泻，轻者粪便混有未消化的饲料，重者排出黄色或黑色水样的稀粪，甚至出现便血，体温升高，持续不退，鼻镜干燥。

八、红 尿

红尿是泛指尿液变红的一般概念，是兽医临床上比较常见的一类症状。按尿液中产生红色的成分，可把红尿分为血尿（红细胞尿）、血红蛋白尿、肌红蛋白尿、卟啉尿、红色药尿。血尿的颜色，因尿液的酸碱度和所含血量而不同。碱性血尿显红色，酸性血尿显棕色或暗褐色。血红蛋白尿的颜色取决于所含血红蛋白的性质和数量，新鲜的显红色、浅棕色或葡萄酒色，陈旧的显棕褐色乃至黑褐色。血红蛋白尿外观清亮而不混浊，放置后管底无红细胞沉淀。肌红蛋白尿尿液颜色显暗红、深褐色乃至黑色。卟啉尿显深琥珀色或葡萄酒色。药物红尿多因注射或口服药物而使尿液变红，多见于肌内注射红色素或内服硫化二苯胺、大黄等之后的碱性尿液。

【可能疾病】

1. 焦虫病 焦虫病是羊各种寄生虫病中危害较大的一种，一旦发生会给养殖户带来严重的经济损失。临床主要特征为高热、贫血、黄疸和血红蛋白尿，发病率和死亡率高。该病从春季到秋季都可发生。6~9月发病率高，最早发生于3月下旬，最晚发病于11月中旬。一般情况下，良种羊和外地引入羊比本地羊易感染性高，老年羊和幼龄羊比青壮年羊的易感染性和病死率都高。

2. 传染性胸膜肺炎并发焦虫病 羊传染性胸膜肺炎又称羊支原体性肺炎，是由支原体所引起的一种高度接触性传染病，其临床特征为高热，咳嗽，胸和胸膜发生浆液性和纤维素性炎症，取急性和慢性经过，病死率很高。本病常呈地方流行性，接触传染性很强，主要通过空气－飞沫途径经呼吸道传染。阴雨连绵，寒冷潮湿，羊群密集、拥挤等因素，有利于空气－飞沫传染途径的发生。本病多发生在山区和草原，主要见于冬季和早春枯草季节，羊只营养缺乏，容易受寒感冒，因而机体抵抗力降低，较易发病，发病后病死率也较高。

3. 膀胱、尿道结石

4. 慢性铜中毒

5. 钩端螺旋体病　本病由钩端螺旋体引起的传染病，以发热、黄疸、血红蛋白尿、出血性素质、流产、皮肤和黏膜坏死、水肿为特征。

【临诊特点】

（1）焦虫病：发病急，患羊体温升高达42 ℃，精神沉郁，被毛粗乱，呆立，喜卧地，外界刺激反应减弱；眼无神，眼球下陷，食欲减退或废绝；反刍停止，患羊腹泻，粪便水样，排便痛苦，尿液呈褐红色。初期可视黏膜充血，继而贫血，黄染，病羊排出血便，异嗜，啃土，咀嚼硬物，四肢无力，肌肉震颤，鸣叫，卧地不起，衰竭而亡。对病死羊尸体进行解剖，放血，血色变淡，不黏稠，肝明显肿大；全身淋巴结不同程度肿大，肺门，颌下、腹股沟淋巴结出血；肾脏肿大，有针尖状出血；膀胱积尿，并伴有片状出血点，肺脏轻度水肿；心包积液，心肌柔软。

（2）传染性胸膜肺炎并发焦虫病：发病羊初期体温40 ℃以上，呈稽留热。精神萎靡，食欲减少，迅速消瘦，呼吸急促，咳嗽、流脓性鼻涕。眼结膜苍白并轻度黄染，体表淋巴结肿大，尤以肩前淋巴结肿大最为明显，如桃核大，大至鸭蛋，触之有痛感。头、脸部发生水肿，排血尿。肺部叩诊有实音区，听诊肺泡呼吸音减弱，呈摩擦音，触压胸壁表现疼痛敏感。病理变化主要表现为血液极度稀薄、凝固不全，心包液增多，心外膜及心冠脂肪出血；全身淋巴结肿大、充血、出血；肝肿大呈淡黄色；肾脏呈黑褐色；胸腹腔内有大量淡黄色液体；肺与胸膜粘连，粘连处有白色胶性浸润，肺组织膨胀、质硬，有大小不等的肝变区，病变突出肺表面，呈红色、灰黄色，切面呈大理石样。

（3）膀胱、尿道结石：病羊初期有腹痛感，弓腰努责，排血尿，个别病羊偶尔出现尿闭，排尿呈线状和滴状，包皮水肿。后期体温升高，瘤胃弛缓、肿胀，回头顾腹，两后腿叉开且僵直，尿中有炎性渗出物，部分公羊在结石不大的情况下症状不明显。

（4）慢性铜中毒：血尿及黄疸为主要临床及病理特征，病理检查眼结膜、口腔黏膜苍白无血色；血液色淡、稀薄如水，胸膜、腹膜、大网膜、肠系膜呈黄色；心肌色淡，似煮肉样，易碎；肝呈鲜黄或土黄色，实质硬而脆，切面结构模糊；脾脏柔软如泥，切面膨隆，边缘稍外翻，结构模糊，呈血海样外观；肾脏柔软易碎，切面三界不清，整体外观呈暗蓝色；膀胱内积有酱油色或红葡萄酒色尿液，静止无沉淀。

（5）钩端螺旋体病：主要症状是排血尿，发热，喜卧不食，病羊突然绝食，体温升高达 40.5~41 ℃，精神沉郁，心跳加快，呼吸促迫，可视黏膜黄染。全身痉挛，多于当天死亡。病后 2~5 d 的病羊流泪，结膜炎，鼻镜干燥，常有黏液性或脓性鼻汁，口腔黏膜、耳部、四肢皮肤坏死，呈稽留热，有贫血症状。剖检可见尸体消瘦，皮肤有干裂坏死灶，黏膜及皮下组织水肿，呈深浅不同的黄色。骨骼软弱而多汁，呈柠檬黄色。胸、腹腔内有黄色液体。肝脏增大，呈黄褐色，质脆或柔软。肾脏的病变具有诊断意义，肾急剧增大，被膜很容易剥离，切面通常湿润，髓质与皮质的界线消失，组织柔软而脆，病程久时，则肾脏变为坚硬，有灰白色病灶；膀胱积有深黄色或红茶色尿液；肠系膜淋巴结肿大；肺脏黄染，有时水肿；心脏淡红，大多数情况下带有淡黄色；膀胱黏膜出血，脑室中聚积有大量液体；血液稀薄如水，红细胞溶解，在空气中长时间不能凝固。

九、消　瘦

消瘦是肌肉瘦削，缺少体脂的表现。体内脂肪与蛋白质减少，体重下降超过正常标准 10% 时，即称为消瘦。这里所指的消瘦一般都是短期内呈进行性的，有体重下降前后测的体重数值对照，且有明显的皮下脂肪减少，肌肉不丰满，皮肤松弛，骨骼突出等旁证。

【消瘦类别】　按病羊发病原因可分为传染病性消瘦、寄生虫性消瘦和内科病性消瘦三种。

【可能疾病】

1. 传染病性消瘦

（1）羊传染性脓疱病：羊传染性脓疱病是由羊口疮病毒引起的绵羊和山羊的一种传染性疾病，俗称"羊口疮"。

（2）羊附红细胞体病。

（3）羊蓝舌病。

2. 寄生虫性消瘦

（1）羊肝片吸虫病。

（2）羊螨病：绵羊的螨病通常都为痒螨所损害，病变首先在背及臀部毛厚的部位，以后很快蔓延到体侧。痒螨在皮肤外表移行和采食皮屑，吸吮淋巴液，患部皮肤剧痒。山羊螨病通常为疥螨所致，但山羊螨病少见。山羊疥螨首先发生于鼻唇、耳根、腔下、鼠蹊部、乳房等皮肤薄嫩、毛稀处。疥螨在皮肤角层下发掘隧道，吃食皮肤，吸吮淋巴液，逐步蔓延而引起发病。

（3）羊捻转血矛线虫病。

（4）羊多种寄生虫和附红细胞体混合感染。

3. 内科病性消瘦　可能是微量元素钴缺乏与羊慢性消瘦症。慢性消瘦症是陕北黄土高原自然放牧羊中长期以来存在的一种羊生长缓慢、体格僵小的干瘦病。陕北黄土高原大部分地区因土壤缺钴，结果使植物组织中钴的含量很少，进而使自然放牧于这些地方的羊因依赖于采食这些植物而患缺钴症。

【临诊特点】

1. 传染病性消瘦

（1）羊传染性脓疱病：主要发生于羔羊，一旦羊群发生本病，发病率高达100%。患羊口唇等部位皮肤黏膜形成丘疹、脓疱、溃疡以及疣状厚痂，重症病羊采食困难，逐渐消瘦，部分病羊继发其他疾病而死亡。

（2）羊附红细胞体：病羊最初不吃草，呆立或静卧于圈内边角。结膜充血，流泪，体温升至 40.2～42 ℃，心率加快，多在 95 次/min 以上。呼吸加快，病程短的 2～3 d 死亡，病程长的 15～20 d 死亡。拉稀、便秘交替。便秘病羊粪球干小，皮肤发红，卧地不起，精神沉郁，心率 100 次/min 以上，眼结膜、口腔黏膜苍白，极度衰弱。病羊早期血色红亮，病程长者血色深红；耳静脉采血后凝血不良。临死前头颈僵直。剖检的主要变化为贫血和黄疸；血液稀薄，呈淡红色，也有的呈酱油色，凝固不良；全身性黄疸，皮下组织及肌间浸润，散在斑状出血；肝大、变性，肝表面有黄色条纹或灰白色坏死灶；胆囊肿大，充满浓稠胆汁；脾肿大变软；淋巴结肿大，切面外翻；胸腔、腹腔有黄色积液；心包液增多，心脏质软，心外膜和冠状脂肪出血和黄染；肺水肿，缺乏弹性，有出血点；肾脏苍白肿大，剥去外包膜，肾表面有出血点；膀胱黏膜深红色，有出血点；肠道黏膜出血。

（3）羊蓝舌病：典型症状是以体温升高和白细胞显著减少开始。病羊消瘦、衰弱、便秘或腹泻，有时下痢带血。唇、齿龈、颊、舌黏膜糜烂，致使吞咽困难。舌、齿龈、硬腭、颊部黏膜发生水肿，绵羊的舌发绀如蓝舌头。蹄冠和蹄叶发炎，出现跛行、膝行、卧地不动。发病率 30%～40%，病死率 2%～30%，严重时达 90%。多并发肺炎和胃肠炎而死亡。

2. 寄生虫性消瘦

（1）羊肝片吸虫病：急性型病羊初期发热，衰弱，易疲劳，离群落后；叩诊肝区半浊音界扩大，压痛明显；很快出现贫血、黏膜苍白、红细胞及血红素显著降低等症状，严重者多在几天内死亡。多发生于夏末秋初，是因在短时间内遭受严重感染所致。慢性型病羊主要表现消瘦，贫血，黏膜苍白，食欲减退，异嗜，被毛粗乱无光泽、且易脱落，步行缓慢；眼睑、颌下、胸下、腹下出现水肿；便秘与下痢交替发生；肝脏肿大。病情逐渐恶化，最后可因极度衰竭而死亡。较多见于患病羊耐过急性期或轻度感染后，在冬春转为慢性。剖检时急性病例肝大、质软，包膜有纤维素沉积，肝实质内有虫道，并可找到幼小虫体。腹腔内有血色液体，并有腹膜炎病变。慢性病例肝实质萎缩、退色、变硬，肝脏胆管扩张，管壁增厚，常钙化变硬，在肝胆管和胆囊内有大量虫体。

（2）羊螨病：患羊主要表现为剧痒、消瘦、皮肤增厚、龟裂和脱毛，影响羊的健康和毛的产量及品质。患部皮肤可见针头大至粟粒大结节，继而形成水疱、脓疱，渗出浅黄色液体，进而形成结痂。病羊皮肤遭到损坏、增厚、龟裂及脱毛，羊脱毛后畏寒怕冷，剧痒而不顾采食，逐步消瘦，甚至死亡。

（3）羊捻转血矛线虫病：以贫血和消化紊乱为主。病羊被毛粗乱，消瘦，精神委顿，可视黏膜苍白，下颌间隙和体下部发生水肿，放牧时离群，常出现便秘，粪中带黏液，出现下痢的少见，最后多因极度虚弱而死亡。轻度感染不显症状。严重感染时，引起羔羊持续性腹泻，粪便暗绿色，含多量黏液，有时带血，病羊拱腰，后肢僵直、腹痛，生长发育受阻，最后虚脱死亡。剖检见在大肠壁上有很多结节，结节直径2～10 mm，含淡绿色脓汁。濒死羊全身组织器官呈苍白色，真胃、小肠黏膜呈出血性炎症，并寄生大量的毛发状虫体。

（4）羊多种寄生虫和附红细胞体混合感染：临床观察发现病羊反应迟钝，卧地不愿活动，被毛粗乱无光。体温高达40～41.5 ℃，呼吸急促，消瘦，空嚼，尾根和肛门周围被毛被稀粪污染；眼结膜及口腔黏膜苍白、黄染，眼睑、颌下水肿，体表均有蜱寄生。剖检可见皮肤及可视黏膜苍白、黄染；血液稀薄，呈淡红色，凝血不良；肝大，轻度黄染，有灰白色坏死灶；胆囊扩张，胆汁混浊浓稠，但胆管内未发现虫体；肠道有卡他性炎症，内有成团的绦虫虫体；淋巴结轻度肿大；胸腔、腹腔有少量积液；肺水肿。

3. 内科病性消瘦 病羊以日渐消瘦，光吃草料不长膘为主要特征。

十、脱 毛

脱毛是指由于某种特殊病因，如代谢紊乱和营养缺乏、寄生虫侵害、细菌感染、中毒等，导致羊毛根部萎缩，被毛脱落，或是被毛发育不全的总称，绵羊和山羊均可发生。

【脱毛类别】 按病羊脱毛病因可分为传染病性脱毛症、寄生虫性脱毛症、营养代谢病性脱毛症和皮肤病四种。

【可能疾病】

1. 传染病

（1）皮肤真菌病：皮肤真菌病是由真菌引起的传染性皮肤疾病，俗称脱毛癣、钱癣，多发生在羊的颈、肩、胸、背部和肛部上侧。

（2）羊溃疡性皮炎：又称为唇及小腿溃疡或绵羊花柳病，或龟头包皮炎，其特征是表皮发生限界性溃疡，是病毒性传染病。

（3）羊痒病。

（4）蓝舌病。

2. 寄生虫性脱毛症

（1）痒螨病。

（2）疥螨病。

（3）绵羊毛虱。

3. 营养代谢性脱毛症

（1）硫缺乏症：含硫氨基酸共有蛋氨酸（又名甲硫氨酸）、半胱氨酸和胱氨酸三种（蛋氨酸可转变为半胱氨酸和胱氨酸），其中胱氨酸和半胱氨酸是羊毛角蛋白合成的限制性氨基酸，如果此类氨基酸缺乏，会导致羊毛合成受阻，可在日常饲料中补充添加此类氨基酸。中药"增长散"（由紫苑、桑白皮、蛇床子、补骨脂、黄芪、熟地黄、何首乌组成）能有效地促进羊毛的主要成分——角蛋白质的合成，增强机体代谢，从而促进羊毛的生长，提高羊毛品质。

（2）锌缺乏症：锌在机体内主要是作为酶的组成部分或激活因子而起作用，锌的存在可以起到稳定单链核糖核酸、脱氧核糖核酸和染色体结构的作用。锌还参与蛋白质的代谢，缺锌会导致蛋白质合成受损。可在饲料中补碳酸锌（或硫酸锌、氧化锌）或蛋氨酸锌。

（3）铜缺乏症：缺铜可降低羊毛强度；将硫酸铜配成1%的水溶液，每只羊灌服 $10 \sim 20$ mL，每3天1次，连续使用5次，以后每周1次，再连用5次。或者羊群补饲含微量元素的盐砖（主要成分为NaCl、Cu、Fe、Mn、Mg、Zn、Co、Se、I 等，其中 $CuSO_4$ 含量约0.5%），供羊只自由舔食，可常年使用。

（4）钙过量摄入。

（5）硒中毒：硒中毒是动物采食大量含硒牧草、饲料或补硒过多而导致出现精神沉郁、呼吸困难、步态蹒跚、脱毛、脱蹄壳等综合症状的一种疾病。慢性硒中毒可用砷制剂内服治疗，亚砷酸钠 5 mg/kg，加入饮水服用，或0.1%砷酸钠溶液皮下注射。

（6）砷及砷化物慢性中毒。

4. 皮肤病

（1）湿疹：湿疹是皮肤表皮组织细胞对致敏物质刺激所引起的一种炎症反应，皮肤出现红斑、丘疹、水疱、脓疱、糜烂、痂皮及鳞屑等，有时可侵害到皮肤的深层组织。湿疹主要见于夏季，可发生在羊体的任何部位，容易反复发作。

（2）荨麻疹：荨麻疹是一种皮肤轻微的发炎，在羊并不多见，其特征为病部皮肤发生弥漫性的肿胀，肿胀的发生非常迅速，消失亦很快，一般不需要治疗。

【临诊特点】

1. 传染病

（1）皮肤真菌病：在动物的皮肤、毛发、蹄等体表角质组织形成癣斑，导致毛脱落，表皮脱屑、渗出，形成痂块及瘙痒等。病变区为圆形、不规则或泛发性脱毛，有不同程度的鳞屑。残留的毛为折断的毛。通常在头部、颈部和肛门等处形成痂癣。开始为小结节，上有鳞屑，然后逐渐扩大呈隆起的圆斑，形成灰白色棉状痂块，痂上残留少数无光泽断毛。严重的痂块融合成大片或弥散。

（2）羊溃疡性皮炎：皮肤上发生大小不等的局部性溃疡，表面覆盖干燥痂皮，有时发生继发性感染而出现痂皮下化脓，严重时可形成蜂窝组织炎。病变常出现溃烂和组织破坏，且多发生于1岁以上的中成年羊。

（3）羊痒病：病初表现沉郁、敏感、易惊、癫痫等，抓提时这些临诊症状更易发生，表现剧烈；或表现过度兴奋、抬头、竖耳、眼凝视，以一种特征的高抬腿姿势跑步（似驴跑的僵硬步态），驱赶时常反复跌倒。随着病情的发展，共济失调逐渐严重；随意肌特别是头颈部肌肉发生震颤，兴奋时加重，休息时减轻。在发展期，病羊靠着栅栏、树干和器具不断摩擦其背部、体侧、臀部和头部，一些病羊还用其后肢搔抓胸侧、腹侧和头部，并常自咬其体侧和臀部皮肤。由于摩擦的作用，颈部、体侧、背部和荐部等大面积的皮肤出现秃毛区，但除机械性擦伤外，没有皮肤炎症。

（4）蓝舌病：羊体温升高至40.5～41.5℃，精神萎靡，食欲丧失，口腔黏膜、舌头充血发绀，常呈蓝紫色伴有糜烂，鼻黏膜充血，口角糜烂，唇肿胀，蹄冠充血、肿胀部位疼痛致使跛行，并常因为胃肠道病变引起血痢。发病羊还会出现被毛断裂，甚至全部脱落，严重影响羊毛和肉品质量，但致死率不高。

2. 寄生虫性脱毛症

（1）痒螨病：羊毛容易脱落，奇痒（夜间加剧），患部皮肤最初形成针头大到粟粒大的结节，继而形成水疱和脓疱。患部渗出液增多，表面湿润，结成浅黄色脂肪样的痂皮，有的皮肤肥厚变硬，形成龟裂。脱毛开始为零散的毛丛悬垂，随后大批脱落，严重者全身脱光。病羊呈现贫血症状，高度营养障碍，可引起大批死亡。

（2）疥螨病：开始发生于嘴唇、口角附近、鼻子边缘和耳根部位，严重时蔓延整个头颈部皮肤。病变如干涸的石灰，固有"石灰头"之称。初期有痒觉，继而发生丘疹、水疱和脓疱，以后形成坚硬的灰白色橡皮样痂皮。多发生在秋冬季，尤其是阴雨天气。以皮炎、剧痒、脱毛、结痂、渐进性消瘦为特征。

（3）绵羊毛虱：病羊瘙痒、不安，啃咬和摩擦患部引起皮肤损伤，脱毛，继发湿疹、丘疹、水疱、脓疱等，可见到虱子或被毛上附着的虱卵。

3. 营养代谢性脱毛

（1）硫缺乏症：病羊出现食欲下降、消瘦、异食癖等症状，特别是导致动物被毛质量下降，表现为羊毛弹性下降，弯曲度减少。严重的出现脱毛症状。此外还伴有毛囊上皮萎缩，表皮细胞角化明显，皮肤表皮层变薄，真皮层结缔组织增生等症状。吞食落在地上的被毛，甚至用嘴拉自己身上的毛等。

（2）锌缺乏症：其中，病羊的羊毛变脆，失去弯曲，被毛粗乱并伴有不同程度的脱毛，严重时被毛成片脱落，直至脱光，临床上称为"脱毛症"。动物表现为生长发育迟缓、身体消瘦、繁殖力降低、皮肤变粗糙、被毛生长受阻、创伤愈合慢、免疫力低下等症状。发病羊只表现为早期可见局部被毛蓬松凸起，羊毛松动易拔起，继而发生脱落。脱毛一般从腹下开始，然后波及体侧并向四周蔓延，直至全身脱光。特征表现为不仅被毛脱落、变软、绒化，而且伴有皮肤干燥、皮屑增多，尤其眼眶、口腔周围、肩胛、阴囊及腿下部掉毛比肩明显，严重的出现皮肤破裂。

（3）铜缺乏症：病羊出现羊毛异常，变直且稀疏、弹性降低，被毛退色，而且羊毛失去光泽，变得灰暗，弹性不良。起初从颈、腹部开始成片脱毛，严重者胸背也脱毛，直到全身脱光后露出的皮肤呈光洁鲜嫩的粉红色，无瘙痒，亦无疼痛，脱毛部位过一段时间后，又长出纤细的毛。还会产生毛退色性变化，黑毛变灰色毛，红毛变黄色毛，尤其在眼眶周围更加明显。

（4）钙过量摄入：病羊的症状与锌缺乏症和铜缺乏症类似。

（5）硒中毒：全身掉毛，从头、颈部和背侧开始，逐渐向后躯蔓延，被毛边掉边长。

（6）砷及砷化物慢性中毒：病羊消化机能紊乱和神经功能障碍，主要为消化不良、口渴、消瘦和全身虚弱，被毛粗乱倒立，容易脱落，有时呈局部脱毛而出现斑秃。

4. 皮肤病

（1）湿疹：病羊皮肤患部出现红斑、丘疹、水疱、脓疱、糜烂、痂皮及鳞屑等损害，进而引起瘙痒，因摩擦，引起被毛脱落。

（2）荨麻疹：初期多发生于头、颈两侧，肩背、胸壁和臀部，而后于肢下端及乳房等处。病羊体表上出现许多圆形或扁平的疹块，发生快，消失也快。因皮肤痒而摩擦，啃咬患部，常有擦破和脱毛现象。

十一、瘫 痪

瘫痪是指身体任何部位运动的感觉或功能完全或部分丧失。它是由于神经机能发生障碍，身体一部分完全或不完全地丧失运动能力。

【可能疾病】

1. 痒病 自然感染的潜伏期为 1～5 年或更长，因此 1 岁半以下的羊极少出现临床症状。经过潜伏期后，神经临诊症状逐渐发展并渐渐加剧。

2. 羊生产瘫痪病 生产瘫痪又称乳热病或低钙血症,为急性而严重的神经疾病。山羊和绵羊均可患病,但以山羊比较多见,尤其某些 2~4 胎的高产奶山羊,几乎每次分娩以后都重复发病,可能是因为大量钙质随着初乳排出而导致机体缺钙。钙的作用是维持肌肉的紧张性,在低血钙情况下,病羊表现为衰弱无力。

3. 羊慢性传染性脑炎

【临诊特点】

1. 痒病 触摸病羊,可反射地刺激其伸颈、摆头、咬唇和舔舌。视力丧失时,病羊常与栅栏及器具之类物体相碰撞。疾病后期,机体衰弱,出现昏睡或昏迷,卧地不起。整个患病期间,病羊体温不升高,食欲仍可保持,但体重下降。病程从几周到几个月,甚至一年以上,最后瘫痪死亡。

2. 羊生产瘫痪病 病羊最初症状出现于分娩之后,少数病例见于妊娠末期和分娩过程中。病初精神抑郁,食欲减退,反刍停止,后肢软弱,步态不稳,甚至摇摆。有的绵羊拱背低头,蹒跚走动。由于发生战栗和不能安静休息,导致呼吸加快。这些初期症状维持的时间通常很短,此后站立不稳,企图走动而跌倒,有的羊倒后起立困难,个别不能起立,头向前直伸,不食,停止排粪和排尿。皮肤对针刺的反应很弱。少数病羊知觉完全丧失,发生极明显的麻痹症状。舌头从半开的口中垂出,咽喉麻痹。针刺皮肤无反应。脉搏先慢而弱,以后变快,勉强可以摸到。呼吸深而慢,病的后期常常用嘴呼吸,唾液随着呼气吹出,从鼻孔流出食物。病羊常呈侧卧姿势,四肢伸直,头弯于胸部,体温逐渐下降,皮肤、耳朵和角根冰冷,呈现将死状态。有些病羊往往死于没有明显症状的情况下。

3. 慢性传染性脑炎 自然感染潜伏期 1~3 年或更长。起病大多是不知不觉的。早期,病羊敏感、易惊。有些病羊表现有攻击性或离群呆立,不愿采食。有些病羊则容易兴奋,头颈抬起,眼凝视或目光呆滞。大多数病例通常呈现行为异常、瘙痒、运动失调及痴呆等症状,头颈部以及腹肋部肌肉发生频细震颤。瘙痒症状有时很轻微以至于观察不到。用手抓搔患羊腰部,常发生伸颈、摆头、咬唇或舔舌等反射性动作。严重时患羊皮肤脱毛、破损甚至撕脱。病羊常啃咬腹肋部、股部或尾部,或在墙壁、栅栏、树干等物体上摩擦痒部皮肤,致使被毛大量脱落,皮肤红肿发炎甚至破溃出血。病羊常以一种高举步态运步,呈现特殊的驴跑步样姿态或雄鸡步样姿态,后肢软弱无力,肌肉颤抖,步态蹒跚。病羊体温一般不高,可照常采食,但日渐消瘦,体重明显下降,常不能跳跃,遇沟坡、土堆、门槛等障碍时,反复跌倒或卧地不起。病程数周或数月,甚至 1 年以上,少数病例也取急性经过,患病数日即突然死亡。病死率高,几乎达 100%。

(张红英)

附　　录

附表1　羊的红细胞参数

项目	绵羊		山羊	
	范围	平均值	范围	平均值
红细胞压积数量/%	27 ~ 45	35	22 ~ 38	28
血红蛋白含量/（μg/mm³）	9 ~ 15	11.5	8 ~ 12	10
红细胞计数/10^6/mm³	9 ~ 15	12	8 ~ 18	13
红细胞平均容积/fL	28 ~ 40	34	16 ~ 25	19.5
红细胞平均血红蛋白量/pg	8 ~ 12	10	5.2 ~ 8	6.5
红细胞平均血红蛋白浓度/（g/dL）	31 ~ 34	32.5	30 ~ 36	33
血小板计数/（10^6/mm³）	205 ~ 705	500	300 ~ 600	450
红细胞直径/μm	3.2 ~ 6.0	4.5	2.5 ~ 3.9	3.2
红细胞寿命/d	125		140 ~ 150	

附表2　羊白细胞参数

项目	绵羊			山羊		
	百分比	范围	平均值	百分比	范围	平均值
白细胞计数/（10^6/mm³）		4 ~ 12			4 – 13	
分叶核嗜中性白细胞数/（10^6/mm³）	10 ~ 50	0.7 ~ 6	2.4	30 ~ 48	1.2 ~ 7.2	3.25
淋巴细胞百分比/%	40 ~ 75	2 ~ 9	5	50 ~ 70	2 ~ 9	5
单核细胞百分比/%	>6	0 ~ 0.75	0.2	0 ~ 4	0 ~ 0.5	0.25
嗜酸性粒细胞百分比/%	0 ~ 10	0 ~ 1	0.4	1 ~ 8	0.05 ~ 0.65	0.45
嗜碱性粒细胞百分比/%	0 ~ 3	0 ~ 0.3	0.05	0 ~ 1	0 ~ 0.12	0.05

附表3　羊血清生化指标

项目	绵羊	山羊
白蛋白/（g/dL）	2.4～3.0	2.7～3.9
碱性磷酸酶/（u/L）	68～387	93～387
天冬氨酸转氨酶/（u/L）	60～280	167～513
碳酸氢盐/（mmol/L）	20～25	
总胆红素/（mg/dL）	0.1～0.5	0.10～1.71
间接胆红素/（mg/dL）	0～0.12	
直接胆红素/（mg/dL）	0～0.27	
胆固醇/（mg/dL）	52～76	
总二氧化碳/（mmol/L）	21～28	25.6～29.6
肌酸激酶/（u/L）	8～13	0.8～9.0
肌酐/（mg/dL）	1.2～1.9	1～1.82
球蛋白/（g/dL）	3.5～5.7	2.7～4.1
葡萄糖/（mg/dL）	50～80	50～75
血红蛋白/（mg/dL）	90～140	80～120
黄疸指数	2～5	2～5
总蛋白/（g/dL）	6～7.9	6.4～7
血清尿素氮/（mg/dL）	8～20	10～20

附表4　羊血清电解质和矿物质浓度指标

项目	绵羊	山羊
钙/（mg/dL）	11.5～12.8	8.9～11.7
磷/（mg/dL）	5.0～7.3	4.2～9.1
镁/（mg/dL）	2.2～2.8	2.8～3.6
钠/（mEq/L）	139～152	142～155
氯/（mEq/L）	95～103	95～110.3
钾/（mEq/L）	3.9～5.4	3.5～6.7
碳酸氢盐/（mEq/L）	20～25	
铁/（μg/dL）	162～222	
铜/（μmol/L）	9.13～25.2	
铅/（μmol/L）	0.24～1.21	0.24～1.21

附表5　尿液指标

项目	正常结果
颜色	黄白色
葡萄糖	阴性
酮体	阴性
蛋白质	阴性至微量
相对密度	1.015~1.045
胆红素	阴性
浊度	清亮
结晶	极少
管型	偶见透明管型
上皮细胞	偶见
γ-谷氨酰转移酶	<40 u/L
红细胞	<5/L
白细胞	<5/L

附表6　羊的体温、呼吸、脉搏

项目	绵羊	山羊
体温/℃	38.5~39.5	38.5~39.5
呼吸/（次/min）	14~22	14~22
脉搏/（次/min）	70~80	70~80

（刘　芳）

参 考 文 献

[1] 卫广森. 羊病 [M]. 北京：中国农业出版社，2009.

[2] 岳文斌，郑明学，古少鹏. 羊场兽医师手册 [M]. 北京：金盾出版社，2008.

[3] 曹宁贤，张玉换. 羊病综合防控技术 [M]. 北京：中国农业出版社，2008.

[4] 欧阳雅连，徐泽君，晁先平. 羊病防治实用新技术 [M]. 2版. 郑州：河南科学技术出版社，2008.

[5] 岳文斌. 羊场兽医师手册 [M]. 北京：金盾出版社，2008.

[6] 肖西山，侯引绪，郭秀山. 羊的圈养和羊病防治 [M]. 北京：中国农业大学出版社，2006.

[7] 姜勋平，熊家军，张庆德. 羊高效养殖关键技术精解 [M]. 北京：化学工业出版社，2009.

[8] 张英杰. 养羊手册 [M]. 北京：中国农业大学出版社，2000.

[9] 曹宁贤，张玉换. 羊病综合防控技术 [M]. 北京：中国农业出版社，2008.

[10] 岳文斌，孙效彪. 羊场疾病控制与净化 [M]. 北京：中国农业出版社，2001.

[11] 沈正达. 羊病防治手册 [M]. 北京：金盾出版社，2005.

[12] 罗建勋，殷宏. 羊病早防快治 [M]. 北京：中国农业科学技术出版社，2006.

[13] 张树方. 现代羊场兽医手册 [M]. 北京：中国农业出版社，2005.

[14] 岳文斌，郑明学，古少鹏. 羊场兽医师手册 [M]. 北京：金盾出版社，2008.

[15] 曹宁贤，张玉换. 羊病综合防控技术 [M]. 北京：中国农业出版社，2008.

[16] 贺生中. 羊场兽医 [M]. 北京：中国农业出版社，2003.

[17] 何生虎. 羊病学 [M]. 银川：宁夏人民出版社，2006.

[18] 邢福珊. 常见羊病防治技术 [M]. 咸阳：西北农林科技大学出版社，2007.

[19] 沈基长. 羊病防治关键技术（彩插版）[M]. 北京：中国三峡出版社，2006.

[20] 葛兆宏. 动物传染病 [M]. 北京：中国农业出版社，2006.

[21] 赵辉玲. 羊常见病诊治要领 [M]. 合肥：安徽科学技术出版社，2006.

[22] 牛捍卫. 实用羊病诊疗新技术 [M]. 北京：中国农业出版社，2006.

[23] 沈正达. 羊病防治手册 [M]. 北京：金盾出版社，2005.

[24] 赵辉玲. 羊常见病诊治要领 [M]. 合肥：安徽科学技术出版社，2006.

［25］李玉芬，王刚，高海岩．综合防治钩端螺旋体病［J］．畜牧兽医科技信息，2010（2）．

［26］于进勋，林希刚．绒山羊钩端螺旋体病的诊治报告［J］．养殖技术顾问，2010（3）．

［27］朱战波，车车，朱宏伟，等．绵羊似问号钩端螺旋体的分离及 PCR 鉴定［J］．中国兽医杂志，2009，45（2）．

［28］李元龙，喻佳．浅述绒山羊钩端螺旋体病的防控措施［J］．吉林农业，2009（18）．

［29］马强．羊羔钩端螺旋体病的诊治［J］．畜牧兽医科技信息，2008（7）．

［30］蒋金书．动物原虫病学［M］．北京：中国农业大学出版社，2000.

［31］孔繁瑶．家畜寄生虫学［M］．2 版．北京：中国农业大学出版社，1997.

［32］殷宏，罗建勋，吕文顺，等．莫氏巴贝斯虫和羊巴贝斯虫在我国的分离及形态学观察［J］．中国兽医科技，1997，27（10）：7－9.

［33］李有全．我国羊泰勒虫的生物学特性研究［D］．北京：中国农业科学院研究生院，2007.

［34］崔彬，王永立，菅复春，等．河南省山羊隐孢子虫流行病学调查［J］．中国兽医杂志，2008，44（9）：12－14.

［35］王永立，崔彬，张子宏，等．绵羊肠道寄生虫感染情况调查［J］．中国畜牧兽医，2008，35（5）：86－88.

［36］中国兽药典委员会．中华人民共和国兽药典：兽药使用指南（2010 年版）．北京：中国农业出版社，2011.

［37］卫广森．兽医全国攻略＋羊病［M］．北京：中国农业出版社，2009.

［38］王洪斌．家畜外科学［M］．4 版．北京：中国农业出版社，2002.

［39］曹宁贤，张玉换．羊病综合防控技术［M］．北京：中国农业出版社，2008.

［40］张艳芬．羊病临床诊断的具体操作方法［J］．养殖技术顾问，2011（5）：140.

［41］孔繁瑶．家畜寄生虫学［M］．2 版．北京：中国农业大学出版社，1997.

［42］赵兴绪．兽医产科学［M］．3 版．北京：中国农业出版社，2002.

［43］王书林．兽医临床诊断学［M］．3 版．北京：中国农业出版社，2000.

［44］张英．病羊识别和羊病识别的简易方法［J］．养殖技术顾问，2009（9）：72.

［45］于金堂．羊病的基本诊疗技术［J］．畜牧兽医科技信息，2010（5）：77.

［46］旦增尼玛．浅谈羊病的临床诊断技术［J］．青海畜牧兽医杂志，2009，39（6）：57.

［47］PUGH. D. G, BAIRD. A. N. Sheep and Goat Medicine［M］. Second edition. Printed in China；Elsenier, 2011.

［48］郑国清，崔保安．羊病防治难点解答［M］．郑州：中原农民出版社．2002.

［49］蔡宝祥．家畜传染病学［M］．北京：中国农业出版社．2001.

［50］沈正达．羊病防治手册．［M］．2 版．北京：金盾出版社．2005.

［51］陈万选．羊病快速诊治指南．［M］．郑州：河南科学技术出版社．2010.

［52］陈怀涛．牛羊病诊治彩色图谱［M］．北京：中国农业出版社，2004.

［53］刘慧敏，曲娟娟．山羊关节炎－脑炎研究进展［J］．中国兽医学报，2005，25（4）.

［54］王利新，赵彦东，王利峰．羊蓝舌病的诊断与防治［J］．养殖技术顾问，2009（10）.

［55］宋士和，张庆新，常智双．羊蓝舌病的诊断与防控．［J］．畜牧与饲料科学，2010，31（3）.

［56］陈溥言．兽医传染病学．［M］．5 版．北京：中国农业出版社，2006.

［57］何生虎．羊病学［M］．银川：宁夏人民出版社，2006.

［58］于进勋．一起绒山羊血尿病的诊治［J］．黑龙江畜牧兽医，2008（3）.

［59］嵇振东，盖长青，孙树国．夏寒杂交一代羊焦虫病诊疗体会［J］．中国畜禽种业，2008，4（11）.

［60］马家柱，储志平，刘振华．一例山羊焦虫病的诊治［J］．畜牧兽医科技信息，2010（10）.

［61］于进勋，林希刚．绒山羊钩端螺旋体病的诊治报告［J］．养殖技术顾问，2010（3）.

［62］薛小莉，王利．羊传染性口疮病的防治［J］．农业技术与装备，2010（7）.

［63］柯岩岩，杨清林，边东升，等．羊多种寄生虫和附红细胞体混合感染的诊治［J］．河南畜牧兽医，2009，30（3）.

［64］李二民．乳牛醋酮血病的诊疗［J］．养殖与饲料，2010（12）.

［65］陈溥言．兽医传染病学［M］．5 版．北京：中国农业出版社，2006.